国家社科基金
GUOJIA SHEKE JIJIN HOUQI ZIZHU XIANGMU
后期资助项目

基于大数据分析的科研主体创新绩效影响机制研究

李海林　著

上海人民出版社

国家社科基金后期资助项目
出版说明

　　后期资助项目是国家社科基金设立的一类重要项目,旨在鼓励广大社科研究者潜心治学,支持基础研究多出优秀成果。它是经过严格评审,从接近完成的科研成果中遴选立项的。为扩大后期资助项目的影响,更好地推动学术发展,促进成果转化,全国哲学社会科学工作办公室按照"统一设计、统一标识、统一版式、形成系列"的总体要求,组织出版国家社科基金后期资助项目成果。

全国哲学社会科学工作办公室

目 录

前　言

　　《国家"十四五"期间人才发展规划》提出,要打造大批一流科技领军人才和创新团队,造就规模宏大的青年科技人才队伍;要深化人才发展体制机制改革,为各类人才搭建干事创业的平台。随着知识经济日趋复杂化和多元化,各类人才在科研竞争中遭遇绩效发展瓶颈,亟须依据自身特点配置内外部多种条件资源,利用源头创新实现从"0"到"1"重大突破,破解"卡脖子"技术难题。科研主体作为中国知识创新发展的领军人才和队伍,是知识经济时代下创新与发展的中坚力量。以往大多数文献从单一视角预设理论模型,研究前因变量对各类人才创新绩效的影响,缺乏以系统思维考虑多层次因素对不同层级科研主体创新绩效的综合影响,以及缺乏对影响方式的进一步深入分析,忽略了不同科研主体异质性特征对创新绩效产生的差异性影响。此外,数字技术纵深发展给科研工作带来新的发展契机,收集海量多源异构原始数据,采用机器学习挖掘数据中隐藏的知识规律,有助于不同层级科研主体获得创新绩效成长发展的个性化策略。

　　本书切实关注科研主体综合发展,从个体、团队和企业三个层面出发,运用大数据分析技术识别复杂管理情境下不同层级科研主体创新绩效的驱动要素和作用机制,为不同科研主体制定相应绩效管理措施,推动不同层级科研主体协同发展并提升国际科研竞争优势。具体研究内容如下:第一,明确内外部综合条件下不同层级科研主体(杰出学者、科研团队和研发企业)的特征变量,依据科研主体整体异质性特征划分不同类型科研主体群组,在识别群组特点的基础上进行命名,为后续研究奠定现实基础;第二,以不同层级科研主体群组划分为基础,运用决策树方法分别对不同类型科研主体群组进行决策规则提取,获知科研主体群组内部不同特征组合对创新绩效的差异化影响,明确不同层级科研主体特征变量与创新绩效之间的复杂非线性关系,完成不同层级科研主体创新绩效的影响因素分析;第三,以不同层级科研主体创新绩效的决策规则为基础重新划分样本空间,运用贝叶斯网络分析方法明确不同层级科研主体群组内部特征变量与创新绩效之间的

1

依赖关系,通过变量关联度和贡献度分析完成不同层级科研主体创新绩效的影响机制分析;第四,为更好地将个人、团队和企业三个不同层面创新绩效的影响机制研究进行逻辑贯穿,开展个体合作网络对科研团队创新绩效的影响研究和科研团队合作网络对企业创新绩效的影响研究,挖掘个体(科研团队)合作网络对科研团队(企业)创新绩效的复杂非线性影响。

本书的主要贡献在于:首先,梳理不同层级科研主体创新绩效的多维前因变量,拓宽绩效研究的边界。不同科研主体创新绩效是多元因素综合驱动的结果,不是通用视角或权变视角下自变量、中介变量和调节变量的简单组合。从多个维度归纳不同层级科研主体创新绩效的前因变量,结合文献梳理和研究实际完成变量测度,明确创新绩效影响因素在各层面的表征,契合复杂管理情境下的研究导向需求。其次,适用于管理学领域的数据驱动分析科学研究范式的提出与应用。区别于实证分析的研究范式,本书主张数据驱动多因素特征对创新绩效的交互式非线性影响,因此从客观海量数据出发,借助大数据技术的知识发现能力,依据不同层级科研主体群组类型构建不同的决策树模型和贝叶斯网络结构,系统梳理多层次因素对创新绩效的组合影响,为制定和实施不同资源配置方案提供理论和现实基础。另外,深化前因变量与不同层级科研主体创新绩效的关系研究。从不同层面对科研主体创新绩效的影响因素和机制进行探析,使得研究更加全面和精细化;对同质科研主体进行群组划分,具体问题具体分析,突破以往研究在通用视角下得出的普适性管理规律,凝练适用于特定科研主体的差异化绩效提升策略。

第一章 绪 论

第一节 研究背景与意义

一、研究背景

知识经济持续蓬勃发展,世界各国内部竞争加剧,经济创新与发展是时代的永恒主题。党和国家始终坚持以社会主义经济建设为中心,走中国特色社会主义市场经济发展道路。在这一过程中,优秀专家学者成为知识经济发展中不可或缺的领头人,对知识经济持续健康发展有着重大意义。新时期的经济社会发展必须以科学为导向,坚持知识创新与技术创新,而专家学者在中国经济社会发展背后的作用将不容置疑。随着科学领域与经济领域的不断交融[①],专家学者作为理论创新、科技创新的中坚力量代表着一个国家的综合实力,也成为培养和输送人才的摇篮。创新成为社会的追求和责任,杰出学者则成为凸显国家创新竞争力的重要支撑,中国进行科学技术研究的力量大部分来自高校杰出学者[②],科学技术人才的发展成为国家和社会各界的共同关切。党中央注重将中国建设为科技强国,全方位推进知识创新、科技创新,并高度重视科学人才队伍建设,提出了许多关于人才发展的新思路和新举措。习近平总书记强调,要充分采用各种方式方法激励科研人才充当创新活动的推动者和实践者,使谋划创新、推动创新、落实创新成为自觉行动。坚持"以人为本"原则,推动科研人才与高校的协同发展。坚持党管人才总体原则,聚焦国家和社会重大战略方向,进一步改善和完善人才资源供给,创新各项体制机制,优化重点人才发展环境,充分激发人才创新、创造和创业活力,为高质量发展提供坚强人才保障和智力支撑。杰出

---

① 易高峰:《大学科研人员学术创业意愿的影响因素及其作用路径研究》,《科研管理》2020年第9期。

② 王菲菲、刘家妤、贾晨冉:《基于替代计量学的高校科研人员学术影响力综合评价研究》,《科研管理》2019年第4期。

科研人才对于整个国家和社会的发展无疑是至关重要的。

在国家颁布中长期人才队伍规划以来,科学研究与试验发展(Research and Development,R&D)经费支出也越来越多,高校及科研院所纷纷加大资金投入以响应国家创新人才培养要求,加大培育力度落实国家号召,并在科研人员数量与质量上都获得了显著提升。同时全国各地都争先颁布"人才引进"策略,在推进各领域各行业快速发展的同时,也激励科研人才提升能力以获得更高保障。如图 1-1 所示,中国在 R&D 经费支出上的花费逐年增加,基础研究、应用研究和试验发展三方面的经费支出都稳步增加,为科研人才的发展提供物质助力。

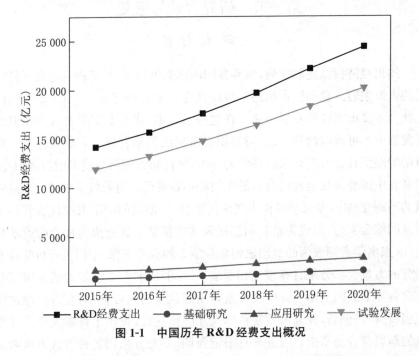

图 1-1 中国历年 R&D 经费支出概况

杰出学者是理论创新的主力军,其发展是国家经济、政治、文化发展的必然要求。各高校和科研院所采用各种激励手段满足科研人员全方面需要与需求,力求推动科研人员的持续健康发展。然而,创新发展真正落实到位还需要一定时间和努力。当前科研人员发展产生惰性,整体知识创造相较国际领先水平仍有一段距离。在 2019 年发表高质量国际论文的国家论文数排名中,中国取得了相当不错的成绩,无论是高质量国际论文数还是占高质量国际论文的比例都处于世界第二名的位置。相关资料显示,过去十年里,中国科研水平有很大提升,其中包括中国科研人员发表的国际论文数量不断增加。斯坦福大学发布的 2019 年全球 AI 报告显示,中国论文数量首次超越美国,居于世界第一,但是中国论文的质量水准距离美国还有一定差距。观察 2019 年世界各国发表高质量国际论文数量和占比可知,中国暂时居于世界第二的位置,相比以前有很大进步,但距离高质量高水准的科研实力仍有很长一段路要走。高校杰出学者作为科研产出的关键力量,其创新性成果的影响力成为中国屹立在世界民族之林的自信力来源之一。中国人从"仰视世界"到"平视世界",尤其体现在科研实力上。中国发表的国际论文在数量上已经占据绝对优势,但是在质量方面还有明显不足,距离世界先进水平仍有一段距离。在这种状况下,中国应该加强对杰出学者的管理,提升其知识创新绩效,为中国整体科研实力的增强奠定坚实基础。

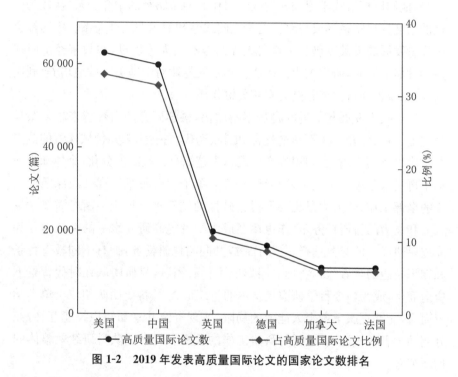

图 1-2　2019 年发表高质量国际论文的国家论文数排名

高校是培养创新人才的基地,高校杰出科研人员走在科技发展的最前端,也在后方为了国家和社会的持续性发展不断培养和输送创新型人才。杰出科研人员作为高校的一支独特队伍,为国家和社会突破高精尖技术开辟主战场,并不断推动社会科学研究的持续健康发展。[①]对杰出学者的相关绩效特征进行理解和分析,是进一步优化科研人员发展态势的必然要求;识

---

① 方成、方同庆:《大学科研治理:冲突与变革——基于大学科研人员治理主体》,《科技进步与对策》2020 年第 7 期。

别杰出学者知识创新绩效的影响因素,找出影响杰出学者绩效发展的关键特征也是推动高校科研绩效管理的必要条件。对杰出学者的知识创新绩效特征进行分析,有利于洞察高知识创新绩效学者的相关特点,以便加强对杰出学者的绩效管理。然而,在以往对知识创新绩效的相关研究中,较少有人将研究关注点放在科研人员个体层面,尤其是针对科研杰出人才的研究[①],即哪些因素会对杰出学者个体绩效产生影响。在对个体学者高知识创新绩效的研究过程当中,可以得到杰出学者的绩效发展路径,探析高校杰出学者在什么样的条件下会产生高知识创新绩效,分析学者的高知识创新绩效特征。同时又区别于前人研究发现产学研合作网络对于学术绩效的不同影响路径,他们以探索式学习和开发式学习作为两条路径的中介变量,从较为模糊的角度探讨路径形成与路径变量之间线性和简单非线性关系。中国社会高质量发展的突破点仍在于科研人才乃至杰出人才建设,在数字经济时代蓬勃发展的同时,研究杰出人才成长和发展规律对中国更有效地培养、利用人才,以及提高自主创新能力有着关键作用。[②]

科学技术发展与前进的脚步不断增快,科学研究的内容越来越复杂且越宽泛,各领域知识在不断地整合、更新、迭代与拓宽,未知领域探索的范围与难度也在不断增大,知识生产方式越来越综合化且高度分化,个体知识活动不再局限于单一个人和较小领域,依靠单个学者很难完成某项课题或论文的全部工作,个人力量想要取得突破性的创新难上加难。面对需要大量人力和物力的科研任务,合作也逐渐成为学者提高研究水平的有效途径和完成科研任务的必要选择。[③]为了完成共同的科研任务,拥有不同教育背景和知识技能的学者跨越物理界限形成了科研团队,科研团队在时代背景下应运而生,成为当今科学研究最基本的组织形式。[④]科研团队相较于单个学者而言,能够克服学者个人能力的局限,实现资源共享和知识技能互补,充分调动学者积极性,有效提升科研工作的效率和促进团队科研绩效整体的创新突破。

近些年,中国教育部门、科技部门、高校和科研机构都十分重视科研团队,并且出台了一系列计划和政策来凝聚与支持优秀科研团队的建设和发

---

① 周建中、闫昊、孙粒:《我国科研人员职业生涯成长轨迹与影响因素研究》,《科研管理》2019年第10期。

② 刘红煜、唐莉:《获评高被引学者会提升学术产出与影响力吗?——来自整体与个体层面的双重验证》,《科学学研究》2021年第2期。

③ 陈卫静、郑颖:《科学合作网络中作者影响力测度研究》,《情报理论与实践》2013年第6期。

④ 马卫华、许治、肖丁丁:《基于资源整合视角的学术团队核心能力演化路径与机理》,《科研管理》2011年第3期。

展。如 2000 年国家自然科学基金设立的"创新研究群体科学基金",旨在支持优秀中青年科学家为学术带头人和研究骨干,共同围绕一个重要研究方向合作开展创新研究,培养和造就在国家科学前沿占有一席之地的研究群体,截至 2019 年,共资助了 565 个群体项目;2004 年,教育部开始实施"长江学者和创新团队发展计划",旨在加强高等学校高层次人才队伍建设,吸引、遴选和造就一批具有国际领先水平的学科带头人,形成一批优秀创新团队,大力实施人才强校战略,支持高等学校聘任长江学者,截至 2016 年,共资助了 903 个创新团队。① 由此可见,科研团队在科技创新中的地位非常重要。

虽然科研团队作为提高人才培养质量以及提升科学研究水平的研究组织,有着举足轻重的地位,但在团队的相关研究中,科研团队的有关研究相对较少,更多的是对企业团队如高层管理团队和销售团队等进行研究,这说明中国对于科研团队研究并不深入。② 此外,中国科研团队还存在整体建设水平不高等问题,科研团队建设方面遇到了一系列诸如团队结构松散、成员构成不合理③、学科交叉没有落实、没有有效的学术带头人④、团队内部成员之间合作强度不够或团队资金不充裕等阻碍科研团队产生更多科研绩效的因素。不同科研团队具有不同的团队特征,这些特征因素如何影响团队科研绩效在不同学者的研究中得到的结论也不一致。现有实证研究大多只能确定某一特征因素对科研绩效是否有影响,但不能确定多因素特征组合如何影响科研绩效,实证研究方法虽然具有较高科学性和适用性,但容易丢失数据深层信息。随着各学科领域知识不断融合,基于数据驱动分析的方法应运而生,相较于传统实证分析,从数据驱动的角度以数据证据来解释不同特征因素对不同创新实体科研绩效的复杂交互效应更贴合现代管理学不断前进的发展方向。

综上所述,当前中国科技事业正处在追赶国际上主要发达国家的关键时期,科研团队作为企业科技创新的核心力量,其建设工作已经上升到国家发展战略的高度。科研绩效作为反映团队或企业创新能力的重要指标,进一步对其影响因素进行探讨与研究非常有必要且有意义。

---

① 刘云、王刚波、白旭:《我国科研创新团队发展状况的调查与评估》,《科研管理》2018 年第 6 期。

② 任嵘嵘、王睿涵、刘萱:《我国高校科研团队研究综述》,《科技管理研究》2020 年第 21 期。

③ 侯二秀、秦蓉、雍华中:《基于扎根理论的科研团队创新绩效影响因素研究》,《中国管理科学》2016 年第 S1 期。

④ 马卫华、程巧、薛永业:《重大科研项目负责人领导行为对团队合作质量的影响》,《科技管理研究》2018 年第 16 期。

二、研 究 意 义

高校、科研院所和企业等组织机构都是培养创新人才的基地,杰出科研人员和团队走在科技发展的最前端,也在后方为国家和社会的持续性发展不断培养和输送创新型人才。当前科研人员和团队的发展关乎国家和社会的创新发展,也决定了中国在国际社会上的地位和话语权。对于国家而言,对各层级科研主体创新绩效状况的关注是创新作为第一动力的必然要求。国家需要优秀的科研人员、团队和企业,他们能够引领创新动向,促进技术革新和方式创新,为迎接一个创新型国家奠定坚实的基础。了解各层级科研主体的创新绩效影响因素和发展规律,国家就能根据这些具体状况为不同层级科研主体制定合适的管理政策和策略,为杰出学者、科研团队和研发企业的良性发展提供保障。对于科研主体所在任职组织而言,能够从实际生活中给予其恰当的激励方式。给予不同层级科研主体针对化与具体化的激励措施是相关组织或机构了解各层级科研主体创新绩效发展规律的主要目的,也是为了向国家和社会继续输送高质量人才。对于不同层级科研主体而言,了解内外部特征因素对自身创新绩效的影响,是为了更加关注自身的需求与需要。无论是需要自身努力还是外部环境支持,对于整个发展态势的了解是为了充分发挥自己的潜力,努力提升科研创新绩效。对不同层级科研主体的相关绩效特征进行理解和分析,是进一步优化科研主体发展态势的必然要求;识别不同层级科研主体创新绩效的影响因素,找出影响科研主体创新绩效发展的关键特征,也是进一步深化中国科研绩效管理改革的必要条件。对不同层级科研主体的创新绩效特征进行分析,有利于洞察科研主体的相关特点,以便加强对不同层级科研主体的创新绩效管理。在以往对科研绩效的相关研究中,对团体或组织的科研绩效研究较多,较少有人将研究关注点放在“个体—团队—企业”三个层面进行综合考虑,研究有哪些因素会对不同层级科研主体的创新绩效产生异质性影响,并开展个体(科研团队)合作网络对科研团队(企业)创新绩效的非线性影响研究。在这个对不同层级科研主体创新绩效的研究过程当中,可以得到不同科研主体的创新绩效发展路径,探析各层级科研主体在什么样的条件下会产生高创新绩效,同时分析不同层级科研主体的高创新绩效特征。

(一) 理论意义

1. 丰富不同层级科研主体创新绩效的理论基础。杰出学者、科研团队和研发企业作为高校和国家创新的主力军,其特点与创新绩效发展路径成为研究的重点和难点。不同科研主体具有不同的特征,使用单个模型分析相异性较大的科研主体容易导致模型泛化能力下降,无法找到影响科研主体创新绩效的一般规律。本研究针对不同层级科研主体分别引入社会认知理论、社会网络理论和 TOE 框架理论,通过文献梳理分析影响不同层级科研主体创新绩效的特征因素,并借助数据挖掘领域的决策树算法模型和贝叶斯网络分析方法探析驱动科研主体达成高绩效目标的不同特征组合和提升路径,为不同层级科研主体创新绩效理论的丰富提供参照。在以往的研究中,对于科研人才或团队创新绩效的研究也是研究热点之一,相关研究结果也表明科研人才或团队内外部特征会对其绩效行为产生影响。但很少有研究者具体研究什么样的特征组合会对不同层级科研主体创新绩效造成影响,有哪些关键因素会影响不同层级科研主体的创新绩效发展,对于这些问题的研究可以在一定程度上了解影响不同层级科研主体的主要驱动因素是什么,具体影响路径是怎样的,以更好地丰富创新绩效管理理论。

2. 完善创新绩效影响机制的研究方法。国内外对于个体、团队和企业乃至合作网络的创新绩效研究大多停留于实证分析和定性比较分析等相关方法上,在大数据分析和机器学习等研究方法上亟待创新。本书在研究不同层级科研主体特征变量对创新绩效的影响时,通过计算变量间的相关系数,大体获知特征变量与创新绩效之间的关系并判定关系强弱,进而对主体特征变量进行选择和分析,然后引入数据挖掘领域的决策树模型详细探析不同特征组合对创新绩效的不同影响,最后用贝叶斯网络模型详细分析变量之间的复杂作用机制。传统的管理学分析方法能够解决研究问题,但对于变量之间的关系探究并不够彻底和完善。在研究状况多样化与研究问题逐渐复杂化的趋势下,找到适合的分析方法去解决恰当的问题具有关键意义。在大数据时代,各种数据分析工具日渐崛起,研究方法多样且不断被创新,在外部状况日益复杂的状态下,寻求适合的研究方法成为研究的重要步骤之一。

(二) 实践意义

1. 为国家和教育部门实施合理的人才激励措施提供思路和方向。对不同层级科研主体创新绩效的影响因素进行探析,挖掘不同特征组合对于各层级科研主体创新绩效的影响,有利于国家及教育管理部门了解不同层级科研主体的绩效规律,根据不同层级科研主体发展状况适时调整激励政策,为国家整体知识创造的提升提供制度支持。对于国家和社会而言,科研主体尤其是具有发展潜力的科研主体,是国家能够与他国竞争的重要支撑。科学研究需要走在最前端,这就要求国家和社会调动和协调可用资源为科研主体打造一个良好的科研环境,运用各种激励手段和方式促进不同层级科研主体高效发展。

2. 各层级管理部门能够制定多样化与个性化兼具的绩效激励措施。高校能关注不同层级科研主体内外部特征因素的具体状况,根据国家和教育管理部门指定的激励政策制定多样化与个性化兼具的绩效管理措施。高校、科研机构和企业作为不同层级科研主体所在工作单位,其环境和氛围为不同层级科研主体的发展提供了外部条件。高校、科研机构和企业作为国家培养顶尖科研主体的基地,应该善于审时度势,为不同层级科研主体的发展提供资源帮助和助推力。通过优化绩效管理措施,高校、科研机构和企业能够培养更多高质量的科研主体,为国家创新水平和综合实力的提高输送人才,也为培育新生代科研人员奠定基础。

3. 有助于不同层级科研主体了解自身特征,把握创新绩效规律以实现自我成长。对于不同层级科研主体而言,了解自身创新绩效发展特点有利于把握发展方向,在外部环境急剧变化时可以根据创新绩效规律调整策略,以达成高创新绩效目标。然而,探析高创新绩效规则路径并探析绩效影响因素,是确立绩效目标的首要步骤,明确特征因素对创新绩效的影响有利于不同层级科研主体培养相关能力以推进创新绩效不断发展。

综上,本书在理论方面能够结合社会认知理论、社会网络理论和 TOE 框架理论探究不同层面科研主体特征因素对创新绩效的影响以完善绩效管理理论;拓宽创新绩效的研究范围,将研究关注点定位于不同层级科研主体,着重探寻杰出学者、科研团队和研发企业三个科研主体创新绩效的发展路径;将相关性分析与决策树模型结合起来探析不同层级科研主体创新绩效影响因素及绩效规则路径;运用贝叶斯网络深入探析不同层级科研主体特征变量与创新绩效之间"殊途同归"的作用机制。与此同时,在实践方面能够给予国家和教育管理部门、高校和科研院所以及科研人员自身一定的启示、意见和建议,从而更好地推动不同层级科研主体的自我成长以及国家综合实力的不断增强。

第二节 研究问题

在以往的研究中,研究者多把关注点放在科研团队乃至企业整体创新绩效上,较少有研究者关注不同层级科研主体创新绩效的异质性发展状况。在知识经济不断发展的今天,科研主体成为凸显国家竞争力的重要支撑,推动不同层级科研主体达成高创新绩效目标既是其自身诉求,也是国家与社会的共同期盼。为了有效激发不同层级科研主体的创新能力,学校、企业乃至国家运用各种激励方式和奖励手段调动不同层级科研主体的积极性和主动性,但收获甚微。尽管有相关研究者对创新绩效的影响因素进行实证研究,也从多个角度证明提高创新绩效的重要性,但对不同层级科研主体的内外部条件关注不够导致相关研究较少。科研主体在理论创新上占据重要地位且科研工作比一般工作更具复杂性,管理者更应该了解科研主体的本质特征,从不同角度和方向激励不同层级科研主体达成创新绩效目标甚至追求更高目标。本书聚焦不同层级科研主体的创新绩效特征,力图从本质特点出发,以直观的方式分析不同层级科研主体达成高创新绩效的多种影响因素,希望为提升不同层级科研主体创新绩效水平提供一定思路和想法。

基于上述时代、政策与实践背景,本书基于"个体—团队—企业"三个层面科研主体选取杰出学者、科研团队和研发企业三个研究对象,通过文献梳理整合不同层级科研主体内外部创新绩效特征指标以及个体合作网络和科研团队合作网络特征,试图分别建立不同科研主体创新绩效的多因素影响模型,综合运用聚类分析和决策树模型识别影响不同科研主体创新绩效的关键因素,最后运用贝叶斯网络探析不同科研主体特征变量与创新绩效之间复杂作用的机制。在具体的研究中,着重注意和解决以下几个问题:

1. 了解不同层级科研主体的创新绩效行为特点和特征以及个体和科研团队合作网络特征,能够通过已有理论和相关文献研究结果归纳影响科研主体行为和行为结果的内外部特征指标并结合文献梳理和研究实际进行表征及度量。

2. 分析不同层级科研主体特征变量与创新绩效之间的相关关系,通过聚类算法进行科研主体群组划分以明确异质性群组的特点并命名,识别特定管理情境下的科研主体群组类型和特点。

3. 识别驱动不同层级科研主体创新绩效的关键因素,并根据特征组合预测创新绩效的等级状况,着重关注不同特征组合带来的不同效果,提出多因素综合驱动作用,实现不同层级科研主体创新绩效的影响因素分析。

4. 运用贝叶斯网络深入分析不同层级科研主体特征变量与创新绩效之间的复杂作用机制,明确不同类别科研主体群组内部不同的变量依赖关系,为制定和实施个性化的激励措施奠定基础。

5. 进一步研究个体合作网络对科研团队创新绩效的影响以及科研团队合作网络对企业创新绩效的影响,挖掘不同层面合作网络特征与创新绩效之间的复杂非线性关系,将基于大数据分析的科研主体创新绩效研究进行贯穿融合。

以往研究着重从通用视角或权变视角探析单个或多个变量对创新绩效的线性影响或规律边界,变量间复杂非线性关系被忽略。本书致力于探寻影响不同层级科研主体达成高创新绩效的"等效用"变量组合,在遵循客观世界复杂性和不确定性的前提下,弥补传统创新绩效影响因素及作用机制研究的不足。

第三节 研究内容与框架

一、研 究 内 容

本书以杰出学者、科研团队和研发企业为研究对象,研究内容主要包括四个方面:异质性杰出学者知识创新绩效影响机制分析、不同合作模式科研团队科研绩效影响机制分析、不同合作网络环境的研发企业绿色技术创新绩效影响机制分析以及个体(科研团队)合作网络对科研团队(企业)创新绩效的影响机制分析。科研人才队伍创新绩效持续健康发展是中国保持国际科研竞争优势的关键。从个体、团队和企业三个层面出发,研究得到驱动不同科研主体(杰出学者、科研团队和研发企业)以及个体和科研团队合作网络达成高创新绩效目标的不同要素,打开不同层级科研主体创新绩效的作用机制"黑箱"。其中,明确不同科研主体的类型和特点是开展各项研究的前提,有利于后续构建不同类型科研主体群组的决策树和贝叶斯网络模型,递进式研究异质性科研主体特征变量与创新绩效之间的复杂非线性关系和作用机制。决策树能够捕获变量之间的复杂非线性关系,但不能呈现变量之间的逻辑依赖关系。为打开不同层级科研主体创新绩效影响机制的"黑箱",需要明确不同类型科研主体群组内部特征变量与创新绩效之间的依赖关系,借助贝叶斯网络分析变量之间"殊途同归"的作用机制。

(一)异质性杰出学者知识创新绩效影响机制分析

以杰出学者为研究对象,综合运用多种机器学习方法挖掘杰出学者特征变量与知识创新绩效之间的复杂关系结构,具体内容如:

1. 根据"物以类聚、人以群分"的思想,不同类型杰出学者知识创新绩效的影响因素及机制具有差异性。为获知内外部综合条件下不同学者群组类型和特点,根据主要变量特征进行聚类以将杰出学者划分为不同的群组,结合杰出学者群组内部在特征变量上的差异性取值绘制群组特征差异雷达图并命名,实现对不同类型学者群组的特征分析。

2. 获知不同特征组合对杰出学者知识创新绩效的非线性影响。决策树正被广泛应用于管理学的理论与实践研究,决策树 CART 算法的优势在于能够捕捉变量之间的交互作用。为在聚类基础上进一步探析特征指标对知识创新绩效的影响,以选择的主要特征指标作为条件属性,离散化后的知识创新绩效作为决策属性,运用决策树 CART 算法分别对不同学者群组进行规则提取,获知不同特征组合对知识创新绩效的影响状况,识别各群组杰出学者知识创新绩效的关键驱动要素。

3. 探析特定情境中特征变量与知识创新绩效之间的作用机制,明确不同类型杰出学者绩效提升的路径和方法。以群组划分为基础,使用爬山算法明确变量之间的逻辑依赖关系,构建知识创新绩效贝叶斯网络模型,通过变量各状态的概率调整实现贝叶斯推理和诊断,利用变量关联度和贡献度分析明确特征变量与知识创新绩效之间"殊途同归"的作用机制。

(二) 不同合作模式科研团队科研绩效影响机制分析

以科研团队为研究对象,综合运用多种机器学习方法挖掘科研团队特征变量与科研绩效之间的复杂关系结构,具体内容如:

1. 不同科研团队具有不同团队特征,其合作模式也不尽相同。利用聚类算法分别基于团队的网络结构整体性特征和非网络结构整体性特征实现科研团队的分类,结合各类型科研团队的合作网络和特征取值差异雷达图深入了解聚类划分依据,分析各类型科研团队合作模式差异并为其命名。

2. 深入探究团队整体性特征与科研绩效之间的复杂非线性关系(决策规则),在实现样本内数据拟合的基础之上实现样本外的预测。将科研团队整体性特征作为条件属性,科研绩效作为决策属性,获得不同类型科研团队整体性特征影响科研绩效的路径,分析影响路径背后的原因。

3. 科研团队获得高科研绩效的提升路径分析。依据决策规则进行样本空间重新划分,使用爬山算法明确每条决策规则内部变量之间的逻辑依赖关系,构建科研绩效贝叶斯网络模型,通过变量各状态的概率调整实现贝叶斯推理和诊断,利用变量关联度和贡献度分析明确特征变量与科研绩效之间"殊途同归"的作用机制。

(三) 不同合作网络环境的研发企业绿色技术创新绩效影响机制分析

以研发企业为研究对象,综合运用多种机器学习方法挖掘研发企业特征变量与绿色技术创新绩效之间的复杂关系结构,具体内容如:

1. 数据驱动分析不同合作网络环境类型和特点。根据社会关系网络中企业与其他创新主体间的合作关系,依据网络密度、网络聚集系数和网络规模等整体网络结构进行聚类,以便区分不同合作网络环境,实现相同网络环境下创新主体间的合作关系相似、不同网络环境下创新主体间的合作关系相异。

2. 探析影响企业绿色技术创新绩效的特征组合。结合知识基础观,在"技术—组织—环境"(TOE)综合分析框架下选取技术相似性等主要特征指标,并用 $t-5$ 年至 $t-3$ 年的绿色专利申请数据对指标进行量化。选用企业在 $t-2$ 年至 t 年后的专利申请数定义绿色技术创新绩效。运用决策树分别提取不同网络环境下企业的绿色技术创新绩效决策规则,获知在技术、组织和环境因素的交互作用下对创新绩效的影响状况。明确在特定网络环境下,在技术、组织和环境因素的交互作用下会产生怎样的绿色技术创新绩效。

3. 明确技术、组织和环境因素对企业绿色技术创新绩效的影响路径和交互作用过程。借助贝叶斯网络直观清晰地呈现三种因素和绿色技术创新绩效的依赖关系,并模拟交互因素间的变化对企业绿色技术创新绩效作用的全过程进行仿真,可以深层次分析企业绿色技术创新绩效的影响机制问题。

(四) 个体(科研团队)合作网络对科研团队(企业)创新绩效的影响分析

以个体和科研团队合作网络为研究对象,综合运用决策树等机器学习方法挖掘合作网络特征与创新绩效之间的复杂关系结构,具体内容如:

1. 基于大数据的个体合作网络类型分析与科研团队合作网络类型分析。根据前面针对个体、团队和企业等不同科研主体创新绩效影响机制的研究结论,结合大数据分析来研究目前个体合作网络和科研团队合作网络的主要模式和网络结构特征,为进一步研究不同合作模式下的网络结构对科研团队及研发企业的影响奠定基础。

2. 个体合作网络对科研团队创新绩效的影响。在不同的个体合作模式下,通过决策树等机器学习方法进一步研究相同合作模式下不同个体合作网络结构对科研团队创新绩效的非线性影响分析,进而挖掘在什么样的合作模式中采用什么样的合作网络才可以提升科研团队合作创新绩效。

3. 科研团队合作网络对企业创新绩效的影响。在不同的科研团队合作模式下,通过决策树等机器学习方法研究相同合作模式下不同团队合作网络结构对企业创新绩效的非线性影响分析,挖掘在什么样的合作模式中采用什么样的合作网络才可以提升企业创新绩效。

二、篇 章 结 构

除参考文献、附录和致谢部分外,本书篇章结构大致如下:

第一章,绪论。介绍本书的研究背景、研究意义、研究内容框架和研究方法等,明确研究目的和方向,并阐述本书主要研究工作以及拟解决的问题,凝练出研究特色和创新点。

第二章,理论基础与研究综述。主要介绍不同层级科研主体与创新绩效的定义、特点,绩效评价的定义以及绩效评价常用的度量方法。梳理本书研究所用到的基本概念及其研究现状,并介绍国内外对于创新绩效的研究进程,引出本书研究的价值和意义。

第三章,数据驱动分析方法。对数据驱动分析科学研究范式进行详细阐述,介绍基本概念、所涉及算法和流程步骤。特别地,以波士顿房价数据集为例,对原始数据进行数据处理,得到变量矩阵;通过特征选择明确研究所需特征变量与结果变量;对研究对象进行聚类分析,可以分群组讨论研究对象的异质性类型和特点;在不同研究对象群组内部,用决策树 CART 算法得出不同特征变量组合对结果变量的不同影响,捕获特征变量与结果变量之间的复杂非线性关系;采用爬山算法搭建贝叶斯网络拓扑结构,通过贝叶斯推理和诊断深入分析特征变量与结果变量之间的作用机制。

第四章,指标选取与度量。针对不同层级科研主体,通过理论溯源和文献梳理遴选影响其创新绩效的特征指标。对于杰出学者,基于社会认知理论中的三元交互模型选取“个体—环境—合作资源”框架下科研效能感、知识创造、创新氛围、外在激励、合作广度与合作深度六个特征指标;对于科研团队,基于社会网络理论选取网络结构整体性特征(团队规模、平均度、平均加权度、网络密度、平均路径长度、聚集系数、年均发文量、均篇影响因子)和非网络结构整体性特征(机构多样性、学科多样性、项目资助数、人员流动性、合作强度、年均发文量、均篇影响因子);对于研发企业,基于 TOE 框架理论选取技术层面(技术相似性、技术异质性)、组织层面(知识基础宽度、知识基础广度)和环境层面(网络密度、网络规模、网络聚集系数、结构洞、度中心性)的特征因素。然后,依据国内外相关文献和研究实际对特征指标和不同科研主体的结果变量创新绩效进行定义和测度。

第五章,数据来源、获取与处理。针对四个不同的研究内容,确定对应研究数据的来源,并对所需数据进行采集和处理。研究内容一以 2016~2018 年国家自然科学基金委公布的 1 409 位国家杰出青年科学基金项目和优秀青年科学基金项目负责人绩效数据为中心,爬取学者在 Web of Science 数据库刊载论文的相关数据,整合软科中国大学排名和中科院发布的期刊分区表等多源异构数据,并运用文本挖掘等相关技术进行处理以完成数据准备工作。研究内容二以 2011~2020 年 Web of Science 数据库刊载的

35 647篇医学信息学领域论文为数据来源,首先对研究对象科研团队进行识别,识别过程主要包括数据获取、数据清洗和网络构建;然后详细阐述网络结构整体性特征与非网络结构整体性特征的定义以及度量公式;最后选取科研绩效评价指标,从产出数量和产出质量两方面评价科研绩效,并通过天际线算法和云模型降维排序得到各团队科研绩效的排名,对科研绩效进行高低划分。研究内容三从PatSnap专利数据库中获取2016～2021年交通领域的184 392件绿色专利申请数据,与2019～2021年的企业进行名称匹配,选取出836家研发合作企业作为本书的研究对象。

第六～七章,异质性杰出学者知识创新绩效影响机制分析。为获知内外部综合条件下不同学者群组类型和特点,根据主要变量特征进行聚类以将杰出学者划分为不同的群组,结合杰出学者群组内部在特征变量上的差异性取值绘制群组特征差异雷达图并命名,实现对不同类型学者群组的特征分析;为在聚类基础上进一步探析特征指标对知识创新绩效的影响,以选择的主要特征指标作为条件属性,离散化后的知识创新绩效作为决策属性,运用决策树CART算法分别对不同学者群组进行规则提取,获知杰出学者的不同特征组合对知识创新绩效的影响状况,识别各群组杰出学者知识创新绩效的关键驱动要素;以群组划分为基础,使用爬山算法明确变量之间的逻辑依赖关系,构建知识创新绩效贝叶斯网络模型,通过变量各状态的概率调整实现贝叶斯推理和诊断,利用变量关联度和贡献度分析明确特征变量与知识创新绩效之间"殊途同归"的作用机制。

第八～九章,不同合作模式科研团队科研绩效影响机制分析。利用聚类算法分别基于团队的网络结构整体性特征和非网络结构整体性特征实现科研团队的分类,结合各类型科研团队的合作网络和特征取值差异雷达图深入了解聚类划分依据,分析各类型科研团队合作模式差异并为其命名;深入探究团队整体性特征与科研绩效之间的复杂非线性关系,在实现样本内数据拟合的基础之上实现样本外的预测。将科研团队整体性特征作为条件属性,科研绩效作为决策属性,获得不同类型科研团队整体性特征影响科研绩效的路径,分析影响路径背后的原因;依据决策规则进行样本空间重新划分,使用爬山算法明确每条决策规则中科研团队合作网络特征变量之间的逻辑依赖关系,构建影响科研团队创新绩效的贝叶斯网络模型,通过科研团队合作网络特征变量各状态的概率调整实现贝叶斯推理和诊断,利用合作网络特征变量与创新绩效的关联度和贡献度分析明确特征变量与科研绩效之间"殊途同归"的作用机制。

第十～十一章,不同合作网络环境的研发企业绿色技术创新绩效影响机制分析。根据社会关系网络中企业与其他创新主体间的合作关系,依据网络密度、网络聚集系数和网络规模等整体网络结构进行聚类,以区分不同合作网络环境;结合知识基础观,在"技术—组织—环境"(TOE)综合分析框架下选取技术相似性等主要特征指标,运用决策树分别提取不同网络环境下企业的绿色技术创新绩效决策规则,获知特定网络环境下技术、组织和环境因素的交互作用对绿色技术创新绩效的影响状况;借助贝叶斯网络直观清晰地呈现三种因素和绿色技术创新绩效的依赖关系,并模拟交互因素间的变化对企业绿色技术创新绩效作用的全过程进行仿真,深层次分析企业绿色技术创新绩效的影响机制问题。

第十二~十三章,个体(科研团队)合作网络对科研团队(企业)创新绩效的影响分析。根据前面针对个体、团队和企业等不同科研主体创新绩效影响机制的研究结论,结合大数据分析来研究目前个体合作网络和科研团队合作网络的主要模式和网络结构特征,为进一步研究不同合作模式下的网络结构对科研团队及企业的影响奠定基础。在不同的个体(科研团队)合作模式下,通过聚类分析和决策树等机器学习方法进一步研究相同合作模式下不同个体(科研团队)合作网络结构对科研团队(企业)创新绩效的非线性影响分析,进而挖掘在什么样的合作模式中采用什么样的个体(科研团队)合作网络才可以提升科研团队(企业)合作创新绩效。

第十四章,研究结论、理论贡献与管理启示。对本书所做的工作和贡献进行归纳总结;明确理论贡献;根据研究结论凝练出对实际绩效管理工作的意见和建议;明确书中尚未解决的问题,指明后续研究方向。

三、研 究 框 架

根据研究内容和篇章结构,可以归纳得出本书的研究框架,如图 1-3 所示。基于研究背景、研究意义、研究内容和研究方法提出本书的研究问题,也即基于大数据分析的科研主体创新绩效影响机制问题。通过文献回顾了解目前相关绩效研究的现状和进展,对文献要点进行整理并确定本书的理论来源。基于组态视角,结合社会认知理论、社会网络理论和 TOE 框架理论分别遴选不同层级科研主体特征指标并依据文献综述和研究实际进行度量,同时对结果变量进行度量。明确度量公式所涉及的相关数据,采用 Python 网络爬虫的方式对相应数据库或网站进行多源异构原始数据采集,并通过文本挖掘等相关技术对数据进行处理得到字段数据表格,根据度量公式进行汇总计算,得到不同层级科研主体各自的特征变量和结果变量绩效数据矩阵。为聚焦不同类型科研主体群组创新绩效的影响机制研究,对不

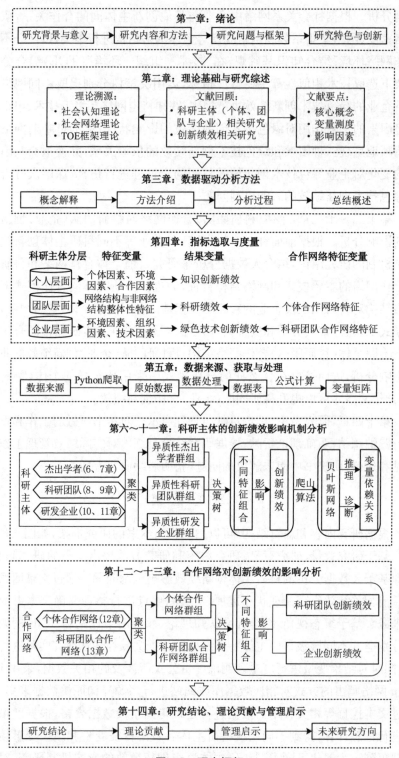

图 1-3　研究框架

同层级科研主体绩效数据中的特征变量进行聚类划分,得到不同的科研主体群组类型,对科研主体群组进行异质性特征分析,在此基础上进入两个递进式研究:首先,基于决策规则的创新绩效影响因素分析,即不同特征组合对科研主体创新绩效的差异化影响;其次,基于贝叶斯网络的创新绩效影响机制分析,即特征变量之间及特征变量与科研主体创新绩效之间"殊途同归"的作用机制。最后对本书研究得出的结论进行归纳总结,根据研究结果提出符合实际管理情境的意见和建议,为不同层级科研主体和相关管理部门提供思想指导和行为规范,并概括本书的局限性和未来研究方向。

第四节　研究思路与技术路线

研究方法作为揭示事物内在规律的工具和手段,保障研究工作的顺利开展。不同的研究方法的选用会得到不同角度的研究结论,因此本节需要对书中采用的研究方法进行详细阐释,并绘制技术路线图,明确本书的研究流程、流程中采用的方法以及每种方法预期得到的研究结果。

一、研　究　方　法

本书主要采用统计分析法和机器学习两种研究方法进行研究,其中机器学习为本书数据驱动分析过程中主要采用的方法。

(一)统计分析法

本书综合运用 Origin、R 语言等统计软件工具对多源异构原始数据进行处理,采用描述性统计分析大致识别变量特征,通过相关性分析掌握不同层级科研主体特征变量与创新绩效之间的相关关系,探寻特征变量之间的数据关系以及各变量对创新绩效的正向或负向影响。文献研究虽然简捷、灵活,但只是基于理论层面对问题进行探讨和分析,真实状况得不到充分了解。在特征指标量化之后,可以采取恰当的统计分析方法剖析研究问题,从样本数据中获取总体数据规律,为进一步探析不同层级科研主体创新绩效影响因素和作用机制奠定基础。

(二)机器学习

1. 聚类分析。聚类分析指将具有两个或多个对象属性的数据集合分组为若干个组内具有相似特征、组外却具有相异特征的组别,并对这些组(称为"簇")分别做进一步分析的方法。聚类分析广泛运用于计算机科学等相关领域,近年来不断向其他领域拓展,并得到了广泛而有效的应用与发展。它能描述数据对象之间的关系,可将相似数据进行无监督分类,直至划分至不同的簇中,有利于后续研究工作的聚焦。聚类与分类不同,分类事先确定了分类类别,属于有监督学习,比如决策树分类就是其中的一种算法;而聚类事先并不知晓分类类别,需要根据原始数据之间的距离或相似性等关系来自行划分成若干类别。本书使用 K 均值(K-Means)聚类方法对数据进行处理,作为最终使用决策树模型的数据预处理方法。

2. 决策树 CART 算法。决策树因形似树形结构而得名,其内部每一个树干分支都代表一种规则输出和分类结果产生。决策树作为数据挖掘领域的一种决策分析方法,能够在多个对象属性与对象值之间形成映射关系,因此常用于数据分类,且能够挖掘各个变量间的复杂非线性规则。决策树包括 ID3(Iterative Dichotomiser 3)、C4.5、C5.0 以及 CART 等算法,而CART 算法产生分支相对较少,规则简单易读,树形结构为二叉树结构。因此,本书选用决策树 CART 算法挖掘杰出学者知识创新绩效的关键驱动要素,在输出不同特征组合与不同等级知识创新绩效之间的复杂非线性关系的同时,还可作为预测模型判断新的不同特征组合归属哪个绩效等级。

3. 爬山算法。爬山算法作为一种启发式算法,拥有局部搜索最优解和近似最优解的良好性能,是贝叶斯网络结构确定的方法之一。从数据出发,运用爬山算法训练已知数据得到变量间依赖关系需关注两大核心要点:用于评价网络结构质量高低的评分函数和用于寻求最优网络结构的搜索策略。爬山算法从一个任意解决方案开始,反复从父解决方案移动到子解决方案,直到找不到更好的子解决方案;在这一过程中,运用 BIC 评分函数对结构与样本数据间的拟合程度进行评价,拟合程度越高,评分越高。爬山算法可以从数据对象中挖掘特征变量与结果变量之间的依赖关系,在获得变量的先验概率和条件概率后,搭建贝叶斯网络拓扑结构,通过贝叶斯推理和贝叶斯诊断明确变量之间的作用机制。

4. 贝叶斯网络分析方法。"事物是普遍联系的"这一哲学观点与贝叶斯网络的核心思想如出一辙。按照概率不确定性思想,贝叶斯学派认为事件的发生都处于先验概率的影响作用下,因此产生了条件概率。贝叶斯网络的构成大体需要两个步骤:结构学习和参数学习。其中,贝叶斯网络的拓扑结构由若干个有因果依赖关系的变量组成,是一个有向无环图(Directed Acyclic Graph, DAG),又称信念网络。然而,变量的先验概率以及变量之间的条件概率则需要从现实数据中广泛学习得到。贝叶斯网络被广泛运用于医疗、生物和地质勘测等相关领域,对于识别敏感因素和风险要素具有强大功能,同时也可用于预测事件发生的可能性。

在以往研究中,统计分析方法被广泛运用于管理学等领域中,管理类的实证问题也需要统计分析方法作为支撑去验证说明和解读。可是,随着研究的逐步深入,权变视角下各变量间的中介作用与调节作用已经不能很好地解决问题,亟待探寻各个变量之间的具体逻辑关系以更好地剖析和解决问题。将机器学习领域的决策树 CART 算法引入创新绩效的影响因素研究,弥补传统回归分析探析不同组合特征因素对因变量影响的不足,深入挖掘决策规则以实现非线性关系的分析;将贝叶斯网络引入创新绩效的影响机制研究,能够识别前因变量之间的依赖关系以及前因变量与创新绩效之间的复杂作用机制,为特定管理情境下不同层级科研主体及相关部门提供绩效管理启示。

二、技术路线图

按照本书篇章结构、研究问题和研究方法等相关内容,对各部分研究所需技术和方法进行归纳提炼,绘制本书技术路线图,如图 1-4 所示,呈现研究思路、数据分析过程和行文逻辑:

通过对研究背景及意义的分析,明确不同层级科研主体创新绩效研究的重要性,尤其是强调科研主体创新绩效的必要性和关键意义,从而进一步提出哪些因素会影响不同层级科研主体创新绩效,以及怎样推动科研主体达成高创新绩效目标的研究问题;

阅读和梳理国内外创新绩效相关文献资源,归纳本书研究所需理论与发展动态,综合考虑管理实际、理论研究与历史研究成果遴选不同层级科研主体创新绩效特征指标,结合以往文献与实际状况对特征指标进行度量,并确定研究所需相关数据来源及获取数据的方式;

确定研究所需多源异构数据,对原始数据进行收集、整合及预处理后,依据公式进行度量得到变量矩阵。通过对变量进行描述性分析识别样本数据整体特点,通过相关性分析初步探索特征变量之间以及特征变量与创新绩效之间的相关关系;

通过对特征变量进行 K-Means 聚类分析,将不同层级科研主体划分为不同的群组(特征簇),实现簇内特征相似、簇间特征相异。绘制特征差异雷达图,依据不同层级科研主体群组内部在特征变量上的差异性取值,分别将不同层级科研主体群组命名并进行特征分析;

以不同层级科研主体特征变量为条件属性,离散化后的创新绩效为决策属性,使用决策树 CART 算法分别构建不同层级科研主体群组决策树,通过决策树后剪枝处理得到决策规则,呈现出不同层级科研主体群组中特

征变量与创新绩效之间的复杂非线性关系,并根据决策规则识别不同层级科研主体创新绩效的关键影响因素和特征组合;

以不同层级科研主体决策规则数据表格为基础,分别将特征变量数据进行 SAX 离散化后匹配对应的创新绩效数据,使用爬山算法输出若干对变量组(变量依赖关系)以搭建贝叶斯网络拓扑结构,接着在 Netica 软件绘制贝叶斯网络结构并匹配样本数据进行参数学习,借助变量关联度分析和变量贡献度分析探寻异质性科研主体群组内部特征变量与创新绩效之间的复杂作用机制。

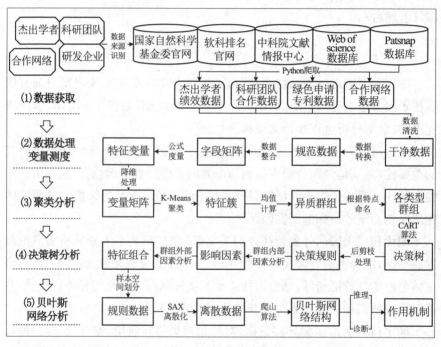

图 1-4 技术路线图

第五节 研究特色与创新

一、研究特色

本书区别于实证分析方法研究范式,从数据本身可能隐藏的有价值信息出发,运用机器学习挖掘变量之间的逻辑关系,即数据驱动分析方法(Data Driven Analysis, DDA)。传统实证研究通过文献梳理事先确定理论模型,收集数据分析自变量、中介变量和调节变量对结果变量的影响以对模型进行验证,从而得出研究结论和管理启示。在实际管理问题研究中,从假设出发,通过文献梳理不一定能够构建一个符合现实规律的理论模型;而从既有数据出发,能够有效挖掘隐藏在事物内部的客观规律以寻求解决实际问题的方法和策略。

在实际管理情境中,变量之间的逻辑关系错综复杂,从某一角度构建理论模型并实证分析,可能得不到理想的具有普遍意义的解决方案。在大数据时代背景下,按照"物以类聚,人以群分"原则,通过聚类算法将具有高度相似的研究对象进行群组划分,利用决策规则展现各群组内部不同特征指标组合对创新绩效的影响,构建贝叶斯网络清晰呈现特征变量间的复杂逻辑关系,递进式研究创新绩效影响因素之间、特征变量与创新绩效之间的非线性关系和复杂作用机制,以更好地推动不同层级科研主体持续高质量发展,探寻适应时代发展的管理方法。其中,聚类算法有利于将研究对象进行异质性群组划分,针对不同群组进行聚焦分析,为不同类型的研究对象提供发展策略和方向;决策树能够捕获变量之间的复杂非线性关系,树模型的每条分支呈现达成目标的若干方法,经过后剪枝的决策树可以归纳总结出决策规则展现异质性群组内部不同特征组合对结果变量的不同影响;贝叶斯网络作为一种概率方法,是在决策树分析的基础上,深入研究变量之间的作用机理,在把握不同类型群组变量逻辑关系的同时,为异质性群组提供有效发展路径。

因此,本书聚焦于使用机器学习方法从客观数据中挖掘有价值信息,捕获事物中隐藏的知识规律或知识模式。结合本书研究内容和问题来看,就是在一定管理理论的基础上遴选相关特征指标和结果指标,在对特征变量进行聚类分析以划分不同层级科研主体群组类型,并根据不同层级科研主体群组类型特点命名和特征分析后,综合运用数据挖掘领域相关算法探析特征变量与不同层级科研主体创新绩效之间的复杂非线性关系和作用机制,进而为不同层级科研主体乃至科研管理部门提供管理启示和行动指导。

二、研究创新点

基于大数据分析的科研主体创新绩效影响机制研究区别于以往实证研究范式,从大数据视角出发,深入挖掘不同层面科研主体特征变量与创新绩效之间的复杂关系结构,具有一定的学术创新。

1. 数据驱动多因素特征对创新绩效的交互式非线性影响研究。不同科研主体创新绩效是多元因素综合驱动的结果,不是通用视角或权变视角下自变量、中介变量和调节变量的简单组合。借助数据驱动分析方法的知识发现能力,从多个维度归纳不同层级科研主体创新绩效的特征变量,结合文献梳理和研究实际完成变量测度,明确不同层级科研主体创新绩效影响因素在各层面的表征,探讨特征变量与创新绩效之间的复杂非线性关系,明确不同特征组合对创新绩效的差异化影响,有利于深入剖析不同层级科研主体创新绩效影响因素,更契合现实管理情境的动态化和复杂化发展。

2. 异质性科研主体的差异化创新成长路径分析,同质性科研主体创新绩效的多路径提升策略。相同特征变量对科研主体创新绩效的影响作用不同,异质性科研主体有适合自身发展的差异化绩效成长路径。通过 K-Means 聚类算法将内外部特征相似的科研主体进行聚类,在明确不同科研主体群组类型和特点的基础上,探寻不同管理情境下科研主体创新绩效的影响因素和影响机制,使得研究结论具有针对性,突破以往研究在通用视角下得出的普适性管理规律,凝练适用于特定对象的差异化管理策略。在同质性科研主体内部,通过决策分析和贝叶斯网络分析得出科研主体获得高创新绩效的多种可行策略和方法。

3. 数据驱动分析科学研究范式的提出与应用。传统实证研究重点关注特征变量与创新绩效之间的线性或简单非线性关系,忽略了变量之间的复杂关系结构。借助大数据技术的知识发现能力,从多维度归纳科研主体创新绩效的特征变量,对多源异构原始数据进行收集和处理,采用合适的机器学习算法挖掘特征变量与创新绩效之间的复杂关系结构。通过构建不同类型和特点的决策树模型和贝叶斯网络模型,系统梳理不同层级科研主体多层次因素对创新绩效的组合影响,将特征变量与创新绩效之间的逻辑依赖关系清晰呈现,并可通过变量关联度和贡献度分析探究特征变量与创新绩效之间"殊途同归"的作用机制,为制定和实施不同资源配置方案提供理论和现实基础。

大数据和知识经济日趋复杂化发展促进经济学领域的深刻变革,也正在塑造管理学新的发展方向和研究范式。随着知识逐步成为高校、科研院所和企业焕发活力的重要资源,知识创新日渐成为个人或组织机构在科研竞争中获取优势的重要策略。目前不同层级科研主体核心竞争力普遍较低,知识创新的内外部驱动不足以及科研资源的不合理配置成为制约不同层级科研主体创新绩效提升的瓶颈。因此,本书主要聚焦于不同层级科研主体特征变量与创新绩效之间的复杂非线性关系和作用机制研究,区别于以往研究中的简单非线性研究和静态分析,更好地挖掘实际管理情境中的有价值信息和规律,为促进不同层级科研主体创新知识持续产出创造有利条件。

第二章 理论基础与研究综述

第一节 理 论 基 础

一、社会认知理论

20 世纪 80 年代,美国著名新行为主义心理学家艾伯特·班杜拉(Albert Bandura)以"人的行为是由人的心理导致并影响的"为基础吸收行为主义、人本主义和认知心理学有关优点,从而提出社会认知理论。该理论认为人的行为结果受内部个体特征与外部环境特征共同作用影响,在一定程度上突破了以往研究认为单因素决定行为结果(单向决定论)论断,指出社会环境作用、自我因素与行为结果是相互影响的关系,以此构建三元交互模型,如图 2-1 所示。三元交互模型反映了个体内在特征、外部环境特征与个人行为结果之间的相互影响作用关系,特别强调行为结果由个人主观因素和社会环境因素影响。从心理学与管理学角度出发,绩效结果主要受人的主观作用和外部环境的影响。[1]基于对社会认知理论中三元交互模型的理解和认识,个体层面的效能感、能力水平、自我认知与外部层面的环境氛

图 2-1　三元交互模型

---

[1]　Boateng, H., D. R. Adam, A. F. Okoe et al., 2016: "Assessing the Determinants of Internet Banking Adoption Intentions: A Social Cognitive Theory Perspective", *Computers in Human Behavior*, 65(12).

围、激励水平等变量会对个人行为结果产生影响。

"自我效能感"这一概念①,即个体对自身实现某项任务或既定目标的心理感受和自信力。拥有强效能感的人,往往做事充满干劲和能量,坚信自己能够克服种种困难并取得成功;而弱效能感的人,认为自己没有能力完成某种任务或目标,在执行某种行为时以消极态度对待并坚信自己不会成功。自我效能往往决定个体的行为模式、付出努力的程度大小、思维逻辑方式及情感沟通方式。自我效能感的获得主要有以下四条途径:生理唤醒、自身历史成功经验、他人替代性经验和外界说服。生理唤醒是指个体在面对某一任务目标时身体产生的客观反应,反应越平静表示自身越冷静,对处理随时可能发生的状况有较大的把握和自信;自身历史成功经验是指自己以往经历中有成功的案例,这种历史经验会在现在及将来给予个体正向激励反馈,提高自身的效能感水平,反之失败的历史经验会给予个体负向激励反馈,降低自身的效能感水平;当与个体实力水平或其他条件相当的他人达成某一目标或完成某项任务时,个体会代入自身状况,认为在同等条件下自己也会达成目标,这就是他人替代性经验;外界说服是指当外部环境中他人鼓励个体行为,相信个体能够完成任务并从言语上给予激励的行为,这种行为通常会使个体自我效能感增强,促使个体采取积极行动达成任务目标。自我效能感强的人对自身充满自信,即使面临重重困难也坚信困难只是暂时的,自己一定有办法和能力解决困难,直至达成自己的目标。通过对自我效能感的四种主要获得路径进行详细阐释,可以明确自我效能感的内涵和外延,为后续科研效能感指标的遴选提供理论基础和定义范围。

二、社会网络理论

大约在 1930 年至 1940 年间,社会网络理论进入萌芽状态。经过多年的沉淀与发展,社会网络开始被看作人与人之间的社会联系,这些联系或条件逐步转化为固定、客观的社会结构,社会网络从而进入大众视野。②20 世纪 80 年代,学者韦尔曼(Wellman)正式提出了社会网络的成熟定义,他认

---

① Savage, M. W., R. S. Tokunaga, 2017: "Moving Toward a Theory: Testing an Integrated Model of Cyberbullying Perpetration, Aggression, Social Skills, and Internet Self-Efficacy", *Computers in Human Behavior*, 71(6).

② Atzori, L., A. Iera, G. Morabito et al., 2012: "The Social Internet of Things(SIoT)—When Social Networks Meet the Internet of Things: Concept, Architecture, and Network Characterization", *Computer Networks*, 56(16).

为"社会网络是由某些个体间的社会关系构成的相对稳定的系统"①。此后,众多学者从多个角度对社会网络的概念进行了延伸,丰富了社会网络相关研究。这些研究从最早的人类学等领域慢慢扩充到了心理学、统计学和管理学等不同领域,随着研究的不断增多,基于各类社会现象的社会网络知识演绎愈加深入,目前社会网络理论已形成一套完整的理论方法和特有的网络结构特征度量方式。点与线的集合构成了网络,社会网络则可以表示为具有社会关系的节点相互联系互动的集合。②这些具有社会网络关系的节点根据研究内容的不同,选择的主体也不尽相同,既可以是人,也可以是公司、机构或者专利等。社会网络理论的基本解释逻辑是:人的行为活动往往需要与其他人产生联系,并不是独立发生的,在产生关系或联系的同时,人被嵌入在一定的社会关系中,而个体行为可以通过社会结构和个体在社会结构中的位置进行解释。③社会网络分析能开创性地对关系与结构进行定量研究,有效测量网络结构,对传统的组织与管理系学研究进行了有效补充与深化。④

目前,社会网络理论主要包含三大核心理论,第一大核心理论是强弱联结理论,由学者格拉诺维特(Granovetter)⑤提出。强弱联结理论包括强关系和弱关系,强关系发生在群体内部,这些群体具有相似的社会经济特征,群体内部合作较为稳定,成员之间信任度较高,容易分享复杂的高质量隐性知识,但强关系群体获得的消息和拥有的资源冗余度较高;弱关系发生在群体之间,这些群体具有不同的社会经济特征,群体间合作不紧密,但由于群体间拥有不同的信息源,因此,不同知识容易在各群体间进行转移⑥。第二大核心理论是社会资本理论,由学者布迪厄(Bourdieu)提出,该理论强调存在于社会网络和社会组织中的能够为利用它的主体带来收益的一种要素,这种收益并不单是一种经济利益,它还可以是一种效益或福利,并且在不被

---

① Wellman, B., S. D. Berkowitz, 1989: "Social Structures: A Network Approach", *Journal of Interdisciplinary History*, 19(4).

② 侯梦利、孙国君、董作军:《一篇社会网络分析法的应用综述》,《产业与科技论坛》2020 年第 5 期。

③ 张华、张向前:《个体是如何占据结构洞位置的:嵌入在网络结构和内容中的约束与激励》,《管理评论》2014 年第 5 期。

④ 黎耀奇、谢礼珊:《社会网络分析在组织管理研究中的应用与展望》,《管理学报》2013 年第 1 期。

⑤ Granovette, M. S., 2003: "The Strength of Weak Ties", *Networks in the Knowledge Economy*.

⑥ Hansen, M. T., 1999: "The Search-Transfer Problem: The Role of Weak Ties in Sharing Knowledge Across Organizational Subunits", *Administrative Science Quarterly*, 44(1).

利用的时候它是以一种社会资源的形式存在。第三大核心理论是结构洞理论,该理论强调在社会网络中占据结构洞位置的组织与个人拥有获取信息及其他资源的优势。由于缺乏直接联系的两者需要借助第三者的介绍才能建立联系,这个第三者就在该社会网络中占据了结构洞位置,而占据结构洞位置也为个体带来更多的回报,获得更为丰富的信息、资源与权力。社会网络研究方向主要从个体网和整体网角度出发,前者分析的是个体/节点的属性与个体网之间的关系,后者主要研究的是网络的结构、图论性质及位置属性等。

三、TOE 分析框架

在 20 世纪 90 年代,托尔纳茨基(Tornatzky)和弗莱舍(Fleischer)首次提出 TOE 分析框架,该框架最初用于分析影响一项创新技术被企业采纳的主要因素,并将影响因素从 3 个层面进行考虑,即技术因素、组织因素和环境因素,是一个基于多层次技术应用情景的综合性分析框架。[1]其中技术因素主要涉及与创新相关的技术知识问题,如技术的复杂性和兼容性。[2]组织因素主要关注企业的内部特性,如创新资源和创新能力等。环境因素更多考虑组织外部特性,如来自竞争对手、供应商、高校等利益相关者的影

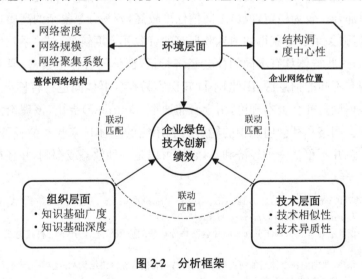

图 2-2　分析框架

---

① Ullah, F., S. Qayyum, M. J. Thaheem et al., 2021: "Risk Management in Sustainable Smart Cities Governance: A TOE Framework", *Technological Forecasting and Social Change*, 167.

② Park, J. H., Y. B. Kim, 2021: "Factors Activating Big Data Adoption by Korean Firms", *Journal of Computer Information Sys-tems*, 61(3).

响。①这三个因素相互制约、相互联系，共同作用于企业绿色技术创新活动的进程和速度。下面对该理论模型3个层面因素（如图2-2）进行详细解读。

（一）技术层面

具体包括技术相似性和技术异质性两个因素。在技术知识与组织的互动作用中，合作伙伴的技术知识会影响企业对其吸收和利用等一系列行为。如何让合作伙伴的技术知识更好地服务于企业创新行为，合作伙伴的选择是个不可忽略的问题。当企业与合作伙伴活跃在类似的技术领域时，它们拥有类似的技术知识，将有助于企业对合作伙伴所持有技术知识的理解，既是合作关系得以确立的基础，也是促进彼此深入了解和分享更多隐性知识的重要因素。②③但是当技术知识相似性过高时，企业就偏离与合作伙伴建立合作关系的初衷，即获取异质性知识资源。当合作伙伴拥有企业没有的异质性技术知识时，建立合作关系不仅可以提高企业的知识存量和知识水平④，还可以为企业提供多样化的技术知识资源，了解前沿技术走向，激发企业潜在的知识需求，为企业下一步整合新领域知识并提高自身知识多元化程度提供了可能。⑤然而，过高的技术知识相异性程度增加了企业理解和学习新技术知识的成本⑥，影响技术知识的吸收和利用。

（二）组织层面

包括企业自身的知识资源情况，具体为知识基础广度和知识基础深度两个因素。企业实质上是一个知识资源的存储库⑦，它可以在拥有自身知识资源基础上，通过合作的方式获取外部异质性技术知识，并与现有知识重

---

① Zhou, L., C. Cao, 2019："The Hybrid Drive Effects of Green Innovation in Chinese Coal Enterprises: An Empirical Study", *Kybernetes*, 49(2).

② Lane, P. J., M. Lubatkin, 1998："Relative Absorptive Capacity and Interorganizational Learning", *Strategic Management Journal*, 19(5).

③ Zander, U., B. Kogut, 1995："Knowledge and the Speed of the Transfer and Imitation of Organizational Capabilities: An Empirical Test", *Organization Science*, 6(1).

④ Zhang, H., M. Zhou, H. Rao et al., 2020："Dynamic Simulation Research on the Effect of Resource Heterogeneity on Knowledge Transfer in R&D Alliances", *Knowledge Management Research & Practice*, 1(1).

⑤ 刘凤朝、罗蕾、张淑慧：《知识属性、知识关系与研发合作企业创新绩效》，《科研管理》2021年第11期。

⑥ Choi, J., 2020："Mitigating the Challenges of Partner Knowledge Diversity While Enhancing Research & Development(R&D) Alliance Performance: The Role of Alliance Governance Mechanisms", *Journal of Product Innovation Management*.

⑦ Yayavaram, S., G. Ahuja, 2008："Decomposability in Knowledge Structures and Its Impact on the Usefulness of Inventions and Knowledge-base Malleability", *Administrative Science Quarterly*, 53(2).

新组合①,从而实现新技术的创新,故企业自身知识资源结构是实现技术创新的基本前提。知识基础广度是指企业所涉及的技术领域范围②,涉及的领域越广,企业内部知识的重新组合机会越多,并且与外部知识交叉融合的机会也越多,实现创新的可能性越大。但是,如果企业仅专注于拓展技术知识多样性,对知识的理解和掌握程度不够深入,过高的知识基础广度反而会影响企业创新。知识基础深度是指企业对其所掌握技术领域的熟悉程度,它不仅会影响到企业能否灵活重新使用现有知识资源,还会对内部知识与外部新知识如何实现最优匹配组合产生关键性的影响。

(三) 环境层面

环境可分为整体网络环境和企业以自我为中心的网络位置环境,其中整体网络环境包括网络规模、网络密度和网络聚集系数;网络位置环境包括结构洞和度中心性。企业是本书的研究对象,合作网络实质上体现了企业所处的社交网络③,网络规模、网络密度和网络聚集系数分别从不同角度说明所有网络成员的交互合作关系,对单个网络成员的知识获取情况具有一定影响,如何在网络环境中正确管理各种形式的知识,提高企业的知识利用效率,已经成为知识管理实践中的一个重要问题。④结构洞体现了企业占据网络关键位置,企业可以通过控制网络成员之间的沟通渠道获取非冗余的知识资源,而度中心性体现了企业在网络中的中心位置,描述了企业拥有的合作伙伴数,这些网络位置对扩充企业知识库具有重要影响,但企业对外部技术知识的吸收情况也受到企业自身知识基础情况的影响。

第二节 研究综述

本节主要从不同层级科研主体出发,对杰出学者知识创新绩效、科研团

---

① Katila, R., G. Ahuja, 2002: "Something Old, Something New: A Longitudinal Study of Search Behavior and New Product Introduction", *Academy of Management Journal*.

② 李子彪、孙可远、赵菁菁:《企业知识基础如何调节多源知识获取绩效?——基于知识深度和广度的门槛效应》,《科学学研究》2021年第2期。

③ 关鹏、王曰芬、傅柱、叶龙生:《专利合作网络小世界特性对企业技术创新绩效的影响研究》,《图书情报工作》2021年第18期。

④ Xie, Y., Y. Mao, H. Zhang, 2011: "Analysis on the Influence of Inter-Organizational Trust, Network Structure and Knowledge Accumulation on the Performance of Network—With Knowledge Sharing as Intermediary", *Science & Technology Progress and Policy*, 28.

队科研绩效、研发企业绿色创新绩效和个体(科研团队)合作网络创新绩效相关概念、研究现状和进展进行详细阐释,了解四个研究对象创新绩效研究的发展进程,为开展本研究提供了新思路和新想法来源。

一、杰出学者知识创新绩效相关研究

(一) 杰出学者相关研究

1. 高校杰出学者的定义。科研人员,也称科技工作者,是指拥有各自领域内的专业理论知识,从事相关科学研究性工作的高级知识分子。[①]科研人员通常分布在高校、科研机构和企业的研发部门等地方,是国家创新人才的集聚地和创新科技的孵化地。通常情况下,科研人员具有某一学科甚至多个学科的专业理论知识,在自己研究领域有一定的造诣和影响力。高校科研人员是指在高等学校任职且从事科研工作的人员。

本书研究对象是高校杰出学者,指的是占高校科研人员总数的小部分科研人才[②],他们通常在自己研究领域有一定造诣和影响力,获得各种荣誉称号和奖项。高校杰出学者常常身兼数职,既可以是教学主体,又可以是科研工作者,甚至是学校管理者和领导者。高校杰出学者作为学校创新的主体,也是国家和社会理论创新的重要部分之一,对于高校杰出学者绩效的研究具有较高学术价值和应用价值。而对于整个国家和社会而言,高校杰出学者在一定程度上反映了整个国家的综合科研实力,他们的良性发展对于社会无疑是重要且关键的。

2. 高校杰出学者的发展现状。目前杰出学者在高校的岗位层次清晰,主要有讲座教授、特聘教授和青年学者三个类别,为构建定位明确、衔接紧密和作风优良的人才培养体系奠定基础。杰出学者作为高校的顶尖科研人才,承担着教学和科研双重任务[③],除了自身德行修养之外,学校强化以能力、业绩为中心的薪资标准,力图把好政治关、师德观、育人观和质量观。高校和地方政府完善人才政策,落实人才制度,在推出各种人才项目的基础上产生人才集聚效应,吸引高水平人才到高校任职,从而以点带面、逐层推进,实现高校综合办学实力的有效提升。高校综合"待遇"和"保障"两大薪酬激励措施,软硬兼施为杰出学者提供适宜的发展环境。[④]同时多种人才引进项目落地,提供住房补贴、生活补贴、子女就学等一系列人

①③　王寅秋、罗晖、杨光:《科研人员省际流动网络分析及演化过程研究》,《科研管理》2022
　　年第 3 期。

②④　黄维海、马钰洁:《高校杰出人才职业成长的心理特质与培养策略》,《高校教育管理》
　　2021 年第 1 期。

才优惠政策。

在多种人才制度和政策的影响下,高校杰出学者发展更具动力但也面临随之而来的压力①,如何在复杂环境下推进知识创新并获得相应的绩效成果,成为学者的中心任务。尽管国家和高校积极"破五唯",评价体系逐渐以师德师风、综合素质为前提,力图为科研人员构建公平、客观和公正的评价体系,但学术能力和成果质量依然是考核的重心。②因此对于杰出学者而言,提升自身科研实力是实现成长的重要任务。

目前杰出学者的发展受到高校、社会和国家的普遍关注,各地方和高校坚持以人为本,营造人才发展良好环境。杰出学者作为国家和社会发展的智力支撑和科技支撑,其发展对于社会创新和变革具有重要意义。面对日益复杂的社会和学校环境,学者的发展路径有必要做出相应调整,学校也应该根据多方面因素为学者构建拥有良好氛围的学术平台,促进学者知识创新绩效的有效提升,从而为高校、社会乃至国家做出贡献。

3. 高校杰出学者的研究现状。高校杰出学者的发展状况得到国家政府、高校的关注,同时也得到学术界的广泛关注。本书首先对现有的高校科研人员的相关文献进行梳理,以便了解高校杰出学者可供参考的研究方向。夏立新③论述了高校党员科研人员的模范作用,较早明确高校杰出科研人员对于集体和组织发展的重要意义;崔俊杰④基于过程视角针对青年科研人员的发展困境提出一系列激励机制,有效推动科研人员不断发展;邢楠楠等⑤从资源保护理论出发,发现科研人员组织学习能力对于其创新行为具有正向影响作用;刘选会等⑥试图从对自我和组织两个角度的认同感出发,研究高校科研人员知识产出的影响因素;闫淑敏等⑦通过实地调研的方式获取一手数据,着重关注高校科研人员创新动力不足与创新知识产出缓慢

---

① Kong, X., J. Zhang, D. Zhang et al., 2020: "The Gene of Scientific Success", *ACM Transactions on Knowledge Discovery from Data*, 14(4).

② Zheng Y., S. Liu, 2022: "Bibliometric Analysis for Talent Identification by the Subject-Author-Citation Three-Dimensional Evaluation Model in the Discipline of Physical Education", *Library Hi Tech*, 40(1).

③ 夏立新:《论高校党员科研人员的模范作用》,《科技管理研究》2009 年第 5 期。

④ 崔俊杰:《过程视角下的高校青年科研人员激励困境与治理研究》,《科学管理研究》2018 年第 5 期。

⑤ 邢楠楠、田梦:《高校科研人员组织学习能力对创新行为的影响研究——基于 COR 视角》,《经济与管理评论》2018 年第 6 期。

⑥ 刘选会、张丽、钟定国:《高校科研人员自我认同与组织认同和科研绩效的关系研究》,《高教探索》2019 年第 1 期。

⑦ 闫淑敏、杨小丽:《基于扎根理论的高校科研人员创新动力研究》,《科技管理研究》2019 年第 1 期。

的主要原因;王菲菲等①构建基于替代计量学的高校科研人员绩效评价指标体系,为科研绩效评价的发展提供助力;姚思宇等②关注高校科研人员的专利行为,运用负二项回归和逻辑回归探寻专利行为与学术影响力之间的关系。总体而言,科研人员的绩效问题得到研究者普遍关注,主要分布在绩效影响因素、绩效评价和学术影响力等方面。

与此同时,对于高校杰出学者的相关研究也在进行,陈宇等③进行相关调查研究发现,项目基金能够明显促进青年学者的创新绩效发展,对于推动中国高校人才队伍的建设有重大作用;李素矿等④基于定性和定量分析两个视角分析中国地质学科研拔尖人才的成长过程和基本特征;尚智丛⑤关注青年杰出人才的年龄特征,探讨中国杰出科技人才的成长规律;段维彤⑥基于契约理论视角,指出运用短期激励和长期激励相结合的方法应对高校杰出人才缺乏问题,从而促进社会科学创新力量的有效提升;黄岚等⑦基于层次分析归纳科技拔尖人才的素质特征,强调杰出人才在队伍建设和人才培养中的重要性;陈兴荣⑧考察国家杰出青年科学基金对高校科研的促进作用时,也提到培养一批学术拔尖人才和科研团队领头人的重要作用;张建卫等⑨将长江学者特聘教授作为高校高层次人才的代表作为研究对象,通过履历信息深度编码实证分析人才的成长特征;唐琳等⑩基于履历分析法视角,通过实证研究揭示中国高层次科研人才的基本特征和成长规律;黄维海等⑪

① 王菲菲、刘家妤、贾晨冉:《基于替代计量学的高校科研人员学术影响力综合评价研究》,《科研管理》2019 年第 4 期。
② 姚思宇、武康平:《高校科研人员专利行为对学术影响力的实证研究》,《科学学研究》2021 年第 9 期。
③ 陈宇、何杰:《信息学科国家杰出青年科学基金项目调查分析》,《科技管理研究》2011 年第 12 期。
④ 李素矿、姚玉鹏:《我国地质学青年拔尖人才成长成才过程及特征分析——以地球科学领域国家杰出青年基金获得者为例》,《中国科技论坛》2009 年第 1 期。
⑤ 尚智丛:《中国科学院中青年杰出科技人才的年龄特征》,《科学学研究》2007 年第 2 期。
⑥ 段维彤:《基于契约理论的民办高校科研人员激励机制研究》,《科学管理研究》2007 年第 2 期。
⑦ 黄岚、蒋彦龙、孔垂谦:《科技拔尖人才的素质特征与大学教育生态优化——基于 N 大学杰出校友调查数据的层次分析》,《高等教育研究》2017 年第 1 期。
⑧ 陈兴荣:《国家杰出青年科学基金对高校科学研究的促进作用——以华中农业大学为例》,《中国科学基金》2014 年第 2 期。
⑨ 张建卫、王健、周洁、乔红:《高校高层次领军人才成长的实证研究》,《科学学研究》2019 年第 2 期。
⑩ 唐琳、蔡兴瑞、王纬超:《高层次人才成长轨迹研究——以北京大学国家杰出青年基金获得者为例》,《科技管理研究》2020 年第 24 期。
⑪ 黄维海、马钰洁:《高校杰出人才职业成长的心理特质与培养策略》,《高校教育管理》2021 年第 1 期。

通过质性分析研究高校杰出人才心理特质对职业成长的影响作用,对以往只考虑外部环境因素对杰出人才的成长而言是一个重要补充,同时也强调了协作与创造性思维的重要性。

通过文献梳理发现,以往研究对于科研人员或科研团队的相关研究颇多,但是聚焦科研人才或杰出学者的研究较少,且主要关注杰出人才的成长过程和基本特点。杰出学者作为高校发展的关键力量,是社会进步的智力支撑和知识向导。在面临现有研究不足的情形下,深入分析影响杰出学者知识创新绩效的关键驱动因素并探析变量间的复杂依赖关系,有利于学者创新知识产出和绩效有效提升。

(二) 学者科研绩效相关研究

创新发展是体现国家综合实力的重要指标,高校作为理论创新、科技创新中坚力量代表国家创新实力水平。知识经济持续蓬勃发展,科研人员成为凸显国家科研竞争优势的坚实支撑力量,推动科研人员达成更高目标既是科研人员自身诉求,也是国家与社会共同期盼。在以往研究中,学者对于科研产出与科研绩效并未明确区分,科研产出作为科研绩效的一部分,在一定程度可以代替科研绩效进行相关定量研究,且帕尔(Pal)等[1]认为科学表现、学术贡献、出版物产出等与科研生产力都有同义关系。因此,本书并未严格区分科研生产力、科研产出与科研绩效的区别,而是将三者结合起来进行研究。"绩效"概念最早被管理学领域提及,指成绩与成效的综合,随后被广泛应用于企业人事管理、高校及科研院所的科研管理及政府的行政管理。根据绩效面对的对象规模不同,可以将绩效分为个人绩效、团队绩效和组织绩效等;根据绩效适用性质不同,可以将绩效分为企业绩效、科研绩效、学习绩效和行政绩效等。通过梳理国内外关于绩效研究的文献,可以得出三种代表性观点。

结果绩效:在特定时间内,以工作任务的完成程度作为评估准则,考察个人或组织的目标完成状况。该观点认为任务的过程完成状况不重要,重要的是结果,这也是目标管理理论影响下的产物。结果论将绩效看成一种特定的结果,认为实际结果便是绩效,强调绩效的客观性和目的性。

过程绩效:任务过程中的行为表现、态度及个性特点等,不关注行为结果,关注完成任务过程中的行为状况。过程论注重行为过程中体现出来的主观因素,有学者提出任务绩效和情境绩效的概念。其中,任务绩效是指

---

① Pal, J. K., S. Sarkar, 2020: "Understanding Research Productivity in the Realm of Evaluative Scientometrics", *Annals of Library and Information Studies*, 67(1).

个体或组织为了完成一定任务目标而采取的行动；情境绩效是指个体或组织为了所在团体或组织更好的发展而产生的行为。过程绩效观深受过程管理理论的影响，认为工作结果由个体的态度、行为和能力等主观因素影响。

潜能绩效：既考虑个体完成任务中的行为、态度和能力，又考虑任务目标的完成状况，结合结果绩效与过程绩效观点，从过程和结果两个方面考察个体绩效。该观点承认行为过程是绩效的一部分，将过程和结果综合起来考察个体绩效。

总体来看，学者对于绩效各持己见，侧重点也有所不同，但大致形成了主流的绩效"结果论"、绩效"过程论"与绩效"潜能论"。通过对相关研究成果进行梳理发现，不同层次和不同研究领域的绩效有所差别，但究其根本，绩效都反映投入与产出关系。由于样本数据来源受限，本书科研绩效的量化采用结果绩效指标，关注科研人员产出成果的数量与质量，以此界定科研绩效的概念及确定科研绩效的量化方式。

1. 绩效影响因素研究。米切尔（Mitchell）等[1]将高校教师的角色进行分解，探究在教学和研究上花费时间长短对于个人与组织机构科研绩效的影响；萨克斯（Sax）等[2]考虑性别和家庭因素对于科研人员产出状况的影响；波特（Porter）等[3]考虑组织声誉和本科生素质对于教师产出效率的影响，声誉会正向影响科研产出，而学生素质会负向影响科研产出；阿布拉莫（Abramo）等[4]认为不同形式的合作对科研产出的影响不同，且该过程会受个人和组织因素影响；兰德里（Landry）等[5]认为与不同的对象合作都会对科研绩效产生正向的推动作用；阿布里扎（Abrizah）等[6]则研究发现合作不

[1] Mitchell, J. E., D. S. Rebne, 1995: "Nonlinear Effects of Teaching and Consulting on Academic Research Productivity", *Socio-Economic Planning Sciences*, 29(1).

[2] Sax, L. J., S. H. Linda, A. Marisol, F. A. Dicrisi, 2002: "Faculty Research Productivity: Exploring the Role of Gender and Family-Related Factors", *Research in Higher Education*, 43(4).

[3] Porter, S. R., R. K. Toutkoushian, 2006: "Institutional Research Productivity and the Connection to Average Student Quality and Overall Reputation", *Economics of Education Review*, 25(6).

[4] Abramo, G., A. C. D'Angelo, G. Murgia, 2017: "The Relationship among Research Productivity, Research Collaboration, and Their Determinants", *Journal of Informetrics*, 11(4).

[5] Landry, R., N. Traore, B. Godin, 1996: "An Econometric Analysis of the Effect of Collaboration on Academic Research Productivity", *Higher Education*, 32.

[6] Abrizah, A., M. Erfanmanes, V. A. Rohaniet al., 2014: "Sixty-Four Years of Informetrics Research: Productivity, Impact and Collaboration", *Scientometrics*, 101(1).

是科研人员变得优秀的关键,其着重识别优秀科研人员在研究领域内的生命周期特征;阿布拉莫①提出员工规模会影响科研生产力;科特里克(Kotrlik)等②将科研生产力看作学术成功的重要因素之一,因其与职位升迁、工资奖励、任期长短相关联;伊克巴尔(Iqbal)③着重探讨大学科研效率低下的原因,以给科研人员提供良好的外部环境和了解自身实力;韦(Way)等④从累积优势的环境机制出发,提出现有工作环境比培训环境的特点对科研人员的影响更大;阿克巴里塔巴尔(Akbaritabar)等⑤通过层级回归得出国际化制度与特定环境的组织设置可以有效促进科研生产力;邓达尔(Dundar)等⑥从个人因素和组织因素出发,探讨个人与组织的交互作用对科研产出的作用;郑(Jung)⑦认为个人特征、工作量、研究风格的差异和机构/制度特征都会影响科研生产力;埃斯特斯(Estes)等⑧引入动机理论,指出工作安全感会影响生产率;克维克(Kwiek)⑨关注到优秀科研人员这一群体,并发现国际合作与在国外发表论文增加了科研人员变成顶尖研究者的概率;迈耶(Mayer)等⑩关注性别差异并发现在个人因素与组织因素的交互作用下,性别仍然会对科研成果产出产生影响;吴(Oh)等

① Abramo, G., T. Cicero, C. A. D'Angelo, 2012: "Revisiting Size Effects in Higher Education Research Productivity", *Higher Education*, 63.
② Kotrlik, J. W., J. E. Bartlett, C. C. Higgins, H. A. Williams, 2002: "Factors Associated with Research Productivity of Agricultural Education Faculty", 43(3).
③ Iqbal, M. Z., A. Mahmood, 2011: "Factors Related to Low Research Productivity at Higher Education Level", *Asian Social Science*, 7(2).
④ Way, S. F., A. C. Morgan, D. B. Larremore, A. Clauset, 2019: "Productivity, Prominence, and the Effects of Academic Environment", *Proceedings of the National Academy of Sciences of the United States of America*, 116(22).
⑤ Akbaritabar, A., N. Casnici, F. Squazzoni, 2018: "The Conundrum of Research Productivity: A Study on Sociologists in Italy", *Scientometrics*, 114(3).
⑥ Dundar, H., D. R. Lewis, 1998: "Determinants of Research Productivity in Higher Education", *Research in Higher Education*, 39(6).
⑦ Jung, J., 2012: "Faculty Research Productivity in Hong Kong across Academic Discipline", *Higher Education Studies*, 2(4).
⑧ Estes, B., B. Polnick, 2012: "Examining Motivation Theory in Higher Education: An Expectancy Theory Analysis of Tenured Faculty Productivity", *International Journal of Management, Business, and Administration*, 15(1).
⑨ Kwiek, M., 2018: "High Research Productivity in Vertically Undifferentiated Higher Education Systems: Who are the Top Performers?", *Scientometrics*, 115.
⑩ Mayer, S. J., J. M. K. Rathmann, 2018: "How does Research Productivity Relate to Gender? Analyzing Gender Differences for Multiple Publication Dimensions", *Scientometrics*, 117.

人①从锚定启发式视角考察自我效能判断与绩效之间的关系,发现个人未来的工作自我在自我效能机制中起重要作用;苗青②引入服务型领导理论和利他导向文化探索了影响科研人员成长的因素;田仕芹、王玉文和李兴昌③对289位科研型教师进行调查得出心理资本对科研绩效有直接影响;赵西萍和孔芳④则将自我效能感从心理资本这一维度中分离出来,认为工作复杂性调节了科研人员自我效能感与三维绩效之间的关系;马(Ma)等⑤提出在公司面临财务限制时,研发合作是提高创新绩效的有效策略;卡尔诺(Karno)等⑥使用结构方程模型证实了以创新作为中介变量,合作多元化对企业绩效有积极影响;卡恩(Kang)⑦从研究预算、研究能力、科研人员数量和国际合作等两方面对影响绩效的主要因素进行调查,发现影响研究绩效的主要因素是网络规模和接触人数;切拉索利(Cerasoli)等⑧基于随机效应元分析方法重点关注内在动机、外在激励与绩效之间的关系。

2. 绩效评估、预测和激励研究。除了科研绩效的影响因素受到广泛关注以外,学者也对如何评价科研绩效感兴趣。

表 2-1　科研绩效研究概况

科研绩效	
角度	角色(教学、研究、服务等);公共政策;声誉与学生质量;成果数量与质量;关联、影响和协作;不同水平研究者;优秀员工的工作时间分布和学术角色定位

---

① Oh, S., 2020: "How Future Work Self Affects Self-Efficacy Mechanisms in Novel Task Performance: Applying the Anchoring Heuristic under Uncertainty", *Personality and Individual Differences*, 167.

② 苗青:《服务型领导、利他导向文化与科研人员成长》,《科研管理》2009 年第 6 期。

③ 田仕芹、王玉文、李兴昌:《高校科研型教师心理资本与主观幸福感、科研绩效关系的调查研究》,《数学的实践与认识》2015 年第 8 期。

④ 赵西萍、孔芳:《科研人员自我效能感与三维绩效:工作复杂性的调节作用》,《软科学》2011 年第 2 期。

⑤ Ma, R., Ding Hao, Zhai Pengxiang, 2017: "R&D Cooperation, Financial Constraint and Innovation Performance", *Interciencia*, 42(6).

⑥ Karno, C. G., E. Purwanto, 2017: "The Effect of Cooperation and Innovation on Business Performance", *Quality-access to Success*, 158(18).

⑦ Kang, J., 2017: "The Effect of International Joint Research to the Research Performance: The Case of the Global Research Laboratory and the Basic Research Laboratory Programme", *Science Technology and Society*, 22(3).

⑧ Cerasoli, C. P., J. M. Nicklin, M. T. Ford, 2014: "Intrinsic Motivation and Extrinsic Incentives Jointly Predict Performance: A 40-year Meta-Analysis", *Psychological Bulletin*, 140(4).

科研绩效	
影响因素	个人特征;性别差异;工作角色;产出状况;研究类型;工作态度;价值观和目标;组织忠诚度;专业承诺;不同类型协作;教师参与;教员工作机构规模;研究支持;工作环境特点;个人特征和机构特征的综合影响;人员规模;制度和组织嵌入;科研资本;国际合作;就业和社会人口特征;工作量;研究风格差异和机构特征;工作安全感;家庭因素;人力资本;机会成本(教学和服务工作量);合作对象;国际合作;学术归属;学术渊源
重要性	晋升、任期、工资、提供环境;终身教职和晋升决策;激励;政策制定;规模收益
评估	对象:个体、团队、机构;指标:数量、质量和影响力/前沿;方法:期刊质量、知识创造、机构与个人科研产出、投入产出、过程绩效和结果绩效
预测	论文导师资格、研究生院生产力、学术布局、学术来源;受教育程度、研究收益;激励机制;自我效能

戴格尔(Daigle)等[1]则从产出成果数量与质量的角度考察 AIS(信息系统领域学术专业组织)学科状况,分析个人与机构的科研产出率;西格尔(Siegel)等[2]从公共政策的角度出发,对科研产出进行评估,以探析大学科学院的技术溢出;巴尔多克(Baldock)等[3]提出 h 指数能够衡量产出成果的数量和质量,但不是最好的衡量方法;艾哈迈德(Ahmad)等[4]将 Rstudio 中的 Bibliometrix 包用于分析科研人员的研究成果;朱娅妮[5]从高校跨学科团队的特点出发,采用定性和定量相结合方法建立多元跨学科指标体系对科研团队进行绩效评价;布鲁(Brew)等[6]着重探讨不同水平研究者对于科学研究的看法,并努力探求知识创造与自身定位之间的关系;哈塞尔巴克(Hasselback)[7]强

[1] Daigle, R. J., V. Arnold, 2000:"An Analysis of the Research Productivity of AIS Faculty", *International Journal of Accounting Information Systems*, 1(2).

[2] Siegel, D. S., P. Westhead, M. Wright, 2003:"Assessing the Impact of University Science Parks on Research Productivity: Exploratory Firm-Level Evidence from the United Kingdom", *International Journal of Industrial Organization*, 21(9).

[3] Baldock, C., R. Ma, C. G. Orton, 2009:"The h Index is the Best Measure of a Scientist's Research Productivity", *Medical Physics*, 36(4).

[4] Ahmad, M., M. S. Batcha, 2020:"Measuring Research Productivity and Performance of Medical Scientists on Coronary Artery Disease in Brazil: A Metric Study", *Library Philosophy and Practice(e-journal)*, 4358.

[5] 朱娅妮:《高校跨学科科技团队的绩效评价研究》,《科研管理》2015 年第 S1 期。

[6] Brew, A., D. Boud, S. U. Namgung, L. Lucas, K. Crawford, 2016:"Research Productivity and Academics' Conceptions of Research", *Higher Education*, 71.

[7] Hasselback, J. R., A. Reinstein, E. S. Schwan, 2000:"Benchmarks for Evaluating the Research Productivity of Accounting Faculty", *Journal of Accounting Education*, 18(2).

调绩效评估的重要性;阿西(Athey)等[1]认为绩效评价可以用于终身教职和晋升决策;弗索夫(Fursov)等[2]除了分析影响科研生产力的关键因素之外,强调发现规律以激励科研人员的不断发展;威廉森(Williamson)等[3]提出通过了解导师资格、学术环境状态、学术布局及学术来源等预测科研生产力。表 2-1 大致呈现近几年科研绩效的研究状况,包括研究角度、绩效影响因素、重要性、绩效评估和预测等方面的研究概况。同时可以发现,科研绩效的研究重心主要在对绩效影响因素的探析。

国内外学者热衷于用问卷、测量量表等收集数据,运用线性回归、结构方程模型等方法探析自变量与因变量之间的相关关系,从多角度证明提高科研绩效的重要性,但对个体科研人员内外部因素关注不够。科研人员在理论创新上占据重要地位,科研工作比一般工作更具复杂性,高校领导者更应该了解科研人员本质特征,从不同角度和方向推动科研人员达成绩效目标及追求更高目标。李海林等[4]在研究合作网络结构特征对创新绩效的影响时,首次相对详细地将数据挖掘领域的聚类算法与决策树算法引入绩效影响因素研究,对于相关关系的研究是一大创新;塔杰迪尼(Tajeddini)等[5]认为与人相关的特征因素会对创新绩效产生影响,通过实证研究证明个体特征对于整体绩效提升的必要性;迪亚斯·费斯(Diaz-Faes)等[6]研究发现科研绩效与研究者个体特征之间有复杂的关系结构;瑞安(Ryan)等[7]通过定性比较分析得出如果科学家遵循不同的激励模式,那么发展不同的激励计划和策略可以支持学术动机,以达到更高的表现水平。之前有研究考察

---

[1] Athey, S., J. Plotnicki, 2000: "An Evaluation of Research Productivity in Academic IT", *Communications of the Association for Information Systems*, 3(1).

[2] Fursov, K., Y. Roschina., O. Balmush, 2016: "Determinants of Research Productivity: An Individual-Level Lens", *Foresight and STI Governance*, 10(2).

[3] Williamson, I. O., D. M. Cable, 2003: "Predicting Early Career Research Productivity: The Case of Management Faculty", *Journal of Organizational Behavior*, 24(1).

[4] 李海林、徐建宾、林春培、张振刚:《合作网络结构特征对创新绩效影响研究》,《科学学研究》2020 年第 8 期。

[5] Tajeddini, K., E. Martin, L. Altinay, 2020: "The Importance of Human-Related Factors on Service Innovation and Performance", *International Journal of Hospitality Management*, 85(2).

[6] Diaz-Faes, A. A., R. Costas, M. Purificacion Galindo, M. Bordons, 2015: "Unravelling the Performance of Individual Scholars: Use of Canonical Biplot Analysis to Explore the Performance of Scientists by Academic Rank and Scientific Field", *Journal of Informetrics*, 9(4).

[7] Ryan, J. C., J. Berbegal-Mirabent, 2016: "Motivational Recipes and Research Performance: A Fuzzy Set Analysis of the Motivational Profile of High Performing Research Scientists", *Journal of Business Research*, 69(11SI).

了各变量与科研绩效之间的线性关系,但当前研究试图解决以下问题:什么样的特征组合关系会促成杰出学者高水平的知识创新绩效? 不同类型的杰出学者特征变量与知识创新绩效的作用机制是否具有差异性? 因此在研究高校杰出学者知识创新绩效影响因素及作用机制时,可借鉴数据挖掘领域研究方法,以新思路探寻影响高校杰出学者达成高知识创新绩效的若干特征因素,挖掘规则路径中的非线性相关关系和复杂关系结构,为实施精心设计的绩效激励①措施奠定基础,推进高校杰出学者创新知识持续高效产出和绩效水平有效提升。

3. 国内外绩效评价。美国从 20 世纪初期就开始了科研人才、组织和机构绩效评价,相较于世界其他国家领先很久。刚开始,由美国国会针对一些重要科技问题提出指标并进行评估,这就成为美国科研绩效评价的开端;而随着这项绩效评估工作逐渐常态化,科研绩效评价也成为一项日常的制度化工作。大概是从 19 世纪 60 年代开始,美国开始对一些私立的和非营利性质的组织和机构进行绩效评价,目的是促进这些机构教学质量的提高。紧接着美国高校开始建立一系列的指标体系,在对高校教师进行管理时会运用指标考核体系考察教师的研究和教学水平,以实时督促教师提升自身的科研绩效和教学质量。在绩效评价的过程中,评价主体主要有学生、同事及上级领导等,评价方法包括问卷调查法、量表法、自评法等,绩效评价的结果与教师的奖惩、职位升迁等挂钩。

法国政府将国家研究中心与大学研究与其他组织研究综合在一起管理,努力实现政府对科研知识管理的现代化。其中,法国科研体系的一大特点是将宏观评价指标与微观评价指标结合起来考察个体和机构的科研绩效。从宏观上来看,绩效评估指标主要包括战略指标、资源指标以及竞争力指标等;从微观上来看,绩效评估指标主要包括投入产出指标和社会影响指标等。不仅如此,评价客体的科研成果还会在经济、政治、文化等各方面被评价,以考察科研个体及机构的实际科研成果。法国政府注重科研成果带来的社会影响力,包括国内与国外,因此科研成果的影响也不局限于法国,通常扩展到欧洲乃至全世界。对于美国的科研绩效评价而言,法国的科研体系在此基础上得到了进一步发展。

国外大学的科研评价大多注重科研成果的质量和国际影响力,英国也

---

① Ryan, J. C., J. Berbegal-Mirabent, 2016, "Motivational Recipes and Research Performance: A Fuzzy Set Analysis of the Motivational Profile of High Performing Research Scientists", *Journal of Business Research*, 69(11SI).

不例外。由于考核成果直接与基金会的拨款相一致，科研绩效好的高校将会获得更多的资金支持，这一举措也不断推动英国高校发挥创新能力寻求科研成果的不断深化。此外，英国采用多层级小组对高校进行评估，指标多样化以全面考察高校的科研能力及教育质量。阿巴西（Abbasia）等[1]发展了一个基于社会合作网络理论和分析方法的理论模型来探索学者的合作网络，研究表明除了归一化中介中心性和归一化紧密中心性测度外，学者的研究绩效（g 指数）与四种社会网络分析（Social Network Analysis，SNA）测度呈正相关，只有标准化程度中心性、效率和平均纽带强度对 g 指数（作为绩效衡量）有显著的正向影响，归一化特征向量中心性对 g 指数有显著的负影响。

中国绩效评价指标体系的发展往往是伴随经济体制的变化而变化的。改革开放以后，中国绩效评价指标体系结合国家对企业间接管理和外部监督进行改革。其中，增添了企业的发展前景等作为企业绩效考评的指标。总体而言，中国企业的绩效考评体系吸收国外的绩效考评制度，结合本国国情进行调整和运行。

关于科研绩效评价，国内还未形成一套公认的完整指标体系，大多以绩效目标为基准确定相关考核指标进行评价。杨宁等[2]在评价科研项目产出状况时，通过项目数量、质量和影响力三个维度去考评；夏立新等[3]从跨地域科研协作视角出发，主要从过程绩效和结果绩效两个方法考察绩效评价问题；宗晓华、段晓梅和刘天佐等[4][5][6]在对高校科研效率进行研究时，从投入—产出角度衡量各高校的科研产出状况；舒予等[7]考虑到学科差异，从科

[1] Abbasia, A., J. Altmann, L. Hossain, 2011："Identifying the Effects of Co-Authorship Networks on the Performance of Scholars：A Correlation and Regression Analysis of Performance Measures and Social Network Analysis Measures"，*Journal of Informetrics*，5(4).

[2] 杨宁、文奕、胡正银、覃筱楚、向彬：《科研项目产出绩效评价研究——以干细胞科研领域为例》，《科技管理研究》2020年第9期。

[3] 夏立新、李明倩、叶光辉、毕崇武：《跨地域科研协作研究进展》，《情报理论与实践》2020年第4期。

[4] 宗晓华、付呈祥：《我国研究型大学科研绩效及其影响因素——基于教育部直属高校相关数据的实证分析》，《高校教育管理》2019年第5期。

[5] 段晓梅：《系统思维下我国高校科研绩效的超效率DEA评价》，《系统科学学报》2019年第4期。

[6] 刘天佐、许航：《我国不同区域高校科研投入产出绩效及其影响因素分析——基于DEA-Tobit模型的实证研究》，《科技管理研究》2018年第13期。

[7] 舒予、张黎俐、张雅晴：《科研实体科研绩效的评价及实证研究》，《情报杂志》2017年第10期。

研总量、科研质量和前沿研究三个角度将指标标准化对科研绩效进行评价；夏云霞等[1]强调从科研团队的不同类别出发，分类对科研效率进行评估；张维冲等[2]以研究生为对象，从知识的需求侧构建指标评价体系；刘华海[3]从科研项目管理实际出发，构建项目基础、项目水平、项目效果和项目特色的指标体系评价项目绩效。绩效评价是一个复杂而琐碎的过程，科研绩效评价作为考核和评价科研人员的重要步骤也具有复杂性。在实际的研究过程中，可以依据绩效目标等具体情况灵活选用合适的绩效评价方法。对于本书而言，知识创新绩效作为科研绩效研究的分支之一，对各国科研绩效评估的相关发展状况进行梳理，有利于后续对杰出学者知识创新绩效进行有效测度。

（三）知识创新绩效相关研究

1. 知识创新绩效概念的界定。经济学家将创新视为行业新产品、过程或实践，因此他们强调"创新速度"，即一家公司相对于同行业中其他公司而言获取和使用创新的快速性；组织理论家将创新定义为新发现的产品、过程或实践，其重点是公司采用的新产品或流程的数量。后来创新[4]被定义为在企业级别上引入具有商业意义的新产品，是个人努力和组织系统促进创造力的函数[5]。公司开发新技术的能力是战略竞争力的核心，因此企业保持竞争优势的唯一方法是通过创新不断提升其设施和活动。可以理解，在这种情况下，研究人员表现出强烈的"赞成创新"的偏见，并将创新视为一种固有的有益组织活动。

除了企业之外，其他个体或组织也有创新活动，对于高校杰出学者而言，创新是在原有的基础上开展突破性行为或活动。知识创新是学者承担的重要艰巨性任务，也是高校赢得竞争力的关键举措。对于高校而言，知识创新指科研人员通过科研工作获取新思想、新观点和新方法并应用于社会生产和社会服务。高校作为汇聚科研人才的关键领域之一，是推动知识创新的核心力量。"知识创新"主要指新知识和新概念的产生，许多重大科学

① 夏云霞、徐涛、翟康、贺建华：《研究所科研团队绩效评价的探索与实践》，《科研管理》2017年第 S1 期。
② 张维冲、袁军鹏：《我国研究生科研绩效评价实证研究——以情报学机构为例》，《情报科学》2016 年第 9 期。
③ 刘华海：《科研项目绩效评价模型和指标体系的构建》，《科研管理》2016 年第 S1 期。
④ Love, J. H., B. Ashcroft, B. Ashcroft 1999："Market versus Corporate Structure in Plant-Level Innovation Performance", *Small Business Economics*, 13(5).
⑤ Bharadwaj, S., A. Menon 2000："Making Innovation Happen in Organizations：Individual Creativity Mechanisms, Organizational Creativity Mechanisms or Both", *Journal of Product Innovation Management*, 7(6).

知识及创新都来自研究型大学,研究发现70%的对社会发展有重大推动作用的创新知识都来源于高校。"绩效"概念最早被管理学领域提出,指成绩与成效的综合,接着被广泛应用于企业人事管理、高校及科研院所的科研管理及政府的行政管理。根据绩效面对的对象规模不同,可以将绩效分为个人绩效、团队绩效和组织绩效等;根据绩效适用机构性质不同,可以将绩效分为企业绩效、科研绩效、学习绩效和行政绩效等。而本研究中的知识创新绩效指基于创造性行为结果层面获得学术界甚至社会广泛认可,且具有突破性或变革性科研成果的产出。通过对相关文献的梳理发现,知识创新绩效的度量方式与科研绩效、科研产出和知识生产力等概念的测度方式具有较高相似性。

2. 知识创新绩效的研究现状。知识创新指科研人员通过科学研究获取新思想、新观点和新方法并应用于社会生产和社会服务。知识创新的研究对象大多集中在企业、高校及研发机构等,前因变量与研究对象所处知识环境、政策环境等息息相关。知识创新作为知识管理过程中的关键环节,是科研人员学术生涯中的基本任务,也是杰出学者引领社会创新浪潮的必经阶段。对于高校科研人员而言,知识创新意味着源源不断的新知识有效输出的可能,也为培养优秀人才提供基础和保障。而知识创新绩效作为知识创新的成果,往往能够反映个体或团队新知识或新思想的输出状况以及新知识的质量。在企业中,知识创新绩效多关注于科技成果、新产品研发等经济效益;在高校中,杰出学者的知识创新绩效强调专利、论文等学者成果产出的数量和质量等方面。为便于梳理知识创新绩效的研究现状,本节从两个角度梳理知识创新的研究进展,其中大部分文献基于实证研究分析各前因变量与知识创新绩效之间的关系。

企业方面:刘元芳等[1]探讨企业所处的创新网络中心位置和技术联盟合作情况对于企业创新绩效的影响,实证得出信息可获性对企业创新能力的正向影响;王晓娟[2]实证分析得出知识网络与集群企业创新绩效之间的关系,强调网络中心度、网络开放度和关系强度等对于创新绩效的正向影响作用;何会涛等[3]构建整合性框架,从知识管理和组织学习两个视角探寻人

①　刘元芳、陈衍泰、余建星:《中国企业技术联盟中创新网络与创新绩效的关系分析——来自江浙沪闽企业的实证研究》,《科学学与科学技术管理》2006年第8期。
②　王晓娟:《知识网络与集群企业创新绩效——浙江黄岩模具产业集群的实证研究》,《科学学研究》2008年第4期。
③　何会涛、彭纪生:《人力资源管理实践对创新绩效的作用机理研究——基于知识管理和组织学习视角的整合框架》,《外国经济与管理》2008年第8期。

力资源管理实践与创新绩效之间的关系;丁宝军等[1]从知识结构出发,研究 R&D 获得显性知识投入和 R&D 获得隐性知识投入对技术创新绩效的影响,贡献了占领市场的技术创新策略;徐二明等[2]基于资源基础理论,实证得出知识转化能力对绩效的影响作用,而知识创新能力对于绩效没有明显影响;何志国[3]构建基于论文、专著、技术专利、新产品、新工艺和获奖成果的知识型企业研发团队创新绩效评价指标体系,采用 BP(back propagation)神经网络进行模型仿真;王(Wang)等[4]基于知识管理和能力创新理论,运用多元回归方法实证得出知识共享在协作创新能力与企业创新绩效起到了中介作用;曾萍[5]实证研究得出协调整合能力和重组转型能力正向影响企业绩效水平;郑小勇等[6]首次分析团队个体、结构、环境因素对团队创新绩效的影响,但仍是基于实证角度。

卢艳秋等[7]从创新网络视角出发,探讨创新网络三个维度在政府作用调节下对技术联盟企业合作创新绩效的影响;高长元等[8]强调知识创新是产业集群企业保持竞争能力的重要因素,利用灰色关联度分析法构建集群知识的绩效评价模型;曾萍等[9]关注政治关系,通过实证得出政治关系必须通过组织学习和动态能力才能对企业创新绩效产生影响;张欣[10]主要探讨知识管理能力与创意企业创新绩效之间的关系;侯二秀等[11]提出心理资本

① 丁宝军、朱桂龙:《基于知识结构的 R&D 投入与技术创新绩效关系的实证分析》,《科学学与科学技术管理》2008 年第 9 期。
② 徐二明、张晗:《企业知识吸收能力与绩效的关系研究》,《管理学报》2008 年第 6 期。
③ 何志国、彭灿:《BP 神经网络在知识型企业研发团队知识创新绩效评价中的应用研究》,《图书情报工作》2009 年第 8 期。
④ Wang, C., Q. Hu, 2020: "Knowledge Sharing in Supply Chain Networks: Effects of Collaborative Innovation Activities and Capability on Innovation Performance", *Technovation*, 94~95.
⑤ 曾萍:《知识创新、动态能力与组织绩效的关系研究》,《科学学研究》2009 年第 8 期。
⑥ 郑小勇、楼鞅:《科研团队创新绩效的影响因素及其作用机理研究》,《科学学研究》2009 年第 9 期。
⑦ 卢艳秋、张公一:《跨国技术联盟创新网络与合作创新绩效的关系研究》,《管理学报》2010 年第 7 期。
⑧ 高长元、程璐:《基于灰色关联分析的高技术虚拟产业集群知识创新绩效模型研究》,《图书情报工作》2010 年第 18 期。
⑨ 曾萍、宋铁波:《政治关系对企业创新的抑制作用?——基于组织学习与动态能力视角的探讨》,《科学学研究》2011 年第 8 期。
⑩ 张欣:《创意企业知识管理能力与绩效关系研究》,《管理世界》2011 年第 12 期。
⑪ 侯二秀、陈树文、长青:《企业知识员工心理资本、内在动机及创新绩效关系研究》,《大连理工大学学报(社会科学版)》2012 年第 2 期。

通过内在动机影响员工创新绩效;李武威①则从另一视角探讨外资研发、技术创新资源投入对于企业创新绩效的影响;姚艳红等②提出知识员工创新绩效由创新行为和创新结果两部分构成;叶英平③研究得出 R&D 投入促进知识创新,知识创新进一步促进企业绩效的发展;赵炎等④根据资源依赖理论和社会网络理论研究网络嵌入性对企业创新绩效的影响;张华等⑤基于社会网络理论考虑以往绩效和网络异质性对知识创新绩效的影响;伊尔迪兹(Yildiz)等⑥从微观角度探讨创新绩效的个体和环境决定因素,研究员工的目标取向如何影响他们个人的吸收能力,进而影响集体创新绩效。李(Li)等⑦通过探讨知识获取多样性(KAD)对中国国内企业创新绩效的影响以及最有可能在 KAD 作出贡献的技术环境(就技术差距和技术发展速度而言)的角度来研究这一问题。利用 2001~2009 年间中国制造业的面板数据,结果表明,KAD 与创新绩效在产品相关创新绩效(NPS)和知识相关创新绩效方面均呈反 U 形关系。

博(Boh)等⑧研究投资者经验对创新绩效的影响,外部合作则在其中充当中介变量;瓦希德(Waheed)等⑨基于 IT 的半政府组织研究发现新人力资源管理实践正向影响组织创新绩效,组织创新作为中介变量,创新氛围调节了 NHRM 实践与创新绩效之间的关系;穆勒(Muller)等⑩强调社交网络

①　李武威:《外资研发、技术创新资源投入与本土企业创新绩效:命题与模型构建》,《情报杂志》2012 年第 6 期。

②　姚艳红、衡元元:《知识员工创新绩效的结构及测度研究》,《管理学报》2013 年第 1 期。

③　叶英平:《区域工业企业投入对企业绩效的影响研究》,《科研管理》2013 年第 S1 期。

④　赵炎、郑向杰:《网络嵌入性与地域根植性对联盟企业创新绩效的影响——基于中国高科技上市公司的实证分析》,《科研管理》2013 年第 11 期。

⑤　张华、郎淳刚:《以往绩效与网络异质性对知识创新的影响研究——超越网络中心性位置的探讨》,《科学学研究》2013 年第 10 期。

⑥　Yildiz, H. E., A. Murtic, M. Klofsten, U. Zander, A. Richtnér, 2021: "Individual and Contextual Determinants of Innovation Performance: A Micro-Foundations Perspective", *Technovation*, 99.

⑦　Li, Q., J. J. Guo, W. Liu, X. G. Yue, N. Duarte, C. Pereira, 2020: "How Knowledge Acquisition Diversity affects Innovation Performance during the Technological Catch-Up in Emerging Economies: A Moderated Inverse U-Shape Relationship", *Sustainability*, 12(3).

⑧　Boh, W. F., C. Huang, A. Wu, 2020: "Investor Experience and Innovation Performance: The Mediating Role of External Cooperation", *Strategic Management Journal*, 41(1).

⑨　Waheed, A., X. Miao, S. Waheed, N. Ahmad, A. Majeed, 2019: "How new HRM Practices, Organizational Innovation, and Innovative Climate affect the Innovation Performance in the IT Industry: A Moderated-Mediation Analysis", *Sustainability*, 11(3).

⑩　Muller, E., R. Peres, 2019: "The Effect of Social Networks Structure on Innovation Performance: A Review and Directions for Research", *International Journal of Research in Marketing*, 36(1).

内部成员之间的联系强度对于创新绩效的正向影响;魏(Wei)等[1]探究员工福利对企业创新绩效的影响;蒙塔兹(Mumtaz)等[2]检验个体差异的强度,利用结构方程模型探讨自我效能感、成长需求强度对员工创新绩效的影响;刘(Liu)等[3]从网络嵌入视角出发,分析开放式创新四个维度包括知识共享与创新绩效之间的关系;佩雷斯·卢尼奥(Pérez-Luño)等[4]基于知识视角,探讨隐性知识在知识交流、知识组合与创新之间的关系;解学梅等[5]则从社会关系网络出发考察其对产品创新绩效的影响;陈国栋[6]通过实证研究得出在设计团队中知识交流对于创新绩效的促进作用;付景涛[7]从知识嵌入的角度探析职业嵌入对于员工知识创新绩效的影响作用;俞兆渊等[8]研究企业社会网络与创新绩效的内在机理,试图揭开知识管理的黑箱;缪根红等[9]通过多元回归实证得出外部创新搜索通过知识整合对创新绩效产生影响;王影等[10]从情境因素出发探讨外显情境因素和内隐情境因素对于知识创新绩效的影响;张建华等[11]设计 RS 与 CV 相结合的权重分配方法构建知识创新绩效的模糊测度指标体系;张华等[12]基于权变理论视角探究人格特

① Wei, Y., H. Nan, G. Wei, 2020: "The Impact of Employee Welfare on Innovation Performance: Evidence from China's Manufacturing Corporations", *International Journal of Production Economics*, 228.

② Mumtaz, S., S. K. Parahoo, 2019: "Promoting Employee Innovation Performance: Examining the Role of Self-Efficacy and Growth need Strength", *International Journal of Productivity and Performance Management*, 69(4).

③ Liu, T., L. Tang, 2020: "Open Innovation from the Perspective of Network Embedding: Knowledge Evolution and Development Trend", *Scientometrics*, 124.

④ Pérez-Luño, A., J. Alegre, R. Valle-Cabrera, 2019: "The Role of Tacit Knowledge in Connecting Knowledge Exchange and Combination with Innovation", *Technology Analysis & Strategic Management*, 31(2).

⑤ 解学梅、李成:《社会关系网络与新产品创新绩效——基于知识技术协同调节效应的探索》,《科学学与科学技术管理》2014 年第 6 期。

⑥ 陈国栋:《设计团队知识交流与创新绩效的实证关系研究》,《科研管理》2014 年第 4 期。

⑦ 付景涛:《职业嵌入对知识员工创新绩效的影响:敬业的中介作用》,《管理评论》2017 年第 7 期。

⑧ 俞兆渊、鞠晓伟、余海晴:《企业社会网络如何影响创新绩效:知识管理能力的中介作用》,《科研管理》2020 年第 12 期。

⑨ 缪根红、陈万明、唐朝永:《外部创新搜寻、知识整合与创新绩效的关系探析》,《科技进步与对策》2014 年第 1 期。

⑩ 王影、梁祺、雷星晖:《知识创新绩效的情境影响因素研究》,《科技管理研究》2014 年第 14 期。

⑪ 张建华、位霖、杨岚:《RS 与 CV 整合下的知识创新绩效模糊综合测度研究》,《情报杂志》2014 年第 11 期。

⑫ 张华、耿丽君:《咨询网络与个体知识创新:人格特征的调节作用》,《科研管理》2015 年第 3 期。

征在咨询网络与个体知识创新之间的调节作用;刘笑等①研究产学合作数量与科研创新绩效之间的关系。

在对企业创新绩效的研究过程中,大多研究者以特定理论(包括知识管理理论、社会网络理论、知识嵌入理论和权变理论等)为出发点,通过选取对应的指标探析各变量对创新绩效的影响,且集中于对简单线性关系的探讨。

高校及科研机构方面:张凤等②基于创新投入与产出视角,构建创新绩效指标体系对国家科研机构进行绩效评价,提出用论文发表数量、专利成果等测度创新绩效;蒋日富等③从团队角度梳理了影响科研团队创新绩效的相关因素;刘惠琴等④实证分析得出魅力型领导通过团队创新气氛这一中介变量对团队创新绩效产生显著正向影响;刘惠琴⑤从高校学科团队属性出发,探讨团队规模、团队异质性、团队类型和团队所属阶段对团队创新绩效的影响,实证得出团队规模对创新绩效的影响并不显著;晋琳琳⑥从知识管理角度出发,通过结构方程模型实证得出文化、组织和资源等要素对于高校科研团队创新绩效产生影响;王颖等⑦探讨了知识异质性如何通过共享心智模型对研发团队知识创新绩效产生影响作用;吴杨等⑧从静态和动态两个角度探析科研团队知识创新系统的复杂特征,并研究复杂系统的具体作用机制;伊克巴尔(Iqbal)等⑨除了看到知识管理与高校创新绩效的关系之外,还强调知识资本(智力资本和创新)的中介作用;基帕利

---

①　刘笑、陈强:《产学合作数量与学术创新绩效的关联性分析》,《科技进步与对策》2017年第20期。

②　张凤、霍国庆:《国家科研机构创新绩效评价模型的构建与应用》,《科研管理》2007年第2期。

③　蒋日富、霍国庆、谭红军、郭传杰:《科研团队知识创新绩效的影响要素探索——基于我国国立科研机构的调查分析》,《科学学研究》2007年第2期。

④　刘惠琴、张德:《高校学科团队中魅力型领导对团队创新绩效影响的实证研究》,《科研管理》2007年第4期。

⑤　刘惠琴:《团队异质性、规模、阶段与类型对学科团队创新绩效的影响研究》,《清华大学教育研究》2008年第4期。

⑥　晋琳琳、李德煌:《科研团队学科背景特征对创新绩效的影响——基于知识交流共享与整合的中介效应》,《科学学研究》2012年第1期。

⑦　王颖、彭灿:《知识异质性与研发团队知识创新绩效:共享心智模型的中介作用》,《情报杂志》2011年第1期。

⑧　吴杨、苏竣:《科研团队知识创新系统的复杂特性及协同机制机理研究》,《科学学与科学技术管理》2012年第1期。

⑨　Iqbal, A., F. Latif, F. Marimon, U. Sahibzada, S. Hussain, 2019: "From Knowledge Management to Organizational Performance: Modelling the Mediating Role of Innovation and Intellectual Capital in Higher Education", *Journal of Enterprise Information Management*, 32(1).

(Gkypali)等①通过结构方程模型验证开放式创新、外部合作与创新绩效之间的关系;黄(Huang)等②基于组织控制角度,实证得出创新氛围作为外部环境要素,在研发资金对大学创新绩效的正向影响中起到了调节作用;晋琳琳等③以知识共享、知识交流和知识整合为中介变量,探究科研团队成员的学科背景对创新绩效的影响作用;杨皎平等④研究团队成员异质特征通过知识面和紧密度对创新绩效产生影响;徐敏等⑤关注创新搜索通过知识转移对创新绩效产生的影响;王凯等⑥强调大学网络能力对创新绩效的影响;曾(Tseng)等⑦强调大学是知识创造的主要来源。不同的行业越来越认识到科学知识创造的重要性。管理机制、创新氛围和奖励制度,被确定为 UIC 资金和大学技术创新绩效的关键先决条件,机制激励直接和适度地影响大学研究人员对技术创新的参与和贡献;研究科研人员的出版物可以反映学者的创新绩效水平,研究人员通常会在其出版物中提出新的想法、应用和发现。研究出版物可以被认为是大学与产业界讨论和发展学术创新成果实施的重要渠道。

二、科研团队科研绩效相关研究

(一) 科研团队的定义与识别

1. 科研团队定义。随着科研团队相关研究不断增多,不同学者对科研团队的定义虽不尽相同,但整体上都认为科研团队是团队的一种特殊存在形式,在这个共识的基础之上科研团队相关概念在不断完善。

国内最早对科研团队进行定义的是学者陈春花⑧,她认为科研团队是面向科研项目而组成的团队,科研团队具备四个基本特征:成员彼此之间达

---

① Gkypali, A., D. Filiou, K. Tsekouras, 2017: "R&D Collaborations: Is Diversity Enhancing Innovation Performance", *Technological Forecasting and Social Change*, 118(5).

② Huang, M. H., D. Z. Chen, 2017: "How can Academic Innovation Performance in University—Industry Collaboration be Improved", *Technological Forecasting and Social Change*, 123(10).

③ 晋琳琳:《高校科研团队知识管理系统要素探析——基于教育部创新团队的实证研究》,《管理评论》2010 年第 5 期。

④ 杨皎平、侯楠、邓雪:《成员异质性对团队创新绩效的影响:团队认同与学习空间的调节作用》,《管理学报》2014 年第 7 期。

⑤ 徐敏、张卓、宋晨晨、王文华:《开放创新搜索、知识转移与创新绩效:基于无标度加权网络的仿真分析》,《科学学研究》2017 年第 7 期。

⑥ 王凯、胡赤弟、陈艾华:《大学网络能力对产学知识协同创新绩效的影响研究》,《科研管理》2019 年第 8 期。

⑦ Tseng, F. C., M. H. Huang, D. Z. Chen, 2020: "Factors of University—Industry Collaboration affecting University Innovation Performance", *Journal of Technology Transfer*, 45(2).

⑧ 陈春花、杨映珊:《科研组织管理的新范式:团队运作模式》,《科学管理研究》2002 年第 1 期。

成共识、为了共同的目标发挥主动性、在互动的过程中形成积极氛围且在工作中互相合作。李海波[1]认为科研团队是具有较高创造性和自主性的人员以知识创新为主要活动的团队。吴卫等人[2]认为高校科研团队主要是由以科学技术研究和开发为内容的高校教师组成,这些教师彼此之间技能互补、愿意为了团队共同的目标承担责任,团队存在的形式不拘泥于同一学科、同一部门和同一高校,科研团队负责人在具备较高学术水平的基础之上还应具备较强的管理能力。蒋日富等人[3]总结了团队存在的四个特征:团队成员具有共同的承诺和目标、至少由两个互补关系的个体组成、成员之间分工明确且互相帮助与影响、成员个体绩效总和小于团队整体绩效。他认为科研团队在具备上述四个特征的基础之上,还具有团队成员是围绕科研项目形成的研究群体这一内涵。张喜爱[4]对科研团队的定义综合了吴卫和蒋日富的观点,她认为科研团队的每位成员在团队中均有一定地位且扮演着不可替代的角色,团队带头人不仅业务能力扎实,而且具备超高的学术水平,团队在合理的研究梯队、比例结构等基础上能实现团队效应大于个体效应总和。庞弘燊[5]则拓展了科研团队存在方式,他认为科研团队不仅可以依托实体组织,还可以在其他科学兴趣和科研项目的合作关系之上建立。

国外学者也对科研团队进行了相关界定,米洛杰维奇(Milojevic)[6]认为科研团队由科学家群体组成,这些科学家群体通过合作能够产生以论文为主要存在形式的学术成果,特别地,合作是科研团队形成的重要因素且产出是学术论文是衡量团队成果的重要指标。同时,米洛耶维奇(Milojevic)[7]还指出,根据合著论文能够挖掘出科研团队成果和人员合作相关信息,从而找到"论文团队"(Article team)。赫苏斯(Jesus)[8]强调组成科研团队的成

[1] 李海波、刘则渊、潘雄峰:《科研团队的模糊综合评价模型构建与应用》,《科技管理研究》2006年第11期。
[2] 吴卫、陈雷霆:《论高校科研团队的组建与管理策略》,《科技管理研究》2006年第11期。
[3] 蒋日富、霍国庆、谭红军等:《科研团队知识创新绩效影响要素的深度剖析——基于我国国立科研机构的调查数据》,《科学学研究》2007年第2期。
[4] 张喜爱:《高校科研团队绩效评价指标体系的构建研究——基于AHP法》,《科技管理研究》2009年第2期。
[5] 庞弘燊、方曙、杨波等:《科研团队合作紧密度的分析研究——以大连理工大学WISE实验室为例》,《图书情报工作》2011年第4期。
[6][7] Milojevic, S., 2014: "Principles of Scientific Research Team Formation and Evolution", *Proceedings of the National Academy of Sciences of the United States of America*, 111(11).
[8] Jesus, R. R., G. G. Belen, M. S. Jose, 2006: "Scientists' Performance and Consolidation of Research Teams in Biology and Biomedicine at the Spanish Council for Scientific Research", *Scientometrics*, 69(2).

员理应隶属于同一个研究机构。除了"科研团队"之外,还有类似于学术团队、创新群体、高校科研团队等相近概念,总的来说,这些团队均具备团队的一般特征,由于不同学者对团队成员属性的不同重视,各概念之间仅有细微差别。

综上,本书认为科研团队是以科学技术研究与开发为内容,知识、技能互补的、愿意为共同的科研目标而相互承担责任的,具有相对紧密和稳定的合作关系的科研人员组成的群体。他们可以是依托于实体组织的科研团队,如实验室团队,也可以是从属于非实体组织的合作关系的科研团队,如建立在共同的科研兴趣或主题上的论文团队。

2. 科研团队识别研究。科研团队的现有存在形式主要有两种,一种是基于物理近距离的实体组织团队,这类组织团队相对来说较为正式且有一个具体的办公场所,例如高校科研学术团队或实验室团队,另一种则是不限于物理近距离或办公场所的隐性科研团队,团队成员可能身处在不同的学校,但成员都围绕相同的课题展开科研合作。

前一种科研团队的识别方式主要以问卷调查、实地走访以及官方登记的机构信息解析为主,识别强调团队所属机构的一致性和有形资源的共享性,虽然该种识别方法获取的数据更容易被理解且包含定性的访谈数据等,但数据采集的整体效率较低、数据来源单一、有效样本较少且更具主观性。并且,已有研究指出部分基于实验室界定的科研团队其成员之间可能仅由于教学而在一起,实际上成员联系较为微弱。同时,被调研的本科生或研究生在团队中的占比也不尽相同,部分学生不是正式的科研人员,因此,获取到的团队数据其有效性不高。此外,仅依靠某一科研项目而组建的实体团队具有临时性,一旦项目任务完成团队可能面临解散的风险,团队的成立时长与观测周期短,得到的数据结论并不适用于科研团队的培养建设。后一种科研团队已不再具备组织机构同一性的基本特征,因此,其识别方式相对调查问卷等更为间接。团队成员建立起合作关系,最终得到相关学术成果,根据学术成果的客观数据可以识别出第二种非正式形式的科研团队。特别是随着社会网络的快速发展,利用社会网络研究方法识别科研团队受到了众多学者的关注。目前,基于合作网络的团队识别大多建立在论文合著信息[1]和专利合作信息[2]等数据基础上。基于社会网络方法识别科研团队的

① 王曰芬、杨雪、余厚强等:《人工智能科研团队的合作模式及其对比研究》,《图书情报工作》2020 年第 20 期。
② 岑杰、李章燕、李静:《企业专利合作网络与共性技术溢出》,《科学学研究》2021 年第 5 期。

优点在于数据获取渠道更丰富,数据样本量更大且不会因为人为主观性降低数据的有效性,识别过程中可根据现实一般情况设置筛选原则,确立核心科研团队成员。

众多学者基于社会网络分析方法识别科研团队,这些研究大多为对科研合作关系网络特征进行总结分析[①]或分析合作网络特征对科研合作产出的影响的研究[②],缺乏从科研合作关系中明确识别科研团队的研究。王衍喜等人[③]基于社会网络技术,首先明确了学科团队的定义,以学科团队带头人为核心,构建围绕学科带头人的论文合作关系网络,设置相关的团队成员识别规则,根据规则建立团队成员任务池,最后确定学科团队成员以完成科研团队识别。王超等[④]先建立科研协同团队理论模型,再基于科技文献数据和专利文献数据构建高新技术企业机构的协同合作网络,最后利用Moduland算法对网络进行诊断以进一步筛选出核心机构。刘璇等[⑤]通过获取维普网上基因工程领域论文构建论文合著网络,设置阈值选取核心作者合著网络后,再使用2-派系方法确定核心组综合的小团体,之后人工筛选出20个小团队的科研团队。这种方法的局限性在于人为选取小团队,自行设置筛选的原则与团队的个数,数据结果容易受操作人主观影响。李纲[⑥]通过三步走的策略实现了基于合著网络的科研团队识别。他首先通过对节点中心性分析来发现合著网络中的具有较大影响力的学者(团队领导人),再运用派系的方法识别网络中的核心成员,结合人工筛选将包含领导人的派系作为识别的科研团队。于永胜等[⑦]在李纲等学者的研究基础上,对科研合作网络的中间中心度的排名不断迭代,最终实现科研团队核心人员和非核心人员的区分。廖青云等[⑧]利用改进的社区发现算法Fast Unfolding算法识别科研团队,利用该算法识别科研团队时不仅考虑

① 张利华、闫明:《基于SNA的中国管理科学科研合作网络分析——以〈管理评论〉(2004—2008)为样本》,《管理评论》2010年第4期。

②⑤ 刘璇:《社会网络分析法运用于科研团队发现和评价的实证研究》,华东师范大学,2011年。

③ 王衍喜、周津慧、王永吉等:《一种基于科技文献的学科团队识别方法研究》,《图书情报工作》2011年第2期。

④ 王超、武华维、董振飞等:《重大公共危机中科研协同团队识别研究——以诊断试剂为例》,《科技进步与对策》2020年第9期。

⑥ 李纲、李春雅、李翔:《基于社会网络分析的科研团队发现研究》,《图书情报工作》2014年第7期。

⑦ 于永胜、董诚、韩红旗等:《基于社会网络分析的科研团队识别方法研究——基于迭代的中间中心度排名方法识别科研团队领导人》,《情报理论与实践》2018年第7期。

⑧ 廖青云:《科研团队识别及其绩效影响因素研究》,北京理工大学,2018年。

了合作次数即合著网络的加权度,还考虑了团队持续合作的能力,因此引入了合作频次和合作时长作为学者之间的合作程度来作为筛选团队的重要依据。余厚强[①]在前人的研究基础之上,同样根据合著论文构建合著网络并对大规模的客观数据进行了更为彻底的数据清洗,以提高科研团队识别的精确性,主要包括人名的数据清洗和机构的数据清洗,之后再基于大规模数据基础之上确定合适的科研团队分割粒度,最终从不同维度指标选取领军科研团队。

本书基于客观数据识别隐性科研团队,对现有科研团队识别方法进行梳理比较后发现,基于社会网络分析的社区发现算法是目前团队识别较新且使用率较高的方法。因此,本书将参考前人相关研究利用社区发现算法来识别科研团队,以提高识别效率和准确性。

(二)科研团队特征分类

1. 网络结构特征。科研人员基于一定的研究任务展开合作形成科研团队,从微观的角度看,科研团队本身也是一个小型的社会,存在着社会网络结构,因此,科研团队的研究也属于复杂网络的研究范畴。已有研究表明,这些由团队内部学者之间的联结形成的网络结构也会对团队科研绩效产生影响[②],徐建忠等[③]将团队的网络结构特征分为了整体特征和个体特征,整体特征是以整个团队为基本单位,研究网络的结构属性,个体特征是以团队内单个个体为基本单位,分析节点属性(个体在网络中的位)和节点对存在的关系[④]。

网络结构个体特征主要有点度中心性[⑤]、接近中心性[⑥]、中介中心性、结构洞[⑦]、凝聚子群、核心—边缘[⑧]等。其中,网络中心性是衡量网络节点

① 余厚强、白宽、邹本涛等:《人工智能领域科研团队识别与领军团队提取》,《图书情报工作》2020年第20期。

② Jansen, D., R. V. Grtz, R. Heidler, 2010: "Knowledge Production and the Structure of Collaboration Networks in Two Scientific Fields", *Scientometrics*, 83(1).

③ 徐建忠、朱晓亚:《社会网络嵌入情境下R&D团队内部知识转移影响机理——基于制造企业的实证研究》,《系统管理学报》2018年第3期。

④ 侯梦利、孙国君、董作军:《一篇社会网络分析法的应用综述》,《产业与科技论坛》2020年第5期。

⑤ 许治、陈丽玉、王思卉:《高校科研团队合作程度影响因素研究》,《科研管理》2015年第5期。

⑥ 杨勇、王露涵:《我国发明专利合作网络特征与演化研究》,《科学学研究》2020年第7期。

⑦ 王崇锋、崔运周、尚哲:《多层创新网络结构洞特征对组织创新绩效的影响——来自新能源汽车领域的实证分析》,《科技进步与对策》2020年第24期。

⑧ 肖阳功杰、马俊伟、袁竞峰:《PPP项目合作网络结构特征与竞合关系研究》,《项目管理技术》2020年第9期。

在网络中所处位置的重要指标,能够衡量某节点具有多大权力、多大影响力以及能够控制的资源能力有多少。网络中心性有单个代表性指标:度数中心度、中介中心度、接近中心度,这些指标可以通过相关的计算软件度量。合作网络中各部分结构并不完全均匀,有的部分各行为主体相互联系更为紧密,通过对不同部分结构进行分析可称为凝聚子群分析,而更为紧密联系的那部分群体也可被称为"小团体"。核心—边缘分析则注重考察各个节点在网络中是处于核心位置还是边缘位置。

网络结构整体特征主要有网络规模、网络密度、网络直径、平均路径长度、聚集系数、平均度、平均加权度①等。网络密度已成为社会网络分析中最常用的一个测度指标,它测量网络中节点之间联络的密集程度,也代表团队成员彼此关系的平均强度。团队成员之间互动关系越多,则密度越大。②集聚系数指的是网络中所有节点的以自己为中心的密度的均值,严格来讲,集聚系数衡量的也是整个网络的密度,同时也反映了网络的连通性和传递性。③网络的平均路径长度反映了网络中各节点间连接的平均距离,影响着整个网络资源传递的效率。

2. 非网络结构特征。上一小节依据社会网络列举了多个网络结构特征,现以是否为网络结构为划分标准,还可将网络结构以外的特征统称为非网络结构特征。与个体网和整体网一样,根据"研究单位"的不同,非网络结构特征同样可以分为非网络结构个体性特征和非网络结构整体性特征。个体性特征主要关注的是个体特征变量对团队造成的影响,它强调单独个体的属性特点。而整体性特征主要关注的是个体特征变量在团队中的离散化程度导致整个团队呈现出多样性,这种多样性造成不同团队的表现也不同,它更强调团队整体的特质。

非网络结构个体特征主要是指团队成员的个体属性,其中,有些特征属性相对来说更易观察和更易测量,例如常见的人口统计学特征:性别、年龄、宗教和国别等,并且这些特征一般不会随外界因素而发生改变,还有一些常见但容易改变的特征,例如个人性格、专业技术、教育背景等。此外,还有一些深层次不易被观察到和测量到的特征属性,包括价值观、

①　杨柳、杨曦:《校企专利技术转移网络的结构特征及演化研究——以"双一流建设"高校为例》,《科学学研究》2022 年第 1 期。

②　张鹏程、彭菡:《科研合作网络特征与团队知识创造关系研究》,《科研管理》2011 年第 7 期。

③　邵云飞、周敏、王思梦:《集群网络整体结构特征对集群创新能力的影响——基于德阳装备制造业集群的实证研究》,《系统工程》2013 年第 5 期。

工作能力、认知、个性态度、信仰和工作经验等。个体属性不同导致个人学习能力不同，因此工作能力不尽相同。团队成员个人属性在很大程度上能够影响团队整体的表现。①

非网络结构整体特征主要是指团队个体特征变量在团队中的离散程度导致整个团队呈现多样性。比如年龄多样化、知识多样化、团队跨学科性②、性别多样性③、团队稳定性④以及团队合作紧密程度⑤等。不同属性个体在团队内相互影响，个体属性分布的离散化程度导致不同团队之间表现不同。目前已有众多学者不再考虑单个指标多样化程度，而是探讨多样化指标的组合对整个团队造成的影响。

（三）科研绩效相关研究

1. 科研绩效概念与内涵。科研绩效根据研究对象的最小单位可分为个人科研绩效和团队科研绩效，而有关团队科研绩效的研究中，由于不同学者对团队科研绩效考察的重点和研究方法不同，导致不同学者对团队科研绩效的理解或定义不一样，这跟学者所属的学术流派和绩效评估的需求者是哪一方都有关。目前学术界对"团队绩效"和"团队科研绩效"并没有形成统一的定义，但大多数研究将团队绩效内涵划分为两种类型，第一种认为绩效是基于目标进行合作最终产生的结果；第二种认为绩效既包括结果也包括结果产生过程中的行为与能力。

第一种基于结果导向的观点在早期更加受学者认可和关注，蒋日富等⑥认为团队绩效分为产出绩效和非产出绩效，前者包括任务的产出，而科研团队正是基于创新知识活动形成的组织，因此科研绩效应重点考察其创新产出；后者包括工作满意度等。于水等⑦与蒋日富的观点较为相似，他认为绩效要分个人绩效和团队整体绩效，而团队整体绩效需依据绩效产生是否与团队成员科研工作直接相关，若绩效产出与团队成员的科研工作直接相关则被认为是任务绩效；反之，绩效的产生是由于其他类似成员主动性等

① 张玲玲、王蝶、张利斌：《跨学科性与团队合作对大科学装置科学效益的影响研究》，《管理世界》2019年第12期。
② 汪雪锋、张娇、李佳等：《跨学科团队与跨学科研究成果产出——来自科学基金重大研究计划的实证》，《科研管理》2018年第4期。
③ 李树祥、梁巧转：《团队性别多样性和团队绩效关系研究——团队网络密度和团队网络中心势的调节效应分析》，《软科学》2015年第3期。
④ 郑云涛：《基于作者合作网络的高校科研团队稳定性和凝聚力分析——以浙江农林大学为例》，《安徽农业科学》2020年第9期。
⑤⑦ 于水、胡祥培：《高校科研团队考核指标体系建立的研究》，《管理观察》2008年第18期。
⑥ 蒋日富、霍国庆、谭红军等：《科研团队知识创新绩效影响要素的深度剖析——基于我国国立科研机构的调查数据》，《科学学研究》2007年第2期。

间接因素,则认为该间接因素为周边绩效。蔡翔①认为团队绩效重点在于能全面描述团队的整体运作情况,显示出团队工作最终达到的结果,例如团队的工作成绩等。桑德斯特罗姆(Sundstrom)②也在早前提出团队绩效是结果,且该结果须是团队成员基于共同的预定目标产生的。伯纳丁(Bernadin)等③认为在规定时间内完成的必须且关键的产出为工作绩效。

随着团队绩效研究的不断增多,学者在第一种观点的基础之上,不断对团队绩效的内涵进行了补充和完善。其中,学者哈克曼(Hackman)④的观点被众多学者接受和认可,他认为团队绩效包括产出结果、成员满意感和团队持续合作能力,团队绩效代表的是团队最终活动结果。泰森(Tyson)等⑤在哈克曼等人观点的基础之上,强调了团队这个组织对其成员工作能力的提升和成员结果产生的影响。刘慧群⑥认为团队的科研绩效可以从绩效的最终结果和达成过程两个方面进行考核,前者重点考核团队的绩效目标是否完成,后者重点考核目标任务的重要步骤是否做到位,并提出科研团队的绩效可以从科研成果的产出数量、质量、被认可程度、社会效益和创新性5个维度进行评价。李孝明等⑦认为团队绩效是多维度的,团队绩效包括团队产出、团队行为和团队能力。

2. 科研绩效评价指标。团队成员在开展各种形式的科研合作过程中,由于客观学术任务和主观自我需求的驱使,科研合作行为会产生一系列直接或间接的学术效益。依据不同学者对科研绩效的不同定义,科研绩效评价指标选取的角度也多种多样,总体来看,科研绩效评价指标主要从以下三个方面选取:

科研产出数量类指标:目前有关科研绩效的相关研究中,被学者用于绩效评价最多的指标是科研产出数量,因为相较于其他评价指标来说,科研产出数量是一个定量数据,数据统计较为方便简单且结果一目了然。科研绩效相关研究的研究对象包括国家、省份、地级市、高校、机构、团队和个人等,

① 蔡翔、史烽:《高校科研团队冲突、行为整合与绩效的关系》,《技术经济与管理研究》2011年第12期。
② Sundstrom, E., K. D. Meuse, D. Futrell, 1990: "Work Teams: Applications and Effectiveness", *American Psychologist*, 45(2).
③ Bernardin, H. J., R. W. Beatty, 1984: "Performance Appraisal: Assessing Human Behavior at Work", *Boston*, *MA*: *Kent Pub*.
④ Hackman, J. R., E. E. Lawler, 1971: "Employee Reactions to Job Characteristics", *Journal of Applied Psychology*, 55(3).
⑤ [英]S.泰森、T.杰克逊等:《组织行为学精要》,高筱苏译,中信出版社2003年版。
⑥ 刘慧群:《高校科研团队绩效考核机制研究》,《科技进步与对策》2010年第24期。
⑦ 李孝明、蔡兵、顾新:《高校创新型团队的绩效评价》,《科技管理研究》2009年第2期。

产出数量的表征主要包括总论文数①、总专利数②、总专著数③以及高水平论文数④等。计算指标主要有两种,一种是直接统计总数产出,例如石燕青⑤等以学者的论文总产量作为科研产出,探究中国图书情报领域国际合作程度对其的影响。李强等人⑥以中国高校为研究对象,统计高校每年表发的论文总数作为科研绩效评价指标。另一种是统计学者发表论文的相对贡献总和,也被称为论文分数产出⑦。论文产出分数指的是若某学者总共发表了 N 篇论文,而每篇论文的合作者共 M 位,则相对贡献总和为 $\frac{1}{M_1}$ + $\frac{1}{M_2}$ + $\cdots$ + $\frac{1}{M_n}$。例如阿布拉莫(Abramo)等⑧使用了作者论文分数产出探究了科研国际化程度与科研绩效之间的关系。

科研产出质量类指标:现实生活中对学者或团队进行科研绩效评估时,不但要考虑科研产出数量还要考虑科研产出质量,由于不同论文或专利发表的难度不一样,"含金量"(创新性)往往也不一样,就学术论文来说,单篇顶级学术论文的质量要远远高于多篇普通学术论文的质量。因此,为了更全面地实现科研绩效评价,不少学者开始引入其他绩效评价指标。比如常见的科学计量指标:所有论文被引频次⑨、期刊影响因子⑩和高被引论文数⑪等,之所

① 张雪、张志强、陈秀娟:《基于期刊论文的作者合作特征及其对科研产出的影响——以国际医学信息学领域高产作者为例》,《情报学报》2019 年第 1 期。

② 马荣康、金鹤:《高校技术转移对科研产出的影响效应研究——科研资助的中介作用与调节作用》,《科研管理》2020 年第 5 期。

③ 王晓红、张奔:《校企合作与高校科研绩效:高校类型的调节作用》,《科研管理》2018 年第 2 期。

④ 杨小婉、朱桂龙、吕凤雯等:《产学研合作如何提升高校科研团队学者的学术绩效? ——基于行为视角的多案例研究》,《管理评论》2021 年第 2 期。

⑤ 石燕青、孙建军:《我国图书情报领域学者科研绩效与国际合作程度的关系研究》,《情报科学》2017 年第 11 期。

⑥ 李强、顾新、胡谍:《产学合作渠道的广度和深度对高校科研绩效的影响》,《软科学》2019 年第 6 期。

⑦ 陈秀娟、张志强:《国际科研合作对科研绩效的影响研究综述》,《图书情报工作》2019 年第 15 期。

⑧ Abramo, G. , C. A. D'Angelo, M. Solazzi, 2011: "Are Researchers that Collaborate More at the International Level Top Performers? An Investigation on the Italian University System", *Journal of Informetrics*, 5(1).

⑨ Gorraiz, J. , R. Reimann, C. Gumpenberger, 2012: "Key Factors and Considerations in the Assessment of International Collaboration: A Case Study for Austria and Six Countries", *Scientometrics*, 91(2).

⑩ 周轩:《引领高质量管理研究》,《南开管理评论》2021 年第 6 期。

⑪ 林涛:《国内农业高校科研产出比较研究——基于 CNKI、SCI、Incites 和 CSCD》,《图书情报研究》2016 年第 4 期。

以使用这些指标来衡量科研产出质量在于,论文被其他人引用说明论文作者的思想和研究方法等受到了他人的关注,给予了更多人创新性启发。目前,上述评价科研产出质量的相关指标目前已被界内广泛认可和使用。如张古鹏等①以 SCI 论文的被引量评价科研绩效质量,探究了竞争关系对科研绩效的影响。还有一部分学者例如阿鲁纳恰拉姆(Arunachalam)等②、廖青云③、王俊婧④、石燕青等⑤和阿布拉莫等⑥使用发表论文的期刊影响因子来衡量论文质量。

　　除了上述常见的科学计量指标被用来评价科研产出质量之外,还有很多学者不断在其基础上衍生出更多新的评价指标。这些衍生指标的特点在于与常见的特征指标相比,计算方式更为复杂、更新速度更快、指标数量更多,正是由于这些特点导致衍生指标的使用频率更低。具体的衍生指标主要有互引比率⑦、基于引文网络的"S"指数⑧、论文效率分数⑨、相对引文率⑩、平均标准化期刊影响力⑪、合作引用率增量⑫、引用影响增量⑬等。

---

① 张古鹏、熊丽彬:《竞争关系如何影响高校的科研绩效——基于化学领域竞争网络的视角》,《中国软科学》2020 年第 10 期。

② Arunachalam,S.,M. J. Doss,2000:"Science in a Small Country at a Time of Globalisation: Domestic and International Collaboration in New Biology Research in Israel",*Journal of Information Science*,26(1).

③ 廖青云、朱东华、汪雪锋等:《科研团队的多样性对团队绩效的影响研究》,《科学学研究》2021 年第 6 期。

④ 王俊婧:《国际合作对科研论文质量的影响研究》,上海交通大学,2013 年。

⑤ 石燕青、孙建军:《我国图书情报领域学者科研绩效与国际合作程度的关系研究》,《情报科学》2017 年第 11 期。

⑥ Abramo,G.,C. A. D'Angelo,M. Solazzi,2011:"Are Researchers that Collaborate More at the International Level Top Performers? An Investigation on the Italian University System",*Journal of Informetrics*,5(1).

⑦ 罗卓然、王玉琦、钱佳佳等:《学术论文创新性评价研究综述》,《情报学报》2021 年第 7 期。

⑧ 宋歌:《科研成果创新力指标 S 指数的设计与实证》,《图书情报工作》2016 年第 5 期。

⑨ Uddin,S.,L. Hossain,A. Abbasi et al.,2012:"Trend and Efficiency Analysis of Co-Authorship Network",*Scientometrics*,90(2).

⑩ Glnzel,W.,2001:"National Characteristics in International Scientific Co-Authorship Relations",*Scientometrics*,51(1).

⑪ Bordons,M.,J. Aparicio,R. Costas,2013:"Heterogeneity of Collaboration and Its Relationship with Research Impact in a Biomedical Field",*Scientometrics*,96(2).

⑫ Bárbara,S.,P. Lancho-Barrantes Vicente,Guerrero-Bote,Félix Moya-Anegón,2013:"Citation Increments between Collaborating Countries",*Scientometrics*,94(3).

⑬ Inzelt,A.,A. Schubert,M. Schubert,2009:"Incremental Citation Impact due to International Co-Authorship in Hungarian Higher Education Institutions",*Scientometrics*,78(1).

复合类指标：复合类指标主要指的是对科研产出数量和质量进行综合考评的指标，相较于前两类指标来说其考虑的维度更多且范围更广泛。其中，被学者使用最多的就是 h 指数（h-index），该指标用于衡量学者进行学术活动所产出的数量和水平，是由物理学家乔治·赫希（Jorge Hirsch）提出。①学者林卉在探究机构合作程度与论文影响力之间的关系时，使用 h 指数来表征论文的影响力。②虽然 h 指数是一个简单且利于理解的复合指标，但仍有不少学者在此基础上对 h 指标进行改良，如巴苏（Basu）等③为度量科研机构国际合作对其数量和质量的影响提出了国际科研合作提升影响力增量指标。

综合对科研绩效内涵和本小节所述，可见论文作为科研团队产出最直观的表现形式，在很大程度可代表科研活动产出。本书界定的科研团队绩效将以科研活动产出结果为导向，从团队的论文产出数量和论文产出质量两个维度共同考察科研绩效。最后再通过数据降维相关方法实现科研绩效的综合评价。

（四）科研团队特征与科研绩效

1. 网络结构特征与科研绩效。伊纳尔维兹（Ynalvez）④曾将科研创新网络的网络特征与个体特征和环境特征进行对比，最后发现网络特征对科研绩效的影响程度最大。虽然现有大部分有关网络结构特征与科研绩效的研究已明确网络结构能对科研绩效产生影响，但这些研究并未完全打开网络结构特征影响科研绩效的黑匣子。

网络规模是合作网络中最基本的属性，学者对合作网络进行研究时一般不会将其忽略。对于科研团队来说，网络规模其实指的就是团队规模，而不同团队之间规模的差异势必导致绩效产出差异性。目前针对团队规模对绩效产出的影响主要存在三种不同的观点，第一种观点基于生产力理论得出，认为团队规模越大，团队的绩效产出也就越多。⑤但学者克雷奇默

---

① Hirsch, J., 2005: "An Index to Quantify an Individual's Scientific Research Output", *Proceedings of the National Academy of Sciences of the United States of America* (*PNAS*).

② 林卉:《机构合作网络与论文合作影响力研究》,南京农业大学,2014 年。

③ Basu, A., R. Aggarwal, 2001: "International Collaboration in Science in India and Its Impact on Institutional Performance", *Scientometrics*, 52(3).

④ Ynalvez, M. A., W. M. Shrumb, 2011: "Professional Networks, Scientific Collaboration, and Publication Productivity in Resource-Constrained Research Institutions in a Developing Country", *Research Policy*, 40(2).

⑤ Steiner, I. D., 2007: "Group Process and Productivity (Social Psychological Monograph)", *Physical Therapy*, 53(7).

(Kretschmer)得出了与之相反的观点,他认为团队绩效产出与成员的合作结构有关而与团队规模无关。[①]第二种观点认为,随着团队规模的不断增加,团队成员相较于小规模时期对待工作更为懈怠,团队整体较为松散且凝聚力不足,成员在这种消极环境中生产力下降。因此,规模越大的团队实际上其人均生产力更小[②]。第三种观点则认为团队规模对团队产出绩效的影响不一。例如卡明斯(Cummins)等[③]的研究表明团队规模对绩效产出质量没有影响。

除网络规模外,其他网络密度等网络结构特征与绩效关系的研究也有新的发现。邵桂兰等[④]发现发明人的创新绩效与结构洞正相关,并且领域近中心性在该关系中起正向调节作用。里根斯(Reagans)[⑤]认为网络密度越大,团队越容易产生创新绩效,因为在紧密的合作能减少成员之间的沟通成本,提高团队整体的沟通效率。伯特(Burt)[⑥]的研究则认为结构洞较多的网络结构能减少信息的冗余,网络密度大但具有较多结构洞的网络结构更能促进创新绩效的产生。艾志红[⑦]以 227 家企业为样本,研究发现网络规模和网络密度均对企业创新绩效有正向影响。王崇峰等[⑧]发现中心性和结构洞对 ICT 产业的合作创新绩效有正向促进作用,网络密度对合作创新绩效有反向的抑制作用。李海林等[⑨]基于网络结构特征对不同类型合作网络进行分析,发现除了科研能力会对创新绩效产生影响之外,不同网络结构特征组合也会对团队的创新绩效产生较为显著的影响,网络规模较大且密

① Kretschmer, H., 1985: "Cooperation Structure, Group Size and Productivity in Research Groups", *Scientometrics*, 7(1).

② Laughlin, P. R., E. C. Hatch, J. S. Silver, L. Boh, 2006: "Groups Perform Better than the Best Individuals on Letters-To-Numbers Problems: Effects of Group Size", *Journal of Personality & Social Psychology*, 90(4).

③ Cummins, R. C., D. C. King, 2010: "The Interaction of Group Size and Task Structure in an Industrial Organization", *Personnel Psychology*, 26(1).

④ 邵桂兰、许杰、李晨:《合作网络结构洞、邻域中心性与发明人创新绩效》,《科技管理研究》2021 年第 4 期。

⑤ Reagans, R., B. Mcevily, 2003: "Network Structure and Knowledge Transfer: The Effects of Cohesion and Range", *Administrative Science Quarterly*, 48(2).

⑥ Burt, R. S., 1995: "Structural Holes: The Social Structure of Competition", *Harvard University Press*.

⑦ 艾志红:《创新网络中网络结构、吸收能力与创新绩效的关系研究》,《科技管理研究》2017 年第 2 期。

⑧ 王崇锋、朱洪利:《开放式创新背景下网络结构对创新绩效的影响——基于 ICT 产业的实证分析》,《科学与管理》2019 年第 5 期。

⑨ 李海林、徐建宾、林春培等:《合作网络结构特征对创新绩效影响研究》,《科学学研究》2020 年第 8 期。

度较小的团队更易产生高创新绩效,团队的网络结构复杂度与创新绩效呈正相关关系。李小龙等[1]对中国高绩效科研合作网络进行分析时发现,高绩效科研团队在发展的各个阶段网络规模都较大,网络密度变化不明显,平均聚集系数较高,合作网络一直保持比较稳定的状态,较小的平均路径长度提高了成员沟通的效率。张艺等[2]以机构科研团队为研究对象,通过对其产学研合作网络进行分析发现,学术绩效先随着位置中心度和网络规模的增大而增大,当达到一定值后又开始慢慢变小,呈倒 U 形影响。

2. 非网络结构特征与科研绩效。非网络结构特征相对于网络结构特征来说数量更多,而且有的非网络结构特征的度量方式更为复杂且隐蔽。由于团队成员自身的差异性会导致不同团队的非网络结构特征也不一样,从理论上讲,非网络结构特征可以有无数个,但在实际学术研究中,学者一般重点研究的非网络结构特征主要有两类,一类是团队整体年龄大小、机构多样性、学科多样性、项目资助数和金额、合作强度和人员流动性等易被直接度量的特征,另一类是团队氛围、团队认知、团队冲突等不易被直接度量的特征。

在第一类可直接度量的非网络结构特征研究中,卡明斯等[3]研究发现,来自多个不同机构的学者展开合作会降低成员沟通的效率,导致团队整体协调能力下降,成员受此影响而使个体生产率也下降。6 年后,卡明斯等人以不同国家科学基金会资助研究组作为研究对象,通过实证研究发现研究组的出版物数量随着团队规模的增大而增大,但团队规模对产出的促进作用受到学科多样性和机构多样的限制,机构多样性对产出数量有抑制作用,会使得团队的人均产出减少。[4]国家一直鼓励交叉学科融合,不同教育背景的学者拥有不同学科知识,他们展开合作形成的科研团队进行跨学科研究。霍曼(Homan)等[5]认为如果跨学科团队成员具备一定基础的社会关系且能

① 李小龙、张海玲、刘洋:《基于动态网络分析的中国高绩效科研合作网络共性特征研究》,《科技管理研究》2020 年第 7 期。

② 张艺、龙明莲、朱桂龙:《产学研合作网络对学研机构科研团队的学术绩效影响——知识距离的调节作用》,《科技管理研究》2018 年第 21 期。

③ Cummings, J. N., S. Kiesler, 2007:"Coordination Costs and Project Outcomes in Multi-University Collaborations", *Research Policy*, 36(10).

④ Cummings, J. N., S. Kiesler, R. B. Zadeh et al., 2013:"Group Heterogeneity Increases the Risks of Large Group Size: A Longitudinal Study of Productivity in Research Groups", *Psychol*, 24(6).

⑤ Homan, A. C., D. V. Knippenberg, G. V. Kleef et al., 2006:"Bridging Faultlines by Valuing Diversity: Diversity Beliefs, Information Elaboration, and Performance in Diverse Work Groups", *ERIM Report Series Research in Management*, 92(5).

对不同知识分歧进行良好的沟通,那么学科多样性有利于团队产生更多的新知识。张钢[1]与霍曼等人的结论不谋而合,他认为知识冲突会阻碍团队的创新性产出,只有冲突消失,学科多样性带来的知识碰撞会增大团队创新性产出。斯特维利亚(Stvilia)等[2]也认为学科多样性可增加学术成果。也有其他学者得出了学科多样性对绩效产出具有负向影响。[3]团队运行少不了外在资金的保障,希林根(Heeringen)[4]的研究表示获得最大资金资助的科研机构相较于其他科研机构其科研产出更高。田人合等[5]以杰青学者为研究对象,发现杰青学者在受到杰青项目资助后,短时间内其科研产出急剧增加。其他研究也证实了绩效随着研发投入(包括资金和人力投入)的增加而增加。[6]此外,团队的发展具有一定的动态性,人员的进出会影响团队整体的稳定性,进而影响团队的绩效。特别是在人力资源领域,有专门的人力流动率来表征人员的流入和流出,有研究表明员工的离职会增大团队的管理成本,降低团队整体的工作效率。[7]刘先红[8]分析了国家自然科学基金获得项目资助的创新群体其成员合作稳定性与产出成果之间的关系。郑虎[9]认为减少成员的流动率,增大团队的额稳定性有利于提升团队绩效。

在第二类不易直接度量的非网络结构特征研究中,查瓦拉(Chawla)等[10]发现积极的工作氛围有利于形成绩优团队。许晓东等[11]以湖北省高校

---

[1] 张钢、倪旭东:《知识差异和知识冲突对团队创新的影响》,《心理学报》2007年第5期。

[2] Stvilia, B., C. C. Hinnant, K. Schindler et al., 2011: "Composition of Scientific Teams and Publication Productivity at a National Science Lab", *Journal of the American Society for Information Science and Technology*, 62(2).

[3] 何海燕、李芳:《高校科研合作对论文产出质量的影响——基于国家重点实验室分析》,《北京理工大学学报(社会科学版)》2017年第5期。

[4] Heeringen, A. V., 1981: "Dutch research groups: Output and collaboration", *Scientometrics*, 3(4).

[5] 田人合、张志强、郑军卫:《杰青基金地球科学项目资助效果及对策分析》,《情报杂志》2016年第6期。

[6] Hall, B., Z. Griliches, J. Hausman et al., 1986: "Patents and R&D—Is There a Lag?", *International Economic Review*, 27(2).

[7] Morrow, P., J. Mcelroy, 2007: "Efficiency as a Mediator in Turnover-Organizational Performance Relations", Human Relations, 60(6).

[8] 刘先红、李纲:《国家自然科学基金连续资助期间科研团队的合作稳定性分析》,《中国科学基金》2016年第4期。

[9] 郑虎:《研发团队稳定性对项目管理绩效的影响研究》,上海交通大学,2009年。

[10] Chawla, A., J. P. Singh, 1998: "Organizational Environment and Performance of Research Groups—A Typological Analysis", *Scientometrics*, 43(3).

[11] 许晓东、魏志轩、郑君怡:《研究生知识共享对其科研绩效的影响研究》,《管理学报》2021年第3期。

的研究生作为研究对象,发现知识分享正向影响个体科研绩效,且这种正向作用在自我效能水平较高时更为明显。单红梅[①]利用多层线性回归方法证实科研团队信任对创新绩效有促进作用。刘广等[②]对高校教师进行调查后发现,内在激励能够影响过程绩效进而影响结果绩效。晋琳琳等[③]以教育部创新团队为研究对象,发现科研团队带头人很多存在家长式领导行为,而权威领导行为对团队科研绩效的影响在中西方不同的文化背景下,产生的作用也不一致,在东方文化背景下,有可能会促进绩效的产生。王仙雅等[④]的研究表明,科研压力会对高校教师产生焦虑不安等负面影响,从而进行学术不端等消极行为,抑制了科研绩效产出。而好的学术氛围和情绪调节能力能够有效地消除科研压力对绩效带来的负面影响,且情绪调节能力的消除作用相对学术氛围更强。申红芳等[⑤]以农业科研机构为研究对象,对其科研绩效影响因素进行分析后发现,科研投入不均衡是影响科研机构绩效的主要因素。何帅等[⑥]利用结构方程模型对长三角地区的科研机构进行研究时发现,资源整合能力能帮助机构更好实现资源集聚,紧密的合作关系保持团队信息畅通,两者均对科研绩效有正向促进作用。

三、研发企业绿色技术创新绩效相关研究

(一) 研发企业绿色技术创新概念

与传统创新不同,绿色创新通过新产品、新服务、新工艺或新管理体系实现节能环保[⑦],强调对生态环境保护的重要性,具有创新和环境可持续性的双重属性。绿色技术创新是绿色创新在技术上的体现,对它的概念定义存在两种观点[⑧]:第一种观点认为绿色技术创新是为了降低对环境不利影

① 单红梅:《科研团队信任对团队创新绩效的影响研究》,《南京邮电大学学报(社会科学版)》2020 年第 2 期。
② 刘广、虞华君:《外在激励、内在激励对高校教师科研绩效的影响》,《科研管理》2019 年第 1 期。
③ 晋琳琳、陈宇、奚菁:《家长式领导对科研团队创新绩效影响:一项跨层次研究》,《科研管理》2016 年第 7 期。
④ 王仙雅、林盛、陈立芸:《科研压力对科研绩效的影响机制研究——学术氛围与情绪智力的调节作用》,《科学学研究》2013 年第 10 期。
⑤ 申红芳、廖西元、胡慧英:《农业科研机构科技产出绩效评价及其影响因素分析》,《科研管理》2010 年第 6 期。
⑥ 何帅、陈良华:《新型科研机构创新绩效的影响机理研究》,《科学学研究》2019 年第 7 期。
⑦ Saunila, M., J. Ukko, T. Rantala, 2018: "Sustainability as a Driver of Green Innovation Investment and Exploitation", *Journal of Cleaner Production*, 179.
⑧ 杨浩昌、李廉水、张发明:《高技术产业集聚与绿色技术创新绩效》,《科研管理》2020 年第 9 期。

响而进行的技术创新,第二种观点认为绿色技术创新是为了建设资源节约型、环境友好型和可持续发展型社会而进行的技术创新。结合上述两种观点,本书认为绿色技术创新是绿色创新一部分[①],与追求经济效益而忽略环境保护的多数技术创新相比,绿色技术创新需要兼顾企业与环境的可持续发展,创新难度更大更复杂。

绿色发展离不开技术创新,只有在技术上有所突破,才能确保经济发展与环境保护的统筹融合。[②]绿色技术作为一种新的技术范式,被誉为"21世纪最大经济机遇"和"资本加速器"[③],是解决资源过度消耗和环境污染问题的重要工具[④],也是避免经济发展与环境污染"脱钩"的有效手段。[⑤]通常绿色技术创新可分为三种类型,即末端治理技术创新、绿色工艺创新[⑥]和绿色产品创新[⑦]。末端治理技术创新是指通过改进和更新末端治理设备、工艺等方式来降低碳排放总量。[⑧]绿色工艺创新主要发生在企业生产过程中,是一种预防性的环境管理策略。[⑨]绿色产品创新是指从源头上根治企业生产污染物排放方式,是最高级别的绿色技术创新。

随着经济和社会的发展,绿色技术的意义和重要性不断深化和扩大,

① Zhou, L., C. Cao, 2019: "The Hybrid Drive Effects of Green Innovation in Chinese Coal Enterprises: An Empirical Study", Kybernetes, 49(02).
② Gente, V., G. Pattanaro, 2019: "The place of eco-innovation in the current sustainability debate", *Waste Management*, 88.
③ 华连连、张涛嘉、王建国等:《全球绿色技术专利创新演化及布局特征分析》,《科学管理研究》2020年第6期。
④ Cai, X., B. Zhu, H. Zhang et al., 2020: "Can Direct Environmental Regulation Promote Green Technology Innovation in Heavily Polluting Industries? Evidence from Chinese Listed Companies", *Science of The Total Environment*, 746.
⑤ Li, P., P. Bi, 2020: "Study on the Regional Differences and Promotion Models of Green Technology Innovation Performance in China: Based on Entropy Weight Method and Fuzzy Set-Qualitative Comparative Analysis", *IEEE Access*, 8.
⑥ Xie, X., J. Huo, H. Zou, 2019: "Green Process Innovation, Green Product Innovation, and Corporate Financial Performance: A Content Analysis Method", *Journal of Business Research*, 101.
⑦ Wang, M., Y. Li, J. Li et al., 2021: "Green Process Innovation, Green Product Innovation and Its Economic Performance Improvement Paths: A Survey and Structural Model", *Journal of Environmental Management*, 297:113282.
⑧ Frondel, M., J. Horbach, K. Rennings, 2007: "End-of-Pipe or Cleaner Production? An Empirical Comparison of Environmental Innovation Decisions across OECD Countries", *Business Strategy and the Environment*, 16(08):571~584.
⑨ Awan, U., M. G. Arnold, I. Glgeci et al., 2021: "Enhancing Green Product and Process Innovation: Towards an Integrative Framework of Knowledge Acquisition and Environmental Investment", *Business Strategy and the Environment*, 30(02).

体现在绿色技术从末端治理技术创新向绿色工艺与绿色产品创新一体化的演变中。[①]专利是高质量的技术创新,绿色专利的研发旨在从根源上降低碳排放总量、减少环境污染,属于绿色技术创新类型中的一个关键部分,通过绿色专利申请来研究绿色技术创新具有一定的合理性。[②]

(二)绿色技术创新的影响因素

通过文献梳理发现,绿色技术创新的影响因素可分为内部因素和外部因素。

外部因素。大致可分为命令型规制和市场型引导。其中,命令型规制是指政府明令要求企业或地区在发展过程中要注重绿色发展,如孙海波等[③]研究了环境规制对中国工业绿色转型的影响。有部分学者考虑了较多影响因素。例如,孙燕铭等[④]认为环境规制、经济发展、产业结构、对外开放和人力资本是影响中国长三角区域绿色技术创新效率的重要因素。

内部因素。主要分为组织和个人两个层面。就组织层面而言,主要体现在企业战略、伦理文化和绿色资源投入。环境战略能够提升企业绿色创新资本的积累,加速企业知识吸收速度,有助于提升企业绿色创新绩效。企业环境伦理文化的高低体现了其对绿色创新活动的重视程度。作为企业社会责任的重要组成部分,企业环境伦理文化能够通过企业对环境的承诺,引导企业绿色创新战略的形成。[⑤]绿色资源的投入,包括了人才、研发、资金的投入以及企业的技术能力。黄奇等[⑥]发现企业技术推广能够有效推动技术研发向企业绩效转化。同时在与企业规模进行匹配的情况下,企业对于人才、研发、资金的投入能够加速企业资源整合,提升技术产品附加值并增强企业竞争优势。个体层面的影响因素主要体现在高层管理者的个体特征与

---

① Andersén, J., 2021: "A Relational Natural-Resource-Based View on Product Innovation: The Influence of Green Product Innovation and Green Suppliers on Differentiation Advantage in Small Manufacturing Firms", *Technovation*, 104.

② Dugoua, E., M. Dumas, 2021: "Green Product Innovation in Industrial Networks: A Theoretical Model", *Journal of Environmental Economics and Management*, 01: 102420.

③ 孙海波、刘忠璐:《环境规制、清洁技术创新与中国工业绿色转型》,《科研管理》2021 年第 11 期。

④ 孙燕铭、谌思邈:《长三角区域绿色技术创新效率的时空演化格局及驱动因素》,《地理研究》2021 年第 10 期。

⑤ Chan, R., 2010: "Corporate Environmentalism Pursuit by Foreign Firms Competing in China", *Journal of World Business*, 45(01).

⑥ 黄奇、苗建军、李敬银等:《基于绿色增长的工业企业技术创新效率空间外溢效应研究》,《经济体制改革》2015 年第 4 期。

环保认知方面。管亚梅等[1]认为企业 CEO 的绿色变革领导风格会影响企业绿色创新。

通过文献梳理发现,无论是内部因素还是外部因素,都比较侧重企业个体的独立行为,未能涉及企业参与绿色技术合作研发的社会性活动。因此,有必要进一步讨论企业在绿色创新领域的技术合作研发行为,并从合作网络视角重新梳理绿色技术创新绩效的影响因素。

(三) 绿色技术创新绩效

关于绿色创新的绩效量化,不同学者的评价方式存在一定差异。阿伦德尔(Arundel)等[2]从技术产出、知识产出、直接绩效和间接绩效四个方面构建了绿色创新绩效量化指标体系。程(Cheng)等[3]则从生态组织创新、生态过程创新、生态产品创新三个维度建立了绿色创新绩效的量化体系。毕克新等[4]从经济绩效、社会绩效、生态绩效三个方面构建了绿色过程创新绩效量化指标体系。刘(Liu)等[5]建立的绿色创新绩效指标量化体系包括管理创新、过程创新、产品创新和技术创新。

虽然很多学者给出了绿色创新绩效的具体度量方式,但是有部分学者混淆了绿色创新绩效和绿色技术创新绩效的度量。绿色创新绩效和绿色技术创新绩效在一定程度上是不同的。结合绿色技术创新概念可以发现,绿色技术创新绩效属于绿色创新绩效,绿色创新绩效的范围更大。另外,结合现有文献的绿色创新绩效度量方式[6]可以发现,绿色创新绩效侧重于绿色创新带来的各方面效益,而绿色技术创新绩效只是针对技术层面的。再结合本书聚焦于企业绿色技术合作研发行为,以及多数文献采用专利数量代表企业技术创新绩效的做法[7],本书认为采用绿色技术研发成果表示绿色技术创新绩效具有一定的合理性。

---

[1]　管亚梅、陆静娇、沈黎芳:《CEO 绿色变革型领导与绿色创新绩效——企业环境伦理的调节与企业绿色行为的中介作用》,《财会研究》2019 年第 6 期。

[2]　Arundel, A., R. Kemp, 2009: "Measuring Eco-Innovation", *Universiteit Maastricht.*

[3]　Cheng, C. C., E. C. Shiu, 2012: "Validation of a Proposed Instrument for Measuring Eco-Innovation: An Implementation Perspective", *Technovation*, 32(06).

[4]　毕克新、杨朝均、黄平:《中国绿色工艺创新绩效的地区差异及影响因素研究》,《中国工业经济》2013 年第 10 期。

[5]　Liu, C., X. Gao, W. Ma et al., 2020: "Research on Regional Differences and Influencing Factors of Green Technology Innovation Efficiency of China's High-Tech Industry", *Journal of Computational and Applied Mathematics*, 369.

[6]　高霞、曹洁琼、包玲玲:《产学研合作开放度的异质性对企业创新绩效的影响》,《科研管理》2021 年第 9 期。

[7]　汪涛、张志远、王新:《创新政策协调对京津冀区域创新绩效的影响研究》,《科研管理》2022 年第 8 期。

四、个体合作网络创新绩效相关研究

(一) 个体合作网络

个体合作网络是相对于整体合作网络的一个概念。在社会网络分析中,节点和连边是构建网络结构的重要组成部分,节点是网络中的行动者主体,尤其是在企业的技术研发过程中,个体成员间的相互合作成为自然界常见的群体智能行为,这促进了个体合作网络的形成。不同的研发人员有着各自独特的合作偏好,因此不同研发者之间进行知识交流、信息交换和技术沟通时都通过个体合作网络进行。

对于个体合作网络类型的研究,现有研究主要聚焦于从事技术研发的专利发明人、从事学术创新的科研人员所在的网络。发明人网络和科研人网络皆是以行为人个体为网络节点、个体间互动关系为连边结构的网络类型,反映了不同行动者在信息传输、知识交流过程中的合作模式。

关于个体合作网络的研究,学者则主要关注以下两个方面。

首先,个体合作网络的结构特征。基于社会网络分析理论,个体合作网络结构主要存在网络中心性、结构洞、网络规模、小世界性等诸多特征,其构成了行为个体的网络构建基础。刘凤朝[①]研究发现在二模网中发明人知识多样性可以显著提升其合作网络中心性,使发明人处于核心位置,行业知识组合潜力负向调节上述关系;二模网中发明人知识独特性会降低其合作网络中心性,使发明人处于边缘位置。张华和张向前[②]研究发现个体以往的结构洞位置、度中心性与当前结构洞正相关;网络异质性与当前结构洞位置负相关,丰富了网络理论中的行动的结构理论与演化动力学理论。

其次,个体合作网络的构建和演化。在这方面,研究者关注的是个体之间如何建立合作关系,以及这些合作关系如何随着时间进行演变。李欣等[③]构建了发明人合作网络、专利权人合作网络、发明人和专利权人间隶属关系网络的多层网络,并在多层网络中划分不同的研发合作类型,从多个维度来揭示新兴技术研发合作网络的动态演化特征。

---

① 刘凤朝、杨爽:《发明人知识特征对其合作网络中心性的影响研究——基于社会—知识二模网的分析》,《研究与发展管理》2020年第4期。
② 张华、张向前:《个体是如何占据结构洞位置的:嵌入在网络结构和内容中的约束与激励》,《管理评论》2014年第5期。
③ 李欣、温阳、黄鲁成等:《多层网络分析视域下的新兴技术研发合作网络演化特征研究》,《情报杂志》2021年第1期。

（二）个体合作网络与创新绩效

企业在合作网络中的结构特征并不能反映企业在知识交流过程中的行为机制，因此聚焦于个体行为的个体合作网络得到了学者的广泛关注。孙玉涛等[1]从跨层次视角分析组织内外部合作网络之间的作用机制，提出组织内部发明人合作网络中心势和结构洞数量，对其嵌入组织间合作网络中心位置具有直接影响和交互作用。付雅宁等[2]实证研究发现发明人合作网络结构洞与企业探索式创新之间呈正相关关系，合作网络中心性与企业探索式创新之间呈倒 U 形关系。朱晋伟和原梦[3]研究发现个体合作网络的整体聚集系数与平均路径长度均正向影响企业技术创新绩效，协作研发深度会强化知识重组能力对企业创新绩效的正向作用。

部分学者聚焦于个体层面的创新研究，探索个体合作网络对个体创新行为或绩效的影响。邵桂兰等[4]使用 1985～2018 年中国渔业专利申请数据逐年构建以发明人为节点、共同研发关系为链接的合作网络，探究了个体合作网络结构洞对发明人创新绩效的影响以及邻域中心性对该影响的调节作用。汤超颖构建了企业内部的研发人员合作网络，发现研发团队在前期的企业知识要素网络中的结构洞均值，以及在企业发明人合作网络中的程度中心性均值都负向调节了研发团队知识基础与知识创造的关系。[5]余博文和刘向[6]通过分析挖掘发明人合作和引用关系特征，基于专利知识图动态学习建立预测发明人未来创新类型的统计学习模型，实现突破式创新发明人的提前发现，为个体行为的创新预测提供了一定的思路。

五、科研团队合作网络创新绩效相关研究

（一）科研团队合作网络

要加快实施创新驱动发展战略，必须明确企业科技创新主体的地位，企

---

① 孙玉涛、曲雅婷、张晨：《发明人网络结构与组织合作网络位置》，《管理学报》2021 年第 1 期。

② 付雅宁、刘凤朝、马荣康：《发明人合作网络影响企业探索式创新的机制研究——知识网络的调节作用》，《研究与发展管理》2018 年第 2 期。

③ 朱晋伟、原梦：《发明人网络特征、知识重组能力与企业技术创新绩效关系研究》，《科技进步与对策》2022 年第 21 期。

④ 邵桂兰、许杰、李晨：《合作网络结构洞、邻域中心性与发明人创新绩效》，《科技管理研究》2021 年第 4 期。

⑤ 汤超颖、丁雪辰：《创新型企业研发团队知识基础与知识创造的关系研究》，《科学学与科学技术管理》2015 年第 9 期。

⑥ 余博文、刘向：《突破式创新发明人的提前发现：基于专利知识图动态学习的预测》，《数据分析与知识发现》2023 年第 12 期。

业作为创新资源的集合体,将获取到的战略资源进行吸收、整合和再创造,根据内外部环境进行资源的分配,进而实现企业新技术、新产品的突破,这依赖于企业内部科研团队的共同努力,因此组织内部的科研团队构成及其团队协作过程称为团队创新研究的重点关注话题。①

企业科研团队合作网络是指在企业内部和外部,由多个科研团队相互协作形成的网络结构。近年来,国内外学者对企业科研团队合作网络的研究逐渐深入。已有研究发现,企业科研团队合作网络具有较高的网络密度,中心性较强的网络节点和科研骨干发挥着重要的引领和推动作用。王曰芬等②聚焦于人工智能领域,将已识别出的人工智能领军团队为研究对象,根据团队中学者的合作人数情况和社会网络指标,识别出团队中的核心学者。莫君兰等③以电子文献库、国家基金网、个人主页等多个异构数据源为基础,从科研团队的成员基本信息、团队学术专长、团队科研成果以及团队合作关系四方面描述科研团队的属性信息。

此外,企业科研团队合作网络在项目执行期和结题后都形成了有效连接的合作网络,具有较好的可持续性。刘璇等④以维普为来源数据库,构建"知识管理"领域学者之间的科研合作网络,并运用指数随机图模型探究了网络结构和节点属性对合作网络形成的影响机理,发现拥有高结构洞特征的学者和团队凝聚力高的学者与其他学者的合作更为普遍。

一般而言,科研团队网络具有以下几个基本特点:第一,跨学科合作。企业科研团队合作往往涉及多个学科领域,需要来自不同专业背景的专家协同合作,共同推进项目进展。因此,跨学科合作是企业科研团队合作网络的一个显著特点。

第二,网络化结构。企业科研团队合作网络通常具有网络化结构,团队成员之间存在多种合作关系,例如上下级关系、合作关系、竞争关系等。这种网络化结构可以提高团队合作的效率,同时也可以增加团队成员之间的互动和交流。

① Hui, Y. W., S. W. Hu, L. Na et al., 2023: "Impact of Diversity of Executive Team Career Experience and Cooperation Openness on Breakthrough Innovation Performance", *International Journal of Business and Management*, 18(4).
② 王曰芬、杨雪、余厚强等:《人工智能科研团队的合作模式及其对比研究》,《图书情报工作》2020年第20期。
③ 莫君兰、窦永香、开庆:《基于多源异构数据的科研团队画像的构建》,《情报理论与实践》2020年第9期。
④ 刘璇、汪林威、李嘉等:《科研合作网络形成机理——基于随机指数图模型的分析》,《系统管理学报》2019年第3期。

第三,知识共享。在企业科研团队合作中,知识共享是一个非常重要的环节。团队成员需要通过交流、分享知识和经验,共同推进项目进展。因此,企业科研团队合作网络的特点之一就是知识共享。

第四,资源整合。企业科研团队合作网络需要整合各种资源,包括人力资源、物质资源和信息资源等。团队成员需要通过合作和协调,实现资源的最大化利用,从而推动项目的进展。

(二)团队创新绩效

团队创新绩效是当今企业和社会发展的重要议题之一。在过去的几十年中,随着全球经济的发展和竞争的加剧,企业越来越重视创新,而团队创新绩效也成为企业竞争力的重要来源之一。许治等[1]以华南地区部分高校92个团队为样本进行实证检验,发现团队角色的完整性与均衡性对合作网络密度、合作强度有显著正向作用,表明团队角色完整性与均衡性对团队有效合作至关重要。张鹏程[2]从社会网络结构特征的视角出发,对科研合作网络与知识创造绩效的关系展开了分析,发现合作网络的派系数量与知识创造绩效呈正相关关系,最大子图比例以及合作网络密度与其呈负相关关系,而网络中心性则与知识创造绩效无关。

团队创新绩效的提升与也团队内部因素和外部环境因素密切相关。在团队内部,成员的认知能力、协同创新能力和创新能力是影响团队创新绩效的关键因素。其中,协同创新能力是指团队成员之间通过协作和合作实现创新的能力,它是团队创新绩效的重要驱动力。此外,团队氛围、团队文化和团队领导也是影响团队创新绩效的重要因素。团队氛围可以增强团队成员之间的信任和合作,从而提高团队创新绩效;团队文化可以促进团队成员的创新意识和创新能力;团队领导则可以通过激励和支持等方式,促进团队成员的创新行为。段锦云等[3]通过实证研究发现变革型领导对团队建言氛围有显著正向影响,团队建言氛围与团队绩效显著正相关。尚润芝和龙静[4]认为高科技企业研发团队网络结构通过团队氛围的中介作用对创新绩效产生影响,因此企业要注重研发团队的团队氛围培养。郑强国[5]基于团

① 许治、陈丽玉、王思卉:《高校科研团队合作程度影响因素研究》,《科研管理》2015年第5期。
② 张鹏程、彭菡:《科研合作网络特征与团队知识创造关系研究》,《科研管理》2011年第7期。
③ 段锦云、肖君宜、夏晓彤:《变革型领导、团队建言氛围和团队绩效:创新氛围的调节作用》,《科研管理》2017年第4期。
④ 尚润芝、龙静:《高科技企业研发团队的创新管理:网络结构、变革型领导对创新绩效的影响》,《科学管理研究》2010年第5期。
⑤ 郑强国、秦爽:《文化创意企业团队异质性对团队绩效影响机理研究——基于团队知识共享的视角》,《中国人力资源开发》2016年第17期。

队知识共享的视角对来自130个文化创意团队的数据进行分析,发现团队异质性三个维度对团队知识共享和团队绩效的影响中,社会分类异质性与价值观异质性均产生显著负向作用,信息异质性则是显著正向作用;知识共享对团队绩效的提升有显著正向作用。李倩等[①]采用社会分类—信息加工的理论视角探讨了团队文化多样性对团队创新的影响。

在外部环境因素中,市场环境、组织环境和政策环境等都是影响团队创新绩效的重要因素。市场环境的变化可以促进团队创新,同时也可以为团队创新提供更多的机会和资源;组织环境中的组织文化和组织结构等也可以影响团队创新绩效;政策环境则可以通过政策支持和资金投入等方式,促进团队创新绩效的提升。蔡俊亚和党兴华[②]研究发现在稳定的市场环境下,高管团队的异质性对创业导向与创新绩效关系的调节效应更强,而在不考虑环境动态性和环境动态性较低的情况下,高管团队的共同愿景对创业导向与创新绩效关系的调节效应不显著,但在动态性较高的市场环境下,可以显著地正向调节创业导向与创新绩效的关系。李平等[③]研究发现团队的成员职称、对团队成员知晓度、经费使用合理程度等组织环境是科研团队创新绩效的决定要素。周空等[④]着重探讨了团队绩效薪酬如何提高团队成员创新想法的提出,促进这些想法涌现为团队整体的创新想法,推进团队创新想法最终得以实施,进一步拓展了团队创新理论。

六、文献述评

通过对文献资料进行收集、整理,能够跨越时间与空间的限制对相关研究成果大致归纳,探析现有研究的发展状况。文献研究属于间接研究,在节省人力、物力和财力的情况下能够最大限度地获取相关知识而减小研究成本。方便、自由是文献研究法的又一特点,由于资料能够被随时随地提取,具有便捷性和灵活性。在中国知网、谷歌学术和 Elsevier 等国内外相关网站及数据库中检索关于科研绩效、科研产出以及知识创新绩效的相关研究成果,通过梳理国内外学者对于知识创新绩效的研究动态和方向,了解目前

---

① 李倩、龚诗阳、李超凡:《团队文化多样性对团队创新的影响及作用机制》,《心理科学进展》2019年第9期。
② 蔡俊亚、党兴华:《创业导向与创新绩效:高管团队特征和市场动态性的影响》,《管理科学》2015年第5期。
③ 李平、李鹏、张俊飚:《农业科研生态、团队愿景对创新绩效的作用机理及实证研究》,《科技管理研究》2015年第6期。
④ 周空、周萱、应雪晴:《从想法产生到想法执行:团队绩效薪酬对团队创新的影响机制》,《心理科学进展》2023年第6期。

对于知识创新绩效的研究现状,能够把握和归纳相关理论基础、影响知识创新绩效的若干因素和研究方法等。在阅读大量文献的基础上,能够明确和把握整个研究流程,同时为本研究提供新思路、新方法。

通过对创新绩效的研究现状进行梳理和归纳发现,国内外对组织或个人创新绩效的研究经历了从通用视角到权变视角再到组态视角的转变,进入相对成熟阶段,同时也形成一套比较固定的研究范式。对于知识创新绩效而言,也有科研绩效、创新绩效、科研产出和知识生产力等相近表达。由于知识创新绩效的提法相对较少,本章也着重梳理了科研绩效的相关研究成果,以期为知识创新绩效概念的确定和测度方式奠定理论基础。总体而言,绩效研究主要集中于绩效评估、绩效预测、绩效激励和绩效影响因素及机制等方面,其中绩效影响因素及机制是管理学领域的热点研究问题。

1. 权变视角下的绩效影响因素及作用机制研究。现有实证分析基于权变视角,预设理论模型探寻自变量与因变量之间的线性或简单非线性关系。通过路径明确的相关性、中介或调节推断变量间的关系结构,探寻所获取的数据与预设模型是否有效匹配,即是否具有显著性,来寻求前因变量与结果变量之间的相关关系和作用机制。经过多种方法验证,此研究范式具有科学性和合理性,但极容易丢失有价值信息,缺乏对变量进行层次性梳理,对研究对象的差异性分析不够深入,得出的研究结论具有一定局限性。

2. 组态视角下的绩效影响因素及作用机制研究。"组态视角"在剖析组织管理问题背后的复杂依赖关系中得到广泛运用,现有研究通过 QCA 定性比较分析方法挖掘影响组织创新绩效的多重组态条件以及变量间非对称性复杂关系,但局限于小样本数据的整合分析和静态分析,较少关注不同非线性特征组合对知识创新绩效的影响以及多个前因变量与知识创新绩效之间"殊途同归"的作用机制。

3. 复杂视角下的绩效影响因素及作用机制研究。进入数字经济时代,以往抽样数据不能很好地适应研究需求导向,通过文献梳理界定理论范畴及预设研究模型也不能满足外部事物的变化与发展。机器学习方法逐步被引入管理学领域,用以深入探析变量之间的复杂非线性关系和作用机制,但目前相关研究较少,未能形成一套固定的研究范式。随着信息的指数级增长,知识模式逐步多元化和复杂化,异质性对象群组背后也存在着多种达成绩效目标的可能路径,原有研究范式亟待变革。将机器学习领域相关方法运用于实际管理问题的有效解决,成为大数据时代科学研究创新发展的趋势之一。

第三章　数据驱动分析方法

随着云计算、人工智能、5G 和物联网等信息技术的快速发展,人类的社会经济系统中所产生的信息和数据呈指数级增长[1],越来越多的行业需要对这些海量数据进行分析和处理,旨在从大数据中找到有价值的信息和知识,并挖掘出其中的数据变化规律及因果关系进而实现更高效的管理决策过程。

系统具有复杂性、多样性与自适应性,是由一些相互关联、相互作用、相互制约的组成部分构成的具有某种特定功能的整体。由于不同的系统要素之间相互作用的机理不明确,相互影响的程度难以量化,导致系统的演化趋势也呈现简单与复杂交互、内涵明确而外延模糊等不确定性特征。为了明晰各系统因素间的作用机理,学者往往采用系统分解或简化论的思想对各影响因素及影响路径进行简化研究。随着定量研究在社会科学研究中的应用愈发广泛,人们注意到社会经济系统同样存在着复杂的经济现象,且使用古典经济学、统计简化论、还原论等无法轻易解释这些现象,如社交网络中的正反馈机制、经济活动中高投入未必带来高产出结果等。在这种情况下,传统的统计方法和研究视角只从系统因素孤立的角度进行分析,进而解释单一影响路径对系统演化的影响程度,这种研究手段存在着一定的局限性,且得出的研究结论只能反映该系统中的部分情境。因此,需要一种系统的、全面的、科学的研究框架与方法剖析系统内部各复杂因素之间的交互作用机理,并根据复杂因素之间的潜在变化规律对系统的演化趋势进行预测分析。

近年来,数字经济的快速发展使得大数据这一话题成为学界、业界和政界持续共同关注的热点。[2]大数据使得社会经济活动中的诸多情境如社交

---

[1]　Cappa, F., R. Oriani, E. Peruffo et al., 2021, "Big Data for Creating and Capturing Value in the Digitalized Environment: Unpacking the Effects of Volume, Variety, and Veracity on Firm Performance", *Journal of Product Innovation Management*, 38(1).

[2]　Buxton, B., D. Goldston, C. Doctorow et al., 2008, "Big Data: Science in the Petabyte era", *Nature*, 455(7209).

关系、经济发展健康程度等难以量化的系统情境有了更直观的成像方式,也使得传统的管理决策逐渐向数据决策转变,在一定程度上为管理学研究提供了新的工具和视角。①长期以来,管理研究以理论假设为支撑,以模型驱动为导向,主要有三种研究框架,第一种是最早的定性研究范式,也称质化研究,是通过发掘系统问题、理解事件现象及成因的一种严谨方法,具体的研究形式包括论述分析、访谈研究、扎根理论等;第二种研究框架是研究者基于某一特定视角的观测抽象和理论推演构建概念模型并提出研究假设,再借助模型解析手段如运筹学、博弈论和其他数理模型进行求解和优化进而捕捉研究变量间的最优配比及敏感度;第三种是在提出理论假设的前提下,直接基于某一特定问题所获取到的原始数据,包括观测数据、调研数据、仿真数据、系统记录数据等进行假设检验,通过计量经济学中的显著性分析来验证原始假设的成立与否,进而证明这些研究变量间的逻辑假设关系,并形成新的理论认识。

这些研究方法很大程度上满足了学者对于复杂经济社会系统中未知规律的探索与求知,为解析系统演化规律及因素间的耦合关系提供了分析工具。然而,近年来学者发现传统的管理研究范式越来越难以解释系统内部复杂因素之间的交互影响机制②,管理决策问题的日益复杂使得影响机制的解读显得有些冰山一隅,基于大数据和人工智能的管理决策逐渐成为新的决策范式,为管理实践赋予了创新源动力。③第一,系统行为的不确定性主要来源于多种内部因素的组合影响及随机因素的扰动,因此常常需要检验多个变量的组合效应,这种指数级的检验任务给传统的人工核查与统计模型带来了巨大的工作负担;第二,系统内部各影响因素之间的组合往往还存在潜在的信息和规律,这些隐性规律也是解释不同情境下系统状态异质性的重要证据,却难以被纳入传统的理论框架,如行为理论、决策理论、权变理论等理论框架仅能解释单一显性变量的影响程度,却无法涵盖不同变量间的组态效应;第三,很多时候系统的部分影响因素和变量是重要且有价值的,但采用传统意义上的数据收集方式难以获取这些数据,如文本、音频、图片等非结构化数据,使得实证研究的数据收集和数据分析过程更为艰难。

新的研究范式需求下必然引起研究方法和工具,尤其是大数据分析技

---

① 洪永森、汪寿阳:《大数据如何改变经济学研究范式?》,《管理世界》2021年第10期。
② 杜运周、李佳馨、刘秋辰、赵舒婷、陈凯薇:《复杂动态视角下的组态理论与 QCA 方法:研究进展与未来方向》,《管理世界》2021年第3期。
③ 陈国青、张瑾、王聪、卫强、郭迅华:《"大数据—小数据"问题:以小见大的洞察》,《管理世界》2021年第2期。

术的更新,瓦里安(Varian)①和洪永淼②分析了大数据和机器学习对经济学的研究范式和研究方法带来的机遇和挑战,并指出大数据技术促进经济学和人文社会科学其他学科的交叉融合和跨学科研究。与此同时,部分学者也充分利用自然语言处理③、神经网络④、推荐算法⑤等机器学习方法的优势与管理实践问题相结合,并进行了十分有益的探索。如采用文本分析和机器学习技术构建管理理论中的相关指标用于实证研究⑥;通过爬虫技术和语义分析挖掘公司特质信息⑦;再如利用机器学习模型强大的训练和预测能力实现市场预测⑧;通过决策树、随机森林等算法有效捕捉变量间交互效应等非线性特征⑨。这些研究皆印证了大数据技术在实际的管理实践应用中可以发挥前所未有的功效,并得到更多新颖的结论与规律,为经济管理类研究中的知识发现提供了思路借鉴。然而,也需要认识到的是,这些研究都是从独立、分割的视角将机器学习算法应用于管理研究中,在其他情境问题中可能并不适用,目前仍没有一套行之有效的研究框架系统阐述管理学中不同变量之间的复杂关系。

近年来,定性比较分析(Qualitative Comparative Analysis,QCA)⑩在处理样本的复杂组态问题方面的优势得到了管理学者的关注,其结合了案例研究和定量研究等传统管理研究方法的优势,聚焦于整体视角分析不同变量组合下的"组态效应"。通过QCA可以识别同一结果下的不同前因等效组态方案,是剖析系统复杂影响因素的视角拓展。但其在不同等效组态方案的解释强度不够,无法精准识别不同前因组态路径对于结果变量的影

① Varian, H. R., 2014: "Big Data: New Tricks for Econometrics", *Journal of Economic Perspectives*, 28(2).
② 洪永淼、汪寿阳:《大数据革命和经济学研究范式与研究方法》,《财经智库》2021年第1期。
③ Kang, Y., Z. Cai, C. W. Tan et al., 2020: "Natural Language Processing(NLP) in Management Research: A Literature Review", *Journal of Management Analytics*, 7(2).
④ 胡海青、张琅、张道宏:《供应链金融视角下的中小企业信用风险评估研究——基于SVM与BP神经网络的比较研究》,《管理评论》2012年第11期。
⑤ 刘冠男、张亮、马宝君:《基于随机游走的电子商务退货风险预测研究》,《管理科学》2018年第1期。
⑥ 胡楠、薛付婧、王昊楠:《管理者短视主义影响企业长期投资吗?——基于文本分析和机器学习》,《管理世界》2021年第5期。
⑦ 伊志宏、杨圣之、陈钦源:《分析师能降低股价同步性吗——基于研究报告文本分析的实证研究》,《中国工业经济》2019年第1期。
⑧ 王茹婷、彭方平、李维、王春丽:《打破刚性兑付能降低企业融资成本吗?》,《管理世界》2022年第4期。
⑨ 洪永淼、汪寿阳:《大数据如何改变经济学研究范式?》,《管理世界》2021年第10期。
⑩ 杜运周、贾良定:《组态视角与定性比较分析(QCA):管理学研究的一条新道路》,《管理世界》2017年第6期。

响效果,且这些前因变量之间是何种关系也并没有得到较好的阐述。对于管理决策问题本身,不同影响因素对于最终待决策变量的影响路径和效果皆有所差异,在剖析得到多因素共同作用并影响最终决策变量的重要结论之后,理应深入探讨这些相关因素之间的耦合关系与交互机理,以及如何帮助决策者事先控制系统中相关因素的输入配置及配额,这有助于管理学者更加深入地理解管理实践问题的实质,也可以为决策者捕捉不同前因组态的影响效果与路径提供定量分析基础。

因此,面临越发复杂的管理决策问题和大数据时代下科学研究范式的逐渐转变,本研究在大数据的4V(Volume、Variety、Velocity、Value)特点下提出了一种数据决策分析方法(Data Decision Analysis),其综合了定量研究、QCA组态分析和大数据分析的多维优势,从数据特征、问题特征和管理决策特征这三个角度提出了基于数据决策系统的复杂因素影响机制研究框架,帮助管理决策者根据实际的数据特征和管理问题情境剖析系统因素间的复杂交互机制进而实现重要知识发现和最优的资源配置。具体的创新之处体现在:

首先,提出了基于数据挖掘的数据决策分析方法DDA,对现有管理学的实证研究框架进行了拓展和补充。大数据时代的到来使得大规模、多变量、非结构化数据不断涌现,某些统计方法已经不再适用于复杂系统的研究分析,DDA从数据挖掘的角度深入剖析了复杂变量间的非线性关系及综合作用程度,增强了原始理论模型的预测力和可解释性。

其次,为大数据时代下经济、管理等学科的复杂因素的影响机制提供了新的研究思路。从数据收集、数据清洗、聚类分析、决策分析、影响机制和敏感度分析等流程剖析了复杂系统多种因素之间的交互影响机制,并通过可视化的手段增强了理论模型的可解释性和可预测性。

本章剩余部分的安排如下:第一节介绍了数据决策分析方法(DDA)的方法论及其涉及的主要机器学习算法;第二节介绍DDA的基本实现过程和研究框架,并阐述其在实际应用中的优势;第三节通过算例实证研究了DDA在管理类研究中的数据分析和应用过程;第四节提供了相关的结论和未来展望。

第一节　相　关　方　法

DDA方法以数据挖掘过程实现系统内复杂因素的机制分析,其仍然主要是以管理学研究问题为导向,重点剖析管理研究中涉及的情境差异、因素相关性、复杂因果识别等问题,因此本节重点介绍 DDA 方法框架的基本流程及其匹配的主流机器学习算法,包括异常检测算法、聚类算法、决策树算法和贝叶斯网络等,为管理学者进行研究范式的转变与结合提供范式参考和转型思路。

一、异 常 检 测

随着人类社会信息化程度的不断提高,任何一个待分析的现实系统所涉及的数据和信息量也在呈几何级数增长,传统的人工统计和手动录入的数据收集手段已经不再适用。然而,依靠大数据技术获取到的源数据往往会由于得不到有效的人工检查而导致其蕴含的数据信息失真,这些偏误通常是由于数据收集方式、数据录入、数据测量及自然偏差等原因导致的。因此,对于系统内部的异常数据,尤其是连续型变量的数据只有得到预先的清洗和检查才能被用于系统因素分析,否则会得到偏误的研究结论。

异常数据的表现形式一般是缺失值或离群点等可疑信息,传统的统计分析方法对于异常值的处理往往是观测其数据的分布特征进而判断哪些数据的标准偏差较大,通过设定阈值的方式强行剔除异常数据;还有一些其他的数据异常处理如数据标准化是将数据的区间进行压缩使其满足正常的统计分布,或将异常值进行直接替换保持原始数据的长度一致。然而,这些异常处理方法皆忽视了大数据背景下数据的整体性和一致性,只能从系统单个变量的统计分布进行异常识别。DDA 方法认为多维变量在空间中的聚集也是满足一定的分布特征,因此在多维空间中被孤立的数据往往更有可能是异常点,这些异常点的部分维度可能在正常的统计分布区间内,因此如何在空间中对这些异常数据进行识别并剔除是 DDA 方法深入分析变量间关系的重要前提。

在机器学习中,常用的异常检测算法有很多,如 XGBOOST、KNN、Local Outlier Factor(LOF)、Histogram-based outlier score(HBOS)、Isolation Forest 等,这些方法可以根据数据的空间分布特征进行离群点识别,将原始数据集中被孤立的离群点进行剔除,以增强研究数据的稳态性和可解释性。不同的异常检测算法在原理和实现结果有一定的差异,其中,孤立森林算法在处理高位、大规模数据方面具有复杂度低、效率高的优势,这里以孤立森林算法为例,介绍其实现的过程及其优势。

孤立森林最早由南京大学的周志华教授等人提出用于提取异常样本点

的方法[①]，是一种基于树集成的异常检测算法，其核心思想是用一个随机超平面将空间分布中的离群数据进行孤立，由于检测过程简单高效，常用于网络入侵检测、金融欺诈检测和噪声数据过滤等诸多领域。孤立森林算法可以面向多维数据，利用随机超平面对任意数据空间进行切割划分为两个数据子空间，再利用随机超平面对划分后的数据子空间继续进行切割，重复该操作直至每个子空间只剩下唯一一个数据样本。根据该切割过程可以得知，在数据空间中密度较高的样本点需要多次随机切割才能停止，而密度较低的样本点则使用较少的切割即可实现完成算法过程。因此，可将密度较低的异常样本视为原始样本空间中的离群点，其蕴含的信息价值量相对较少。

孤立森林是由一系列的孤立树 iTree(isolation tree)组成，假设 T 是孤立树的其中一个节点，它要么是没有子节点的外部节点，要么是包含左右两个子节点(T_{left}，T_{right})的内部节点。节点 T 处的划分结果由其属性 q 和分割值 p 组成，当 $q<p$ 时，将数据划分到 T_{left}；当 $q>p$ 时，将数据划分到 T_{right}。其次，孤立树递归划分数据集时，满足以下任一条件则停止划分：(a)节点上只存在一个样本点；(b)节点上所有样本点都具有相同的特征；(c)孤立树达到了最大限制高度。特别地，样本 x_i 在孤立树中的路径长度 $PathLen_i$ 定义为该样本从孤立树的根节点到叶子节点经过的边数。

孤立森林的实现过程如表 3-1 所示，可以发现其主要包括两个阶段。第一阶段通过构建 t 棵 iTree 组成孤立森林，进而计算平均高度和每个样本的异常值分数，如步骤 1～5 可以构建 t 棵不同的孤立树，步骤 6～14 实现每个样本在孤立森林中的路径长度计算。

表 3-1　孤立森林算法的实现过程

Algorithm 1 Isolation Tree

Input: 原始 m 个样本的数据集合 $X=\{x_1, x_2, \cdots, x_{m-1}, x_m\}$，孤立树的个数 t，最大限制高度 h_{lim}，采样数据个数 ψ

Output: 每个样本点 $x_i(i=1, 2, \cdots, m)$ 的路径长度 $PathLen_i$

1. 从 X 中随机选择 ψ 个子样本，作为一棵孤立树的根节点数据集 X^*

2. 从 d 个维度中随机指定一个维度 q，并产生分割点 p，使得 $\min(x_{1q}, x_{2q}, \cdots, x_{mq}\,|\,X^*)<p<\max(x_{1q}, x_{2q}, \cdots, x_{mq}\,|\,X^*)$

---

① Liu, F. T., K. M. Ting, Z. H. Zhou et al., 2012; "Isolation-Based Anomaly Detection", *ACM Transactions on Knowledge Discovery from Data*, 6(1).

Algorithm 1 Isolation Tree

3. $T_{left} = \text{filter}(x_i, q < p)$; $T_{left} = \text{filter}(x_i, q \geqslant p)$

4. 重复 Step 2 和 Step 3,直至生成 t 棵孤立树

5. 对于样本 x_i,遍历每一棵孤立树

6.   **if** 当前节点 T 是外部节点或达到最大树高度 $h_{\lim}$ **then**

7.   计算 x_i 在森林中的平均高度 $h(x_i)$,并归一化处理;

8.   计算异常值得分,$s(x_i, \psi) = 2^{\frac{E(h(x_i))}{c(\psi)}}$,其中 $c(\psi) = 2H(\psi - 1) - 2(\psi - 1)$

9.   **end if**

10.   **if** $x_{iq} < T.splitValue$ **then**

11.   返回 $PathLen(x_i, T.\text{left}, \text{CurrentLen} + 1)$

12.   **if** $x_{iq} > T.splitValue$ **then**

13.   返回 $PathLen(x_i, T.\text{right}, \text{CurrentLen} + 1)$

14.   **end if**

为了便于理解孤立森林的异常检测过程,假定存在 5 个不同的样本数据 a、b、c、d 和 e,经过孤立森林算法处理后,样本 d 最先被划分出来,其次是样本 c、样本 a、样本 b 和 e,因此 d 有更大的可能性作为是原始样本空间中的离群点,在 DDA 中可以剔除,识别过程如图 3-1 所示。这种异常检测及数据清洗过程相比于传统的进行数据缩尾或 1.5IQR 等进行单变量离群点的判断而言,综合考虑的是样本在全属性的空间孤立程度,很大程度上增强了对冗余信息的识别。

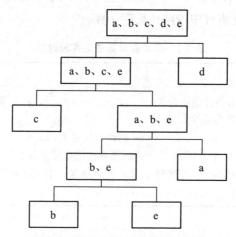

图 3-1 孤立森林异常值检测示例

二、聚 类 分 析

聚类是在事先不规定分组规则,仅根据数据自身的空间分布特征对数据进行群组划分的无监督学习过程,目标是为了将样本划分为不相交的多个子集,其重要思想是"物以类聚、人以群分",即要求分组之后组间数据的差距越大而组内的差距越小。聚类分析是数据挖掘领域的重要组成部分,能在无先验假设的前提下从潜在的数据中发现有价值、有意义的数据分布模式,已广泛应用于数学、计算机科学、统计学、生物学和经济学等领域。[1][2]在不同的研究领域中,学者们根据实际的研究问题解决进一步推动了聚类分析的发展,如相似性度量、聚类模型的优化。[3]

DDA 以聚类算法为异质性划分基础,充分考虑不同的特征变量在空间中的分布情况,并通过差异化的方式将这些数据进行群组划分,进一步区分了复杂影响因素在空间状态下的分布特征,旨在从多维特征的角度挖掘影响因素间特殊组合所蕴含的信息,为系统问题的细化和影响因素的复杂影响机制的进一步解析奠定异质性数据基础。

目前学者提出了大量的聚类算法,例如基于划分聚类的 K-Means、K-Modes、K-Medoids、PCM,基于层次的系统聚类、BIRCH、CURE,基于密度聚类的 DBSCAN、OPTICS,和基于网格的 CLIQUE、STING 等,不同的聚类算法会得到不同的聚类结果,而具体算法的使用与选取主要取决于所研究问题的数据类型。其中,K-Means 作为数值型变量的基础聚类算法,其操作易于实现且可解释性较强,其在管理实践问题的研究中有着独特的优势。[4]

对于由 m 个不同的样本数据组成的数据集合 $X = \{x_1, x_2, \cdots, x_{m-1}, x_m\}$,K-Means 首先从样本数据中随机选取 K 个不同的聚类中心 c_1,c_2, $\cdots$, c_k,计算 m 个不同样本到这些聚类中心的欧式距离,即

$$dist(x_i, c_j) = \sqrt{\sum_{i=1}^{m}(x_i - \bar{c}_j)^2} \qquad (\text{式 }3.1)$$

---

[1] 张钢、徐贤春、刘蕾:《长江三角洲 16 个城市政府能力的比较研究》,《管理世界》2004 年第 8 期。

[2] 储节旺、闫士涛:《知识管理学科体系研究——聚类分析和多维尺度分析》,《情报理论与实践》2012 年第 3 期。

[3] Li, H., J. Liu, Z. Yang et al., 2020: "Adaptively Constrained Dynamic Time Warping for Time Series Classification and Clustering", *Information Sciences*, 534.

[4] 李海林、徐建宾、林春培、张振刚:《合作网络结构特征对创新绩效影响研究》,《科学学研究》2020 年第 8 期。

其中，$\bar{c}_j$ 是第 j 个类簇的聚类中心，也是簇内样本在各个维度 $p=1$，2，$\cdots$，P 的均值。

特别地，从式 3.1 可知，欧氏距离的度量方式使得样本与聚类中心的相似性极大程度地依赖于不同维度上的属性值差异，因此为了防止不同量纲对于相似性测度的结果带来偏差，K-Means 算法的输入为经过如 Z-score、归一化等标准化处理之后的样本数据。K-Means 算法的最终目标是实现所有样本到不同 K 个聚类中心的划分，且组内差异最小、组间差异最大，其实现过程如表 3-2 所示。

表 3-2　K-Means 聚类算法过程

Algorithm 2 K-Means

Input：标准化的样本数据集合 $X=\{x_1,x_2,\cdots,x_{m-1},x_m\}$，聚类目标个数 K，最大迭代次数 N

Output：类簇数据 $C=\{c_1,c_2,\cdots,c_k\}$

1. 从 X 中随机选择 k 个样本作为初始簇中心向量 $\{u_1,u_2,u_3,\cdots,u_k\}$

2. 对于 $n=1,2,\cdots,N$

3. 　　初始化类簇划分为 $C_t=\varnothing$，$t=1,2,\cdots,k$

4. 　　**for** each $i\in[1,n]$ **do**

5. 　　　　计算样本 x_i 与各簇中心向量 $u_j(j=1,2,\cdots,k)$ 的距离：$d_{ij}=\parallel x_i-u_j\parallel_2^2$；

6. 　　　　对 x_i 增加类别标记 λ_j，$\lambda_j=\mathrm{argmin}\{d_{ij}\}$，并更新类簇 $C_{\lambda_j}=C_{\lambda_j}\bigcup\{x_i\}$

7. 　　**end for**

8. **for** each $j\in[1,k]$ **do**

9. 　　基于标记后的样本，计算簇中心向量 $u_j=\dfrac{1}{\mid C_j\mid}\sum\limits_{x\in C_j}x$

10. 　　**if** 簇中心向量发生改变 **then**

11. 　　　更新簇重新向量

12. 　　**else** 簇中心向量发生改变 **then**

13. 　　**end if**

14. **end for**

15. **Until** 所有簇中心向量不变，输出类簇数据 C

因此，K-Means 聚类步骤大致为：

第一，确定要聚类的类别数目 k，即选择 k 个中心点（可通过肘部算法等方法综合确定，主要依据数据分布状况和研究目的来选定）；

第二，针对样本数据中每个样本点，选择恰当的相似性度量公式找到距离样本点最近的中心点，即距离同一个中心点最近的点为一个类，以此完成一次聚类划分；

第三，判断聚类前后样本点的类别分布情况是否相同，若相同，算法就

终止,否则进入下一步;

第四,针对每个类别中的样本点,计算这些样本点的中心点,当作该类的新的中心点,继续第二步。通过不断迭代的方式,算法收敛后得到稳定的簇中心,也即分类中心,同时将样本数据划分为 k 类。图 3-2 是基于 K-Means 对数据挖掘领域中的鸢尾花数据集(Iris)的聚类结果,从左至右分别是未对数据聚类、将数据聚为 2 类和 3 类。显然,未聚类的数据在花瓣长度与宽度两个维度上的样本相似度较低。而通过设定聚类簇数分别 2 和 3 时,不同簇间的样本数据关于花瓣长度和宽度皆具有较大差异,可以更好地被用于鸢尾花类型的识别和划分。

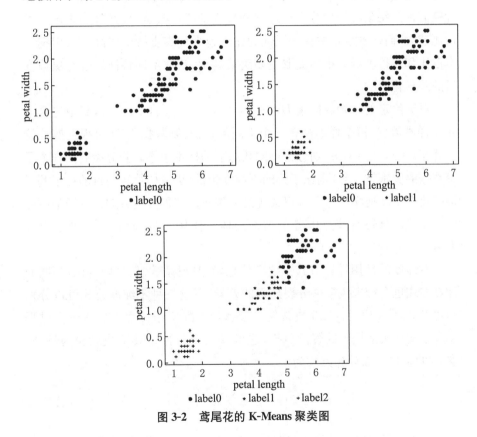

图 3-2 鸢尾花的 K-Means 聚类图

三、决策树算法

决策树算法(Decision Tree)是机器学习中的一个有监督学习算法,可以实现数据的分类和回归任务,由于不需要数据分布的先验假设,常被用于非线性关系的分析和解读,其最终的表现形式呈树状结构,由根节点、内部节点、叶子节点以及节点之间的连边组成。[①]其中,根节点包含了所有的样本,内部节点是包含了内部特征属性的样本,每一个叶子节点都是根据分裂规则得出的分类结果。作为数据挖掘领域的一种决策分析方法,决策树能够在多个对象属性与对象值之间形成映射关系,因此能够挖掘各个变量间非线性规则。而基于基尼指数的 CART(Classification and Regression Tree)算法产生分支相对较少,规则简单易读,树形结构为二叉树结构,能够将规则简单清晰呈现。决策规则生成有以下几个要点:(1)每个节点上有分割观测值的特征变量堆叠直方图,并按类别着色;(2)每个条件属性有对应特征变量的阈值划分,左分支代表小于等于属性阈值,右分支代表大于属性阈值;(3)每条决策树分支呈现符合规则的样本数量,数量越多表示样本占比越大,而样本数量中决策属性的比重越大代表支持度越高;(4)根据样本占比和支持度两个指标提取主要决策规则,获取不同特征组合对决策变量的差异化影响。

对于给定的原始数据集 $D=\{x_1, x_2, \cdots, x_{n-1}, x_n, y\}$,其中包含了 m 个样本数据,每个样本都有 n 个不同的特征,则数据集 D 可根据属性特征 A_i, $i=1, 2, \cdots, n$,划分为不同状态下的样本子集。若分裂后的样本子集数据的类别越一致,则该子集的不纯度越低,决策树算法的目的在于基于训练数据不断地学习进而寻得最优的分裂属性使得分裂后的样本子集不纯度最低。若分裂后节点中各个类别的样本比例一致,此时不纯度取得最大值。

不纯度的常用计算方式主要有信息熵、基尼系数、信息增益比,不同的计算方式也会带来决策树分裂规则的差异,以这三种不纯度公式可以分别构建 ID3、CART 和 C4.5 决策树。考虑到实际应用过程中决策分支过程过多会增加决策规则的解读负担,这里以二分类的 CART 决策树为例,样本 D 的基尼系数计算方式为:

$$Gini(D) = 1 - \sum_{k=1}^{K} \left(\frac{|C_k|}{|D|} \right)^2 \qquad \text{(式 3.2)}$$

其中,原始数据集的决策属性一共有 K 个类别,C_k 为数据集中第 k 个类别的样本,$k=1, 2, \cdots, K$。CART 决策树根据属性特征 A_i 的某个取值 a_i,将数据集 D 划分为 D_1 和 D_2 两部分,则在属性 A_i 的条件下,D 的基尼系数为:

---

① 栾丽华、吉根林:《决策树分类技术研究》,《计算机工程》2004 年第 9 期。

$$Gini(D, a_i) = \frac{|D_1|}{|D|}Gini(D_1) + \frac{|D_2|}{|D|}Gini(D_2) \qquad (式3.3)$$

决策树算法的精确度在很大程度上取决于特征属性的选择和剪枝过程。因此,对于特征的选择,采用节点分裂前后使得样本空间基尼系数变化程度最大的属性作为分裂标准,即通过特征 A_i 将原始样本划分为不同的子空间,不纯度下降得越多表明该决策规则越能得到较好的分类性能,基于不断的节点划分,CART 决策树算法可以将所有子样本空间的不纯度降低至零值,实现所有决策规则的提取,根据不同属性特征组合下的规则分析可以剖析这些条件属性特征对决策变量的非线性关系。CART 算法的具体实现过程如表 3-3 所示。

表 3-3 CART 算法过程

Algorithm 3 Classification and regression tree, $CART(D^c)$

Input:聚类之后的第 c 个样本子集 $D^c = \{x_1, x_2, \cdots, x_{m-1}, x_m, y\}$其中,$c=1$, $2, \cdots, K$;特征变量 $A = \{A_i | i=1, 2, \cdots, n\}$;支持度和置信度阈值

Output:最佳的决策规则 $CART(D^c)$

16. **for** each $i \in [1, n]$ **do**
1. **for** $a_i \in A_i$ **do**
2.   计算 Gini 系数的变化值 $\triangle_{Gini} = Gini(D^c) - Gini(D^c, a_i)$;
3.   根据 $\triangle_{Gini}$ 最大的属性特征 A_i,将样本子集 D^c 划分为两个样本空间 D_1^c 和 D_2^c;
4.   **return** 该节点对应的决策规则;
5.   若该规则满足支持度和置信度的阈值条件,则
6.   生成叶节点 a_i
7.   重复步骤 2 至步骤 6;
8.   返回所有的决策规则
9.   **end if**
10.   **end for**
11. **end for**

然而,在实际的管理决策过程中,样本数据中存在的噪声会使得决策树算法产生有偏误和冗余的叶子节点,从而产生过拟合的现象。为了提高 CART 决策树的分类效果和规则提取的有效性,引入两个重要的评估标准,即支持度和置信度。其中,支持度是指满足某一特定规则下的样本数量占其对应数据集合中样本总数的比例,而置信度是指同一规则的样本集合中满足正确规则的样本占比,是分类准确性的重要体现。决策者可以通过事先设置支持度和置信度的阈值进而提取自己所感兴趣的决策规则,对于形如 $A \rightarrow B$ 的决策规则,其支持度(Support)和置信度(Confidence)分别为:

$$Support(A \rightarrow B) = \frac{\delta(A \bigcap B)}{N} \times 100\% \qquad (式\ 3.4)$$

$$Confidence(A \rightarrow B) = \frac{\delta(A \bigcap B)}{\delta(A)} \times 100\% \qquad (式\ 3.5)$$

（一）简单决策树示例

图 3-3 是一棵结构简单的决策树,用于预测高校教师是否会获得高绩效。为做简单示例,主要从教师的高水平学术论文和荣誉奖励两个方面来预测绩效水平,没有将影响绩效水平的所有属性进行完全考虑,因此不代表实际情况。在决策树中,一个内部节点代表一个属性条件判断(菱形框为属性条件判断),叶子节点(圆框为叶子节点)表示高校教师是否会获得高绩效。例如,教师甲有 6 篇高水平论文,根据决策树的根节点判断,教师甲符合左分支分类规则,拥有 5 篇及以上高水平论文为高绩效。教师乙有 3 篇高水平论文,有 1 项荣誉奖励。根据决策树的根节点判断,教师乙符合右分支分类规则,进一步判断教师乙是否有 2 项及以上荣誉奖励,发现不满足该规则,因此教师乙符合右分支分类规则,因此预测其获得低绩效。同理,假设教师丙没有高水平论文并且拥有 3 项荣誉奖励,则根据决策树的节点分支规则进行判断,可以推理教师丙可以获得高绩效。

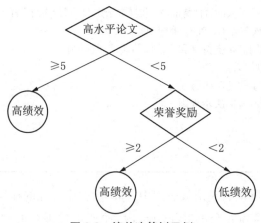

图 3-3　简单决策树示例

（二）决策树剪枝处理

构建决策树的样本数据一般可以区分为两个数据集:训练集和测试集。训练集用来训练模型,测试集用来验证模型的效果。由于此章节主要探析特征变量与知识创新绩效之间的复杂非线性规律,因此不预留样本数据做测试集,而是将所有样本数据用作训练集,输出拟合效果最优的决策树模型。决策树完全依赖样本数据生成,并可以100％拟合样本数据,但过拟合的模型不具备普适性,会导致所得规律没有实用价值,因此可以通过剪枝的方式降低过拟合的风险。剪枝通常包括预剪枝和后剪枝两种方法,各有优缺点,可以根据数据情况选择合适的剪枝方式。这里主要采取决策树CART算法分别对上述简单决策树案例中的样本进行规则提取,设置树的最大深度为3,即提前设置树的深度来降低过拟合程度,减少训练数据所需时间,获知不同特征组合对知识创新绩效的影响状况。

(三) 决策树 dtreeviz 可视化

本书中的决策树是在 pycharm 中调用 dtreeviz 函数而生成,相较于之前的决策树可视化方法,该函数能够清晰呈现每个条件属性测试上知识创新绩效等级高低的分布状况并有相应的着色区分;每一分支的叶子节点代表该规则囊括的样本数量,数量越多样本占比越大;叶子节点内部绩效高等级或低等级的占比越大,代表高等级或低等级的支持度越高。样本占比和支持度共同构成决策规则是否具有代表性的关键指标,只有两者数值都比较大时,决策规则才具有一定代表性。通常情况下,样本占比依据样本数量确定适宜比例,样本数量越大,样本占比可适当减小,反之可提高样本占比。总体而言样本占比越大说明规则越具有代表性,支持度通常都在50％以上较佳,越接近100％代表规则越好。

四、贝叶斯网络

贝叶斯网络(Bayesian Network, BN)也被称为信念网络或因果网络,由若干节点和有向弧组成,是用于描述数据变量间依赖关系的有向无环图结构(Directed Acyclic Graph, DAG)。因其在系统复杂因素间的不确定因果关系识别上具有一定的优势,目前在医疗诊断、信息检索和工业工程等领域发挥着重要作用。[①]贝叶斯网络中,节点代表基本事件或变量,分为根节点、中间节点和叶节点,有向弧连接两个节点,代表节点间有依赖关系。根节点的概率通过先验概率表示,通常由以往经验、历史数据或专家打分得出;非根节点的概率需要训练数据集得出条件概率表(Conditional Probability Table, CPT)。有了先验概率和条件概率,就可以计算各种状态下基本事件发生的概率。如图3-4中的简单贝叶斯网络,A、B、C、D、E各代表一个网络节点或基本事件,其相应的变量用小写字母a、b、c、d、e表示。

---

① 慕春棣、戴剑彬、叶俊:《用于数据挖掘的贝叶斯网络》,《软件学报》2000年第5期。

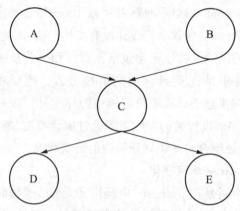

图 3-4　简单贝叶斯网络

以中间节点 C 为例,其变量用$(C_1, C_2, \cdots, C_n)$表示,满足 $P(C_1)+P(C_2)+\cdots+P(C_n)=1$。同理,节点 A、B、D、E 可以用相同的方法表示。贝叶斯网络中的节点也满足概率独立性特征,如果节点 $V_1, V_2, \cdots, V_n$ 相互独立,则其联合概率分布 $P(V_1, V_2, \cdots, V_n)$ 可依据独立性原则分解为较为简单的分布,即:

$$P(V_1, V_2, \cdots, V_n)=P(V_1)P(V_2)\cdots P(V_n) \qquad (式\ 3.6)$$

根据条件概率公式及节点独立性性质,$P(V_1V_2)=P(V_1)P(V_2|V_1)$。同理,可以将节点 $V_1, V_2, \cdots, V_n$ 的联合概率推广分解为直观简洁的条件概率乘积:

$$P(V_1, V_2, \cdots, V_n)=P(V_1)P(V_2|V_1)\cdots P(V_n|V_1V_2\cdots V_{n-1})$$

$$(式\ 3.7)$$

设 $\in(V_i)$ 是 V_i 的父节点,在满足独立性条件下,上式可以进一步表示为:

$$P(V_1, V_2, \cdots, V_n)=\prod_{i=1}^{n}P(V_i\ |\in(V_i)) \qquad (式\ 3.8)$$

在贝叶斯网络中,有连接关系的两个节点表示的随机变量能在某些特定的情况下条件独立,其中父节点通常表示为前因变量,子节点通常表示为结果变量。贝叶斯网络中两个不同变量通过中间变量间接相连的方式主要有顺连、分连、汇连三种形式,如图 3-5 所示,也分别对应着管理学研究中的中介结构、单因多果结构和多因单果结构。随着管理实践问题的日益复杂,大多数变量间的依赖关系通常同时包含图 3-5 这三种结构,贝叶斯网络可以使得这些变量的关系剖析过程和推理预测有更强的可释性。

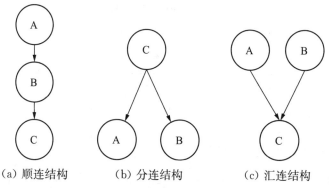

(a) 顺连结构　　　　(b) 分连结构　　　　(c) 汇连结构

图 3-5　贝叶斯网络的基本连接形式

贝叶斯网络中的每一个节点都与一个概率函数相关,概率函数的输入是该节点的父节点所表示的随机变量的一组特定值,输出为当前节点表示的随机变量的概率值,因此概率函数值的大小实际上表达的是结点之间依存关系的强度。对于不同的节点 X_1, X_2, $\cdots$, X_n,多个随机变量的联合概率分布可以表示为:

$$P(X_1, X_2, \cdots, X_n) = \prod_{i=1}^{N} P(X_i \mid par(X_i)) \qquad (式 3.9)$$

其中,$par(X_i)$ 为第 i 个随机变量的父节点,即变量 X_i 的前因变量发生的概率。

为了剖析不同随机变量之间的依赖关系或因果关系,DDA 综合考虑管理情境下的先验知识和数据的先验分布这两种方式构建初始的贝叶斯网络结构,并根据网络结构中前因变量的概率分布计算结果变量的后验分布情况,实现概率推理过程。因此,初始化一个贝叶斯网络结构,厘清不同变量之间的依赖关系是实现贝叶斯网络推理的基础,即寻找一个能够反映各变量相互之间依赖关系的贝叶斯网络模型,使得给定的数据与网络模型达到最佳拟合,这需要利用统计或信息论的方法定量分析不同变量之间的条件独立性,对贝叶斯网络结构进行评分。假设网络拓扑结构 G 的先验概率为 $P(G)$,针对给定的样本 D,根据贝叶斯公式可以得到网络结构 G 的后验概率为:

$$P(G|D) = \frac{P(G)P(D|G)}{P(D)} \qquad (式 3.10)$$

可以看出,$P(D)$ 与网络结构无关,因此使得 $P(G) \cdot P(D|G)$ 取得最大值的网络结构 G 即为最佳的贝叶斯网络结构。由于网络结构数量庞大,穷举法往往难以取得较好的效果,DDA 采用常用的启发式算法如 K2 算

法、爬山算法和马尔科夫蒙特卡洛搜索等实现最佳网络结构的搜索与学习。其中，以爬山算法为例，其实现过程如表 3-4 所示。

表 3-4　爬山算法具体过程

Algorithm 4 爬山算法（Hill-Climbing）

Input：随机的初始贝叶斯网络结构 G_0；互信息的阈值 e；贝叶斯网络评分函数 f
Output：贝叶斯网络结构 G^*

1. **for** 初始贝叶斯网络结构中的两个节点变量 X_i 和 X_j

2. 　　计算二者的互信息：$I(X_i, X_j) = \sum_{X_i, X_j} P(X_i, X_j)\log\dfrac{P(X_i, X_j)}{P(X_i)P(X_j)}$；

3. 　　**if** $I(X_i, X_j) \geqslant e$ **then**

4. 　　　在初始网络结构 G_0 中增加一条边 $X_i \rightarrow X_j$；

5. 　　**end if**

6. **end for**

7. Old_Score$= f(G_0|D)$；

8. 　　对于每个经过加边、减边、转边更新后的网络结构 G^*

9. 　　Temp_Score$= f(G^*|D)$

10. 　　**if** Temp_Score$>$Old_Score, **then**

11. 　　$G^* \leftarrow G_0$；更新当前的 Old_Score

12. 　　**end if**

13. 　　**end for**

14. **Until** 网络评分不再改变或贝叶斯网络结构不再更新

15. **return** 最终的贝叶斯网络结构 G^*

为更好地理解贝叶斯网络在实际生活中的具体运用，本书通过一个病症实例来说明各变量之间的依赖关系。如图 3-6 所示，通过病人的就诊病历分析发现，吸烟可能会导致肺癌和支气管炎两种可能，而吸烟和肺癌都可能需要做 X 光片进行病症分析，肺癌和支气管炎都可能导致呼吸困难这一结果。其中，吸烟的概率为先验概率 P(S)，肺癌的概率受到吸烟这一变量的影响，因此为条件概率 P(C|S)。同理支气管炎、X 光片和呼吸困难的条件概率分别为 P(B|S)、P(X|C, S)、P(D|C, B)。以呼吸困难这一变量为例，在父节点肺癌和支气管炎两个变量的影响下生成条件概率表：当肺癌和支气管炎都不发生时，呼吸困难不发生的概率为 0.9，发生的概率为 0.1；当肺癌不发生、支气管炎发生时，呼吸困难不发生的概率为 0.3，发生的概率为 0.7；当肺癌发生、支气管炎不发生时，呼吸困难不发生的概率为 0.2，发生的概率为 0.8；当肺癌发生、支气管炎发生时，呼吸困难不发生的概率为 0.1，发生的概率为 0.9。因此在获得各变量的先验概率和条件概率的基础上，通过贝叶斯公式可以计算得到各变量在不同情况下的条件概率。

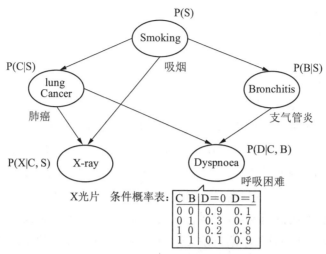

图 3-6　贝叶斯网络实际应用的示例

第二节　DDA 的基本过程及其优势

一、DDA 的基本流程

DDA 是基于数据驱动的管理决策研究框架,旨在从系统数据自身的规律找到各个因素之间的复杂交互作用及其对系统特征的影响机制,其基本流程如下。

(一)数据采集与清洗

数据采集是所有数据分析工作的前提和基础,在大数据背景下传统的调研式、访谈式数据收集方式已不再适用于逐渐网络化、信息化的管理研究问题,更多有价值的数据如用户消费习惯、企业创新动向等被存储在大型的数据库或云空间中,DDA 强调数据获取的客观性和科学性,并为了保证实验结果和研究结论的可重复性,通过网络爬虫、数据库下载手段从这些虚拟空间获取原始数据集。

进一步地,数据清洗是数据处理的重要手段,原始数据的规范性和准确性直接影响着进一步的数据决策分析过程,因此必须经过缺失值和无效值的处理、无效变量的删除等异常数据处理流程,从而提高数据质量。DDA 获取的源数据中也存在大量的噪声数据,通过传统的人工剔除和检查尽管可以实现检测,但在大体量、大规模的海量数据处理中效率较低;一些统计方法通过观察变量的分布特征进而划分阈值实现异常数据的识别和剔除,但只能重复性地对单个变量进行数据清洗,忽视了多维数据的空间中的分布特征。DDA 综合各系统变量的空间分布状态,采用机器学习算法如 XG-BOOST、KNN、Local Outlier Factor(LOF)、Histogram-based outlier score(HBOS)、Isolation Forest 等对原始数据进行异常处理和检查,确保数据的准确性。

(二) 异质性分析

任何一个管理决策系统的状态演变规律通常是由内部自变量的分布和演化决定的,往往会因为不同的管理情境表现为不同的状态特征。对于因变量 Y 和自变量集合 $X = \{x_1, x_2, \cdots, x_{n-1}, x_n\}$,传统的管理决策研究仅根据 $Y = f(X)$ 来研究自变量对因变量的影响程度和关系,借助简单的函数关系来表征系统的演变规律,尽管这是决策者最期望看到的简单线性关系。然而,随着系统问题的不断复杂化和数字经济背景下涌现出的新情境使得自变量之间的交互和组态作用越发频繁,有着较高的不确定性,仅根据单一变量的调节作用进行情境限定过于主观;其次,不同样本主体之间有着不同的属性特征,也表现出显著的异质性。因此 DDA 从数据特征的全局视角出发,通过机器学习中的聚类算法对清洗后的原始数据进行异质性划分,旨在根据数据的空间分布相似性来挖掘不同管理情境下的特征组合,将系统因素的复杂交互关系分解为空间子集下特征组合的交互关系,类似于传统多元统计分析中样本分组讨论,为系统决策问题的解决提供多元化研究思路。常用的聚类算法有 K-Means、AP 聚类、DBSCAN 和层次聚类等,具体异质性划分所使用聚类算法也可根据原始数据在空间中的分布情况和管理情境的设定需要进行选择。

(三) 决策规则提取

管理决策研究中每一个待分析变量即因变量都有不同的属性特征,为了进一步剖析不同管理情境下各自变量的条件属性如何与因变量产生非线性规则,DDA 采用决策树算法对异质性数据子集分别进行决策规则提取。决策树的节点分裂规则根据划分后子空间数据的不纯度来判断,不纯度越低表明分裂规则越合理。根据可读性较强的树形结构对变量间映射关系进行记录和归纳,可以得知何种特征或特征组合对因变量决策分类的影响最大,进而分析异质性群组内变量间的影响关系,同时可帮助决策者根据已知的变量特征对因素进行属性预测。

(四) 影响机制分析

不同于传统管理决策研究的单一影响因素机制分析,DDA 在异质性数据子群的基础上综合考虑了不同因素组合对因变量的交互影响程度,从多维数据中根据变量的状态分布学习随机变量之间的非条件独立性,通过爬山算法构建各变量组合与因变量的依赖关系,其实现的方式是根据不同群组内样本数据建立贝叶斯网络的拓扑结构和节点的条件概率分布参数,通过网络节点的依赖路径判断不同变量间的因果关系,同时根据变量间的条件概率实现结果变量的状态预测。

(五) 敏感度分析

在识别和判断系统内各影响因素之间及其与因变量之间因果关系的基础上,DDA 进一步根据贝叶斯网络中结果变量的确定性状态,对各前因变量的条件概率进行估计,实现原因诊断,通过条件概率的变化程度进行敏感度分析。敏感度较高的特征变量也是决策者重点需要关注的变量,因此可通过统计不同变量的敏感度水平合理调配决策资源,帮助管理决策者将有限的系统资源分配到核心的变量节点,以数据驱动的方式完成智能决策分析过程。其中,变量间的关联度与贡献度是两大核心的敏感度指标,也是管理决策者可根据变量间的依赖关系程度实现决策调整与资源分配的关键指标。

在贝叶斯网络中,当前因变量 X 的状态及发生概率发生变化时,其最终的结果变量 Y 发生的概率也会有所影响,因此可以根据变量间概率的变动情况计算其影响程度,即

$$\gamma(X \rightarrow Y) = \frac{\theta_Y^1 - \theta_Y^0}{\theta_X^1 - \theta_X^0} \qquad (式 3.11)$$

则 $\gamma(X \rightarrow Y)$ 为变量 X 对 Y 的贝叶斯关联度,其中,θ_i^1 和 θ_i^0 分别表示变量 $i(i=X, Y)$ 变化之后与变化之前的条件概率。

其次,决策者更加关心要实现理想的结果变量时如何配置现有的前因变量(资源与信息),即找到有助于决策者实现最佳决策的变量贡献度。在贝叶斯网络结构的基础上,通过概率推断进一步明晰各种特征变量组合的最优概率配置情况,可以实现变量间关系的"由果溯因",因此前因变量对于结果变量的贡献度的计算方式为:

$$\Delta_X = \frac{p^1 - p^0}{p^0} \qquad (式 3.12)$$

其中,p^1 为结果变量发生概率为 100% 时,对应的前因变量 X 发生的概率;p^0 为结果变量发生概率调整之前 X 的概率。

二、DDA 的技术流程图

基于上述与 DDA 方法的基本过程解析,绘制其技术流程图如图 3-7 所示。

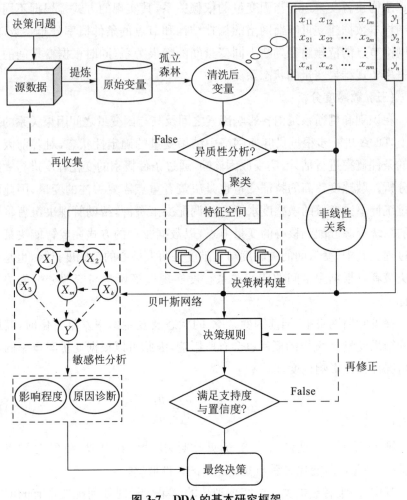

图 3-7 DDA 的基本研究框架

三、DDA 框架的优势

从系统论的视角来看，不同于传统定量分析和理论推演的研究范式，本书所提出的数据决策分析方法有三大优势，主要体现在：

第一，不需要提出先验假设。事物发展的客观规律源于人们对样本数据的观测进而推断得出，因此有价值的信息和数据都蕴含在观测样本中。既有研究关于自变量与因变量的影响机制研究是建立在一定的前提假设和经验推导上的，通过统计检验的方法验证其影响关系的显著程度，进而推断其因果关系假设的成立与否。DDA 从样本数据的显性规律出发进行特征提取，通过异常检测、聚类、相似性度量和因果概率推断等数据挖掘流程发现所研究系统中蕴含的隐性规律，并进行深入细致的知识发现以进一步指导客观世界的管理实践问题,在决策分析的思路及流程上有着更强的严谨性与科学性,深度契合大数据时代数据科学在管理研究中的发展趋势。

第二,可以灵活处理高维多变量数据并实现异质性效应分析。现有学者关于变量之间交互关系的研究视角较为单一,主要体现在线性关系、非线性关系如 U 形和倒 U 形、中介关系、调节关系及控制关系这几个方面,不同变量之间的因果识别界限不明确,因此在不同的控制情境下关于同一研究问题会得到有差异性较大结论,然而现实情况的情境并非由单一因素所能控制的,往往呈现出复杂性、交互性的系统特征。与此同时,随着技术变革的不确定性与复杂性的日益提升,科学研究中的目标变量也受到多种复杂因素的共同作用影响,甚至受到多种中介效应和调节效应的干扰,逐一对这些影响路径进行解析是一个费时费力的庞大工程,统计检验的效率不高。本书所提出的 DDA 可以从高维多变量数据中挖掘其主要特征,以机器学习强大的模型训练能力分析多个变量之间的异质性与相似性,进而实现数据空间划分,针对不同情境下的数据空间进行决策和因果关系分析,大大降低了数据分析的复杂度,相比于传统的影响机制分析更加全面深入,变量的复杂关系解读更加精细化。

第三,可以实现因果诊断进而完成最优的特征组态配置。DDA 不仅可以实现复杂系统内部多种因素之间的非线性关系解读,还能通过决策树和贝叶斯网络的变量依赖路径识别出不同因素组合情况下目标变量的状态分布,进而帮助管理决策者提前配置最优的前因变量资源组合,相比于传统统计方法仅识别单一影响因素的回归路径而言,具有多角度、多致因分析的集成优势。在实际的管理学和经济学研究中,变量间的依赖关系往往被解读为确定性因果关系,目标变量的确定性状态也是基于前因变量的分布特征进行预测得到,这忽视了现有冲击扰动项也会随着时间的变化而不断变化的随机过程。因此,观测者基于历史数据中某一现象或某一事件的先验知识仅能预测未来系统特征发生的可能性,并需要及时根据获取到的历史信息量进行概率的调整,这种不确定关系及不确定的多致因交互作用在传统的管理学研究中是难以实现的。

第三节　算 例 分 析

一、数据及其描述性统计

本节在 DDA 框架下以波士顿房价数据集为例,探析城镇人均犯罪率、城市环境、人口结构、经济水平等诸多复杂因素对平均房价的影响路径及影响效果,为 DDA 在管理研究上的应用提供情境案例,也为管理学研究的范式转变与探索提供一定的应用参考。特别地,为了便于理解 DDA 方法,本书选择原始波士顿房价数据集进行分析,涉及城镇犯罪率(CRIM)、是否近湖(CHAS)、氮氧化物污染物(NOX)、房龄(AGE)、与市中心距离(DIS)、城镇师生比例(TSR)、城镇中黑人比例(BR)、低收入人群比例(LSR)等八个变量作为自变量,另外将波士顿平均房价(PRI)作为因变量。样本总量为506,原始变量的描述性统计结果如表 3-5 所示。

表 3-5 原始变量的描述性统计结果

变量	Mean	Std	Min	25%	Median	75%	Max
PRI	0.413	0.493	0.000	0.000	0.000	1.000	1.000
CRIM	3.614	8.602	0.006	0.082	0.257	3.677	88.976
CHAS	0.069	0.254	0.000	0.000	0.000	0.000	1.000
NOX	0.555	0.116	0.385	0.449	0.538	0.624	0.871
AGE	68.575	28.149	2.900	45.025	77.500	94.075	100.000
DIS	3.795	2.106	1.130	2.100	3.207	5.188	12.127
TSR	18.456	2.165	12.600	17.400	19.050	20.200	22.000
BR	4.370	11.379	0.000	0.054	0.435	1.732	61.211
LSR	12.653	7.141	1.730	6.950	11.360	16.955	37.970

从描述性统计结果可以得知,部分变量,例如城镇犯罪率 CRIM、黑人比例 BR 等存在极端值,且分布极为不均,其均值也高于标准差数值。对于这些显著异于正常分布的样本数据,通常需要进行异常检测和数据清洗。

二、数据分析结果

采用孤立森林算法对原始数据集进行异常值检测并剔除,同时考虑到该算例的数据集样本量有限,为了保证后续数据分析结果的稳健性,设置孤立树数量为 100 棵,剔除占总样本量 10% 的异常数据,最终保留样本量为455,经由孤立森林算法处理前后部分变量的散点图可视化情况如图 3-8 所示。

影响房价变动的相关影响因素众多,这些前因变量之间也同样存在潜在的分布规律。为了剖析这些变量在空间中的分布特征以寻找其蕴含的系统特征,采用无监督学习聚类算法对八个前因变量进行类簇划分,不同类型的样本簇代表了有着较大差异的数据空间。对于聚类簇数的确定,可根据研究主题的需要进行提前设定,也可以通过肘部算法、Calinski-Harabasz

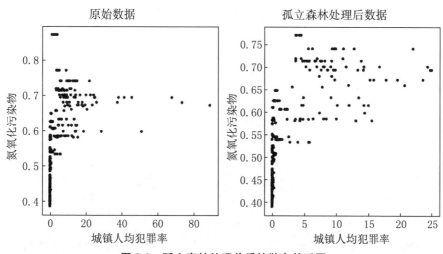

图 3-8　孤立森林处理前后的散点关系图

准则和轮廓系数法等客观计算方法进行确定,这里通过比较不同类簇的
Calinski-Harabasz(CH)得分,其数值越大表明不同类簇的划分效果越佳,
最终得到两个类簇时对应的 CH 得分最高,即波士顿房价数据的最佳划分
类簇个数为 2,具体划分后的样本基本统计量结果如表 3-6 所示。

表 3-6　不同类簇下各前因变量的基本统计结果

类簇	统计量	CRIM	CHAS	NOX	AGE	DIS	TSR	BR	LSR
第一类簇	样本量	267.000	267.000	267.000	267.000	267.000	267.000	267.000	267.000
	均值	4.606	13.737	0.026	0.597	6.219	87.725	2.756	463.933
	中位数	0.786	18.100	0.000	0.585	6.167	90.800	2.421	403.000
	标准差	6.838	6.580	0.160	0.087	0.732	10.509	1.274	178.707
第二类簇	样本量	188.000	188.000	188.000	188.000	188.000	188.000	188.000	188.000
	均值	0.291	6.101	0.037	0.459	6.436	37.225	5.587	306.963
	中位数	0.079	5.190	0.000	0.444	6.352	37.250	5.401	289.000
	标准差	1.108	3.913	0.190	0.051	0.560	15.749	1.831	87.444

　　各变量分布情况如图 3-9 的平行坐标图的所示。可以发现,第一类簇
的前因变量数据数值普遍高于第二类簇,研究者可根据不同类簇中样本的
分布特征进行针对性挖掘其潜在的规律,如第一类簇的城镇犯罪率和黑人
比例相对较高,因此可将其定义为治安管理效果较差的样本数据,而第二类
簇则定义为治安管理效果好的样本数据。尽管传统实证分析可以基于某个
分类标准实现样本分组并分别进行回归分析,但受限于单一的特定变量,且
缺少对系统整体变量的考虑。

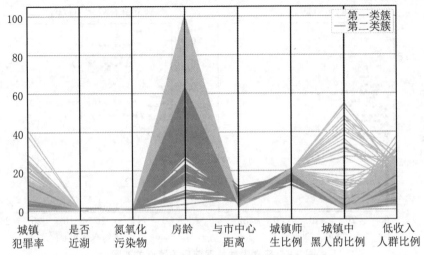

图 3-9　经 K-Means 聚类后数据的平行坐标图

　　为了探析这些前因变量与房价数据之间的复杂关系,构建决策树分类模型。与此同时,设置波士顿地区房价的均值为阈值,高于均值的部分为高房价,反之为低房价。针对两个类簇样本数据的基本特征,划分为治安效果好和治安效果差两种类别,构建 CART 决策树模型,并设置最大树深度为3,提取不同类簇的决策规则如表 3-7 所示。为了便于有效的管理决策和知识发现,对冗余规则进行剔除,仅保留置信度高于 60% 的决策规则。

　　可以发现,对于第一类簇的样本数据,影响波士顿房价数据呈现高低两种状态划分的相关变量有城镇犯罪率、房龄、与市中心距离、城镇师生比例和低收入群体,其决策树规则效果及其样本分布如表 3-7 所示。低收入群体比例作为根节点直接影响房价的高低,当该比例高于 9.95% 时,71.54% 的样本房价水平处于低状态。在决策树算法中,基尼(Gini)系数代表着样本类别的不确定性,从决策树的生长和分枝情况来看,房价水平还受到犯罪率、房龄等因素的综合干扰。当低收入群体比例低于 9.95% 且住房与市中心距离低于 4.83、城镇师生比例低于 20.95% 时,房价有 89.47% 的置信度处于高状态水平,表明在收入水平较低的城镇区域,教育资源投入过多并不会拉动地区房价水平的上涨。

　　对于第二类簇的样本数据,低收入群体比例仍然是决定房价水平高低的根节点,其 Gini 系数为 0.462,高水平状态的房价样本占比 63.83%。从表3-7 的主要决策规则,置信度最高的规则是当低收入群体比例小于 7.57% 且环境污染物系数在 0.39～0.51 之间时,此时支持房价水平呈现高状态的样本占比 49.47%;然而,从第三条规则可以得知在低收入群体较多的情况下,

表 3-7 决策规则提取结果

类簇	CRIM	CHAS	NOX	AGE	DIS	TSR	BR	LSR	房价	支持度	置信度
治安效果差 (N=267)	—	—	—	—	≤4.83	≤20.95	—	≤9.95	高	20.22%	89.47%
	>0.10	—	—	—	—	≤17.85	—	>9.95	低	9.74%	65.38%
	—	—	—	>68.55	—	>17.85	—	>9.95	低	63.30%	95.86%
治安效果好 (N=188)	—	—	(0.39, 0.51]	—	—	—	—	≤7.57	高	49.47%	98.92%
	—	—	—	—	≤3.97	—	—	>11.15	低	6.91%	78.57%
	—	—	—	—	≤3.97	—	—	(7.57, 11.15]	高	7.45%	84.62%
	—	—	—	>23.31	>3.97	—	—	>7.57	低	28.19%	86.79%

房价也同样有高水平状态,表明区域经济水平并非影响房价高低的唯一因素,而是多种因素的共同作用。当低收入群体比例处于 $7.57\%\sim11.15\%$ 时,与市中心距离更近的地区其房价水平处于高状态的可能性更高;而当低收入群体比例超过 11.15% 时,城镇的经济发展水平也相对较低,尽管住宅靠近市中心,其平均房价依然处于低水平状态。

决策规则是管理决策者用以发现多维数据中关键知识的重要基础,通过 CART 决策树的规则提取,决策者可以根据特定的支持度和置信度阈值进行重要知识发现,不同的决策规则下历史数据的样本分布也有所差异。一般而言,历史数据资料越丰富,决策树模型拟合得到的规则越具有代表性,具体规则下的支持度也会相应更高。本算例中关于第一类簇波士顿房价的决策规则划分效果及其样本分布如图 3-10 所示。

同样地,第二类簇的决策规则划分效果及其样本分布如图 3-11 所示。

综上分析可知,影响波士顿房价水平的因素并不是一成不变的,且这些因素在不同的样本群体中呈现的影响效果也有所差异。对于治安效果较差的地区,影响房价水平的因素主要是地区住宅房龄、城镇人均犯罪率、与市中心距离、城镇师生比例和低收入群体比例,可以发现这些前因变量可以反映了一个地区的经济、教育、社会等多个方面的信息。通过规则提取发现,旧房较多的地区房价水平往往偏低;低收入群体较多的地区,经济发展水平速度较慢,若教育水平还存在一定的不足,其城镇犯罪越负向影响着地区的房价水平;而在低收入群体比例较少的区域,即经济发展态势较好时,教育水平对于房价的促进作用被削弱,房价表现为高水平状态的可能性会更大。

对于治安效果较好的地区,影响房价水平的因素主要是氮氧化物污染物、与市中心距离、房龄和低收入群体占比。相比于治安效果较差的类簇,可以发现该类地区房价水平主要受到经济水平和城市环境的影响。低收入群体较多表明经济发展水平较低,地区房价处于低水平的可能性较大,但在合适的范围内越靠近市区中心,房价水平也会更高,表明在一定的经济发展水平背景下,越靠近繁华和交通便利地带的区域房价会更高,与市中心距离在地区经济水平与房价的影响中起一定的调节作用。而经济发展水平较好的地区,氮氧化物污染物浓度成为影响房价水平的重要因素,其与房价呈现负向影响,表明经济水平的提高使得居民更加关注居住环境的舒适程度。

同时,可以发现并非所有的影响因素都在决策规则中得以体现,这与传统的多元回归分析有所不同。例如,住宅是否靠近湖边并未体现在决策树的节点上,一方面取决于决策者所关注的决策支持度和置信度,该变量的影响作用并不明显;其次,与地区的氮氧化物浓度类似,该因素衡量了住宅所

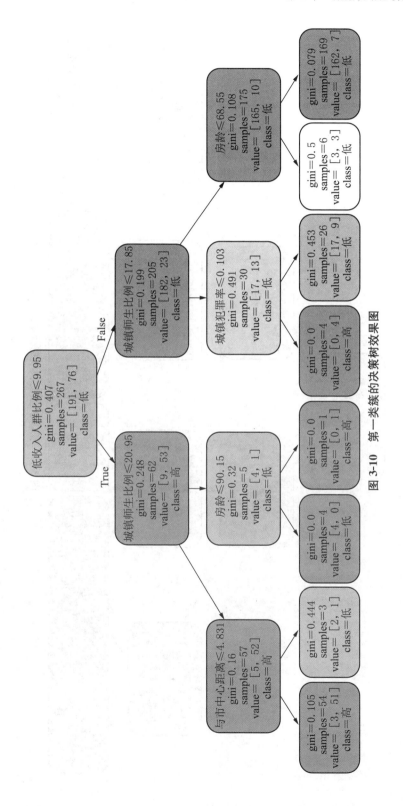

图 3-10 第一类簇的决策树效果图

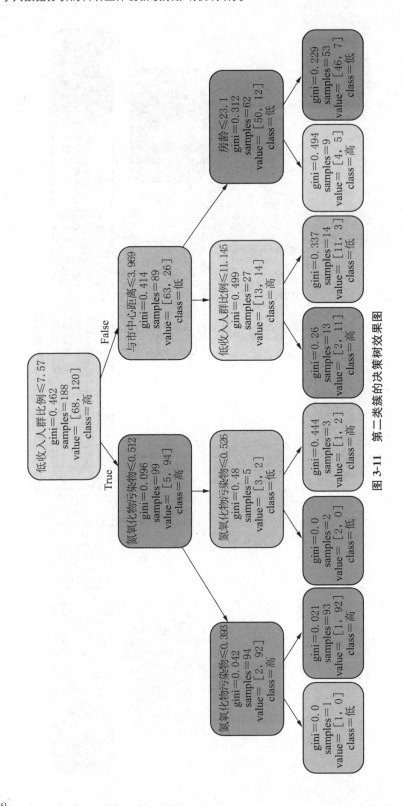

图 3-11 第二类簇的决策树效果图

在地区的环境舒适度,因此其对于房价水平的影响被其他变量的强作用所掩盖,这从侧面反映了影响地区房价水平的因素之间也会存在干扰和相互影响,通过单一路径直接分析各变量对于房价水平影响效果的思路是有待商榷的。

三、影响机制分析

基于前文关于波士顿房价水平的影响因素研究可以得知,不同变量对于房价水平的影响是十分复杂的,且在不同的样本划分空间中其影响效果与影响程度也存在差异,为了进一步剖析这些变量对于房价水平的复杂交互作用,以及前因变量之间的相互影响,通过贝叶斯网络进行概率推断,分析其内在的系统交互机制和变量间因果关系。

(一)贝叶斯网络复杂算法简化

在贝叶斯网络中,由于节点繁多且节点数量可以不断增加,需要求解的概率分布中的参数呈指数增长,网络模型越来越复杂,导致贝叶斯网络概率计算工作量加大以及计算难度升级。而在本章基于贝叶斯网络的杰出学者知识创新绩效影响机制分析中,相关使用状况比较复杂,基于贝叶斯网络的概率计算就异常艰难。同时,由于本书涉及的多因素影响模型较为复杂,有必要对贝叶斯网络复杂算法进行简化处理,使得贝叶斯网络更具适用性,为后续数学运算提供便利。贝叶斯网络的简化过程如下:假设贝叶斯网络中非相邻节点独立,以任意一个中间节点为中心,把中间节点的父节点和子节点联合中间节点组成一个贝叶斯网络,也即子贝叶斯网络。因此,在这样的条件下,复杂的贝叶斯网络都可以被分解为若干个子贝叶斯网络,为后续的概率计算和数据分析提供便利。

以前文图 3-4 为例进行贝叶斯网络的简化。图 3-4 是一个以节点 C 为中间节点,节点 A、B 为父节点,节点 D、E 为子节点的简单子贝叶斯网络。假设中间节点 C 在节点 A、B、D、E 的约束下的概率为 $P(C|A, B, D, E)$,记作 $P(C|\delta)$;同时设 δ^F 为节点 A、B 构成的父节点,δ^z 为节点 D、E 构成的子节点,基于节点间相互关系可得:

$$P(C|\delta) = P(C|\delta^F)P(\delta^z|C) \qquad (式 3.13)$$

如果中间节点 C 有 n 个相互独立的子节点,依据概率独立性原则,有:

$$
\begin{aligned}
P(\delta^z \mid C) &= P(\delta_1^z, \delta_2^z, \cdots, \delta_n^z \mid C) \\
&= P(\delta_1^z \mid C)P(\delta_2^z \mid C)\cdots P(\delta_n^z \mid C) \\
&= \prod_{t=1}^{n} P(\delta_t^z \mid C)
\end{aligned}
\qquad (式 3.14)
$$

如果 δ^F 有 m 个节点,且中间节点 C 与 δ^F 之间有 k 个中间节点 β,则:

$$P(C \mid \delta^F) = P(C \mid \delta_1^F, \delta_2^F, \cdots, \delta_m^F)$$

$$= \sum\nolimits_{i,j,\cdots,k} P(C \mid \beta_{1i}, \beta_{2j}, \cdots, \beta_{mk})$$

$$P(\beta_{1i}, \beta_{2j}, \cdots, \beta_{mk} \mid \delta_1^F, \delta_2^F, \cdots, \delta_m^F)$$

$$= \sum\nolimits_{i,j,\cdots,k} P(C \mid \beta_{1i}, \beta_{2j}, \cdots, \beta_{mk}) P(\beta_{1i} \mid \delta_1^F)$$

$$P(\beta_{2j} \mid \delta_2^F) \cdots P(\beta_{mk} \mid \delta_m^F)$$

$$= \sum\nolimits_{i,j,\cdots,k} P(C \mid \beta_{1i}, \beta_{2j}, \cdots, \beta_{mk}) \qquad (式3.15)$$

其中,δ_1^F 有 i 个子节点,δ_2^F 有 j 个子节点,$\cdots$,δ_m^F 有 k 个子节点,同时用变量 s 代替 i, j, $\cdots$, k 用以表示 δ^F 这一父节点拥有子节点的数目。联立上式两个式子可以得到节点 C 的概率为:

$$P(C \mid \delta) = \prod\nolimits_{t=1}^{n} P(\delta_t^Z \mid C)$$

$$\times \left[\sum\nolimits_{i,j,\cdots,k} P(C \mid \beta_{1i}, \beta_{2j}, \cdots, \beta_{mk}) \prod\nolimits_q^m P(\beta_{qs} \mid \delta_q^F) \right] \qquad (式3.16)$$

按照式 3.13 到式 3.16 的推导过程,可以将复杂的学者知识创新绩效贝叶斯网络分解成若干个简单的子贝叶斯网络,通过推理计算各子贝叶斯网络中节点的先验概率和条件概率,可以实现复杂贝叶斯网络问题的简化处理。

(二) 结构学习与参数学习

与第五章研究范式相似,本章主要运用贝叶斯网络模型探寻多个变量之间的复杂作用机制,明确学者群组内部差异性变量组合对学者知识创新绩效的影响。将贝叶斯网络引入管理学相关问题研究时,除需要明确研究变量是贝叶斯网络中的节点以及变量间的依赖关系是贝叶斯网络中的边等基本概念外,还需要预先完成两个步骤:即结构学习与参数学习,以便后续通过贝叶斯网络模型训练对变量之间的作用机制进行有益探索并得出有价值的管理结论或启示。

1. 结构学习。结构学习,即确定贝叶斯网络拓扑结构。有效识别各变量的先后或依赖关系通常有三类方法:通过以往文献梳理或专家经验确定贝叶斯网络结构,即根据经验或既有研究成果确定变量之间的逻辑关系,这是一种较为主观的方法;通过机器学习中的相关算法(K2 算法、爬山算法、模拟退火算法等)拟合出符合数据内部规律的变量依赖关系,即得分最优的贝叶斯网络结构。由于全局最优容易陷入 NP-C(Non-deterministic Polynomial Complete)问题,完全基于数据训练结构容易导致过拟合问题;用机器学习算法训练贝叶斯网络结构,再结合文献梳理或专家经验修正模型,这是一种主客观相结合的方法。即预先以原始数据集为导向,运用机器学习算法深入挖掘变量之间的逻辑或依赖关系并输出反映数据内部隐藏规律的相关模型后,结合领域既有研究成果或专家经验对模型欠缺的地方进行修正。由于本书研究变量较多,经验法在考虑变量间依赖关系时容易陷入主观认知,故引入爬山算法对相关变量进行贝叶斯网络结构训练后,再依据以往文献相关研究结果进行网络模型的修正。

2. 参数学习。参数学习是确定贝叶斯网络结构之后,依据原始客观数据计算而得到变量之间的依赖程度,也即先验概率和条件概率的确定过程。先验概率反映初始状态下某变量(根节点)所处不同状态的可能性大小;条件概率则反映在单一或多重条件下某变量(中间节点和叶子节点)所处不同状态的可能性大小。贝叶斯网络结构可以用于连续型和离散型数据处理和分析,但由于连续型数据在计算时易产生"规模爆炸",人工计算几乎不能满足实际需求,因此很多研究都将数据离散化后再进行后续分析。贝叶斯网络分析软件众多,主要有 matlab 工具包 Fulbn、R 语言工具包 bnlearn 以及 Netica 软件等。由于 Netica 贝叶斯网络分析软件不需编写代码且可视化效果较好,本章运用贝叶斯网络软件对样本数据进行训练,获得变量的先验概率和条件概率表以明确变量之间的依赖关系。Netica 作为贝叶斯网络分析软件之一,具体操作步骤如下:(1)导入包含若干变量的样本数据表,依据研究目的分别确定各变量离散化状态等级数量;(2)以既定变量依赖关系搭建贝叶斯网络拓扑结构;(3)将样本数据与贝叶斯网络拓扑结构进行适配,清晰呈现变量各状态的概率分布;(4)通过变量各状态的概率调整实现贝叶斯推理和诊断,明确特征变量与知识创新绩效之间的作用机理。

（三）具体实例分析

要实现不同前因变量对因变量的因果关系推断,首先要确定初始的贝叶斯网络结构,即波士顿房价依赖于何种前因变量的网络分布及交互形式。现有文献对于贝叶斯网络结构的确定主要有两种方式,其一为既有文献的理论假设或专家的经验指导;其二为机器学习中的相关优化算法,如 K2 算法、模拟退火算法等,基于对变量间依赖关系的评分进行网络结构的搭建。考虑到现有多种算法相比于传统经验判断更加具有科学性和可释性,本研究采用后者的机器学习算法进行原始数据训练与学习来获取贝叶斯网络结构。为了便于机器识别贝叶斯网络结构的相关参数并进行结构学习,对本书中所有的连续特征变量进行符号聚合近似方法

(Symbolic Aggregate Approximation，SAX)离散化[1]，将各个特征变量以SAX临界值划分为高和低两种状态，高于临界值的样本设置为"High"，低于临界值的样本设置为"Low"，并分别赋值为1和0，其目的在于使原始数据在空间中的状态分布更加均匀，有助于不同状态下贝叶斯概率的拟合与推断。

贝叶斯网络结构对最终网络性能及依赖关系的链接起着至关重要的作用。采用爬山算法训练和学习离散化之后的所有特征变量与结果变量，以BIC评分函数为优化目标训练得到不同企业子群下变量间依赖关系的贝叶斯网络拓扑结构，再根据式3.6计算各个网络节点在不同状态下的联合概率分布及其先验概率，最终训练学习得到的波士顿房价影响因素的网络拓扑结构及参数学习结果如图3-12、图3-13所示。

可以看出，在不同类簇的样本空间中，波士顿房价的影响因素之间的依赖关系有着较大的差异。对于治安效果较差的第一类簇数据，直接影响房价水平的前因变量只有两个：是否近湖和城镇师生比例，即环境因素和教育因素对房价的变动存在直接影响，其他因素对于房价水平的状态变动并不是直接影响，且相互之间存在复杂的交互关系，如城镇师生比例影响城镇犯罪率的变动，进而影响城镇中的黑人比例和低收入群体的占比。而在第二类簇中，直接影响波士顿房价水平的前因变量有四个：城镇犯罪率、氮氧化

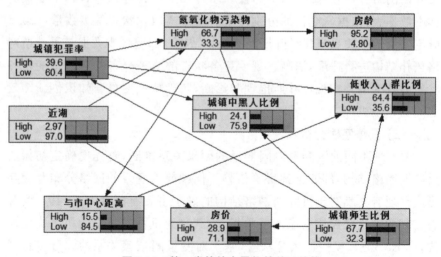

图 3-12　第一类簇的变量依赖关系结构

---

① Lin, J., E. Keogh, S. Lonardi et al., 2003："A Symbolic Representation of Time Series, with Implications for Streaming Algorithms", *Proceedings of Research Issues in Data Mining and Knowledge Discovery*.

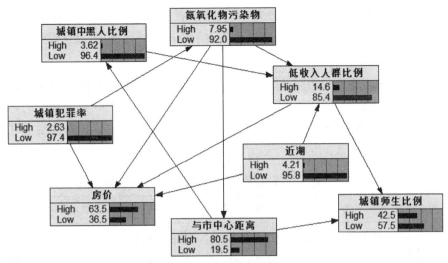

图 3-13 第一类簇的变量依赖关系

物污染物浓度、是否靠近湖边和低收入群体占比。与第一类簇的样本相比，第二类簇房价水平变动的依赖路径有六条，涉及社会治安、环境因素、生活便利程度、经济发展水平和人口结构等，不同类簇的贝叶斯网络依赖路径及其类型总结如表 3-8 所示。

表 3-8 不同类簇中房价水平的依赖路径及其类型

样本类簇	依赖路径	路径类型
第一类簇	城镇师生比例→房价水平	教育水平→房价
	是否近湖→房价水平	环境→房价
第二类簇	城镇犯罪率→房价水平	社会治安→房价
	城镇犯罪率→氮氧化物浓度→房价水平	
	城镇犯罪率→氮氧化物浓度→与市中心	社会治安→环境→房价
	距离→城镇中黑人比例→低收入	社会治安→环境→生活便利→
	群体占比→房价水平	人口结构→经济→房价
	城镇犯罪率→氮氧化物浓度→	社会治安→环境→经济→房价
	低收入群体占比→房价水平	环境→经济→房价
	是否近湖→房价水平	环境→经济→房价
	是否近湖→低收入群体占比→房价水平	

通过贝叶斯网络建模，各前因变量与结果变量房价水平之间的依赖路径和关系得以呈现。决策树所提取的关键规则更多地基于历史数据资料进行房价水平的分类预测，决策者仅能从有限的历史信息中挖掘房价变动的主要因素，而与决策树的规则提取有所不同，贝叶斯网络分析旨在从多个前因变量或变量组合的概率变动上推测结果变量的相应变化程度，因此呈现

出的依赖关系是基于概率推理得到的,决策者可更加直观地得到结果变量的相关依赖路径和依赖程度,并实现关键节点的资源配置,是决策规则挖掘的深入讨论。

为了进一步分析不同前因变量在状态改变的前提下,其结果变量如何发生变动及其变动的程度,采用式 3.8 的关联度进行波士顿房价水平的敏感度分析,计算工具使用专业的贝叶斯网络分析软件 Netica。具体的关联度分析结果如表 3-9 所示。

表 3-9　不同前因变量与房价水平的关联度结果

样本类簇	前因变量	当前状态	概率变化	房价变化	关联度	依赖关系
第一类簇	CHAS	高	2.97%→100%	28.9%→46.8%	0.184	正向影响
	TSR	高	67.7%→100%	28.9%→11.7%	−0.533	负向影响
第二类簇	CRIM	高	2.63%→100%	63.5%→30.0%	−0.344	负向影响
	NOX	高	7.95%→100%	63.5%→41.3%	−0.241	负向影响
	LSR	高	14.6%→100%	63.5%→19.6%	−0.521	负向影响
	DIS	高	80.5%→100%	63.5%→65.3%	0.092	正向影响
	CHAS	高	4.21%→100%	63.5%→59.8%	−0.386	负向影响
	BR	高	3.62%→100%	63.5%→44.8%	−0.194	负向影响

在贝叶斯网络中,第一类簇中的前因变量仅有教育水平和环境对房价产生直接影响,其中城镇师生比例与房价状态变化的关联度为−0.533,表明对于治安管理较差的地区,教育水平的提高反而会导致房价相应地降低;而在第二类簇中,城镇犯罪率、氮氧化物污染物、低收入群体占比、靠近湖边和城镇黑人比例都与房价水平呈负向影响关系,其中,关联度最高的为低收入群体占比及地区经济水平的变动影响房价发生变动的敏感程度最高。同样地,在第一类簇中出现的核心节点变量,是否近湖在第二类簇中与房价水平呈负向影响关系,其关联程度为−0.386,表明在多种因素的综合影响下,相同变量对于房价水平的变化影响程度有所差异,房地产商应重点考虑这些高关联的核心变量对房价的影响。

作为变量敏感度分析的另一核心环节,贡献度分析是管理决策者观测并用以最优资源配置的重要工具。为了进一步分析确定的结果变量状态下,不同前因变量的资源配置敏感程度,通过 Netica 软件将房价水平设定为高状态,发现核心的前因变量都相应发生改变,采用式 3.9 计算不同变量的贡献度,如表 3-10 所示。

表 3-10　不同前因变量对高房价水平状态的贡献度

样本类簇	节点状态	原因诊断	CHAS	TSR	CRIM	NOX	LSR	DIS	BR
第一类簇	低	当前概率	97.0%	32.3%	—	—	—	—	—
		贡献度	−0.019	1.251	—	—	—	—	—
	高	当前概率	2.97%	67.7%	—	—	—	—	—
		贡献度	0.623	−0.597	—	—	—	—	—
第二类簇	低	当前概率	95.8%	—	97.4%	92.0%	85.4%	19.5%	96.4%
		贡献度	0.002	—	0.014	0.030	0.118	−0.113	−0.010
	高	当前概率	4.21%	—	2.63%	7.95%	14.6%	80.5%	3.62%
		贡献度	−0.057	—	−0.525	−0.340	−0.690	0.027	−0.296

在第一类簇中,是否近湖呈现 2.97% 的概率为高状态,由于靠近湖边与房价水平呈正向影响关系,计算其贡献度为 0.623,表明在这一类簇的样本地区中,住宅靠近湖边会有助于房价的抬高;同样地,城镇师生比例作为教育水平的一个方面,高状态下其贡献度为 −0.597,而低状态的贡献度为 1.251,已经超过了 1,因此这类地区的教育水平越低,房价抬高的程度也越大。对于第二类簇的样本数据,与房价水平有着直接依赖关系的节点变量中,除了城镇犯罪率和氮氧化物污染物浓度,其他变量的贡献度都基本低于 0.3,表明在高水平状态房价的情况下,社会治安和城镇环境是最能引致高水平房价的重要因素,且二者与房价水平都是负向影响关系,也从侧面反映了在该类簇的样本中,城镇居民更加关注日常生活的稳定性和居住适宜度。

四、与传统定量研究的对比

进一步地,构建原始变量信息的多元线性回归模型,以对比本研究所提出的 DDA 与传统回归分析方法之间的差异,分别建立了全样本、经随机森林异常数据清洗后样本以及按照 DDA 进行 K-Means 聚类后的两个类簇样本的多元线性回归模型,回归分析的结果如表 3-11 所示。

可以发现,在四个模型中仅有 DIS、TSR 和 LSR 与房价之间为显著负向影响关系,而其他变量与房价水平的因果关系存在异质性。换言之,这种"净效应"的分析方式使得不同的样本空间中变量间的因果关系是模糊的;其次,从模型的回归系数和显著性水平可以看出,同一样本划分下的变量关系还受限于其他变量的选择与确定,因此管理决策者所关心的样本群体或特征组合下的依赖关系难以被回归分析方法所捕捉。

城镇犯罪率在四个样本空间中皆未达到 90% 的置信水平,表明城镇犯罪率与房价之间并无显著的相关关系。然而在全样本中,通过单独建立城镇犯罪率与房价水平之间的线性回归模型:$PRI = -0.415\ 19 \cdot CRIM + 24.033\ 1$,且 t 值为 -0.946,在 99.9% 的置信水平上显著,即城镇犯罪率负向影响房价水平。因此可以推断,由于其他相关变量的加入,城镇犯罪率这一被特殊关注的变量对于房价水平的影响被逐渐模糊,其并不是单独对房价产生作用,而是与其他变量共同作用于房价水平这一结果变量。

表 3-11　传统最小二乘(OLS)回归分析结果

变量	全样本 OLS PRI	清洗后样本 OLS PRI	第一类簇 OLS PRI	第二类簇 OLS PRI
CRIM	−0.022 3	0.065 7	0.004 15	0.310
	(0.033 6)	(0.058 3)	(0.062 9)	(0.347)
CHAS	3.352***	1.153	−0.436	3.963**
	(0.970)	(1.385)	(1.998)	(1.859)
NOX	−19.41***	−14.20***	−17.70***	−10.49
	(3.725)	(4.801)	(5.720)	(10.75)
AGE	0.015 6	0.019 5	0.020 0	0.038 0
	(0.014 6)	(0.014 7)	(0.038 3)	(0.026 2)
DIS	−1.281***	−1.127***	−1.521***	−0.934***
	(0.199)	(0.201)	(0.349)	(0.255)
TSR	−1.189***	−1.266***	−1.426***	−0.986***
	(0.123)	(0.132)	(0.170)	(0.211)
BR	−0.038 6	−0.032 5	−0.035 8	−0.063 0
	(0.023 7)	(0.029 1)	(0.029 9)	(0.344)
LSR	−0.814***	−0.912***	−0.793***	−1.433***
	(0.047 7)	(0.055 4)	(0.063 9)	(0.124)
常数项	69.34***	67.97***	72.69***	63.47***
	(3.440)	(3.620)	(5.452)	(5.913)
观测值	506	455	267	188
R-squared	0.661	0.675	0.689	0.570

注:(1)括号内数值为标准误。(2) *、**、*** 分别表示在 10%、5%、1% 的显著性水平下显著。

另外,通过传统回归分析方法得出的研究结论也较为有限:(1)单独变量与房价水平之间的因果关系在不同的样本空间划分中存在异质性,且影响强度不一,例如在治安管理较为良好的第一类簇中,城镇犯罪率对房价水平的促进作用明显弱于第二类簇中的促进作用;(2)回归分析仅能分析单个变量的"净效应"问题,无法从全局的角度综合考虑所有前因变量的组态作用,类似于 QCA 分析中的特征组态效应;(3)变量间的交互作用机制难以梳理,对于变量个数较多的情况,交互作用检验的工作量呈 2^{n-1}(n 为待研究变量个数)的指数级增长,对于回归结果的解释与分析也容易造成冗余讨论。

　　基于本书所提出的 DDA 研究框架,波士顿房价的复杂影响因素及内在的影响机制得到了充分的讨论,且相比于传统的实证回归分析,DDA 有着更加无可替代的优势。首先,DDA 无需样本原始的分布假设要求,其根据系统内部数据自身的特征进行知识发现,将系统内的样本划分为有着最大信息异质性的不同子样本空间,通过决策树算法实现不同样本空间中变量间的分布关系,找到最佳的房价状态决策规则。其次,系统内部的影响因素之间存在交互机制,共同作用于房价状态水平,因此从概率推断的方式实现房价的关键依赖路径学习,并以可视化的方式呈现不同变量间的相互作用,有力地解决了传统单一变量依赖关系的缺陷,可以更好地捕捉不同因素对于房价的因果关系和影响路径。最后,变量间关联度和贡献度机制分析实现了影响程度和结果预测的双重作用,基于变量状态的概率变动情况,系统内部的核心特征或特征组合易于捕捉,可助力最优管理决策的产生和前置资源的合理分配。

第四节　本　章　小　结

　　传统计量分析的范式可以通过简单明了的图表呈现其系统不同因素对于系统演化的"净效应",给管理学者认识复杂系统内部核心要素提供了强大的工具和手段。然而在大数据的今天,社会科学研究问题日趋复杂且核心要素边缘化,系统的未来演变受到了内外部多重复杂因素的干扰和影响,如何深入剖析不同因素之间的交互关系以及对于管理者重点关注的系统演变的驱动机制是一项有着跨时代意义的系统工程,也是在这样的背景下,数据决策分析方法 DDA 应运而生。

　　大数据作为 21 世纪的"钻石矿",是国家重点发展的战略资源,也改变着各行各业的生活与生产方式,尤其是科研研究领域,基于大数据技术的科学研究手段和工具为研究者们实时监测、跟踪和挖掘海量数据背后的行为规律提供了便利。管理学研究作为一门理论与实践相结合的学科门类,由于其较强的应用性特点常被其他领域的学者质疑为理论与实践相脱节,过多注重理论逻辑的严谨性造成了越来越多的理论背景难以被具体化。本书聚焦于管理学科领域的研究范式探索,提出了基于数据驱动的数据决策分析方法框架 DDA，其以决策问题为导向、以数据挖掘算法为技术支撑，为挖掘海量数据背后的重要知识和管理决策路径提供了一套行之有效的"工具箱"。

DDA 依托于系统论、信息论和控制论原理，将系统的演变视为是多个不同影响因素的综合作用，借助数据挖掘算法找到系统内样本的异质性特征，结合关注的管理决策问题实现不同样本空间内影响因素的决策规则提取和进一步的影响机制分析，不仅可以从交互作用的角度分析前因变量或前因变量组合对于结果变量的影响路径，还能依据现有的结果变量状态信息及时调整前因变量的状态资源，保证了系统信息利用的效益最大化。

DDA 大大降低了知识获取的复杂程度，也为管理学科与计算机领域相关学科的交叉融合提供了基础。然而需要注意的是，数据挖掘与管理实践问题的结合是一项探索性的系统工程，DDA 框架目前也仍处于探索阶段，其如何根据实际的管理问题进行算法选择和优化是进一步值得思考的问题。DDA 框架下的问题特征、数据特征和决策特征尽管解释了变量间交互作用对于结果变量的影响机制，但也为管理决策者带来了关键知识探索上不确定性，这可能在一定程度上与传统的管理理论相悖。此外，大数据技术的迭代运算和模型优化过程目前仍是一个"黑匣子"，如何确保分析过程及实验结果是合理而非随机的，这对于实际管理问题的应用普适性、研究范式的可移植性至关重要。因此，未来 DDA 的研究重点也将放在如何根据特定类型的管理实践问题实现数据挖掘结果与先验理论的自适应验证。

第四章　指标选取与度量

　　个体研究层面将聚焦于分析科研人员的知识创新绩效,并将特征指标归纳为个体因素、外部环境因素和合作因素三个方面。其中,个体因素包括科研效能感和知识创造;外部环境因素涵盖创新氛围和外在激励;合作因素有合作广度和合作深度两项。团队研究层面则聚焦于分析团队的科研绩效,并将特征指标分为网络结构和非网络结构。其中,网络结构涉及团队规模、平均度、聚集系数、平均加权度、网络密度和平均路径长度,非网络结构涉及机构多样性、学科多样性、项目资助数、人员流动和合作强度。对于企业研究层面,聚焦点将围绕分析企业绿色技术创新绩效展开,并采用 TOE 分析框架,以归纳出技术维度、组织维度和环境维度三项特征指标。其中,技术维度涉及技术相似性和技术异质性,组织维度涉及知识基础深度和知识基础广度,环境维度主要指企业所处的网络环境,分为整体网络环境和个体网络

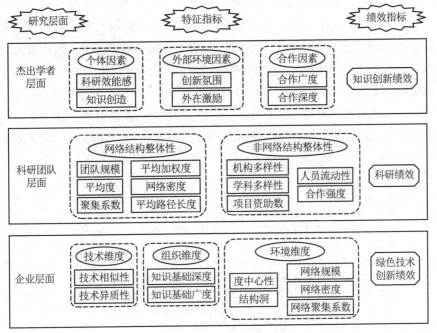

图 4-1　不同研究层面的指标概述图

位置环境。前者囊括网络规模、网络密度和网络聚集系数指标,后者涉及度中心性和结构洞指标。不同研究层面涉及的指标如图 4-1 所示。

第一节　杰出学者层面

本节分别介绍了个体因素、外部环境因素和合作因素涉及的相关变量定义与测量。其中,个体因素有科研效能感和知识创造,外部环境因素包括创新氛围和外在激励,合作因素涵盖合作广度和合作深度。还给出了杰出学者的知识创新绩效定义和相关介绍。

一、个 体 因 素

杰出学者的个体因素会对其知识创新绩效产生一定影响,主要从杰出学者个体层面出发,从主客观两个角度选取科研效能感和知识创造两个特征变量,解释其内涵和测量方式。

(一)科研效能感定义与测量

科研效能感指科研人员基于心理层面对自身科研能力达成个体绩效目标的自信程度或自我判断。该特征隶属于心理资本维度,是表征科研人员心理状态情况的重要变量,也是国内外组织行为学研究领域的关注变量。自我效能感的研究范围逐渐从企业转入其他组织,针对不同研究对象的自我效能感,其测度方式也具有差异性。樊建锋等[1]将个体自我效能感引入创业领域的心理资本维度,提出创业自我效能感;阳长征[2]以自我效能感为中介,探讨情景启动对突发公共卫生事件的分享意愿影响;吴士健等[3]以自我效能感为中介,研究挑战式压力与阻碍式压力对员工创造力的影响;贾绪计等[4]以学业自我效能感为中介,探讨教师支持感知对学生投入的影响;张海涛等[5]以员工创业

[1] 樊建锋、盛安芳、赵辉:《效果逻辑与因果逻辑:两类中小企业创业者的再验证——环境不确定性感知与创业自我效能感的调节效应》,《科技进步与对策》2021 年第 7 期。

[2] 阳长征:《突发公共事件中社交网络信息冲动分享行为阈下启动效应研究——以自我效能与认知失调为中介》,《情报杂志》2021 年第 1 期。

[3] 吴士健、高文超、权英:《工作压力对员工创造力的影响——调节焦点与创造力自我效能感的多重链式中介效应》,《科技进步与对策》2021 年第 4 期。

[4] 贾绪计、蔡林、林琳、林崇德:《高中生感知教师支持与学习投入的关系:学业自我效能感和成就目标定向的链式中介作用》,《心理发展与教育》2020 年第 6 期。

[5] 张海涛、肖岚、张建军:《建设性自恋型领导对员工内创业行为影响的跨层机制研究》,《科技进步与对策》2021 年第 13 期。

自我效能感为中介,分析领导自恋对员工创业行为的积极作用;陈义涛等[1]引入消费者自我效能,分析共享经济下感知价值不同对于品牌效益的作用;许慧等[2]将心理资本作为中介变量,强调认知情绪调节对于教师职业幸福感的影响;潘持春等[3]以社会交换理论为基础,引入角色宽度自我效能,探讨领导风格与员工越轨创新之间的关系;王德胜等[4]以自我效能感为调节变量,构建真实性领导与员工反生产行为的理论模型;龙贤义等[5]发现当消费者效能感水平较高时,伦理消费的意念—行为差距可以被有效缩小;王倩[6]提出创新自我效能感,研究员工工作特征、个体特征对其数字化创造力的影响。科研效能感越强的人越具有自信力,坚信自己会达成既定目标且会为自身目标努力奋斗,因此科研效能感会影响科研人员个人心理状态,进而对个体学术行为乃至行为绩效产生影响。以往文献大多基于李克特五点量表(Likert Scale)设计问卷收集数据来测量自我效能感,如表 4-1 所示,实际将自我效能感划分为五个区间范围,以此研究其对被解释变量的影响。

表 4-1　科研效能感测度归纳

作　者	测量方法来源
赵西萍[7]	Gilad Chen 编制的包含八个题项的量表
张永军[8];姚添涵[9]	周菲(2009)和 Zajacova(2005)修订后的问卷,共三个条目
王树涛[10]	在专家访谈、开放式问卷调查、权威问卷借鉴基础上编制问卷,包括"投入效能感""创新效能感"等六个因子

---

[1] 陈义涛、林丽敏:《共享经济感知价值对口碑效应的影响机制——基于自我效能的调节作用》,《技术经济与管理研究》2020 年第 10 期。

[2] 许慧、黄亚梅、李福华、胡翔宇:《认知情绪调节对中学教师职业幸福感的影响:心理资本的中介作用》,《教育理论与实践》2020 年第 29 期。

[3] 潘持春、王震:《领导亲和型幽默对员工越轨创新的影响——上下级关系和角色宽度自我效能的多重中介作用》,《技术经济》2020 年第 9 期。

[4] 王德胜、韩杰、李婷婷:《真实型领导如何抑制员工反生产行为?——领导—成员交换的中介作用与自我效能感的调节作用》,《经济与管理研究》2020 年第 7 期。

[5] 龙贤义、邓新明、杨赛凡:《企业社会责任、购买意愿与购买行为——主动性人格与自我效能有调节的中介作用》,《系统管理学报》2020 年第 4 期。

[6] 王倩:《数字化时代工作特征、个体特征与员工数字化创造力——创新自我效能感的中介作用和性别的调节作用》,《技术经济》2020 年第 7 期。

[7] 赵西萍、孔芳:《科研人员自我效能感与三维绩效:工作复杂性的调节作用》,《软科学》2011 年第 2 期。

[8] 张永军、廖建桥、赵君:《科研压力对博士生学术不端行为的影响研究》,《科研管理》2013 年第 4 期。

[9] 姚添涵、余传鹏:《导师—同门支持、科研自我效能感与研究生科研创造力的关系研究》,《高教探索》2019 年第 4 期。

[10] 王树涛、毛亚庆:《研究生科研自我效能感评价指标体系的实证研究》,《研究生教育研究》2013 年第 5 期。

作　者	测量方法来源
尹奎[1]	Adedokun 开发的五条目量表,包括"我具备科研工作者所需要的动机与毅力"
许晓东[2]	Youseff 等开发的六条题项,包括"我相信自己能设定目标并实现"

乔菲(Gyorffy)等[3]提出主要研究者过去的科学计量表现是未来产出的最佳预测器。高校杰出学者自信程度与所处环境整体知识创造有关,而所在任职院校获得"杰青"与"优青"项目的科研人员数量是衡量科研人员自信度的重要指标。在测度杰出学者科研效能感时,首先考虑时间因素,需要计算过去一段时间内杰出学者所处院校获得国家杰出青年科学基金项目与优秀青年科学基金项目的数量情况;其次考虑国家"杰青"项目和"优青"项目带给杰出学者效能感的差异("杰青"项目比"优青"项目给杰出学者带来的效能感更强),分别赋值 2、1,具体测度指标如表 4-2 所示。

表中,$S_T(2)$ 表示学者任职院校在 T 年获得国家杰出青年科学基金项目的总数,其他变量表达式以此类推。依据边际效应理论,个体自信程度与科研效能感是非线性关系,随着个体自信程度不断上升科研效能感的增强不断放缓,因此将科研效能感($Scientific\ Research\ Efficacy$,$SRE$)测度为:

$$SRE_T(k) = k * \lg\Big[\sum_{t=T-n}^{T-1} S_t(k) + 1\Big],\ k = 1\ \text{或}\ 2 \qquad (\text{式 4.1})$$

式中,$S_t(k)$ 代表学者所在任职院校在 t 年获得 k 类基金项目的数量,k 代表学者获得基金项目类别,按照等级赋分原则,将"杰青"项目赋值为 2,"优青"项目赋值为 1。

表 4-2　基金项目测量方法

时间(t)	基金项目类别(k)	
	国家杰出青年科学基金项目 ($k=2$)	优秀青年科学基金项目 ($k=1$)
$T-n$	$S_{T-n}(2)$	$S_{T-n}(1)$
⋮	⋮	⋮

[1] 尹奎、徐渊、宋皓杰等:《科研经历、差错管理氛围与科研创造力提升》,《科研管理》2018 年第 9 期。

[2] 许晓东、魏志轩、郑君怡:《研究生知识共享对其科研绩效的影响研究》,《管理学报》2021 年第 3 期。

[3] Gyorffy, B., P. Herman, I. Szabo, 2020: "Research Funding: Past Performance is a Stronger Predictor of Future Scientific Output than Reviewer Scores", *Journal of Informetrics*, 14(3).

时间(t)	基金项目类别(k)	
	国家杰出青年科学基金项目 ($k=2$)	优秀青年科学基金项目 ($k=1$)
$T-2$	$S_{T-2}(2)$	$S_{T-2}(1)$
$T-1$	$S_{T-1}(2)$	$S_{T-1}(1)$
T	$S_T(2)$	$S_T(1)$

（二）知识创造定义与测量

科研效能感属于心理资本维度的变量,强调人的主观感受。此外,知识创造则是反映杰出学者客观学术能力与实力的重要变量,也是学者科研知识产出状况的体现。现有研究认为个体特征对个体行为和绩效影响重大。例如,胡常伟等[1]指出高水平的科学研究能够强有力地推动创新创业人才的培养和发展,研究型大学教师应该着重学术水平的提升,为高校水平的进一步提升创造条件;张露予[2]考虑到思政教师特殊情况,在知识创造方面提出新的指标推进绩效考核与绩效发展;钟睿[3]以七所部属高校为研究对象,想要以创新方法推动知识创造有效提升;周光礼等[4]提出将教学与科研结合起来,以高水平的科研推动学校体系不断完善;刘国瑜[5]指出导师知识创造能力与研究生质量之间相互影响、相互依存的关系;谢治菊等[6]认为知识创造是衡量研究生综合素质与能力的重要指标;田慧生[7]看到科研管理体系的不足之处,应该创新科研管理,提高知识创造;常峥斌等[8]通过比较分析几所理工院校的科研实力与研究方向,得出学术水平与高校学科发展之间的关系;常蕾[9]指出,学术水平是衡量高校综合实力的重要指标,它的不

① 胡常伟、祝良芳:《提升教师教学科研水平　培养新时代一流人才》,《中国大学教学》2020年第4期。
② 张露予:《提升思政课教师科研水平的对策研究》,《中国高等教育》2020年第Z3期。
③ 钟睿:《创新驱动发展战略下提升高校科研水平——以工业和信息化部7所部属高校为例》,《中国高校科技》2019年第Z1期。
④ 周光礼、周详、秦惠民、刘振天:《科教融合　学术育人——以高水平科研支撑高质量本科教学的行动框架》,《中国高教研究》2018年第8期。
⑤ 刘国瑜:《一流学科建设中研究生培养与高水平科研的结合》,《学位与研究生教育》2018年第6期。
⑥ 谢治菊、李小勇:《硕士研究生科研水平及其对就业的影响——基于8所高校的实证调查》,《复旦教育论坛》2017年第1期。
⑦ 田慧生:《创新管理工作与提升科研水平》,《教育研究》2017年第1期。
⑧ 常峥斌、吴珞、吴贝贝、张必毅、常青:《理工类院校科研水平与学术支撑能力比较研究——以上海市6所应用技术型大学为例》,《图书情报工作》2016年第22期。
⑨ 常蕾:《学术水平的不确定性对高校科研奖励的影响研究》,《中国高校科技》2015年第12期。

确定性对于高校优化学术环境质量和促进科研创新具有重要意义;李容①提出一个科研获奖概率模型,得出知识创造对学者成果的评定具有不可验证性;蒋旭纯等②基于 H 指数,提出通过给不同学科下 H_α 中的 α 赋值来衡量不同领域内知识创造的差异;张曾莲等③从知识创造出发,探讨其对科研收入的影响;隋秀芝等④基于文献计量法,对地方院校的论文总数、发表时间、学科排名与综合实力排名加以统计分析,对高校的知识创造进行评估;董政娥⑤运用计量分析,探讨论文产出、国际合作等特征对于整体科研实力的影响;徐飞等⑥通过统计与可视化方法探析知识创造的内在制约因素。

谈小龙等⑦从文献计量分析出发,将知识创造细化成四个维度:生产力、影响力、创新力和发展力,以论文总数、被引次数、H 指数、高被引论文数等指标来考察高校的科研竞争力水平。高校杰出学者在过去一段时间内发表的论文可以反映其学术实力,除此之外还应考虑论文质量。科研人员在期刊上发表的相关论文在一定程度上能够反映学者的科研能力,获取科研人员在一段时间内的发文规模以及每篇论文对应的期刊分区(中国科学院分区表)能够大致反映科研人员的学术能力。

中国科学院分区是中国科学院文献情报中心公布的科研成果等级分类,将 JCR(Journal Citation Reports,JCR)中所有期刊分为天文、物理、化学、生物、地学、数学、工程技术、医学、环境科学、农林科学、社会科学、管理科学及综合性期刊 13 大类。然后,将 13 大类期刊依据学术影响力(前三年平均影响因子 IF)从高到低排序。其中,各类期刊排名前 5% 划为 1 区,6%～20% 划为 2 区,21%～50% 划为 3 区,51%～100% 划为 4 区,13 大类期刊各自分为四个等级,即 4 个区。各等级期刊数量占比成"金字塔"分布,

① 李容:《学术水平的不可验证性对科研奖励的影响研究》,《科研管理》2014 年第 11 期。
② 蒋旭纯、吴强:《基于 hα 指数的不同学科领域科研水平评价研究》,《科学学与科学技术管理》2014 年第 2 期。
③ 张曾莲、毛建军:《高校科研收入的规模、结构、水平与影响因素》,《现代教育管理》2013 年第 6 期。
④ 隋秀芝、李炜:《基于三大检索系统收录论文对地方高等院校科研水平与学科发展的评价研究》,《中国高教研究》2012 年第 9 期。
⑤ 董政娥、陈惠兰:《人文社会科学研究国际化科研水平计量学分析——以东华大学被SSCI、A&HCI(1975—2009)收录文献为案例》,《科技管理研究》2010 年第 18 期。
⑥ 徐飞、吴彩丽:《大学和研究所科研水平内在制约要素的科学计量学研究——以国内主要科研机构纳米科学论文成果分析为例》,《科学学与科学技术管理》2009 年第 9 期。
⑦ 谈小龙、高敏:《高水平行业特色研究型大学科研竞争力分析——基于 Scopus 数据库引文的一种分析方法》,《科技管理研究》2019 年第 19 期。

相较于 JCR 分区的平均划分更具区别性。为区分学者论文不同水平,赋予不同等级期刊不同数值,即各大类每区期刊占比的倒数值。因此,1 区期刊赋值 100/5,2 区期刊赋值 100/15,3 区期刊赋值 100/3,4 区期刊赋值 100/50。具体测度指标如表 4-3 所示:

表 4-3　中国科学院期刊分区及赋值

中国科学院期刊分区(w)	分区赋值($R(w)$)
1 区	100/5
2 区	100/15
3 区	100/30
4 区	100/50

　　知识创造作为学者知识产出的核心环节,是主体的一种行为模式,承担着知识从"无"到"有"的产出过程。知识创造是学者实现知识创新绩效的必不可少的环节,可从互动转化过程和结果视角关注学者隐性知识向显性知识转化的成果,以学者论文产出数量和质量(论文所属期刊分区)测度知识创造。综上,知识创造($Knowledge\ Producing$,KP)度量公式为:

$$KP = \sum_{w=1}^{4} \sum_{t=T-n}^{T} \sum_{j=1}^{M_t} V_w^t(j),\text{其中}$$

$$V_w^t(j) = \begin{cases} R(w),\text{第 } t \text{ 年第 } j \text{ 篇论文属于 } w \text{ 区} \\ 1,\text{其他} \end{cases},\text{其中}$$

$$R(w) = \begin{cases} 100/5,\text{论文属于 1 区} \\ 100/15,\text{论文属于 2 区} \\ 100/30,\text{论文属于 3 区} \\ 100/50,\text{论文属于 4 区} \end{cases} \qquad (\text{式 4.2})$$

　　式中,w 为学者论文所属分区,$R(w)$ 为学者论文所属分区赋值,M_t 为学者第 t 年发表论文的数量,$V_w^t(j)$ 为学者第 t 年第 j 篇论文属于 w 区的赋值。

二、外部环境因素

　　外部环境因素作为影响杰出学者知识创新绩效的因素之一,在实证分析中往往作为中介变量或调节变量进行研究。在本节内容中,选取创新氛围和外在激励两个外部环境因素进行概念界定和测量,为后续研究外部环境因素与知识创新绩效之间的复杂关系奠定基础。

（一）创新氛围定义与测量

除了个体自身原因会对知识创新绩效产生影响，外部环境的作用不容置喙。创新氛围作为外部环境因素的一环，是指学者所处学术环境支持创造力或创新程度的描述总和，张兰[①]运用扎根理论得出学术环境是影响研究者学术不端行为的重要因素之一；白华等[②]提出外部环境对于博士生学术创新力的重要性，同时应该与内部动机激励相结合；赵彩霞等[③]通过质性研究得出个体因素、导师因素、环境因素对研究生个体创新力的影响，外部环境激励对于个体的影响是深远的；杨敏[④]分析在外部学术环境影响下图书馆创新发展的各项问题；李雯等[⑤]利用结构方程模型探讨学术型企业家创业感知在外部环境支持与创业行为之间的中介效应，也进一步说明了创新氛围对于个人行为的重要影响；柳卸林等[⑥]以高校博士后作为研究对象，发现创新氛围差异并不会影响学术创新力，非重点高校也能推进博士后学生创新能力的进步和发展；裴兆宏等[⑦]在 2005 年就提出学术创新环境对于高校的重要性，建议进一步促进教师队伍建设，为培养高水平学生做准备；李光丽等[⑧]对学术环境做了详细分析，将学术环境分为自由和交流两个维度以探析政治环境因素对于中国诺贝尔自然科学奖获得情况的影响；张俐等[⑨]提出建立良好的学术环境对于研究生培养的重要性，强调外部环境、学习氛围和良好学风的重要作用。

丁（Ding）等[⑩]在用数据包络分析（Data Envelopment Analysis，DEA）

① 张兰：《学术期刊视角下高校教师学术不端行为的影响机制——基于扎根理论的探索性研究》，《中国科技期刊研究》2020 年第 12 期。
② 白华、黄海刚：《博士生学术创新力的影响路径模型研究——基于全国 1 454 位博士研究生的实证调查数据》，《高教探索》2019 年第 6 期。
③ 赵彩霞、眭依凡：《学术型硕士研究生学术创新影响因素探究——基于对学术型硕士研究生访谈的研究结果》《学位与研究生教育》2017 年第 7 期。
④ 杨敏：《新学术出版环境下图书馆的转型变革与创新发展探析》，《图书情报工作》2016 年第 S2 期。
⑤ 李雯、夏清华：《学术型企业家对大学衍生企业绩效的影响机理——基于全国"211 工程"大学衍生企业的实证研究》，《科学学研究》2012 年第 2 期。
⑥ 柳卸林、邢新主、陈颖：《学术环境对博士后科研创新能力的影响》，《科学学研究》2009 年第 1 期。
⑦ 裴兆宏、胡和平：《优化学术环境　建设一流大学的教师队伍》，《清华大学教育研究》2005 年第 6 期。
⑧ 李光丽、段兴民：《侧析我国的学术环境——对诺贝尔奖困惑的反思》，《科学管理研究》2005 年第 5 期。
⑨ 张俐、王方正：《高等学校科技管理的特点及对策探讨》，《科技进步与对策》2002 年第 7 期。
⑩ Ding, T., J. Yang, H. Wu, Y. Wen, C. Tan, L. Liang, 2021: "Research Performance Evaluation of Chinese University: A Non-Homogeneous Network DEA Approach", *Journal of Management Science and Engineering*, 6(4).

模型研究高校科研绩效评价时指出,除了输入和输出变量外,外部因素也可能影响 DEA 结果。软科世界大学学术排名(Shanghai Ranking's Academic Ranking of World University,ARWU)是世界范围内首个综合性全球大学排名,依托大学 360 度数据监测平台数据支持,设置多模块、多维度、多变量对世界大学办学水平进行立体化监测评价。ARWU 评价体系由校友获奖、教师获奖、高被引科学家、N&S 论文、国际论文和师均表现六部分构成,分别占比 10%、20%、20%、20%、20%、10%对世界高校学术实力进行评价,具体评价体系如表 4-4 所示:

表 4-4　软科世界大学学术排名指标与权重

指标名称	指标测度	指标权重(α)
校友获奖(X_1)	获诺贝尔奖和菲尔兹奖的校友折合数	10%
教师获奖(X_2)	获诺贝尔科学奖和菲尔兹奖的教师折合数	20%
高被引科学家(X_3)	各学科领域被引用次数最高的学者数量	20%
N&S 论文(X_4)	在《自然》和《科学》上发表论文的折合数	20%
国际论文(X_5)	被 SCIE 和 SSCI 收录的论文数量	20%
师均表现(X_6)	上述五项指标得分的师均值	10%

创新氛围会对个体感受、动机、价值观和目标等产生一定影响,从而影响个体创新行为和创新绩效。学者所在环境的创新氛围依据软科世界大学学术排名度量,一定程度上可以反映学者所在院校的创新氛围状况。通过以上对创新氛围内涵和外延的理解可知,根据软科世界大学学术排名指标体系,将创新氛围(Innovation Atmosphere,IA)度量为:

$$AE(J) = \sum_{i=1}^{6} \alpha_i X_J(i) \qquad (式 4.3)$$

式中,α_i 为第 i 个指标的权重,$X_J(i)$ 为第 J 所学校在第 i 个指标上的得分。

(二)外在激励定义与测量

外在激励指科研人员所处环境的外部因素带给主体的成就感和荣誉感,通常会推动主体设定目标或达成目标。传统经济学认为,激励能够刺激员工努力,而随着心理学的发展,激励逐渐演化成内在动机与外在激励两种形式,之后又发展为内在激励与外在激励两种激励形式。内在动机在激励机制中占有重要地位,相关学者都着重研究内在动机或内在激励对员工行为乃至绩效的影响,也有学者将内在激励和外在激励放在相同地位研究其对员工敬业度的影响或对创新行为的影响,得出内在激励的作用往往比外在激励作用更强。而外在激励能够激发学者需求和工作动机,充分发挥积极性和主动性,提高个体努力和业绩水平,对个体创造力有积极影响。

表 4-5　软科中国大学排名指标与权重

维　度	测量指标	权重
人才培养	反映生源质量的"新生高考成绩"	30%
	反映培养结果的"毕业生就业率"	10%
	反映社会声誉的"社会捐赠收入"	5%
科学研究	体现科研规模的"论文数量"	10%
	体现科研质量的"论文质量"	10%
	体现顶尖成果的"高被引论文"	10%
	体现顶尖人才的"高被引学者"	10%
服务社会	测量科技服务贡献的"企业科研经费"	5%
	测量成果转化效益的"技术转让收入"	5%
国际化	代表学生国际化的"留学生比例"	5%

在对外在激励的度量上,有学者使用阿马比尔(Amabile)[1]制定的量表测度外在激励,同时有学者发现外在激励达到一定程度后具有递减的效果。黄秋风等[2]从社会比较视角出发,发现外在激励向下能使个体产生更积极的情绪,从而推动个体创造力的发展;吕后彬[3]则从经典策略出发,运用"低屋"策略发挥外在激励的积极作用,表明了外在激励在个体和组织关系中的作用;滕堃等[4]基于激励理论,将外在激励细分为三个维度去考察教师的激励结构模型;李春发等[5]以股权激励和薪酬激励两种外在激励方法及内在激励方式为基础,探析对企业知识转移绩效的作用;施涛等[6]基于回答特征

---

① Amabile, T. M., K. G. Hill, B. A. Hennessey, E. M. Tighe, 1994: "The Work Preference Inventory: Assessing Intrinsic and Extrinsic Motivational Orientations", *Journal of Personality and Social Psychology*, 66(5), 950~967.

② 黄秋风、唐宁玉、葛明磊:《外在激励社会比较对创造力的影响》,《系统管理学报》2020 年第 3 期。

③ 吕后彬:《领导者对"高屋""低屋"的运用艺术》,《领导科学》2020 年第 17 期。

④ 滕堃、虞华君、蒋玉石、苗苗:《高校教师激励结构模型及激励效果群体差异研究》,《西南交通大学学报(社会科学版)》2018 年第 5 期。

⑤ 李春发、赵乐生:《激励机制影响新创企业知识转移的系统动力学分析》,《科技进步与对策》2017 年第 13 期。

⑥ 施涛、姜亦珂:《学术虚拟社区激励政策对用户知识贡献行为的影响研究》,《图书馆》2017 年第 4 期。

分析了内外在激励对于个体行为结果的影响；黄秋风等①经过元分析方法得出在中国情境下外在激励对个体创新行为的影响更大；吴强等②从知识共享的视角出发，探讨外在激励与内在激励对企业知识氛围的影响作用；邱敏等③基于社会交换理论与激励理论，对外在激励与员工敬业度之间的正相关关系进行实证分析；吴国东等④指出如果外在激励采取的方式不适宜会影响个体内在动机，从而使外在激励不能达到预期结果；蒲勇健等⑤则指出外在激励作为内在动机的一种补充。在企业知识管理中，企业将外在激励简化为"企业是否对员工知识分享制定奖励相关政策"这一问题，反映知识分享过程中的外在激励存在与否问题，其中"是"用 1 表示，"否"用 0 表示，"不清楚"用 2 表示。职称是影响学者科研成就感的重要因素之一，个体职称越低科研人员从微观上感知的激励水平越高。然而，研究对象是杰出学者，其职称大多为教授，研究职位晋升对被解释变量的影响意义不大。基于对以上相关文献的梳理，可以结合实际情况从两个方面度量外在激励：(1)宏观层面，学者任职院校的社会地位；(2)微观层面，学者任职院校在最近一段时间内获得国家杰出青年科学基金项目和优秀青年科学基金项目的数量情况，学者任职院校综合实力具体测量指标如表 4-5。

从宏观层面来看，学者任职院校的社会地位不同，对学者激励程度也不同，具体表现为院校等级越高，对个体学者的激励越强，因此获取学者所在高校的综合实力得分刻画任职院校不同等级给予学者不同激励水平。从微观层面来看，学者任职院校在过去两年获得"杰青"和"优青"项目的总数也能激励学者朝着目标奋进，学者任职院校过去两年获得项目越少，学者当前所感知的成就感和荣誉感越高。依据边际效用递减规律，随着院校获得项目数量的增加，带给学者的激励程度会减弱，故将院校过去两年获得项目总数(为避免分母出现零值，此处加 1)取倒数来刻画学者所在院校获得"杰青"和"优青"项目总数对学者的激励作用。综上将外在激励(*Extrinsic Motivation*，*EM*)度量为：

① 黄秋风、唐宁玉：《内在激励 VS 外在激励：如何激发个体的创新行为》，《上海交通大学学报(哲学社会科学版)》2016 年第 5 期。
② 吴强、张卫国：《大规模知识共享的激励方式选择策略》，《系统管理学报》2016 年第 3 期。
③ 邱敏、胡蓓：《内外在激励、心理所有权与员工敬业度关系研究》，《软科学》2015 年第 12 期。
④ 吴国东、汪翔、蒲勇健：《内在动机与外在激励：案例、实验及启示》，《管理现代化》2010 年第 3 期。
⑤ 蒲勇健、赵国强：《内在动机与外在激励》，《中国管理科学》2003 年第 5 期。

$$EM = \beta_i \sqrt{\dfrac{1}{\sum_{t=T-n}^{T-1} \sum_{k=1}^{2} S_t(k) + 1}} \qquad \text{(式 4.4)}$$

式中，β_i 代表学者所在任职院校 i 的综合实力得分；S_t 为学者任职院校在 t 年获得"杰青"和"优青"项目的总数。

三、合 作 因 素

在学科交叉的大数据时代，合作现象日益普遍，学者之间适当合作能够促进知识产出[①]乃至高水平研究成果产出[②]。对合作现象的解释和研究发源于企业之间，共同利益驱使下，企业双方采用合作的方式各取所需，也有研究表明企业之间的有效合作会推动企业绩效水平的提升。随着合作现象跨领域深入，不同领域的主体开展合作，进一步推动学校、科研机构、企业三方创新绩效提升。[③]社会网络理论指出，处在网络结构中的个体要想获得外部力量促进知识或成果产出，就必须依靠其所在的网络结构形态。个体在一定范围内的人事物关系和网络结构对个体借助外部力量的行为产生作用，进而影响个体知识创新绩效。[④]积极开展科研合作，是科学技术不断发展的需求，也是各学科不断增强自身竞争力的内在要求。[⑤]在"产业—学校—科研院所"三者合作中，社会资本因素对学者的知识产出水平产生影响，而合作伙伴的数量以及与合作伙伴开展合作的频次则通过团队正式化影响学者科研能力，也有学者依据社会网络理论研究高校科研合作网络，进一步说明国家和高校应加强合作投入，拓宽合作广度与深度，为国家综合实力的增强奠定科研基础。

---

① N'Guyen, T. T. H., C. Bourigault, V. Guillet et al., 2019: "Association between Excreta Management and Incidence of Extended-Spectrum β-Lactamase-Producing Enterobacteriaceae: Role of Healthcare Workers' Knowledge and Practices", *Journal of Hospital Infection*, 102(1).

② Mardani, A., S. Nikoosokhan, M. Moradi et al., 2018: "The Relationship between Knowledge Management and Innovation Performance", *The Journal of High Technology Management Research*, 29(1).

③ Franco, M., C. Pinho, 2019: "A Case Study about Cooperation between University Research Centers: Knowledge Transfer Perspective", *Journal of Innovation & Knowledge*, 4(1).

④ Xie, X., H. Zou, G. Qi, 2018: "Knowledge Absorptive Capacity and Innovation Performance in High-Tech Companies: A Multi-Mediating Analysis", *Journal of Business Research*, 88.

⑤ Marra, A., M. Mazzocchitti, A. Sarra, 2018: "Knowledge Sharing and Scientific Cooperation in the Design of Research-Based Policies: The Case of the Circular Economy", *Journal of Cleaner Production*.

通过对相关文献进行梳理发现,合作的层次不一;合作的形式多样,包括学者与学者合作、校企合作、企业与企业合作、产学合作和产学研合作等。以社会网络理论为出发点,研究社会关系或结构对绩效的影响时,合作广度与合作深度这两个特征指标成为热门选项。随着学科知识的综合发展,个人创造力和创新力有限,寻求科研合作成为学者知识产出和知识创新的有效途径,论文合作数量、论文合作国家数量等可以反映知识创造和科研发展趋势。马卫华等[1]通过实证研究得出产学研合作对学术团队核心能力的影响机制;刘笑等[2]研究产学合作数量对学术创新绩效的影响时,认为个体具备的知识能力在合作数量对科研绩效的影响中起到了调节作用;曾德明等[3]研究发现合作广度指企业在研发过程中形成的外部合作网络中的合作伙伴数量。在对合作广度与合作深度进行测量时,根据主体与实际情况差异性,度量方式略有差别,具体情况如表4-6所示。

高校杰出学者积极寻求科研合作以促进知识产出与创新绩效提升,在这一过程中合作广度与深度尤为重要。通过以上对合作广度与合作深度测量方式的文献进行梳理并结合研究实际,合作广度是特定科研人员共同发文的不重复的作者人数,合作深度则指特定科研人员与合作者的平均合作

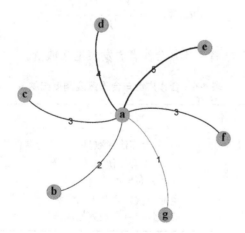

图4-2 作者合著网络(个体网)示例

---

① 马卫华、刘佳、樊霞:《产学研合作对学术团队核心能力影响及作用机理研究》,《管理学报》2012年第11期。
② 刘笑、陈强:《产学合作数量与学术创新绩效关系》,《科技进步与对策》2017年第20期。
③ 曾德明、赵胜超、叶江峰、杨靓:《基础研究合作、应用研究合作与企业创新绩效》,《科学学研究》2021年第8期。

发文数。如图 4-2 所示,构建学者 a 的合作网络时只考虑学者 a 与单个合作者的合作论文数量。其中,网络节点 b、c、d、e、f、g 分别代表学者 a 的 6 位合作作者;学者 a 与 6 位合作作者之间的连线称为边,边上的数字标签代表两个节点(学者 a 与某合作者)合作发文的数量,例如,学者 a 与合作者 d 发表了 4 篇论文,与合作者 e 发表了 5 篇论文。因此,学者 a 的合作广度为学者 a 合作者的数量(即 6),合作深度为(1+2+3+4+5+3)/6=3。

1. 合作广度定义与测量

合作广度(*Breadth of Cooperation*,BOC)指特定科研人员共同发文的不重复的作者人数,根据以上文献梳理将其度量为:

$$BOC(i) = \sum_{j=1}^{N} v_{ij}, \ i \neq j \qquad (式\ 4.5)$$

式中,v_{ij} 代表作者合著个体网中,学者 i 与其合作者 j 之间的连线(边)。

2. 合作深度定义与测量

合作深度(*Depth of Cooperation*,DOC)指特定科研人员与合作者的平均合作发文数,将其度量为:

$$DOC(i) = \frac{\sum_{j=1}^{N} P(i,j)}{BOC(i)} \qquad (式\ 4.6)$$

式中,$P_{(i,j)}$ 为学者 i 与其合作者 j 发表论文数量。

表 4-6 合作广度与合作深度测度归纳

学 者	主 体	合作广度	合作深度
马艳艳等[1]	企业	合作伙伴数量	与合作伙伴的平均合作次数
吴剑峰等[2]	企业	合作伙伴分布地域的总数	—
王兴秀等[3]	企业	企业与伙伴联合申请专利的主分类号类别数量加总	企业与合作伙伴联合申请专利的平均次数

[1] 马艳艳、刘凤朝、姜滨滨、王元地:《企业跨组织研发合作广度和深度对创新绩效的影响——基于中国工业企业数据的实证》,《科研管理》2014 年第 6 期。

[2] 吴剑峰、杨震宁、邱永辉:《国际研发合作的地域广度、资源禀赋与技术创新绩效的关系研究》,《管理学报》2015 年第 10 期。

[3] 王兴秀、李春艳:《研发合作中伙伴多样性对企业创新绩效的影响机理》,《中国流通经济》2020 年第 9 期。

学　者	主　体	合作广度	合作深度
许治等[1]	协同创新中心	协同合作广度用网络规模衡量,即合作网络中包含主体的数量	年平均联结次数衡量,即网络联结次数/(网络边数 * 合作时间)
贾晓霞等[2] 刘斐然等[3]	产学研合作机构	产学研合作广度指高校与企业或其他研发机构等不同类型主体进行合作的多样性和广泛程度	产学研合作深度指高校与其他合作机构的平均合作次数
朱桂龙[4]	产学研合作机构	产学研合作高校中的合作伙伴的数量	和同一所高校合作的最高次数
张宝生等[5]	高校科研团队	合作成果数量	合作成果获奖数量
赵蓉英等[6]	高校学者	某学科或研究领域内部可以建立科研合作关系的人数	某作者与某一合作者最大合作次数,反映作者合作的固定性和持续性
张丽华[7]	科研人员	科研人员合作过的去除重复作者后的合作者人数	—

四、知识创新绩效测量

在国家创新体系的框架下,"创新"表示知识或技术的创造,"知识创新"则更加强调新思想和观念的产出。对于杰出学者而言,研究过程是一个知识产出过程,更是一个创新过程。以往研究结果表明,论文和专利是评估知识积累的直接指标,例如,罗森伯格(Rosenberg)和尼尔森(Nelson)[8]提出论文对工业技术的发展至关重要。通过获取论文和专利数量和质量数据可

① 许治、黄菊霞:《协同创新中心合作网络研究——以教育部首批认定协同创新中心为例》,《科学学与科学技术管理》2016年第11期。
② 贾晓霞、张寒:《引入合作网络的知识积累对产学研合作创新绩效影响的实证研究——基于中国2006—2015年34所985高校专利数据》,《产经评论》2018年第6期。
③ 刘斐然、胡立君、范小群:《产学研合作对企业创新质量的影响研究》,《经济管理》2020年第10期。
④ 朱桂龙、杨小婉:《企业的知识披露策略对产学研合作的影响研究》,《科学学研究》2019年第6期。
⑤ 张宝生、王晓红、陈浩:《虚拟科技创新团队科研合作效率的实证研究》,《科学学研究》2011年第7期。
⑥ 赵蓉英、魏绪秋:《我国图书情报学作者合作能力分析》,《情报科学》2016年第11期。
⑦ 张丽华、吉璐、陈鑫:《科研人员职业生涯学术表现的差异性研究》,《科研管理》2021年第5期。
⑧ Rosenberg, N., R. R. Nelson, 1994: "American Universities and Technical Advance in Industry", *Research Policy*, 23, 323～348.

以衡量团队或个体的创新绩效状况。与知识创造强调某一时间段内主体知识产出的数量和质量不同,知识创新绩效着重强调主体创新知识产出获得的效益和认可,倾向于关注创新性成果的数量和成果受认可的程度。

　　知识创新绩效测度是随着对企业、高校或成员个体创新绩效的测度发展起来的,由于创新性成果输出较为统一,大多学者采取相似的测度方式对绩效相关变量进行度量。例如,科德罗(Cordero)[1]率先提出用 R&D 投入产出衡量企业创新绩效;根据文献梳理,卡蒂拉(Katila)[2]提出用专利数据测量创新绩效;曾(Zeng)等[3]利用结构方程模型探寻外部合作网络与企业创新绩效之间的关系。而有学者指出科学论文是报告科学成就的唯一媒介,引文模式也可用于检查科学家之间的知识交流和学科之间的相互依存关系。同时曾(Tseng)等[4]提出研究科研人员的出版物可以反映学者的创新绩效水平,研究人员通常会在其出版物中提出新的想法、应用和发现。研究出版成果可以被认为是高校与产业界讨论和发展学术创新成果实施的重要渠道。目前,学术界普遍认为衡量个体或组织机构知识创新绩效的代表性指标主要有中外文论文、学术专著和专利等[5],且高水平的中外文期刊论文数量、论文被引总频次、论文所在期刊分区都成为评价个体或组织机构知识产出效率的核心指标。发表在国外学术期刊的论文往往具有研究前沿性和重大突破性,因此被认为是知识创新绩效的重要代表指标。

　　综上,知识创新绩效(*Knowledge Innovation Performance*,*KIP*)指科研人员新知识或新技术的产出效益。学者须具备一定知识创新能力,对获取的新知识、新观点进行梳理和加工产生知识成果,才能提升创新绩效。知识创新是个体结合自身内外部资源和条件,将已有的陈旧的知识通过一系列加工处理,转化为独特的具有重要意义的知识;而知识创新绩效具有滞后性,是学者在一段时间内成果产出的收益。本书用学者在国外学术刊物

---

① Cordero, R., 1990: "The Measurement of Innovation Performance in the Firm: An Overview", *Journal of Product Innovation Management*, 8(3).

② R. Katila, 2000: "Using Patent Data to Measure Innovation Performance", *International Journal of Business Performance*, 2(1).

③ Zeng, S., X. Xie, C. M. Tam, 2010: "Relationship between Cooperation Networks and Innovation Performance of SMEs", *Technovation*, 30(3).

④ Tseng, F. C., M. H. Huang, D. Z. Chen, 2020: "Factors of University—Industry Collaboration Affecting University Innovation Performance", *Journal of Technology Transfer*, 2020, 45(2).

⑤ Huang, M. H., D. Z. Chen, 2017: "How Can Academic Innovation Performance in University—Industry Collaboration be Improved?", *Technological Forecasting and Social Change*.

上发表论文的数量和质量(指发表论文在某一时间内的被引次数)度量知识创新绩效：

$$KIP = \frac{\sum_{t=T+1}^{T+n} C_t}{\sum_{t=T+1}^{T+n} N_t}$$　　　　　（式 4.7）

式中，N_t 为学者在 t 年发表论文数量，C_t 为学者在 t 年发表论文的后 n 年总被引次数。

第二节　科研团队层面

科研层面团队的变量及其测量将从网络结构整体性特征和非网络结构整体性特征分别介绍。其中网络结构整体性特征包括团队规模、平均度、聚集系数、平均加权度、网络密度和平均路径长度；非网络结构整体性特征囊括机构多样性、学科多样性、项目资助数、人员流动性和合作强度。还给出了科研团队的创新绩效定义和相关介绍，科研绩效量化采用了天际线算法和云模型。

一、网络结构整体性特征

该层面基于团队整体角度，从团队内部成员构成的合作网络内部结构特征出发，分析他们是如何影响科研团队的创新绩效。

(一) 网络规模

网络规模(*Network Size*，TMS)指合作网络中所有节点数量的总和，在科研团队中指的是一个团队包含的所有学者数量，也称团队规模。[1]团队规模不是简单的人员聚集，还包括聚集人员本身拥有的各种资源，如知识存量、持续学习的能力和解决问题的经验等其他各类型资源。随着团队规模的增加，团队拥有的人力资源和知识存量也在不断增加，若成员之间能较好的实现互补融合，规模的增大有利于团队更高效完成目标，更大概率做出正确的抉择；反之，团队整体的工作效率将随着人员的增加降低。团队规模的度量公式如下：

$$TMS = N_{node}$$　　　　　（式 4.8）

---

[1]　崔世娟、陈丽敏、黄凯珊：《网络特征与众创空间绩效关系——基于定性比较分析方法的研究》，《科技管理研究》2020 年第 18 期。

其中，TMS 表示团队规模，N_{node} 表示团队中所有节点的数量。

（二）平均度

平均度（$Average\ Degree$，AD）指的是网络中每个节点与其他节点相连个数的平均值[1]，表示团队内学者合作的广度[2]，在合作网络中，如果某个节点具有与之相邻的连接点，则与该节点相邻的节点总数目即为度数，记为 $Degree$。则根据连接的方向可将点度数分为点出度和点入度。假设网络中存在一个节点，以其为出发节点所有边的数量是为点出度，繁殖则为点入度。度用于表示网络中的个人和他的合作者之间展开合作交流的广度，如果该个人和网络中其他人员展开合作较多，合作范围较广泛，则其相应的数值会偏高；反之，该数值相应偏低。平均度的度量公式如下：

$$AD = \frac{1}{N}\sum_{i=1}^{N}c_i \qquad\qquad （式 4.9）$$

其中，AD 表示平均度，N 为节点的数量，C_i 表示第 i 个节点的度数。

（三）平均加权度

平均加权度（$Average\ weighting$，AW）指网络中所有节点加权度的平均值，以合作次数作为权重，该指标表示团队内每名学者与其他学者平均合作的次数。平均加权度越大，说明团队内的学者间展开的合作次数越多，合作的紧密程度越高，合作深度也就越深；反之，平均加权度越小，说明团队内成员合作紧密程度低，合作深度较浅。平均加权度的度量公式如下：

$$AW = \frac{1}{N}\sum_{i=1}^{N}W_i \qquad\qquad （式 4.10）$$

其中，AW 表示平均加权度，N 为节点的数量，W_i 表示第 i 个节点的加权度。

（四）网络密度

网络密度（$Network\ density$，ND）表示网络内实际存在的连线数与可能存在的连线数的比值[3]，衡量的是网络中各节点之间联系的密切程度[4]。

---

① 李欣、温阳、黄鲁成等：《多层网络分析视域下的新兴技术研发合作网络演化特征研究》，《情报杂志》2021 年第 1 期。
② 王仙雅、林盛、陈立芸：《科研压力对科研绩效的影响机制研究——学术氛围与情绪智力的调节作用》，《科学学研究》2013 年第 10 期。
③ 李小龙、张海玲、刘洋：《基于动态网络分析的中国高绩效科研合作网络共性特征研究》，《科技管理研究》2020 年第 7 期。
④ 陈果、赵以昕：《多因素驱动下的领域知识网络演化模型：跟风、守旧与创新》，《情报学报》2020 年第 1 期。

在现实科研合作关系中,学者在有限时间和精力的条件之下与其他学者展开合作,若能取得越来越高的回报率,则两人之间的合作会更为密切;反之,若回报率越来越小,两人会认为继续合作是一种资源的浪费,从而减少沟通合作。对于大规模的科研团队来讲亦是这样,团队整体网络密度与局部网络密度会呈现不同的亲疏特征。团队整体网络密度越大,表明团队成员之间进行知识交流的活动越丰富,这有利于团队更快实现知识等资源的共享,团队网络密度越小,说明团队成员交流联系较为疏离,这不利于知识在团队内的快速流动。网络密度的度量公式如下:

$$ND = \frac{2L}{N(N-1)} \tag{式 4.11}$$

其中,ND 表示网络密度,L 表示网络中实际的连接数量,N 表示网络中所有节点的数量。

(五) 平均路径长度

平均路径长度($Average\ path\ length$,APL)表示网络中所有节点对之间的平均最短距离。[1]节点对间的距离在网络中还表示信息在网络中传递所需经过的平均节点个数,经过的平均节点个数越多说明信息传递的效率越低,信息丢失的程度和概率也就越高。[2]在科研团队中,平均路径长度表明两个作者之间的合作和沟通难易程度,平均路径越长意味着两位学者之间开展合作和沟通越困难,知识传输的效率较低且难以在两者之间快速交融,平均路径越短说明两位学者之间展开合作与沟通越容易,知识传输效率较高且较为畅通,科研团队内部合作运行效率高。平均路径长度的度量公式如下:

$$APL = \frac{1}{N(N-1)} \sum_{i \neq j \in V} d_{ij} \tag{式 4.12}$$

其中,APL 表示平均路径长度,d_{ij} 表示网络中第 i 个点到第 j 个点的距离,N 表示网络中所有节点的数量。

(六) 聚集系数

聚集系数($Clustering\ Coefficient$,CC)表示的是网络中某个节点与它

---

① Crucitti,P.,V. Latora,2006:"Porta S. Centrality in Networks of Urban Streets",*Chaos*,16(1).

② Fleming,L.,C. King,I. I. Juda,2007:"Innovation At and Across Multiple Levels of Analysis:Small Worlds and Regional Innovation",*Organization Science*,18(6).

所有相邻节点之间的连线数目占可能最大连线数目的平均值[1]，主要衡量科研团体中成员实际合作关系发生的概率，是衡量网络集团化程度的重要参数，聚集系数值越大说明网络越符合小世界特征。聚集系数的度量公式如下：

$$CC = \frac{1}{N} \sum_{i=1}^{N} C_i \qquad (式 4.13)$$

其中，CC 表示网络的聚集系数，C_i 表示节点 i 的聚集系数，N 表示网络中所有节点的数量。

二、非网络结构整体性特征

主要涉及科研团队内部成员间的机构多样性和学科多样性，所获得的资助项目总数、团队内部的人员流动和内部成员间的合作强度等方面。

(一) 机构多样性

机构多样性($Diversity\ of\ Organization$, DOO)是指同一个团队中团队成员所隶属机构的多样化程度，它反映的是团队跨机构合作的程度。机构多样性为科研团队带来的影响既有可能是正面，也有可能是负面。正面影响在于跨机构合作能实现资金、设备仪器、知识存量等资源的优势互补；负面影响在于来自不同机构成员可能存在较低的认同感和不一致的目标偏好等，这些负面影响都会影响团队的产出质量。[2]还有研究表明跨机构合作成为学者效仿的原因在于政府给学者资助的科研经费具有一定的滞后性，学者为开展科研工作不得不加强与其他机构合作以寻得资金帮助。[3]分类变量的多样性测度常使用 Blau 系数。[4]Blau 系数的测度公式如下：

$$H = 1 - \sum_{i=1}^{n} P_i^2 \qquad (式 4.14)$$

其中，n 是机构类别的总数，P_i 是指团队中第 i 类机构成员所占的百

① 吕海洋、冯玉强：《合著网络中作者的角色分析》，《情报理论与实践》2010 年第 1 期。

② M. Newman, 2003: "The Structure and Function of Complex Networks", *Siam Review*, 42(2).

③ Cummings, J. N., S. Kiesler, 2007: "Coordination Costs and Project Outcomes in Multi-University Collaborations", *Research Policy*, 36(10).

④ Clemmons, J. R., M. Bell, B. Martin et al., 2005: "Scientific Teams and Institutional Collaborations: Evidence from U. S. Universities, 1981—1999", *Research Policy*, 34(3).

分比,H 的取值范围为[0,1],H 值越大,表明团队机构多样性越大,团队的跨机构合作程度越高。学者的所属机构根据文献数据字段"Addresses"地址栏进行统计,主要依据为二级机构,一级机构是所属学校,二级机构是所属院系。

(二)学科多样性

学科多样性(*Diversity of Discipline*,DOD)是指以团队为基本单位,团队内多个学科交叉融合的程度[1][2],也表示团队跨学科合作的程度。华萌等[3]认为学科划分方法主要有两种,一种是基于期刊分类系统的学科划分,主要由期刊所属学科决定;另一种是依据论文本身进行的学科划分,划分依据是论文参考文献的学科来源。波特(Porter)等[4]认为,参考文献很大程度上代表了论文整体的逻辑与内容,是度量学科交叉很好的指标。事实上,不管是基于期刊还是基于参考文献的学科划分,都要使用期刊分类系统。因此,本研究的学科多样性也依据期刊分类系统进行。WOS 学科分类里有 251 个学科,每一个期刊隶属于哪些学科已经分配好,因此可以直接利用这些学科数来计算团队的学科多样性。若一个团队在 A 期刊上发表了 6 篇论文,而在 B 期刊发表了 1 篇论文,说明该团队涉及的学科更多的是分布在 A 期刊所在的学科,故单纯统计期刊包含的学科数量之外,还要考虑期刊频次在所有期刊频次中的占比。综上,定义团队学科多样性的度量公式如下:

$$DOD_j = \left(2 - \sum_{i=1}^{k} P_{ij}^2\right) \left(\frac{1}{2}x_j^2 + \frac{1}{2}x_j + 1\right) \qquad (式\ 4.15)$$

其中,DOD_j 表示第 j 个团队学科多样性的程度,P_{ij} 表示第 j 个团队发表的所有论文中隶属于第 i 类期刊论文数量占发文总数的比重,x_j 表示第 j 个团队所有期刊涉及的学科数与所有团队中涉及最大学科数的比值。为了更好地理解该公式涉及的变量计算,现对 1 号团队学科多样性的计算进行演示,表 4-7 展示的是 1 号团队发表论文对应的期刊分布。

① Collins,R.,P. M. Blau,1977:"Inequality and Heterogeneity:A Primitive Theory of Social Structure",*Social Forces*,58(2).
② 马费成、陈柏彤:《我国人文社会科学学科多样性研究》,《情报科学》2015 年第 4 期。
③ 华萌、陈仕吉、周群等:《多学科期刊论文学科划分方法研究》,《情报杂志》2015 年第 5 期。
④ Porter,A. L.,A. S. Cohen,J. D. Roessner et al.,2007:"Measuring Researcher Interdisciplinarity",*Scientometrics*,72(1):117~147.

表 4-7　1 号团队论文对应期刊示例

团队编号	论文数	期刊名称
1	7	*Applied Clinical Informatics*
1	5	*BMC Medical Informatics and Decision Making*
1	1	*Computer Methods and Programs In Biomedicine*
1	3	*International Journal of Medical Informatics*
1	2	*Journal of Medical Systems*
1	2	*Journal of the American Medical Informatics Association*

由表 4-7 可知,1 号团队发表了 20 篇论文,共涉及 6 个期刊,隶属于第一类期刊的论文数为 7,P_{11} 等于 0.35,同理可计算出其他 5 个期刊论文数占比,每一个期刊都由 WOS 进行了学科划分,由于各期刊之间存在重复学科,因此统计学科数的时候不计入重复学科。1 号团队共涉及 7 个学科,所有团队中涉及的学科数最多为 14 个学科,因此 x_1 等于 0.5,由式 4.15 得到 1 号团队学科多样性为 2.43。

(三) 项目资助数

项目资助数(*Number of Funded Projects*,NOFP)指的是团队在成立期间,受到相关机构资助的项目个数。充足的项目资助能够为科研团队或科研机构开展科研生产活动提供必要的物质支撑。同时,项目资助机构会对科研团队的课题项目进行评价和审核,得到项目资助的团队其科研创新能力在一定程度上得到了资助机构的肯定。由于本书获取的是近十年来成立的科研团队,故计算的是团队 11～20 年内团队获得的项目资助数。项目资助数的测度公式如下:

$$NOFP = P_{number} \qquad\qquad (式\ 4.16)$$

其中,NOFP 表示项目资助数,P_{number} 表示十年内团队得到资助项目数目的总和。项目资助数根据文献数据字段"Funding Orgs"进行统计,统计依据主要为各机构资助项目的项目编号,先统计科研团队得到的所有项目资助,然后删除重复编号的项目即可得到团队实际得到项目资助数量。

(四) 人员流动性

人员流动性(*Personnel Mobility*,PM)指的是科研团队在运行的过程中,新加入的学者和旧学者流出反映的团队整体人员的流动性。团队成立的目的之一在于成员之间通过知识和智慧等资源共享来完成一致的目标,团队的知识和智慧等资源是团队的核心资源。当团队有旧学者退出时,团队整体的核心资源存量将减少,尤其是重要资源的流失会对团队的科研活动造成一定的负面影响。与此同时,新成员的不断加入还会增加团队管理的成本以及难度。科研团队的产出会因为人员流动带来的团队人力资源变动而受到影响,在企业人力资源领域中,人力的流动也会对企业的绩效产出产生影响。人力资源领域中人力流动率(Labor Turnover Ratio,LTR)是一个综合性的概念,指的是一定时期内某种人力资源变动(离职和新进)与员工总数的比率,计算公式如下:

$$LTR = \frac{N_{in} + N_{out}}{N_{Ave}} \qquad (式\ 4.17)$$

其中,N_{in} 表示一段时期内新进的人数,N_{out} 表示一段时期流出的人数,N_{Ave} 表示该时期内的平均人数。借鉴式 3.10 的思想并参考廖青云[①]的做法,团队人员流动性的度量公式如下:

$$PM = \frac{1}{Y-1} \sum_{y=2}^{Y} \frac{N_{in_y} + N_{out_y}}{TMS} \qquad (式\ 4.18)$$

其中,PM 表示团队人员流动性,Y 表示团队发文的年份数,例如 Y 等于 5 表示某一个团队在十年间只有 5 年发表过论文,TMS 表示团队的人数(团队规模),N_{in_y} 表示团队在发文的第 y 年与上一发文年相比新进的学者数,N_{out_y} 表示团队在发文的第 y 年与上一发文年相比退出的学者数,PM 值越大,表示团队的人员流动性也就大。为了更好地理解该公式,现演算编号为 0 的团队其人员流动性的计算过程,表 4-8 示例的是 1 号团队成员发文年份矩阵,只要团队成员在该年份有发文则在该年份下标记为 1。

表 4-8 1 号团队成员发文年份矩阵

编号	学者名称	2013 年	2014 年	2015 年	2016 年	2017 年	2020 年
1	PICKERING, B. W.	1	1	1			
1	DONG, YUE			1	1		1
1	GAJIC, OGNJEN			1	1		1
1	AAKRE, CHRISTOPHER A.				1	1	
1	FRANCO, PABLO MORENO				1		
1	DZIADZKO, MIKHAIL A.				1	1	
1	HERASEVICH, V.	1	1	1			

根据表 4-8 可以看到,1 号团队的团队规模为 7,有 6 年发表过论文,因

---

① 廖青云、朱东华、汪雪锋等:《科研团队的多样性对团队绩效的影响研究》,《科学学研究》2021 年第 6 期。

此 Y 等于 6,从第二次发文年份 2014 年开始统计,相较于上一发文年 2013 年,没有新进和退出的学者,2015 年相较 2014 年新进 2 人退出 0 人,2016 年相较 2015 年新进 3 人退出 2 人,2017 年相较于 2016 年新进 0 人退出 2 人,2020 年相较于 2017 年新进 2 人退出 3 人。根据式 4.18 算出 1 号团队成员流动率为 0.4。

(五) 合作强度

合作强度(*Cooperation Intensity*, CI)指的是团队内所有成员合著的亲密程度,是对团队内部合作紧密程度的度量。[1]团队内作者合作以边相连,合作次数为边的权重,边权集合记为:$W=\{w_1, w_2, \cdots, w_m\}$合作强度的度量公式如下:

$$CI = \frac{1}{M\sum\limits_{i=1}^{m} w_i} \sum\limits_{j=1}^{w} w_j^2 \qquad (式\ 4.19)$$

其中,CI 表示合作强度,M 为团队内合作边的条数,W_i 是第 i 条边的权重,w_j 是指第 j 条边的权重。CI 值越大,说明团队成员合作越紧密。

三、科研绩效的评价

选取合适的科研绩效指标是本研究的一个重要步骤,在现有数据基础之上,计算出每个团队的科研绩效,将科研绩效进行高低划分以便后续研究分析团队整体性特征对科研绩效的影响。

(一) 科研绩效指标的选取与度量

科研绩效主要以团队产出的论文为主,使用文献计量法围绕产出数量和产出质量两个方面进行,具体指标度量方式如下:

产出数量。产出数量指的是将科研团队作为一个整体,其在一定时间内产出的所有论文数量,统计的时候要求每篇论文至少应该包含团队内两位学者。然而,只统计近十年团队发表的所有论文而不考虑团队成立时长的话,将缺乏可比性。例如,对于成立时间较长的团队而言,产出的数量可能更高,对于新成立的团队而言,产出数量较低,而这并不能完全代表新成立团队的产出数量水平。因此,为了尽量减少测量误差对结果产生影响,本研究使用年均发文量作为测量指标对产出数量进行衡量。度量公式如下:

① Marsden, P. V., 1990: "Network Data and Measurement", *Annual Review of Sociology*, 16(16).

$$QT_j = \frac{N_j}{Y_j} \qquad\qquad (\text{式 } 4.20)$$

其中，QT_j 表示第 j 个团队的年均产出数量，N_j 是第 j 个团队发表的论文数量，Y_j 是第 j 个团队成立的年份数，从至少包含两个团队成员发文年份开始到至少包含两个团队成员发文结束为止。

产出质量。产出质量指的是将科研团队作为一个整体，其在一定时间内产出的所有论文的平均质量。评价产出质量的指标主要有论文被引频次和期刊影响因子。学术论文被引用说明论文包含的思想或研究方法等能给予他人启发性参考，这在一定程度上反映了论文具备的价值，论文被引包含自引和他引，而自引一般不作为论文质量的评价指标，故仅考虑论文被引频次无法消除自引等负面评价。期刊影响因子反映的是期刊近两年刊出论文的平均被引频次，该数值具备一定的时效性，代表了期刊上刊发论文的整体质量水平。论文被期刊接受录用之前会受到期刊专家的严格评审，影响因子越高的期刊对论文的质量要求也越高。因此，本研究将使用论文所发表期刊的平均期刊影响因子来衡量产出质量，度量公式如下：

$$QL_j = \frac{\sum_{i=1}^{N_j} A_{ij}}{N_j} \qquad\qquad (\text{式 } 4.21)$$

其中，QL_j 是第 j 个团队的产出质量，A_{ij} 为第 j 个团队发表的第 i 篇论文的期刊影响因子，N_j 是第 j 个团队发表的论文数量。本研究共涉及 44 个期刊、13 731 篇，其中有 11 个期刊是新期刊没有影响因子，11 个期刊涉及论文数 433 篇，若某团队涉及论文没有期刊影响因子，则该团队均篇影响因子为团队内其他论文的均篇影响因子。

（二）天际线算法

上一节中对团队的产出数量和产出质量进行了计算，科研绩效既包括产出数量也包括产出质量，为了综合评价团队的科研绩效，还需要对产出数量和产出质量两个维度绩效进行降维，因此，本研究利用了天际线算法和云模型进行科研绩效高低划分。

天际线算法是一种可以解决多维排序问题的评价方法[1]，其基本原理是在构建的二维坐标系中，对于坐标系中任意一个点 t，如果没有其他点 p

---

[1] Sidiropoulos, A., A. Gogoglou, D. Katsaros et al., 2016: "Gazing at the Skyline for Star Scientists", *Journal of Informetrics*, 10(3).

的所有指标都比点 t 的相应指标高,则认为点 t 是这个领域内综合影响力最高的,将所有符合条件的点 t 连接起来便组成一条天际线,天际线上的每一个点都可看作该评价领域里面的佼佼者。天际线算法的应用维度可以是二维,也可以是多维。利用天际线算法在多个评价维度中识别出优秀的评价对象,能够避免不必要的比较,降低计算成本。

天际线算法如表 4-9 所示,算法的具体过程如下:首先,对点集 V 中各点属性大小进行排序,其中,各属性应该具有相同的值范围;然后,设置初始化最大值为 0,将点集 Sky 和点集 Out 设置为空;之后对点集 V 进行扫描,比较各点的大小找到最大天际线集合,并将该集合放置到点集 Sky 中,输出第一根天际线,重复第一根天际线寻找步骤,直至所有天际线找到形成彩虹线。

表 4-9 天际线算法

算法 S＝Skyline For Star Scientists

输入:点集 $V(x_1, x_2)$;
输出:天际线集合 $S_1, S_2, \cdots, S_3$;
步骤:
1) 对点集 V 进行排序,$x_1(V_1) > x_1(V_2) > \cdots > x_1(V_n)$;
2) 初始化 max←0,点集 Sky 和点集 Out 置为 ϕ;
3) 扫描 V,若 $x_2(V_1)$←max,则 max←$x_2(V_1)$ 且 Sky←$Sky \bigcup V_1$;否则 Out←$Out \bigcup V_1$;
4) 输出 Sky,V←Out;
5) 重复步骤 2)至步骤 4),直至 V 为 ϕ;

本书利用该算法从产出数量和产出质量两方面共同评价科研绩效,评价结果如图 4-3 所示。

图中每一个点代表一个科研团队,先计算出每个科研团队产出数量和产出质量,将其放置在二维平面中,然后根据天际线算法原理能得到任一团队位列于哪根天际线。每一根天际线代表一个组,组间排序已知,但同一天际线上的评价结果排序不知,即同一根天际线上团队的科研绩效无法比较,因此还需要利用云模型实现组内排序。

(三) 云模型

云模型是由李德毅[①]在 1995 年提出,其目的是用云的数字特征来表示语言的数值特征。云模型综合了隶属等级的模糊性和数据的随机性,从而实现定性概念与定量数值之间的相互转化,完成对评价的"软划分"。云的

---

① 李德毅、孟海军、史雪梅:《隶属云和隶属云发生器》,《计算机研究与发展》1995 年第 6 期。

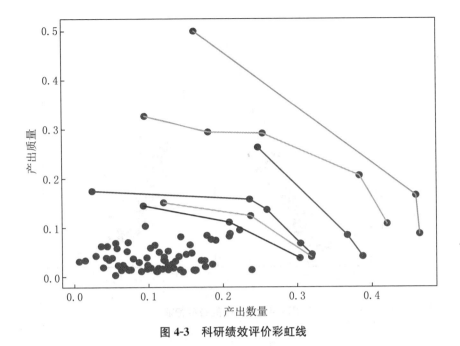

图 4-3 科研绩效评价彩虹线

数字特征主要由期望 Ex、熵 En 和超熵 He 这三个数值来表征，其计算公式如下：

$$期望: Ex = \frac{1}{n}\sum_{i=1}^{n} X_i \tag{式 4.22}$$

$$熵: En = \sqrt{\frac{\pi}{2}}\ \frac{1}{n}\sum_{i=1}^{n} \mid x_i - Ex \mid \tag{式 4.23}$$

$$超熵: He = \sqrt{S^2 - En^2} \tag{式 4.24}$$

其中，Ex 是云滴在论域空间分布的期望值，在云图上的表征为最高点，是最能代表定性概念的点；En 是模糊度的度量，表示定性概念可被度量的范围，在云图上的表征为云滴离散程度；He 是 En 的熵，是熵的不确定性度量，在云图上的表征为云形厚度。图 4-4 为三个数字特征确定的云图。

由图 4-4 可看出，若有两个评价值 X_1 和 X_2 分布在 Ex 两边且与 Ex 的距离相等，则这两个评价值所对应的隶属度大小也相等，由于评价值越高其隶属度越大更利于区分，因此需要对大于 Ex 部分的隶属度函数做一个 $y = 1$ 对称变换，对称变换后隶属度函数取值范围在 $[0, -2]$，再对隶属度函数变换使其取值范围在 $[0, -1]$，最终隶属度函数表达式如下：

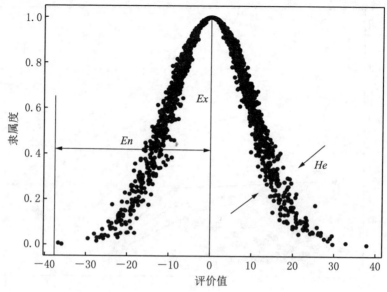

图 4-4　云模型的数字特征

$$y_i = \begin{cases} \dfrac{1}{2}e^{-\frac{(x_i-Ex)^2}{2Enn^2}} & (x_i \leqslant Ex) \\[3mm] 1-\dfrac{1}{2}e^{-\frac{(x_i-Ex)^2}{2Enn^2}} & (x_i > Ex) \end{cases} \qquad (式\ 4.25)$$

云模型中定性概念与定量数值之间的相互转化需要通过云发生器来实现,云发生器主要分为四种:正向云发生器、逆向云发生器、X 条件云发生器和 Y 条件云发生器。X 条件云发生器的定义为:在给定集合的数域空间中,已知云的三个数字特征 Ex、En、He,若还有特定的 $X = X_0$ 条件,则称为 X 条件云发生器。利用 X 条件云发生器求科研绩效的评价算法如表 4-10 所示。

表 4-10　基于 X 条件云发生器的评价值算法

算法 XCG

输入:$(Ex, En, He, data, N)$
输出:y 隶属度,(x, y) 云滴 N 个,data 中每个数据对应 Y 隶属度
步骤:
1) 生成以 En 为期望,且以 He 为标准差的随机数 Enn
2) 生成以 Ex 为均值,Enn 为标准差的随机数 x
3) 根据式 4.25 求随机数对应的隶属度 y
4) 根据研究样本数据 data 生成相应的隶属度 Y

表 4-10 是基于 X 条件云发生器的评价值算法,步骤 1)和步骤 2)生成以 En 为期望,且以 He 为标准差的随机数 Enn;步骤 3)生成以 Ex 为均值、Enn 为标准差的随机数 x,步骤 4)～步骤 6)是根据式 4.25 求随机数对应的隶属度 y,步骤 7)～10)是根据研究样本数据 data 生成相应的隶属度 Y。

上文中利用天际线算法识别出了所有团队的科研绩效天际线,此处通过云模型分别计算产出数量和产出质量对应的隶属度,实现不同维度评价值量纲的统一,将两维度评价值对应的隶属度相加便可得到任一团队在其天际线上的隶属度,实现组内排序,最终得到团队总科研绩效排名。表 4-11 为前三根天际线上科研团队在产出数量和产出质量两个维度的隶属度排名。得到所有团队科研绩效的排名情况后,将排名前 50%的科研团队划分为高绩效科研团队,排名后 50%的科研团队划分为低绩效科研团队。

表 4-11　团队科研绩效对应隶属度示例

天际线编号	团队编号	均篇影响因子	均次发文	在本条天际线中的隶属度
1	981	0.908	0.535	0.996
1	1295	0.956	0.302	0.820
1	32	0.630	1.000	0.816
1	832	1.000	0.128	0.018
2	413	0.641	0.651	0.975
2	33	0.611	0.709	0.959
2	1119	0.942	0.302	0.756
2	1202	0.956	0.186	0.216
2	933	0.246	0.756	0.271
2	1032	1.000	0.118	0.012
2	1305	0.044	0.806	0.000
3	892	0.856	0.360	0.950
3	317	0.710	0.436	0.988
3	1276	0.928	0.302	0.884
3	1200	0.980	0.147	0.189
3	332	0.548	0.442	0.991
3	648	0.427	0.448	0.911
3	902	0.383	0.477	0.834
3	768	0.165	0.690	0.025
3	1400	1.000	0.099	0.006
3	238	0.085	0.701	0.000

第三节 企 业 层 面

鉴于企业吸收并利用外部技术知识需要一定的时间,且企业自身知识基础对创新绩效的影响存在一定滞后性。本书参照已有研究的做法[①],采用企业 t-5 年至 t-3 年的绿色专利申请构建合作网络并量化技术、组织和环境维度的特征指标,t-2 年至 t 年中企业的绿色专利申请数表征绿色计算创新绩效。技术维度包括技术相似性和技术异质性;组织维度包括知识基础广度和知识基础深度;环境维度分为整体网络环境和个体网络环境,其中整体网络环境采用网络规模、网络密度和网络聚集系数说明,个体网络环境采用度中心性和结构洞说明。

一、技 术 维 度

具体包括技术相似性和技术异质性两个因素。在技术知识与组织的互动作用中,合作伙伴的技术知识会影响企业对其吸收和利用等一系列行为。如何让合作伙伴的技术知识更好地服务于企业创新行为,合作伙伴的选择是个不可忽略的问题。当企业与合作伙伴活跃在类似的技术领域时,它们拥有类似的技术知识,将有助于企业对合作伙伴所持有技术知识的理解,既是合作关系得以确立的基础,也是促进彼此深入了解和分享更多隐性知识的重要因素。[②③④]但是当技术知识相似性过高时,企业就偏离与合作伙伴建立合作关系的初衷,即获取异质性知识资源。当合作伙伴拥有企业没有的异质性技术知识时,建立合作关系不仅可以提高企业的知识存量和知识水平[⑤],还可以为企业提供多样化的技术知识资源,了解前沿技术走向,激

① March, J. G., 1991: "Exploration and Exploitation in Organizational Learning", *Organization Science*, 2(1).

② Lane, P. J., M. Lubatkin, 1998: "Relative Absorptive Capacity and Interorganizational Learning", *Strategic Management*, 19(5).

③ Zander, U., B. Kogut, 1995: "Knowledge and the Speed of the Transfer and Imitation of Organizational Capabilities: An Empirical Test", *Organization Science*, 6(1).

④ Frankort, H., 2016: "When does Knowledge Acquisition in R&D Alliances Increase New Product Development? The Moderating Roles of Technological Relatedness and Product-market Competition", *Research Policy*, 45(1).

⑤ Zhang, H., M. Zhou, H. Rao et al., 2020: "Dynamic Simulation Research on the Effect of Resource Heterogeneity on Knowledge Transfer in R&D Alliances", *Knowledge Management Research & Practice*.

发企业潜在的知识需求,为企业下一步整合新领域知识并提高自身知识多元化程度提供了可能。[1]然而,过高的技术知识异质性程度增加了企业理解和学习新技术知识的成本[2],影响技术知识的吸收和利用。

(一) 技术相似性

技术相似性通过企业与其合作伙伴的前 4 位 IPC 数重叠程度来测度[3],反映相同的专利类别下使用相似技术知识进行技术开发的程度。

$$S_i = \sum_{j=1}^{k} \frac{p_{ij}}{p_i + p_j} \qquad (式\,4.26)$$

其中,S_i 表示研发联合企业 i 与所有合作伙伴总的技术相似性,值越大表示企业倾向于与类似领域的企业合作,较为保守。p_i 表示研发合作企业 i 的 IPC 个数,p_j 表示合作伙伴 j 的 IPC 个数,p_{ij} 表示两者相同的 IPC 个数,k 表示合作伙伴个数。

(二) 技术异质性

获取合作伙伴异质性技术知识是企业与其建立合作关系的主要目的,因此将合作伙伴与研发合作企业的前 4 位 IPC 数相异程度来度量,反映企业使用异质性技术知识进行技术开发的程度。

$$D_i = \sum_{j}^{k} \frac{p_j'}{p_i + p_j} \qquad (式\,4.27)$$

其中,D_i 表示研发联合企业 i 与所有合作伙伴总的技术异质性,值越大表示企业倾向于与跨领域的企业合作,创新跨度较大。p_j' 表示合作伙伴拥有但研发合作企业没有的 IPC 数。

二、组 织 维 度

组织维度包括企业自身的知识资源情况,具体为知识基础广度和知识基础深度两个因素。企业实质上是一个知识资源的存储库[4],它可以在拥

---

① 刘凤朝、罗蕾、张淑慧:《知识属性、知识关系与研发合作企业创新绩效》,《科研管理》2021 年第 11 期。

② Choi, J., 2019:"Mitigating the Challenges of Partner Knowledge Diversity while Enhancing Research & Development(R&D) Alliance Performance: The Role of Alliance Governance Mechanisms", *Journal of Product Innovation Management*, 37(3).

③ 米兰、黄鲁成、苗红、吴菲菲:《国际养老新兴技术合作模式演化及影响因素研究》,《科研管理》2021 年第 10 期。

④ Yayavaram, S., G. Ahuja, 2008:"Decomposability in Knowledge Structures and Its Impact on the Usefulness of Inventions and Knowledge-Base Malleability", *Administrative Science Quarterly*, 3(2).

有自身知识资源基础上,通过合作的方式获取外部异质性技术知识,并与现有知识重新组合[①],从而实现新技术的创新,故企业自身知识资源结构是实现技术创新的基本前提。知识基础广度是指企业所涉及的技术领域范围,涉及的领域越广,企业内部知识的重新组合机会越多,并且与外部知识交叉融合的机会也越多,实现创新的可能性越大。但是,如果企业仅专注于拓展技术知识多样性,对知识的理解和掌握程度不够深入,过高的知识基础广度反而会影响企业创新。知识基础深度是指企业对其所掌握技术领域的熟悉程度,它不仅会影响到企业能否灵活重新使用现有知识资源,还会对内部知识与外部新知识如何实现最优匹配组合产生关键性的影响。

1. 知识基础广度

通过研发合作企业拥有的 IPC 个数度量[②]知识基础广度,记为 P_i。值越大说明企业涉及的技术领域越广泛。

2. 知识基础深度

借鉴刘岩等[③]的做法,知识基础深度量化公式分两步完成。第一步计算研发合作企业 i 在技术领域 v 下的专利申请数 u_{iv} 在总申请数中的比例:

$$f_i = \frac{u_{iv}}{\sum_{v=1}^{k} u_{iv}} \qquad (式4.28)$$

第二步是计算知识基础深度:

$$F_i = \frac{\sigma_i}{\mu_i} \qquad (式4.29)$$

其中,μ_i 表示研发合作企业 i 在所有技术领域中比例值的均值,σ_i 为比例值的标准差。

三、环 境 维 度

该维度可分为整体网络环境和企业以自我为中心的网络位置环境,其中整体网络环境包括网络规模、网络密度和网络聚集系数;网络位置环境包

---

① Katila, R., G. Ahuja, 2002: "Something Old, Something New: A Longitudinal Study of Search Behavior and New Product Introduction", *Academy of Management Journal*, 45(6).

② 赵炎、叶舟、韩笑:《创新网络技术多元化、知识基础与企业创新绩效》,《科学学研究》2022年第9期。

③ 刘岩、蔡虹、向希尧:《基于专利的行业技术知识基础结构演变分析》,《科学学研究》2014年第7期。

括结构洞和度中心性。企业是本书的研究对象,合作网络实质上体现了企业所处的社交网络[1],网络规模、网络密度和网络聚集系数分别从不同角度说明所有网络成员的交互合作关系,对单个网络成员的知识获取情况具有一定影响,如何在网络环境中正确管理各种形式的知识,提高企业的知识利用效率,已经成为知识管理实践中的一个重要问题。[2]结构洞体现了企业占据网络关键位置,企业可以通过控制网络成员之间的沟通渠道获取非冗余的知识资源,而度中心性体现了企业在网络的中心位置,描述了企业拥有的合作伙伴数,这些网络位置对扩充企业知识库具有重要影响。

1. 度中心性

用与企业 i 直接合作的伙伴个数表示[3]:

$$E_i = \sum_{j=1}^{N} x_{ij} \qquad (式4.30)$$

其中,当企业 i 与合作伙伴 j 直接合作时,$x_{ij}=1$,否则 $x_{ij}=0$。

2. 结构洞

通过网络中企业与其他创新主体间联系的冗余程度测量。[4]

$$H_{ij} = (p_{ij} + \sum_{v,\ v \neq i,\ v \neq j} p_{iv} m_{jv})^2 \qquad (式4.31)$$

其中,p_{ij} 是节点 i 到节点 j 的直接资源投入,p_{iv} 是节点 i 到节点 v 的资源占节点 i 全部资源的比例;当节点 j 和 v 存在合作关系时,$m_{jv}=1$,否则 $m_{jv}=0$。

四、企业绿色技术创新绩效

随着绿色发展理念的不断深入和创新绩效不高逐渐成为制约创新驱动

---

① Wang, L., Y. Wang, Y. Lou et al., 2020: "Impact of Different Patent Cooperation Network Models on Innovation Performance of Technology-Based SMEs", *Technology Analysis and Strategic Management*, 32(6).

② Xie, Y. P., Y. Z. Mao, H. M. Zhang, 2011: "Analysis on the Influence of Inter-Organizational Trust, Network Structure and Knowledge Accumulation on the Performance of Network—with Knowledge Sharing as Intermediary", *Science & Technology Progress and Policy*.

③ Liu, Y., Z. Yan, Y. Cheng, X. Ye, 2018: "Exploring the Technological Collaboration Characteristics of the Global Integrated Circuit Manufacturing Industry", *Sustainability*, 2018, 10(1).

④ Bai, X., J. Wu, Y. Liu et al., 2020: "Exploring the Characteristics of 3D Printing Global Industry Chain and Value Chain Innovation Network", *Information Development*, 36(4).

发展的主要瓶颈,绿色技术创新绩效问题也日渐成为社会关注的焦点。绿色技术创新绩效是创新主体进行绿色技术创新活动的根本目的,量化方式通常三种情况:第一种是通过问卷的方式或企业财务公开网站等,收集末端绿色治理技术创新①、绿色产品创新②、绿色工艺创新等方面数据③,以此收集企业的绿色技术创新绩效指标;第二种是基于绿色专利数据,多数研究直接用绿色专利申请数④或绿色专利授权数⑤表示创新绩效。专利申请数是目前衡量企业创新绩效的常用指标⑥,部分学者采用绿色专利申请数作为衡量企业绿色创新绩效的指标之一,考虑到专利是高水平技术的重要代表且绿色专利是本书的研究数据,故将合作企业 i 在后 3 年的专利申请数作为绿色技术创新绩效衡量指标,记为 N_i。鉴于中位数是描述数据集中程度的重要统计量,不易受极端值影响,有学者使用其区分高低知识吸收能力⑦,本书也采用中位数作为划分绿色技术创新绩效的临界值,即高于中位数的为高创新绩效,不高于的为低创新绩效,并将结果用于 CART 决策树分析。

第四节　本　章　小　结

在个体研究层面,基于"个体—环境—合作资源"基本框架选取知识创

---

① 汪明月、张浩、李颖明等:《绿色技术创新绩效传导路径的双重异质性研究——基于 642 家工业企业的调查数据》,《科学学与科学技术管理》2021 年第 8 期。

② Xie, X., J. Huo, H. Zou, 2019: "Green Process Innovation, Green Product Innovation, and Corporate Financial Performance: A Content Analysis Method", *Journal of Business Research*.

③ Wang, M., Y. Li, J. Li et al., 2021: "Green Process Innovation, Green Product Innovation and its Economic Performance Improvement Paths: A Survey and Structural Model", *Journal of Environmental Management*.

④ 钱丽、王文平、肖仁桥:《技术异质下中国企业绿色创新效率及损失来源分析》,《科研管理》2022 年第 9 期。

⑤ Tang, K., Y. Qiu, D. Zhou, 2020: "Does Command-And-Control Regulation Promote Green Innovation Performance? Evidence from China's Industrial Enterprises", *Science of The Total Environment*.

⑥ Hou, J., 2018: "Does the Pay Gap in the Top Management Team Incent Enterprise Innovation? —Based on Property Rights and Financing Constraints", *American Journal of Industrial and Business Management*, 8(5).

⑦ Belderbos, R., V. Gilsing, S. Suzuki, 2016: "Direct and Mediated Ties to Universities: 'Scientific' Absorptive Capacity and Innovation Performance of Pharmaceutical Firms", *Strategic Organization*, 14(1).

新绩效三个维度 6 个特征变量,结合文献梳理和研究实际定义特征指标的度量公式。创新生态观要求全面配置可利用资源促进发展,知识创新作为杰出学者知识产出的重要过程之一,管理部门应该充分调动内外部资源以提升杰出学者知识创新绩效。对于高校杰出学者而言,知识创造是学者必备的学术能力,而科研效能感作为学者感知既定科研目标的可实现性,也是学者绩效提升的内驱力。由三元交互理论可知,外部环境是影响学者绩效的重要变量,可以从两个维度进行划分:创新氛围与外在激励,两者相互结合构成环境支持创造力的客观描述。此外,在学科交叉的大数据时代,科研合作日益普遍,将合作因素纳入知识创新绩效影响因素研究框架,是科学研究与时俱进的重要表现。

在团队研究层面,首先对团队的相关研究进行了阐述,主要有科研团队的定义以及科研团队识别方法的总结。然后在现有研究的基础上,将团队特征分为网络结构特征与非网络结构特征,同时又从团队整体层面与个体层面出发,将两类特征分为网络结构个体性特征、网络结构整体性特征、非网络结构个体性特征和非网络结构整体性特征。之后对科研绩效的内涵进行定义,总结现有科研绩效评价指标,明确本书中的科研绩效从产出数量和产出质量两方面共同衡量。最后再梳理网络结构整体性特征因素和非网络结构整体性特征因素对科研绩效的影响,并对本研究的社会网络分析理论以及数据驱动方法具体操作流程进行阐述。

在企业研究层面,以绿色专利合作网络为研究背景,采用 TOE 综合分析框架将企业绿色技术创新绩效的特征指标从技术、组织和环境维度进行度量。技术维度是基于企业以获取外部异质性技术知识资源为目的,考虑了企业与其他创新主体间的技术知识是否兼容和匹配等问题。组织维度涉及企业自身的知识基础,考虑了企业是否有能力吸收或利用外部异质性技术知识。环境维度分为整体网络环境和个体网络环境,鉴于该研究层面是以企业为研究主体,企业所处的网络位置会对其绿色技术创新绩效产生直接影响,而整体网络环境侧重于个体所处的创新氛围,通过影响企业其他创新行为而间接对其绩效产生作用。

第五章　数据来源、获取与处理

本章详细介绍样本数据的来源、获取和处理过程,清晰呈现从数据采集、数据预处理到数据处理的整体流程,增强样本数据的可靠性、规范性和准确性,为后文数据分析奠定基础。在杰出学者研究层面,以2016～2018年国家自然科学基金委员会官网公布的1 409位"杰青"项目和"优青"项目获得者(学者)姓名和任职院校为基础,获取学者获得项目前在Web of Science数据库刊载的14 819篇论文数据以及学者获得项目后发表的20 824篇论文数据(还包括其91 968篇被引论文数据),同时采集并整合中国科学院文献情报中心发布的期刊分区表和软科大学排名等多来源数据。多个数据源包括同构或异构数据库,容易受到噪声数据、缺失值和冲突数据影响,因此需要对原始数据进行预处理以保证数据分析及结果的准确性和可解释性。在科研团队研究层面,借助爬虫技术,从Web of Science文献数据库中获取医学信息学领域在2011～2020年的论文数据,共35 647篇。通过剔除重复文献和边缘学者,识别并处理同名异构的作者名、剔除团队规模大于30人的团队等数据处理操作,最终获取1 418个科研团队,涉及5 398个作者。在企业研究层面,从PatSnap专利数据库中获取2016～2021年交通领域的绿色专利申请数据,共184 392件,其中2016～2018年共88 705件,2019～2021年共95 687件。以合作网络中的企业为研究对象,企业的合作伙伴涉及企业、高校和科研院所,所以采用Python编程识别并剔除仅由专利权人属性为个人的创新主体。为了保证多数企业的绿色技术创新绩效不为0,避免异常数据对结果产生影响,先从2016～2018年的合作绿色申请专利中初步选出企业,通过与2019～2021年的企业进行名称匹配,并剔除过于异常数据,最终共选取出836家企业作为研究对象。

第一节　数据样本来源与获取

该部分分别介绍四个研究内容的数据样本来源与获取,即杰出学者创新绩效相关数据、科研团队创新绩效相关数据、企业绿色技术创新绩效相关数据和产学研合作网络创新绩效相关数据的来源介绍与获取说明。

一、杰出学者创新绩效相关数据

(一) 数据来源

20 世纪 90 年代初,中国科研队伍人才匮乏、后继乏力。为鼓励海外留学人才回国发展和促进中国内地科研人才迅速成长,中国先后设立国家杰出青年科学基金项目("杰青")和优秀青年科学基金项目("小杰青",后文简称"优青")以推动相关优秀人才科研创新能力持续发展。这两项基金有着严格的评审条件,对科研工作者而言,获得任何一项项目资助意味着自己的学术水平得到了同行认可。因此,本研究选用获得"杰青"与"优青"项目的高校杰出青年学者相关指标作为样本数据。

样本数据主要源于 2016~2018 年国家自然科学基金委员会官网公布的 1 409 位"杰青"项目与"优青"项目获得者(杰出学者)个人基本信息(姓名、所在院校、获得项目类别等)以及 Web of Science 网站收录的对应学者的论文相关信息(论文规模、论文合著者、论文被引次数等)。除此之外,也获取中科院文献情报中心期刊分区表与软科大学排名等特征指标量化过程所需数据。由于"杰青"与"优青"项目获得者也包括了科研院所的学者数据,而科研院所不参与软科综合实力和学术实力排名,因此本书主要研究高校杰出学者知识创新绩效的影响因素和作用机制。如图 5-1 所示,数据来源(a)为国家自然科学基金委官网,主要获取学者所在院校杰青与优青数量来度量科研效能感;数据来源(b)为 Web of Science 数据库,主要获取学者的论文及论文被引数据以度量合作广度、合作深度与知识创新绩效;数据来源(c)为软科排名官网,主要获取中国大学学术排名来度量创新氛围;数据来源(d)为中科院文献情报中心,主要获取科学计量中心期刊分区表并结合学者论文产出情况度量知识创造。此外,外在激励由学者所在院校杰青、优青总数和院校综合实力度量。

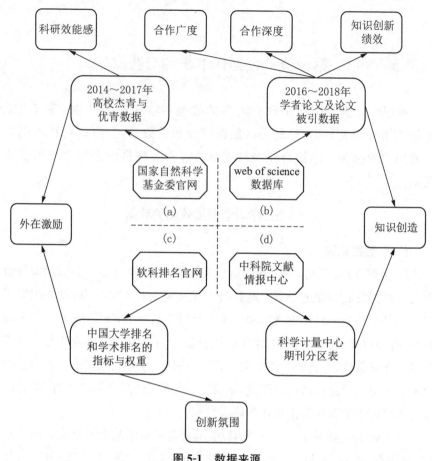

图 5-1　数据来源

（二）数据获取流程设计

1. 核心数据来源。确定数据来源后，根据图 5-1 的步骤获取核心数据：（a）通过国家自然科学基金委员会官网获取 2014～2018 年"杰青"项目与"优青"项目获得者姓名和所在院校（共 2 997 条数据）；（b）"杰青"与"优青"项目获得者所在单位包括高校和研究所，为契合研究主题和研究内容，将研究所学者数据进行剔除，得到 2 307 条高校杰出学者数据，并初步统计 2016～2018 年项目获得者所在高校前两年获得"杰青"和"优青"项目的数量；（c）获取 2016～2018 年高校杰出学者数据 1 409 条，然后将 2016～2018 年学者的姓名和院校译成英文，进入 Web of Science 数据库中检索对应学者的论文数据，并用 Python 网络爬虫的方式采集原始数据。至此，可以初步得到 2016～2018 年高校杰出学者刊载在 Web of Science 数据库中的论文数据及其论文被引数据。杰出学者基本信息数据如表 5-1 所示。

　　在数据获取过程中发现 Web of Science 数据库姓名和地址匹配不准确，需要对数据库检索方法进行相关解析后确定检索方式，例如，"左建平"学者（姓名为三个字）**姓名**输入三种格式，分别为"zuo jian ping""zuo jian-ping"和"zuo jian-ping"，逻辑符号用"or"连接，**地址**输入"China University of Mining & Technology, Beijing"（中文地址的英文形式）。由于知识创造、合作广度与合作深度这些解释变量需要考察学者获得项目前两年的论文数据，而知识创新绩效这一被解释变量需要考察学者获得项目后两年的发文状况和被引状况（知识创新绩效具有滞后性），因此**时间**选择2014～2015年（"左建平"学者于2016年获得"优青"）后进行检索获得知识创造相关测量指标，**时间**选择2017～2018年（"左建平"学者于2016年获得"优青"）后进行检索获得知识创新绩效相关测量指标。

表 5-1　高校杰出学者基本信息数据示例

ID	姓名	姓名拼音	学校	学校拼音	时间	项目类别
0	左建平	zuo jian ping	中国矿业大学（北京）	China University of Mining & Technology, Beijing	2016	优青
1	邹磊	zou lei	北京大学	Peking University	2016	优青
2	邹君妮	zou jun ni	上海大学	Shanghai University	2016	优青
3	邹建平	zou jian ping	南昌航空大学	Nanchang Hangkong University	2016	优青
4	邹长亮	zou chang liang	南开大学	Nankai University	2016	优青
5	朱相雷	zhu xiang lei	清华大学	Tsinghua University	2016	优青
6	朱鸿亮	zhu hong liang	中国农业大学	China Agricultural University	2016	优青
7	朱彪	zhu biao	北京大学	Peking University	2016	优青
8	周月明	zhou yue ming	华中科技大学	Huazhong University of Science and Technology	2016	优青
9	周英武	zhou ying wu	深圳大学	Shenzhen University	2016	优青

　　同理，"张杨"学者（姓名为两个字）**姓名**输入"zhang yang"，**地址**输入"University of Science and Technology of China（中文地址的英文形式）"，**时间**选择2014～2015年（"张杨"学者于2016年获得"优青"）后进行检索获得知识创造相关测量指标，**时间**选择2017～2018年（"张杨"学者于2016年获得"优青"）后进行检索获得知识创新绩效相关测量指标。

　　根据以上在 Web of Science 数据库中的论文检索方式，2016～2018年的杰出学者以获得"杰青"或"优青"项目当年（记为 T 年）为基点，其知识创

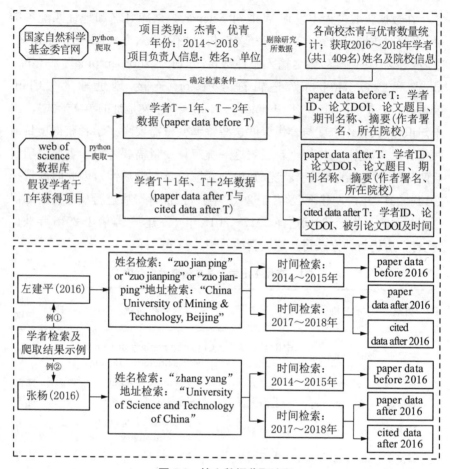

图 5-2 核心数据获取流程

造以 T−1 年(2015～2017 年)和 T−2 年(2014～2016 年)发表论文的数量和质量来测度,考虑绩效的滞后性,其知识创新绩效则以 T+1 年(2017～2019 年)和 T+2 年(2018～2020 年)论文产出的数量和质量(被引次数)共同测度。

通过网络爬虫技术得出的论文数据分为两部分,即以学者获得"杰青"或"优青"项目的当年时间为界限,前两年发表论文相关数据为 paper data before T,论文被引相关数据为 cited data before T;后两年发表论文相关数据同理可得 paper data after T,论文被引相关数据为 cited data after T。如图 5-2 所示,图上方为核心数据的获取大致流程,可以明晰数据来源和客观性,展示数据的获取步骤;图下方为学者检索及爬取结果示例,包括两位学者姓名检索、地址检索和时间检索体实例以及得到的数据表格名称,是对核心数据获取的具体展现。

表 5-2　原始数据 paper data before T 示例

字　　段	字段信息
ID	0
论文 DOI	10.1038/aps.2015.91
论文题目	Toll-like receptors：potential targets for lupus treatment
期刊名称	Acta Pharmacologica Sinica
被引次数	82
发表时间	DEC 2015 10.1038
摘要 （作者署名、 所在院校）	作者： Wu, YW(Wu, Yanwei)[1]；Tang, W(Tang, Wei)[1]； Zuo, JP(Zuo, Jian-ping)[1] 摘要： Systemic lupus erythematosus(SLE) is a complex autoimmune disease characterized by the loss of tolerance to self-nuclear antigens...|||关键词：systemic lupus erythematosus；autoimmune diseases...|||作者信息通讯作者地址：Chinese Acad Sci, Shanghai Inst Mat Med, State Key Lab Drug Res, Lab Immunopharmacol, Shanghai 201203, Peoples R China。通讯作者地址：Tang, W（通讯作者）Chinese Acad Sci, Shanghai Inst Mat Med, State Key Lab Drug Res, Lab Immunopharmacol, Shanghai 201203, Peoples R China。增强组织信息的名称：Chinese Academy of Sciences Shanghai Institute of Materia Medica。

依据指标量化所需数据，知识创造这一变量不涉及论文被引数据，只需要杰出学者发表论文的数量和论文所属分区，因此杰出学者前两年的 paper data before T 和后两年的 paper data after T、cited data after T 为本书所需核心数据。

表 5-3　原始数据 paper data after T 示例

字　　段	字段信息
ID	0
论文 DOI	10.1021/acs.jmedchem.8b01430
论文题目	Design and Synthesis of Marine Phidianidine Derivatives as Potential Immunosuppressive Agents
期刊名称	Journal of Medicinal Chemistry
被引次数	14
发表时间	DEC 27 2018 10.1021
论文摘要	作者： Liu, J(Liu, Jin)[1, 2]；Li, H(Li, Heng)[2, 3]； Chen, KX(Chen, Kai-Xian)[1, 4]；Zuo, JP(Zuo, Jian-Ping)[2, 3]； Guo, YW(Guo, Yue-Wei)[1, 2, 4]；Tang, W(Tang, Wei)[2, 3, 4]； Li, XW(Li, Xu-Wen)[1, 2, 4]|||

字　段	字段信息
论文摘要	摘要： A series of novel marine phidianidine derivatives were designed，synthesized，and evaluated for their immunosuppressive activities during our search of potential immunosuppressive agents... ⫾⫾⫾ 关键词：IN-VITRO；BIOLOGICALEVALUATION；PTP1BINHIBITORS... ⫾⫾⫾ 作者信息通讯作者地址：Chinese Acad Sci，Shanghai Inst Mat Med，State Key Lab Drug Res，555 Zu Chong Zhi Rd，Zhangjiang Hitech Pk，Shanghai 201203，Peoples R China。通讯作者地址：Guo，YW；Li，XW（通讯作者）Chinese Acad Sci，Shanghai Inst Mat Med，State Key Lab Drug Res，555 Zu Chong Zhi Rd...

如表 5-2 示例可知，通过 Python 网络爬虫的方式采集核心数据后，原始数据 paper data before T 包括七个字段，分别为 ID、论文 DOI、论文题目、期刊名称、被引次数、发表时间和摘要。其中，ID 与学者姓名一一对应，由表 5-1 可知，ID 为 0 时对应的学者为"左建平"；论文 DOI 是学者论文的唯一标识；论文题目、被引次数与发表时间为冗余信息；期刊名称须对应期刊分区表为论文质量赋值；摘要中杂乱数据过多，需要后续运用文本挖掘技术获取作者署名和所在院校相关数据信息。原始数据形式不具有规范性，在获取到数据之后，需要对数据进行预处理以完成后续数据分析过程。

如表 5-3 示例可知，原始数据 paper data after T 包括七个字段，分别为 ID、论文 DOI、论文题目、期刊名称、被引次数、发表时间和摘要。其中，ID 与学者姓名一一对应，由表 5-1 可知，ID 为 0 时对应的学者为"左建平"；论文 DOI 是学者论文的唯一标识，可以通过论文 DOI 的数量计算学者获得项目后发表论文的数量；论文题目、期刊名称、被引次数、发表时间和摘要为冗余信息。表 5-4 包括 ID、论文 DOI、论文被引 DOI 和被引时间四个字段，也即学者"左建平"某一论文的被引情况。已知学者 2016 年获得"优青"或"杰青"项目，因此在度量学者知识创新绩效时，主要计算 2017~2018 年的论文发表数量与 2017~2018 年的论文被引总次数。而 2017~2018 年论文的被引总次数则根据论文被引时间为 2017~2018 年进行相应计算。

表 5-4　原始数据 cited data after T 示例

ID	论文 DOI	论文被引 DOI	被引时间
0	10.1021/acs.jmedchem.8b01430	10.1016/S1875-5364(20)60025-5	NOV 2020
0	10.1021/acs.jmedchem.8b01430	10.1134/S1070363220100126	OCT 2020
0	10.1021/acs.jmedchem.8b01430	10.1002/cbdv.202000210	JUN 2020
0	10.1021/acs.jmedchem.8b01430	10.1021/acs.joc.0c00272	APR 17 2020
0	10.1021/acs.jmedchem.8b01430	10.1016/j.tetlet.2019.151579	MAR 5 2020
0	10.1021/acs.jmedchem.8b01430	10.31857/S0044460X20100121	2020 10.31857
0	10.1021/acs.jmedchem.8b01430	10.1002/anie.201912489	FEB 3 2020
0	10.1021/acs.jmedchem.8b01430	10.1016/j.bmc.2019.06.030	AUG 1 2019
0	10.1021/acs.jmedchem.8b01430	10.1021/acs.joc.9b00030	MAY 3 2019
0	10.1021/acs.jmedchem.8b01430	10.19261/cjm.2019.617	2019 10.19261

如表 5-4 示例,原始数据 cited data after T 包括四个字段,分别为 ID、论文 DOI、论文被引 DOI 和被引时间。其中,ID 与学者姓名一一对应,由表 5-1 至表 5-3 可知,ID 为 0 时对应的学者为"左建平";论文 DOI 是学者论文的唯一标识;论文被引 DOI 是引用学者论文的论文 DOI;被引时间是引用学者论文的论文发表时间。可以借助被引时间,通过论文 DOI 匹配学者论文的被引次数。

获取核心绩效数据后,根据第四章的度量公式可知,还须获取其他来源数据对外在激励、创新氛围和知识创造进行测量。其中,外在激励数据源于软科中国大学综合实力排名,创新氛围数据源于软科中国大学学术排名,知识创造部分数据源于中国科学院文献情报中心发布的期刊分区表。

2. 外在激励数据来源。外在激励的两个二级测量指标分别为学者所在任职院校获得项目数量和院校综合实力得分。项目数量相关数据在国家自然科学基金委员会官网采集,院校综合实力排名也可通过 Python 网络爬虫的方式在软科排名官网获取。如表 5-5 软科中国大学排名部分榜单显示,综合实力排名由生源质量、培养结果、社会声誉、科研规模和科研质量五个维度构成,具体分为 10 个指标。已知各部分指标所占权重可计算各院校综合实力得分,反映学者所处环境带给学者的外在激励效应强弱。学者任职院校的综合实力越强,会拥有更多的可利用资源和更突出的外部优势,因此个体感知外部激励水平越强。

3. 创新氛围数据来源。软科世界大学学术排名只给出中国部分高校的学术总分,对于其他高校给出了校友获奖、教师获奖、高被引学者、N&S 论文、国际论文和师均表现六部分指标,通过 Python 网络爬虫的方式获取指标信息如表 5-6,并可依据指标得分与权重计算学者所在院校学术总分,

表5-5 中国大学排名部分数据示例

院校名称	生源质量	培养结果	社会声誉(千元)	科研规模(篇)	科研质量(FWCI)	顶尖成果(篇)	顶尖人才(人)	科技服务(千元)	成果转化(千元)	学生国际化	实力总分
清华大学	100	97.50%	1 182 145	44 730	1.447	1 556	121	1 586 283	500 525	6.90%	95.3
北京大学	96.4	97.39%	665 616	43 731	1.374	1 278	94	480 918	4 110	6.01%	78.6
浙江大学	86.3	96.56%	452 414	47 915	1.131	939	91	1 266 561	27 720	5.18%	73.9
上海交通大学	90.5	98.65%	226 279	49 749	1.176	960	79	742 538	15 264	7.33%	73.1
复旦大学	91.5	97.23%	257 468	31 039	1.371	777	56	244 496	5 349	6.66%	66
中国科学技术大学	92.1	93.60%	63 406	22 240	1.548	847	40	175 404	35 860	1.68%	61.9
南京大学	88.4	93.77%	84 668	25 729	1.408	691	33	184 782	6 088	4.46%	59.8
华中科技大学	82.4	94.48%	29 666	29 130	1.262	761	34	467 580	12 570	4.56%	59.1
中山大学	81.1	92.01%	148 621	29 393	1.304	639	46	186 417	5 752	4.68%	58.6
同济大学	87	98.67%	93 995	25 319	1.003	439	32	443 731	2 940	4.65%	56.4

以此度量创新氛围。

4. 知识创造数据来源。学者知识创造能力主要通过刊载在 Web of Science 数据库中论文数量和质量体现,因此除获得论文的数量和所在期刊之外,还须获得期刊分区表,明确不同论文所属分区以将论文进行质量等级划分。在中国科学院官网文献情报中心获取期刊分区表并呈现外文期刊的分区状况,如表 5-7 所示,由于本书篇幅局限,截取部分期刊分区以作展示。

分区表根据期刊所属学科大类划分等级且期刊数量随等级降低而增加,其中,1 区期刊占比 5%,2 区期刊数量占比 15%,3 区期刊数量占比 25%,4 区期刊数量占比 50%,总体呈阶梯状分布;对比 JCR 分区平均分配期刊等级数量,各区期刊数量各占 25%,中科院的期刊分区表更具科学性与合理性。

表 5-6　软科中国大学学术排名相关指标部分数据概览

院校名称	校友获奖 (10%)	教师获奖 (20%)	高被引学者 (20%)	N&S 论文 (20%)	国际论文 (20%)	师均表现 (10%)
清华大学	9.4	0	45.4	42.9	80.2	26.4
北京大学	10.9	0	29.7	33.4	78.1	24.4
浙江大学	0	0	33.6	21.4	84.2	22.1
上海交通大学	0	0	28	18.9	85.5	25.3
中国科学技术大学	0	0	34.3	24.1	67.2	28.8
复旦大学	0	0	21	22.4	70.6	22
中南大学	0	0	19.8	7.5	70.1	19.7
哈尔滨工业大学	0	0	23.2	9.3	65.6	20.4
华中科技大学	0	0	24.3	12.5	70.9	19.8
南京大学	0	0	17.1	14.8	61.4	25.8

表 5-7　中科院期刊分区部分数据概览

期刊名称	分区	所属学科
Administrative Science Quarterly	1 区	管理学
Academy of Management Annals	1 区	管理学
Academy of Management Journal	1 区	管理学
Annual Review of Organizational Psychology and Organizational Behavior	1 区	管理学
Academy of Management Review	1 区	管理学
Journal of Retailing	2 区	管理学
Technological Forecasting and Social Change	2 区	管理学
Accounting Review	2 区	管理学
Journal of Accounting & Economics	2 区	管理学
Scientometrics	3 区	管理学
Policy Sciences	3 区	管理学

二、科研团队创新绩效相关数据

Web of Science(简称"WOS")是全球规模最大、覆盖学科最多的综合性学术资源数据库,它收录了各领域权威性的核心期刊,数据较为全面且质量较高。[①]本书使用该数据库中的文献数据来识别研究对象科研团队。目前,利用文献数据寻找科研团队的数据搜索方式主要有两种,一种是根据相关关键词进行搜索得到所有与关键词有关文献[②],另一种是直接选取某一个学科或领域的所有文献[③]。由于后续要对不同科研团队的绩效进行比较,选择某一个学科或某一领域的所有文献数据比通过搜索关键词得到相关文献数据相对来说更为全面,且同一领域或同一学科的科研团队比较起来更为便利。因此,我们采用第二种方式进行数据检索。如今国家、高校和机构等主体都公开呼吁且鼓励不同学科人才应加强交流合作,促进多学科融合,鼓励合作模式创新,构建复合型科研团队,医学信息学是伴随着计算机技术在生物医学领域应用而发展起来的一个多学科交叉且较为新兴的学科[④],研究该领域的科研团队更能为当前团队管理建设和科研绩效提供思路。WOS数据库的学科分类里设有医学信息学,直接根据学科名称可得到该领域的所有文献数据。

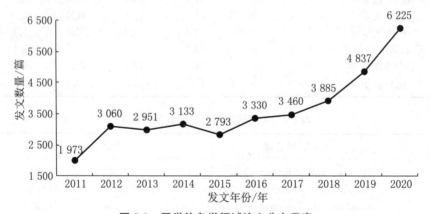

图 5-3　医学信息学领域论文分布示意

---

① 余厚强、白宽、邹本涛等:《人工智能领域科研团队识别与领军团队提取》,《图书情报工作》2020 年第 20 期。

② 廖青云、朱东华、汪雪锋等:《科研团队的多样性对团队绩效的影响研究》,《科学学研究》2021 年第 6 期。

③ 刘先红、李纲:《国家自然科学基金连续资助期间科研团队的合作稳定性分析》,《中国科学基金》2016 年第 4 期。

④ 张雪、陈秀娟、张志强:《近十年国际医学信息学发展趋势与热点研究——基于 10 种高影响力外文期刊的文献计量分析》,《现代情报》2018 年第 12 期。

数据获取步骤如下：(1)进入 Web of Science 数据库后选择 Web of Science 核心集合，点击高级检索；(2)在检索框中输入"WC＝MEDICAL INFORMATCS"，文献类型选择 Artical，检索时间范围设置为 2011～2020 年，共得到 35 647 篇医学信息学领域论文；(3)勾选需要保存的文献数据导出至 Excel，记录内容选择所有相关字段。检索时间是 2021 年 5 月 21 日，十年内医学信息学领域论文的发表数量如图 5-3 所示。

三、企业绿色技术创新绩效相关数据

交通运输领域是碳排放量增长最快的行业之一，交通运输是国民经济中基础性、先导性、战略性产业和重要的服务性行业，是经济可持续健康发展的重要支撑。随着中国城镇化和工业化不断发展，中国交通需求仍将处于稳定增长阶段，将对交通减碳工作形成持续压力。2020 年 11 月，国务院办公厅印发《新能源汽车产业发展规划（2021～2035 年）》明确指出，要深入实施发展新能源汽车国家战略，以融合创新为重点，突破核心技术，推动中国新能源汽车产业高质量发展。2020 年 12 月，中国政府发表的《中国交通的可持续发展》白皮书指出"创新是交通运输发展的动力源泉，以科技创新为牵引，大力推进管理创新、制度创新、文化创新，完善创新体系，优化创新环境，强化人才支撑"。可见技术创新是推动传统交通领域走向低碳绿色发展的关键。绿色专利是指可以降低环境污染、对环境友好的技术发明，绿色专利识别可参考世界知识产权组织(World Intellectual Property Organization, WIPO)于 2010 年推出的"国际专利分类绿色清单"，表 5-8 给出了交通领域的绿色专利分类号。

表 5-8　交通领域的绿色专利分类清单

技术应用领域	IPC 分类号
混合动力汽车、电动汽车充电站、氢燃料发动机等轨道交通及其以外的车辆、海洋船舶推进	B60K6/00，B60K6/20，H02K29/08，H02K49/10，B60L7/10，B60L7/11，B60L7/12，B60L7/13，B60L7/14，B60L7/15，B60L7/16，B60L7/17，B60L7/18，B60L7/19，B60L7/20，B60L7/21，B60L7/22，B60L8/00，B60L9/00，F02B43/00，F02M21/0，F02M27/02，B60K16/00，H02J7/00，B61，B62D35/00，B62D35/02，B63B1/34，B63B1/35，B63B1/36，B63B1/37，B63B1/38，B63B1/39，B63B1/40，B62K，B62M1/00，B62M3/00，B62M5/00，B62M6/00，B63H9/00，B63H13/00，B63H19/02，B63H19/04，B63H16/00，B63H21/18，B64G1/44

研究数据主要来源于 PatSnap 智慧芽全球专利数据库,该数据库涵盖的专利数据来自全球 116 个国家/地区,包括中美欧日韩德英法澳 WIPO 等主要国家/组织,收录专利文献超过 1.6 亿条,收录时间范围为 1970 年至今。库具有数据更新速度快和完整性较强等特点。本书基于该数据库,根据表 5-8 的 IPC 分类号获取全部由中国专利局受理的绿色专利申请数据。

第二节　杰出学者层面数据处理

本节介绍杰出学者层面的数据处理过程,包括数据预处理、数据计算与结果和数据可视化三部分。

一、数 据 预 处 理

获取原始数据后,需要对数据进行预处理以提高数据的质量,通常包括数据清洗、数据集成、数据转换和数据归约四个步骤。其中,数据清洗主要从两方面进行:(1)形式上,缺失值(删除、插补或填充)和特殊符号等;(2)内容上,异常点(删除、修正或不处理),即噪声数据。数据集成指将不同且多个来源的数据合并在为一个数据表格进行处理,能够去除冗余数据并提高数据处理效率。数据转换指将数据转化为适当的形式,符合模型和软件的使用,转化方式包括规范化(离差标准化和标准差标准化)、离散化(等频法、分箱法和一维属性聚类)等。数据归约指在了解挖掘任务和数据信息的基础上,精简数据规模,寻找数据中的有用特征,主要包括两个部分:一是属性归约,即寻找符合数据内部规律的最小属性子集,用最精简的维度组合代表原始数据最主要的信息,主要方法包括冗余属性合并、决策树归纳整合和主成分分析等;二是数值归约,即减少数据量。数据分析的方法和目的具有差异性,因此数据预处理步骤的先后顺序略有差别。本节将通过数据预处理、数据计算与结果和数据可视化三个部分详细呈现数据处理的过程和步骤,以承接上一节的数据获取过程。

(一)杰出学者获得项目前两年论文数据预处理

学者获得项目前两年的论文数据主要反映学者的知识创造能力与合作情况,其也是特征指标的大致来源。在 WOS 数据库中根据学者多种姓名格式和所在地址检索学者论文时,数据库会模糊匹配同名学者的相关论文数据信息。因此在获取原始数据后,需要剔除匹配错误的学者相关论文数据,即通过匹配学者姓名和所在院校名称,去除冗余数据后再进一步在有效数据基础上进行数据预处理。数据预处理需要明确各个数据集之间的关系,通过相同的字段将两个或多个不同的数据集拼接起来,使得研究所需变量能够放在同一个数据表格中进行分析。

如图 5-4 所示,学者获得项目前两年 paper data before T 数据(共 32 151条)包括学者 ID、论文题目、论文 DOI、期刊名称、摘要(作者署名、作者所在院校等),以学者 ID 拼接 2016~2018 年杰青与优青基本数据后对摘要进行文本挖掘(摘要中包括无用信息,且信息格式不规范),获取论文署名作者与所在地址(即院校),学者与地址匹配后删除同名学者相关论文数据以得到有效论文数据(final paper data before T)14 819 条,包括学者 ID、论文DOI、期刊名称、作者署名、所在院校、项目类别、获取项目年份等相关信息。然后将中科院文献情报中心的期刊分区表、软科中国大学学术排名、软科中国大学综合实力排名通过院校名称这一字段与 final paper data before T

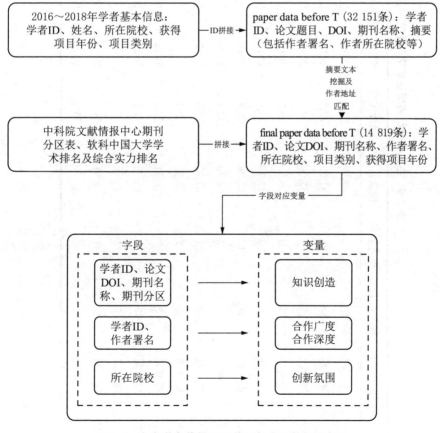

图 5-4　杰出学者获得项目前两年论文数据预处理

表 5-9　杰出学者获得项目前两年论文数据预处理结果示例

ID	学者姓名	优青数量	杰青数量	创新氛围	综合实力	时间	项目类别	知识创造	论文数量	合作广度	合作总次数
0	左建平	0	0	7.32	35.6	2016	优青	35.3	6	22	28
1	邹 磊	42	21	31.77	78.6	2016	优青	70	7	19	36
2	邹君妮	5	4	13.39	43.6	2016	优青	44	4	6	13
3	邹建平	1	0	3.95	25.3	2016	优青	128.3	12	44	116
4	邹长亮	5	5	18.16	53.9	2016	优青	106.7	20	33	75
5	朱相雷	48	18	37.28	95.3	2016	优青	1	1	0	1
6	朱鸿亮	7	3	14.75	43.7	2016	优青	63.3	7	27	52
7	朱 彪	42	21	31.77	78.6	2016	优青	53.3	4	14	19
8	周月明	10	7	23.52	59.1	—	优青	—	—	10	20
9	周英武	3	2	16.11	37.7	2016	优青	26	4	10	20
10	周萧明	5	3	16.55	51.1	2016	优青	32	9	16	41
11	周 武	0	1	40	—	—	—	—	—	—	—
12	周 苇	12	4	18.61	54	2016	优青	85	10	20	47
13	周时风	3	2	19.55	56	2016	优青	168.7	25	62	175

数据进行拼接,可以得到期刊分区、院校学术总分和院校综合实力三个新字段。其中学者 ID、论文 DOI、期刊名称和期刊分区是知识创造这一变量的来源字段;学者 ID 和作者署名是合作广度与合作深度这两个变量的来源字段;而所在院校则是创新氛围这一变量的来源字段。

通过对高校杰出学者获得"杰青"或"优青"项目前两年的论文数据进行预处理,可以获得知识创造、合作广度、合作深度和创新氛围四个特征变量相关测度指标的对应字段,并形成具有规范性和可读性的数据表格,为接下来的数据处理和指标量化提供数据支撑。

获取变量对应来源字段的数据后,根据变量定义对相关数据进行汇总,可以得到杰出学者获得"杰青"或"优青"项目前两年论文数据的预处理结果,如表 5-9 所示部分数据示例,ID 字段与学者姓名一一对应,并整合了学者所在院校获得"杰青"项目和"优青"项目的数量、创新氛围、综合实力、知识创造、论文数量、合作广度和合作深度相关数据。表 5-9 中带"—"的数据为缺失数据,原因可能是:(1)数据库中未匹配到对应学者的论文信息;(2)学者在对应年份未发表 WOS 数据库所收录的相关期刊论文;(3)数据爬取时遗失部分学者论文数据等。由于缺失值占比较少,待数据处理完毕后,可使用随机森林回归算法填补缺失值。

(二) 杰出学者获得项目后两年论文数据预处理

如图 5-5 所示,学者获得项目后两年 paper data after T 数据(共 46 849 条)包括学者 ID、论文题目、论文 DOI、期刊名称、摘要(作者署名、作者所在院校等),以学者 ID 连接 2016~2018 年杰青与优青基本数据后对摘要进行文本挖掘,获取论文署名作者与所在地址(即院校),学者与地址匹配后删除同名学者相关论文数据后得到有效论文数据共 20 824 条,包括 ID、论文 DOI、获得项目时间、项目类别、被引时间,同时根据 ID 计算学者发文规模;读取 cited data 数据共 533 534 行,以论文 DOI 连接 paper data after T 后共 328 998 行数据,选取论文发表后两年内的被引论文得到有效数据共 91 968 条,包括学者 ID、论文 DOI 等相关信息。其中,学者 ID、论文 DOI 和论文被引 DOI 是知识创新绩效的来源字段。

获取变量来源字段后,根据知识创新绩效的度量公式提炼论文规模和论文被引总次数,如表 5-10 所示,为学者获得"杰青"或"优青"项目后两年论文数据预处理结果示例,包括 ID、学者姓名、论文数量和论文被引总次数。由表中示例可知,ID 为 8 的学者数据缺失,原因是在 WOS 数据库中没有搜索到该学者获得"杰青"或"优青"项目后两年的相关论文数据。

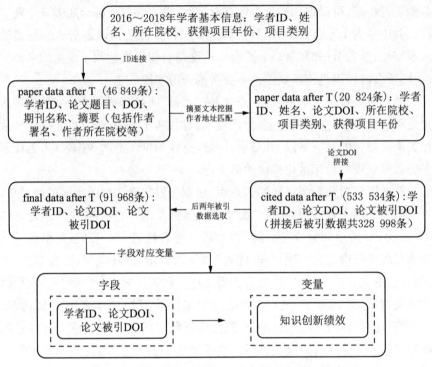

图 5-5　杰出学者获得项目后两年论文数据预处理

表 5-10　杰出学者获得项目后两年论文数据预处理结果示例

ID	学者姓名	论文数量	论文被引总次数
0	左建平	8	7
1	邹　磊	27	15
2	邹君妮	3	2
3	邹建平	12	69
4	邹长亮	10	16
5	朱相雷	3	55
6	朱鸿亮	11	31
7	朱　彪	14	39
8	周英武	15	41
9	周萧明	3	1

（三）样本数据汇总

对学者获得项目前两年论文数据、获得项目后两年论文数据以及学者所在院校前两年获得"杰青"与"优青"项目相关数据进行数据清洗、数据集成和数据转换等预处理后，以 ID 字段拼接各数据表格汇总为样本数据表。由于各数据源收录信息不完全，样本数据表中部分属性存在缺失

表 5-11 样本指标数据汇总示例

ID	学者姓名	优青数量	杰青数量	创新氛围	综合实力	时间	项目类别	知识创造	论文数量（前两年）	合作广度	总合作次数	论文数量（后两年）	总被引次数
0	左建平	0	0	7.32	35.60	2016	1	35.33	6	22	28	8	7
1	邹 磊	42	21	31.77	78.60	2016	1	70	7	19	36	27	15
2	邹君妮	5	4	13.39	43.60	2016	1	44	4	6	13	3	2
3	邹建平	1	0	3.95	25.30	2016	1	128.33	12	44	116	12	69
4	邹长亮	5	5	18.16	53.90	2016	1	106.67	20	33	75	10	16
5	朱相雷	48	18	37.28	95.30	2016	1	1	1	0	1	3	55
6	朱鸿亮	7	3	14.75	43.70	2016	1	63.33	7	27	52	11	31
7	朱 彪	42	21	31.77	78.60	2016	1	53.33	4	14	19	14	39
8	周英武	3	2	16.11	37.70	2016	1	26	4	10	20	15	41
9	周萧明	5	3	16.55	51.10	2016	1	32	9	16	41	3	1
10	周 苇	12	4	18.61	54	2016	1	85	10	20	47	16	54
11	周时凤	3	2	19.55	51.80	2016	1	168.67	25	62	175	13	52

注：项目类别"1"代指优秀青年科学基金项目。

值,采用随机森林回归算法对缺失值进行填充,最终得到 1 030 条样本数据。如表 5-11 所示,各字段数据准备就绪,为接下来的数据计算提供指标来源。

其中,随机森林回归算法填补缺失值大概步骤如下:(1)设一个数据表中共有 n 维特征,其中特征 R 有大量缺失值,因此将特征 R 理解为标签;(2)特征 R 未缺失的数据称为训练集 Y,特征 R 未缺失的数据对应的 $n-1$ 维特征称为训练集 X,特征 R 缺失的数据称为测试集 Y(缺失值),特征 R 缺失数据对应的 $n-1$ 维特征称为测试集 X;(3)已知训练集 X 与训练集 Y 之间的关系后,用测试集 X 预测测试集 Y 的值,也即随机森林回归算法填补缺失值。

二、数据计算与结果

(一)数据计算

通过对指标度量所需数据的收集与整理,结合第 4 章的度量公式,可以对研究所需解释变量(知识创造、科研效能感、创新氛围、外在激励、合作广度、合作深度)和被解释变量(知识创新绩效)进行数据整合与计算。基于国家自然科学基金委员会官网,整合 2014~2017 年高校杰青和优青的数量,可以统计学者所在院校前两年获得杰青和优青项目资助的数量,从而计算 2016~2018 年获得"杰青"或"优青"项目的学者科研效能感;综合考虑杰青和优青数量以及高校等级两方面指标,可以计算学者在一定环境中感知的外在激励强度。基于软科世界大学学术排名榜单,可以筛选出中国大学学术排名指标数据,结合指标对应权重可计算中国大学学术总分,进而度量学者所在院校的创新氛围。基于 WOS 数据库,利用 2016~2018 年学者获得项目前两年发表论文的数量以及对应的期刊分区可度量知识创造(数据预处理中已计算完毕);统计学者每篇论文合著者的姓名和合作次数,可以分别计算学者所在科研合作网络的合作广度(数据预处理中已计算完毕)和合作深度;由于绩效具有滞后性,利用学者获得"杰青"或"优青"项目后两年发表论文的数量及论文被引总次数,可以计算学者的知识创新绩效。至此对多个来源和不同结构的样本数据进行汇总计算,可以得到研究所需特征指标和结果指标的相关数据,即 1 030 条变量数据。

(二)异常点检测

离群点影响数据分析结果,为增加研究结果的准确性和可解释性,避免可能只检测到少量异常使得异常点检测效果不好,使用孤立森林算法进行异常点检测。孤立森林算法不再描述正常样本,而是通过空间的不断划分去孤立异常点。在孤立森林中,异常点是那些容易被孤立的离群点,也被解释为"分布稀疏且离密度较高的群体较远的点"。在样本空间中,分布稀疏意味着事件发生在这一区域的概率较小,相对于那些密集的群体中的点而言,分布稀疏的点可以被认定为异常点。此外,孤立森林算法尤其适用于连续型数据,是一种无监督的异常检测方法。它递归地随机分割样本数据集,直到所有点被孤立,而那些异常点往往很快被孤立出来。在 Python 中实现孤立森林算法的工具包是 sklearn 中的 IsolationForest 函数,直接调用函数就可以识别样本数据中的异常点,同时输出有标注的正常数据和异常数据便于去除异常点。

(三) 数据结果

采用孤立森林算法去除样本数据异常点后,最终得到有效样本数据912 条(去除异常点前有 1 030 条数据),如表 5-12 变量数据部分示例,至此完成数据准备工作,获取本研究需要的所有变量,其中,自变量为科研效能感、知识创造、创新氛围、外在激励、合作广度和合作深度,因变量为知识创新绩效。数据结果呈现本研究的变量矩阵,即六个特征变量和一个结果变量共七个维度下的变量数据表格。

表 5-12　变量数据示例

科研效能感	知识创造	创新氛围	外在激励	合作广度	合作深度	知识创新绩效
1.63	70	31.77	9.83	19	1.53	0.56
0.78	44	13.39	13.79	6	1.50	0.67
0.30	128.33	3.95	17.89	44	2.36	5.75
0.78	106.67	18.16	16.25	33	1.67	1.60
0.90	63.33	14.75	13.18	27	1.67	2.82
1.63	53.33	31.77	9.83	14	1.07	2.79
0.60	26	16.11	15.39	10	1.60	2.73
0.78	32	16.55	17.03	16	2.00	0.33
1.11	85	18.61	13.10	20	1.85	3.38
0.60	168.67	19.55	21.15	62	2.42	4.00

三、数据可视化

数据可视化能够直观展示数据分布状况,可以通过图片直接了解数据内容和特点。本书包括六个前因变量和一个结果变量,其中学者合作广度与合作深度可以通过网络图来清晰呈现。运用 gephi 软件可以对样本数据中学者的合作情况进行可视化处理,清晰呈现学者的科研合作关系。如图 5-6 作者合作网络(个体网)示例,图中每一个节点代表一位论文作者(某个中心节点的联系节点越多,表示与该作者合作的人数越多,即该中心节点合作广度就越大),点之间的连线代表合作关系(节点间连线颜色越深,表示两个作者之间的合作次数越多,也就说明该中心节点合作深度越大),呈现出以某个节点为中心,与周围的节点相联系的情形。从作者合作网络图中可以大致看出,学者的合作情况具有明显差异性。某些学者合作伙伴数量较多,但是停留在初次合作水平;而某些学者虽然合作伙伴数量较少,却与合作伙伴保持着较为密切的合作关系;此外,也有一些学者既注重拓宽合作面,又加大合作深度。

　　以学者"Liang Guang"为例,其合作的学者数量多,整体合作规模较大,同时其保持稳定合作的学者数量也较多,代表该学者不但重视合作主体多

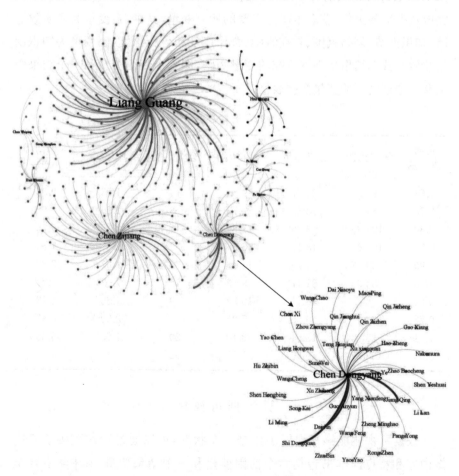

图 5-6　作者合作网络示例(个体网)

样化,还关注合作稳定性,以便借助科研合作网络进行知识深度交流、交换和创新。而其他学者如"Chen Weiping""Gong Menglian"等形成的作者合作网络(个体网)规模明显较小,合作深度不够,只停留在初次合作水平。抽取以"Chen Dongyang"学者为中心的科研合作子网络进行可视化,可以详细呈现与其合作的学者名称及合作频次。通过数据可视化处理,可以大致看出学者科研合作情况的差异性,而接下来的分析可以明确适合不同类型学者的科研合作关系,推动杰出学者针对自身特点改善合作方式,进一步推动知识创新绩效影响因素和作用机制研究。

第三节　科研团队层面数据处理

本节分别从科研团队识别、数据清洗和合著网络构建三部分介绍科研团队层面的数据处理过程。

一、科研团队的识别

识别科研团队是研究团队整体性特征与科研绩效关系的前提,对此将使用合著论文这一客观数据识别科研团队,故而必须要保证数据来源的真实性和有效性。团队识别流程如图 5-7 所示。主要包括数据获取、数据清洗以及合著网络构建。

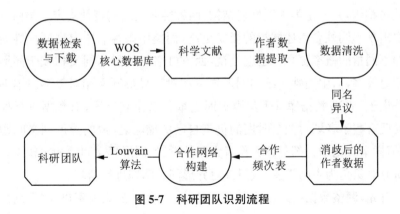

图 5-7　科研团队识别流程

二、数 据 清 洗

数据清洗是团队识别中最关键也是最耗费时间与精力的一个步骤,数据清洗的效果直接影响科研团队的识别质量,进而影响最终研究结果的准

确性。因此,为了保证最终研究结果的准确性需要对数据进行清洗,具体步骤如下:

1. 删除重复文献。由于 WOS 数据库会提前上传一些文献方便读者及时获取数据资源,这些文献都是"Early Access",提前上传后过几个月文献会被再次上传至网站,这样便导致了重复数据的产生。删除重复文献后文献数据量从原有的 35 647 篇减少至 35 580 篇。

2. 将字段"Author Full Names"提取出来后剔除作者数大于等于 15 和作者数为 1 的论文。正常情况下,一篇论文的合作作者数大于 15 人不太合理,过多作者数容易将团队无关或对论文无任何贡献的学者计入,在现实生活中也就是常见的论文挂名现象,而只有一位作者说明该论文不存在合作情况。将作者数大于等于 15 的论文剔除后余下论文 35 348 篇。

3. 统计所有论文涉及的学者个数以及学者出现的次数,将出现次数为 1 的学者剔除。出现次数为 1 说明该学者在该领域只发表过 1 篇学术论文,此类学者一般为领域内或者团队内的边缘学者[①],删除后学者数由原有的 110 380 位减少至 19 042 位。

4. 对 19 042 位学者进行人名消歧。人名消歧主要有两种类型,一种是不同的名字代表的是同一人,如名字的姓和名顺序颠倒、名字全称与缩略名写法不一样,这种称为"异形同义";另一种是同一个名字代表的是不同的人,也就是重名问题,这种称为"同形异义"。已有研究表明,不同姓名结构特征对人名歧义的影响有所不同,姓名结构特征主要分为两类:其一是类西方姓名结构,其二是类中国姓名结构,两种姓名的结构特征决定了类西方姓名中出现不同姓名表述同指的概率更高,而类中国姓名中出现同样姓名表述却不同指的概率更高。也就是说,西方姓名结构异形同义相较于同形异义相对较多,而中国姓名结构同形异义相对于异形同义相对较多。本书数据采集于 WOS 数据库且采集数据时选取作者全名字段,对数据进行抽查时发现有些学者填写全名时用的仍是自己的缩略名,说明异形同义问题存在,但样本数据中大部分论文作者为国外学者,同形异义问题相对较少。鉴于研究对象是为中国学者,故只针对异形同义问题进行消歧。

首先,调整数据格式。将所有人名大小写统一成大写字母、将下划线和横线替换成空格、人名后面的点删除、机构的简写替换成全称。然后,将所有人与其对应机构匹配后储存,进行升序排序,建立作者机构二维表格。最

---

① 张静、张志强、赵亚娟:《基于专利发明人人名消歧的研发团队识别研究》,《知识管理论坛》2016 年第 3 期。

后,在19 042位学者中人工筛选出2 846位可能存在异形同义问题学者,根据学者对应机构和合著学者实现人名统一。例如,原始数据有学者"KRAHN,MURRAY"和学者"KRAHN,MURRAY D",通过筛选发现两者可能存在全名和缩略名差异,若两位学者同属于相同院校或机构,则两位学者实际上为同一人;若两位学者不属于同一个院校或机构,但两位学者具有相同的其他合作者,那么也认为两位学者为同一人;否则,两位学者代表的是不同的两个人。

三、合著网络构建

数据清洗完成后,将数据按发表年份保存至Excel表格中。通过R语言自编程序得到作者间两两合作频次表,将合作次数小于等于2次的非核心团队成员剔除,因为在十年内合作次数小于等于2的学者很可能是研究生等边缘学者,并不属于团队核心成员。之后,再将剔除后的数据按照gephi软件要求的格式进行导入,得到论文合作网络。最后利用gephi软件中自带的Louvain社区发现算法识别出1 435个科研团队,各学者所属团队划分结果示例如表5-13所示,划分后的模块度值为0.997。Louvain算法是基于模块度的社区发现算法,模块度是目前评价社区探测结果的主要指标,取值范围为[−1,1],模块度越大意味着社区发现的效果越好。[①]此时1 435个科研团队的规模范围为2~202人,根据团队规模限制和结合实际情况,将团队规模大于30人的团队剔除,最终仅保留规模大小为2~30人的1 418个团队作为研究样本,共涉及学者数5 398人,合作边6 813条。

对科研团队人数分布和相应发文量分布进行统计,统计结果如图5-8所示。由图可以看出,2人合作的小团队占全部团队数比重为46.3%,发文量占总发文量的比重为26.7%;规模为3~10人团队占全部团队数比重为48.4%,发文量占总发文量比重为50.1%;10人及以上科研团队占总团队数比重为5.3%,发文量占总发文量比重为23.1%。上述说明团队主要以10人以下合作规模为主,且团队规模在该区间产出的论文数量约为所有论文的一半,10人及以上规模的团队数量虽然较少,但论文发表数量较多。剔除掉边缘学者之后,保留下来的团队成员均为核心成员,团队规模分布较为合理。

---

① Girvan, M., M. Newman, 2002: "Community Structure in Social and Biological Networks", *Proceedings of the National Academy of Sciences*, 99(12):7821~7826.

表 5-13 学者所属团队划分(编号前 2 的团队成员)

class	学者名称	class	学者名称
0	A'Court, Christine	1	Herasevich, V.
0	Greenhalgh, Trisha	1	Dong, Yue
0	Wherton, Joseph	1	Gajic, Ognjen
0	Shaw, Sara	1	Dziadzko, Mikhail A.
0	Vijayaraghavan, Shanti	1	Pickering, B. W.
1	Aakre, Christopher A.	1	Franco, Pablo Moreno

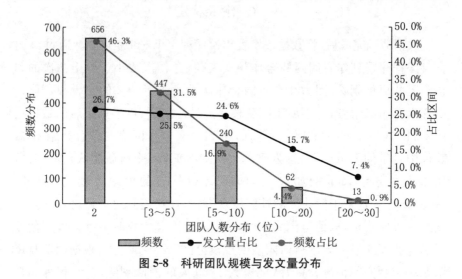

图 5-8 科研团队规模与发文量分布

第四节 企业层面数据处理

为了获取符合绿色技术创新主题的研究数据,本书选取了对环境影响比较大的交通运输业作为研究领域,并根据"国际专利分类绿色清单"筛选联合申请绿色专利作为研究数据。然后,依次对这些数据进行去除个人、"超级创新组织"以及只有 1 次合作的企业等操作,最终筛选出 2 102 家企业作为研究对象。

一、数据来源

交通运输领域是碳排放量增长最快的行业之一,交通运输是国民经济中基础性、先导性、战略性产业和重要的服务性行业,是经济可持续健康发展的重要支撑。随着中国城镇化和工业化不断发展,中国交通需求仍将处于稳定增长阶段,将对交通减碳工作形成持续压力。2020 年 11 月,国务院办公厅印发《新能源汽车产业发展规划(2021～2035 年)》明确指出,要深入实施发展新能源汽车国家战略,以融合创新为重点,突破核心技术,推动中国新能源汽车产业高质量发展。2020 年 12 月,中国政府发表的《中国交通的可持续发展》白皮书指出"创新是交通运输发展的动力源泉,以科技创新为牵引,大力推进管理创新、制度创新、文化创新,完善创新体系,优化创新环境,强化人才支撑"。可见,技术创新是推动传统交通领域走向低碳绿色发展的关键。绿色专利是指可以降低环境污染、对环境友好的技术发明,绿色专利识别可参考世界知识产权组织(World Intellectual Property Organization,WIPO)于 2010 年推出的"国际专利分类绿色清单",表 5-14 给出了交通运输领域的绿色专利分类号。

表 5-14　交通运输领域的绿色专利分类清单

涉及的领域	绿色专利的 IPC 分类号
混合动力汽车、电动汽车充电站、氢燃料发动机等轨道交通及其以外的车辆、海洋船舶推进	B60K6/00, B60K6/20, H02K29/08, H02K49/10, B60L7/10, B60L7/11, B60L7/12, B60L7/13, B60L7/14, B60L7/15, B60L7/16, B60L7/17, B60L7/18, B60L7/19, B60L7/20, B60L7/21, B60L7/22, B60L8/00, B60L9/00, F02B43/00, F02M21/0, F02M27/02, B60K16/00, H02J7/00, B61, B62D35/00, B62D35/02, B63B1/34, B63B1/35, B63B1/36, B63B1/37, B63B1/38, B63B1/39, B63B1/40, B62K, B62M1/00, B62M3/00, B62M5/00, B62M6/00, B63H9/00, B63H13/00, B63H19/02, B63H19/04, B63H16/00, B63H21/18, B64G1/44

智慧芽(PatSnap)是一个全球专利检索数据库,具有更新速度快、数据完整性强等特点。2015 年 10 月,党的十八届五中全会提出绿色发展理念,并将其与"创新、协调、开放、共享"作为"十三五"规划的五大发展理念。因此,本书以智慧芽专利数据库作为数据源,根据表 5-14 的绿色专利分类号,获取时间在 2016～2021 年由中国专利局受理,并且专利类型为发明专利与实用新型专利,共 184 392 条绿色专利申请数据,其中独立申请共 173 426 条,联合申请共 10 966 条。不同年份的绿色专利申请数如图 5-9 所示。

显然,自 2015 年 10 月党的十八届五中全会提出绿色发展理念后,除了 2020 年外,2016～2021 年由中国专利管理局受理的绿色专利都保持平稳的申请量,原因在于中国政府在 2015 年后的国家发展规划中不断强化绿色发展理念,通过财政补贴、税收优惠和政策奖惩等措施促使企业、高校和科研院所等不断在绿色技术创新中实现突破。2020 年的绿色专利申请数明显高于其他年份,原因在于 2020 年是"十三五"规划的收官之年,国家及各地政府加强了有关绿色创新的相应政策,极大促进了各创新主体进行绿色技术创新。

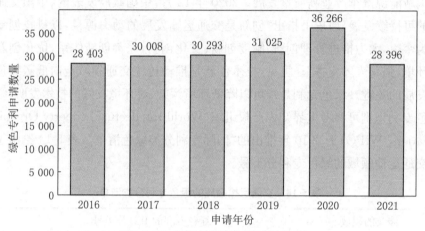

图 5-9　不同年份的绿色专利申请数

图 5-10 展示了在联合申请的绿色专利中联合申请人数的分布情况。显然,多数绿色专利申请是由两个专利权人共同申请,由 4 个及以上专利申请人共同申请的绿色专利较少,说明了一对一合作是目前创新主体实现绿色技术创新的重要方式。

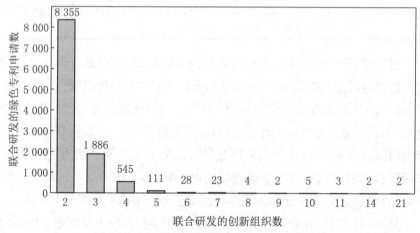

图 5-10　不同创新组织联合申请的绿色专利数

二、数据处理

在企业合作网络研究中,企业、高校和科研院所等创新组织是经常被研究的对象,而个人很少被当作研究对象。其中原因在于,个人容易出现同名情况,重名情况将对数据结果产生严重的影响。此外,个人通过归属于某个创新组织,如果将个人当作企业的合作伙伴,容易出现企业存在多个合作伙伴,但是这些合作伙伴实质上是同一个创新组织。为了避免重名带来的不利影响,本书将从 10 966 条绿色专利申请中筛选出联合申请人属于个人以及由单个企业和个人联合申请的绿色专利申请,共 1 783 条。然后,利用剩余的 9 183 条联合绿色专利申请构建企业合作网络,数据可视化结果如图5-11 所示,其中黑点表示缩略的小合作网络。虽然从整体上看是存在两个"超级合作网络",但从数据结果来看它们是有连接的,即实际上只是一个"超级合作网络"。产生这种情况的原因在于,有一些"超级合作网络"的"超级创新组织"会跟其他合作网络的某个成员建立合作关系,所以也会把这些合作网络纳入"超级合作网络"。

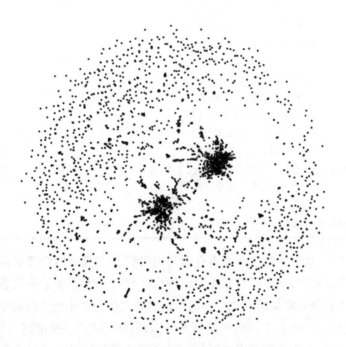

图 5-11　原始数据的整体合作网络图

　　另外,"超级创新组织"通常是创新能力很强的组织,对于多数创新组织来说"超级创新组织"就是"异常值",它们表现出的创新特征缺乏普适性。因此,有必要将"超级创新组织"从研究对象中剔除掉。表 5-15 展示了合作频次为前 25 的组织,分别用大写的 25 个英文字母表示,其可视化结果如图 5-12 所示。

表 5-15　合作频次前 25 的组织和科研单位

公司名	表示符号	合作频次
国家电网有限公司	A	744
中国铁道科学研究院集团有限公司	B	411
中国铁路总公司	C	228
浙江吉利控股集团有限公司	D	210
中国神华能源股份有限公司	E	207
西南交通大学	F	177
中国铁道科学研究院集团有限公司通信信号研究所	G	151
北京锐驰国铁智能运输系统工程技术有限公司	H	137
神华铁路装备有限责任公司	I	136
中车青岛四方机车车辆股份有限公司	J	135
中车唐山机车车辆有限公司	K	132
中车青岛四方车辆研究所有限公司	L	131
中国国家铁路集团有限公司	M	130
住友电气工业株式会社	N	124
中车齐齐哈尔车辆有限公司	P	123
住友电装株式会社	Q	116
株式会社自动网络技术研究所	L	115
青岛思锐科技有限公司	S	115
广东电网有限责任公司	T	112
现代自动车株式会社	U	110
中国铁道科学研究院	V	109
中国铁道科学研究院集团有限公司机车车辆研究所	W	108
起亚自动车株式会社	L	104
北京华铁信息技术有限公司	Y	101
中车戚墅堰机车车辆工艺研究所有限公司	Z	100

　　显然从"北京华铁信息技术有限公司"到"北京锐驰国铁智能运输系统工程技术有限公司"中所有创新组织的合作频次大致处于平稳状态,从"中国铁道科学研究院集团有限公司通信信号研究所"到"中国铁道科学研究院集团有限公司"的合作频次明显增多。因此,本书将"国家电网有限公司""中国铁道科学研究院集团有限公司""中国铁路总公司""浙江吉利控股集团有限公司""中国神华能源股份有限公司""西南交通大学"和"中国铁道科学研究院集团有限公司通信信号研究所"视为"超级创新组织",将其从研究数据中剔除,并重新绘制所有数据的整体合作网络图(如图 5-13 所示)。相较于图 5-11,图 5-13 中"超级合作网络"的规模明显变小,其余合作网络数量明显增多,说明了"超级创新组织"连接了很多联系不够紧密的合作网络,将其剔除可以获得内部联系更加紧密的合作网络。

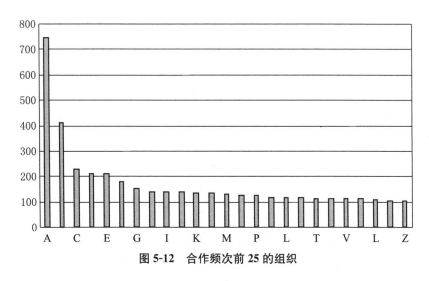

图 5-12　合作频次前 25 的组织

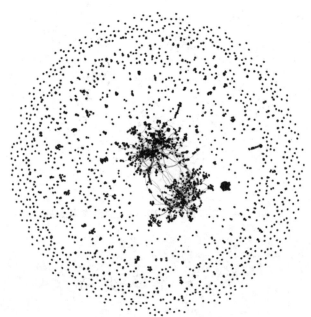

图 5-13　去掉"超级创新组织"的整体合作网络图

　　在获取内部联系相对紧密的合作网络后,需要考虑网络内部成员间的合作关系稳定性情况,因为这涉及研究结果是否具有代表性的问题。如果两个创新组织仅产生一次合作,说明这种合作关系存在一定的偶然性,缺乏一定的研究代表性。当两个创新组织产生两次及以上的研发合作时,说明双方合作不是偶然的,具有一定的研究意义。因此,本书在图 5-13 的基础上,将合作次数大于 1 作为数据筛选条件,最终获得所有企业合作网络的可视化结果,如图 5-14 所示。显然,相较于图 5-13,图 5-14 的"超级合作网络"规模明显变小,其余企业合作网络的数量也明显减少,说明在绿色技术创新活动中,存在很多"一次性"的偶然合作关系,由此也更能说明对合作相对稳定的网络进行研究是很有必要的。经过一系列数据筛选,共保留 734个合作网络和 2 400 个创新组织,其中包括 2 102 家企业和 298 家高校或科研院所。

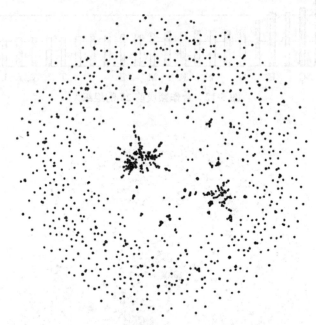

图 5-14　合作频次为 2 次以上的合作网络图

第五节　本 章 小 结

本章介绍的相关数据及其处理包括三个部分,即杰出学者的相关数据及处理、科研团队的相关数据及处理和合作网络中的企业相关数据及处理。鉴于杰出学者的数据是多元异构,本章尽可能将数据来源、获取与处理流程呈现清楚,明确整体数据处理的步骤,增强行文逻辑性和真实性。具体如下:确定数据来源后,通过 Python 网络爬虫技术获取国家自然科学基金委员会官网、WOS 数据库、软科官网和中国科学院文献情报中心公布的相关数据。数据来源具有多元性,涉及多个数据表格的交叉处理,且原始数据包含大量杂乱数据,因此数据预处理过程相对繁杂。其他两部分数据获取较容易,故本章只对数据的选取和处理过程做必要的解释。在得到所需特征变量和结果变量的相关来源字段后,依据第四章的度量公式完成特征变量和结果变量的测度,为接下来的聚类分析、决策规则分析和影响机制分析提供数据支撑。

第六章　杰出学者知识创新绩效影响因素分析

　　本章主要研究杰出学者知识创新绩效的关键驱动要素，以及不同特征组合对知识创新绩效的不同影响。在样本相关性分析中，科研效能感、知识创造、创新氛围、外在激励、合作广度、合作深度与知识创新绩效之间的相关性较弱，说明对杰出学者进行整体研究并不能详细展示特征变量对知识创新绩效的影响作用。为识别特定管理情境下知识创新绩效的影响因素，运用 K-Means 聚类算法对具有异质性特点的杰出学者进行群组划分，依据杰出学者群组在各维度上的不同取值分别命名为激励型群组、平台型群组和合作型群组；接着以特征变量为条件属性，离散化后的知识创新绩效为决策属性，运用决策树 CART 算法构建不同学者群组的决策树模型；最后对三类决策树进行横向和纵向对比分析，凝练出三种类型杰出学者群组中的决策规则，明确不同杰出学者群组中知识创新绩效的关键影响因素以及驱动高知识创新绩效的不同特征组合。

第一节　描述性统计与相关性分析

　　数据处理后得到研究所需特征变量（科研效能感、知识创造、创新氛围、外在激励、合作广度和合作深度）与结果变量（知识创新绩效）。为大致了解样本数据的整体分布状况，需要对变量数据进行描述性统计；为明确变量的相关关系，需要对变量进行相关性分析，以支撑数据分析过程和梳理研究结果。

一、描述性统计

　　描述性统计可以概览样本数据分布状况，了解样本数量、各变量的最大最小值、均值和标准差等以明确某一数值在各变量中的所处位置。使用 Origin 软件对数据进行描述性统计分析数据可以得到各变量的取值情况。

如表 6-1 所示,样本数据共 912 条,科研效能感的最小值为 0,最大值为 2.98,均值为 1.23,标准差为 0.67,说明样本总体科研效能感偏差不大;知识创造的最小值为 1,最大值为 620.33,均值为 104.41,标准差为 95.21,说明杰出学者之间科研实力具有一定差距;创新氛围的最小值为 2.59,最大值为 40,均值为 21.26,标准差为 8.63,说明学者所处环境质量有差异性;外在激励的最小值为 8.35,最大值为 32.60,均值为 14.39,标准差为 4.37;合作广度的最小值为 0,最大值为 359,均值为 41.36,标准差为 42.02,说明杰出学者之间保持较为广泛的合作;合作深度的最小值为 0,最大值为 4.71,均值为 1.60,标准差为 0.61,说明杰出学者之间的合作普遍出现深度不足问题;知识创新绩效的最小值为 0.01,最大值为 21.73,均值为 3.29,标准差为 2.92,在一定程度上表明杰出学者知识创新绩效具有差异性,需要深入分析影响杰出学者绩效结果不一的特征变量。

表 6-1　描述性统计

变　量	N	均值	标准差	最小值	最大值
科研效能感(SRE)	912	1.23	0.67	0.00	2.98
知识创造(KP)	912	104.41	95.21	1.00	620.33
创新氛围(IA)	912	21.26	8.63	2.59	40.00
外在激励(EM)	912	14.39	4.37	8.35	32.60
合作广度(WOC)	912	41.36	42.02	0.00	359.00
合作深度(DOC)	912	1.60	0.61	0.00	4.71
知识创新绩效(KIP)	912	3.29	2.92	0.01	21.73

二、相 关 性 分 析

相关性分析能够获知变量之间的相关程度,具有高度相关(即相关系数>0.9 并显著)的变量应该考虑多重共线性问题,需要精简变量以满足研究需要。进一步运用 Origin 软件对数据进行相关性分析可以得到变量间的相关关系,如表 6-2 所示。知识创造、合作广度、合作深度与知识创新绩效之间的相关系数较大且显著,科研效能感、创新氛围、外在激励与知识创新绩效之间的相关系数较小且不显著,初步考虑外部环境因素和科研效能感对知识创新的直接效应不强,应是通过某变量间接影响知识创新绩效。其中知识创造对知识创新绩效影响最大,系数为 0.29;合作广度与合作深度对知识创新绩效影响较大,系数分别为 0.13、0.10;而科研效能感、创新氛围、外在激励与知识创新绩效相关关系比较弱,系数分别为 -0.01、0.02、-0.04,说明变量之间不存在多重共线性问题。对整体样本进行相关性分

表 6-2　相关系数矩阵

变　　量	SRE	KP	IA	EM	WOC	DOC	KIP
科研效能感（SRE）	1	—	—	—	—	—	—
知识创造（KP）	0.08**	1	—	—	—	—	—
创新氛围（IA）	0.80***	0.04	1	—	—	—	—
外在激励（EM）	−0.74***	−0.04	−0.73***	1	—	—	—
合作广度（WOC）	0.10**	0.62***	0.10**	−0.10**	1	—	—
合作深度（DOC）	−0.10**	0.48***	−0.12***	0.07**	0.11***	1	—
知识创新绩效（KIP）	−0.01	0.29***	0.02	−0.04	0.13***	0.10**	1

注：* 代表在 5% 水平上显著，** 代表在 1% 水平上显著，*** 代表在 0.1% 水平上显著。

析发现,部分变量之间的相关性较弱且在一定水平上不显著。

相关系数矩阵能够反映变量之间的相关程度,但无法直观显示变量之间的相关关系。本书着重探讨特征变量与知识创新绩效之间的复杂非线性关系和作用机制,主要关注科研效能感、知识创造、创新氛围、外在激励、合作广度、合作深度对知识创新绩效的影响。为了验证单个特征指标对知识创新绩效的影响,初步识别变量之间是否具有明显的线性或简单非线性关系,图 6-1 给出了单个特征指标与知识创新绩效的关系散点图。可以发现,各特征变量与知识创新绩效之间不存在明显的线性或简单非线性关系,每张子散点图中特征变量与知识创新绩效的关系都较为复杂且规律不易识别。此外,知识创造、合作广度、合作深度与知识创新绩效存在一定的正相关关系,但科研效能感、创新氛围、外在激励与知识创新绩效不存在较为明显的相关关系,这也从另一角度说明知识创新绩效不是由知识创造单一特征指标决定,同时也要受其他特征指标的影响。线性关系或简单非线性关系不适用于杰出学者科研效能感、知识创造、创新氛围、外在激励、合作广度、合作深度与知识创新绩效之间的关系,需要综合运用机器学习各种方法挖掘数据中隐藏的有价值信息和规律,明确杰出学者内外部特征因素对知识创新绩效的综合影响。

通用视角研究变量间相关性不能兼顾研究对象的差异,使得研究结果不具备针对性。因此考虑将样本数据进行聚类,获知不同类型杰出学者群组的类型和特点,在群组内部识别驱动杰出学者知识创新绩效的关键要素,为挖掘杰出学者群组内部不同的复杂非线性关系和作用机制奠定基础。

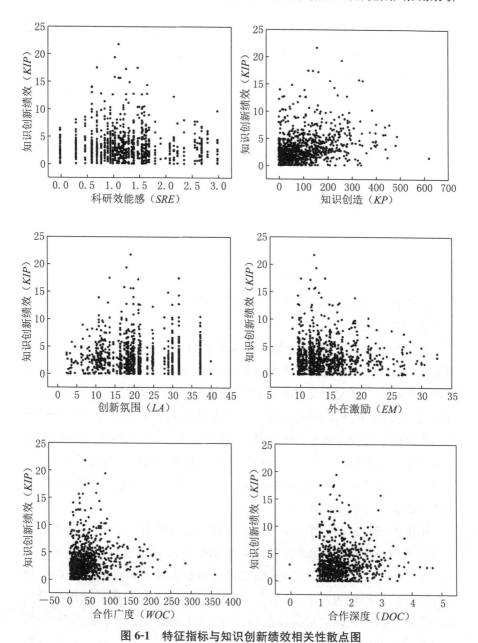

图 6-1　特征指标与知识创新绩效相关性散点图

第二节　异质性学者群组特征分析

通过上一节变量相关性分析，发现整体样本中特征变量与知识创新绩效之间的相关关系不明显，说明从通用视角出发并不能有效挖掘出该样本中的有价值信息。由于现实管理情境呈复杂多元化发展趋势,针对不同的管理对象应规划和实施差异性绩效管理策略。为获知三元交互模型下具有相似特点的杰出学者类型以及深入探析同类型杰出学者特征指标与知识创新绩效之间的复杂关系结构,有必要对杰出学者进行聚类分析以明确不同杰出学者群组类型和特点。

一、学者群组聚类个数确定

肘方法可以确定聚类最佳簇数,曲线第一个拐点暗示正确的聚类簇数。肘方法的核心指标是误差平方和($Sum\ of\ the\ Squared\ Errors$,$SSE$),其度量公式为:

$$SSE = \sum_{i=1}^{k} \sum_{p \in C_i} \mid p - m_i \mid^2 \qquad (式\ 6.1)$$

式中,C_i 为第 i 个簇,p 为 C_i 中的样本点,m_i 是 C_i 的质心(C_i 中所有样本点的均值)。

随着聚类簇数增加,簇的划分越来越精细,因此误差平方和 SSE 会逐渐减小。极端情况下每一个样本点被各自聚为一类时,误差平方和 SSE 变为 0。当 k 小于真实聚类簇数时,k 的逐渐增大会大幅提升各个簇的聚合程度,使得误差平方和下降幅度较大;当 k 到达真实聚类数时,k 值继续增加所得到的聚合程度回报会迅速减小,使得误差平方和 SSE 也会骤减;而当 k 值继续变大时,误差平方和 SSE 变化幅度会逐渐减小并趋于平缓。如图 6-2 中,当 $k = 3$ 时,误差平方和 SSE 变化幅度骤减并趋于平缓,表明本书样本数据最佳聚类簇数为 3。

由于本书中包括六个特征指标,且在描述性统计分析中发现指标有不同的量纲和数量级,表现为各特征指标的数值相差较大。而当指标间水平差别很大时,使用未处理的数据进行分析会使得取值高的指标在综合分析中的作用较为突出,从而掩盖其他取值较小的指标对结果变量的影响作用。因此在确定聚类簇数后,需要消除特征变量的量纲影响,即将各维度特征进行 Z-Score 标准化。对某序列取值 x_1,x_2,$\cdots$,x_n 进行如下变换:

$$y_i = \frac{x_i - \bar{x}}{s} \qquad (式\ 6.2)$$

式中,$\bar{x}$ 为序列的均值,s 为序列的标准差。新序列 y_1,y_2,$\cdots$,y_n 的均值为 0,方差为 1,且无量纲。

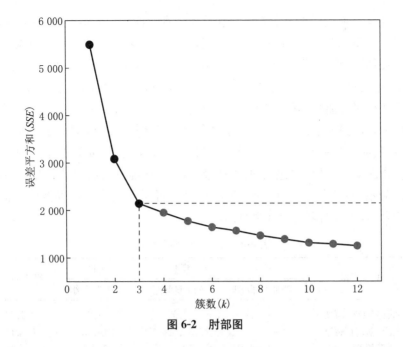

图 6-2　肘部图

二、杰出学者群组特征差异

基于研究目的将特征指标 Z-Score 标准化后,由肘部算法确定聚类簇数并进行 K-Means 聚类,可以得到三种不同类型的学者簇。如表 6-3 所示,杰出学者样本数据共 912 条,其中高绩效与低绩效学者各 456 位,且各占样本数量的 50%(知识创新绩效依据样本中位数进行划分,本书第六章第三节有详细描述)。此外,簇Ⅰ包括 263 位学者,其中 110 位高绩效学者,占比 41.8%;153 位低绩效学者,占比 58.2%。簇Ⅱ包括 396 位学者,其中 171 位高绩效学者,占比 43.2%;225 位低绩效学者,占比 56.8%。簇Ⅲ包括 253 位学者,其中 175 位高绩效学者,占比 69.2%;78 位低绩效学者,占比 30.8%。总体来看,聚类较为均匀,簇Ⅰ与簇Ⅱ的低绩效学者占比略多,簇Ⅲ的高绩效学者占比较多。根据聚类理论及方法可知,簇内学者特征相似而簇间学者特征相异,为后续聚焦分析三种不同类型学者群组的知识创新绩效影响机制问题提供了现实情境。

表 6-3　高校杰出学者样本数据 K-Means 聚类结果

	样本总体	簇Ⅰ	簇Ⅱ	簇Ⅲ
样本数量/样本占比	912/100%	263/28.8%	396/43.4%	253/27.8%
高绩效/高绩效占比	456/50%	110/41.8%	171/43.2%	175/69.2%
低绩效/低绩效占比	456/50%	153/58.2%	225/56.8%	78/30.8%

计算三种类型杰出学者群组和总体样本特征指标的均值绘制群组特征差异雷达图，如表 6-4 和图 6-3 所示，簇Ⅰ中的学者特征平均水平在创新氛围、科研效能感、合作广度 3 个特征指标上的水平均为最低，外在激励强度最大，说明簇Ⅰ激励特征突出，将其命名为激励型群组；簇Ⅱ学者特征平均水平在科研效能感、创新氛围 2 个特征指标上的水平最高，外在激励、合作广度和合作深度最低，说明簇Ⅱ学者所处学术环境质量高，学者科研效能感强，将其命名为平台型群组；簇Ⅲ学者特征平均水平在知识创造、合作广度和合作深度 3 个特征指标上的水平最高，科研效能感、创新氛围和外在激励 3 个特征指标都处于中等水平，说明簇Ⅲ学者科研实力强仍保持广泛而深度的合作，将其命名为合作型群组。

表 6-4　学者群组特征均值

变　　量	簇Ⅰ	簇Ⅱ	簇Ⅲ	样本总体
	激励型群组	平台型群组	合作型群组	
科研效能感（SRE）	0.57	1.65	1.26	1.23
知识创造（KP）	62.5	60.42	216.83	104.41
创新氛围（IA）	12.46	27.14	21.2	21.26
外在激励（EM）	19.09	11.64	13.81	14.39
合作广度（WOC）	26.43	26.27	80.51	41.36
合作深度（DOC）	1.5	1.34	2.12	1.6

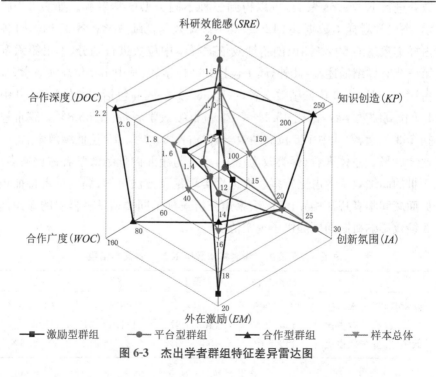

图 6-3　杰出学者群组特征差异雷达图

群组特征指标均值从整体层面反映三类杰出学者群组各自的特征情况,通过分析发现不同杰出学者群组具有明显异质性特征,即各个杰出学者群组类型都在若干个特征上占据相对主导性地位,进而使群组之间特征差异突出。但杰出学者群组特征差异雷达图只能笼统呈现杰出学者群组类型的大致差异,不同类型杰出学者群组内部的潜在规律和具体分类规则需要进一步分析。

第三节 不同类型杰出学者的知识创新绩效影响因素分析

为在聚类基础上进一步探析特征指标对杰出学者知识创新绩效的影响,以创新氛围、外在激励、知识创造、科研效能感、合作广度和合作深度 6 个指标作为决策规则的条件属性,离散化后的知识创新绩效作为决策属性,运用决策树挖掘特征变量与杰出学者知识创新绩效之间的复杂非线性关系。树模型的优势在于能够捕捉变量之间的交互作用[1],将所有特征变量按对结果变量影响作用的大小进行排序,便于管理者进行有效决策[2]。决策树是最常用的一种分类方法,因为它具有以下几个优点,例如:易于解释;处理多维属性的能力;处理速度快,设计简单;可接受的预测精度;以及生成人类可以理解的规则的能力[3]等。决策树算法正应用于管理学相关领域的理论与实践研究。王昱等[4]用多维效率指标反映不同行业和不同产业规模公司的整体状况,运用决策树方法对公司财务困境进行预警,从而为企业管理者、银行、审计人员等提供决策支持;夏国恩等[5]基于用户行为特征运用决策树模型构建网络客户流失预测模型,为客户流失问题提供新的解决方法;王丹丹等[6]认为在企业技术发展具有不确定性的实际情况下,运用决策树模型进行仿真与实验能够为企业采纳新技术提供思路和策略;里兹维

---

① 黄益平、邱晗、大科技信贷:《一个新的信用风险管理框架》,《管理世界》2021 年第 2 期。
② 陈志军、马鹏程、董美彤、牛璐:《母子公司研发管理控制点研究》,《科学学研究》2018 年第 10 期。
③ Sarker, I. H., A. Colman, J. Han et al., 2020:"BehavDT: A Behavioral Decision Tree Learning to Build User-Centric Context-Aware Predictive Model", *Mobile Networks & Applications*, 25(3).
④ 王昱、杨珊珊:《考虑多维效率的上市公司财务困境预警研究》,《中国管理科学》2021 年第 2 期。
⑤ 夏国恩、马文斌、唐婵娟、张显全:《融入客户价值特征和情感特征的网络客户流失预测研究》,《管理学报》2018 年第 3 期。
⑥ 王丹丹、吴和成:《企业技术采纳时间决策模型研究》,《科研管理》2017 年第 9 期。

（Rizvi）等①研究得出在线学习者的表现与其人口特征密切相关,例如地域归属感、社会经济地位、教育水平、年龄、性别和残疾状况。尽管越来越多的研究探索影响在线学习成果的因素,但大多数研究人员使用一个或极少数学习者特征的组合。加西（Ghiasi）等②旨在探索人口特征对在线学习环境中学术成果的动态影响;在生物医学领域中,决策树模型被广泛用于疾病诊断,运用 CART 算法能够识别最关键的影响因素,为相关主体提供工具支持和决策辅助。

通过相关文献的梳理发现,决策树等相关机器学习方法广泛运用于人工智能、生物、医学、金融学、经济学等领域,表明机器学习方法模型在诸多领域取得了不错的效果。管理问题研究大多从理论出发,通过文献梳理预先构建理论模型并收集问卷数据或面板数据,然后运用实证分析方法得出研究结论以验证理论模型的可靠性。但是现实管理问题复杂且难以清晰识别,通常不能用单变量或多变量的简单非线性组合来解释。决策树模型对处理多变量之间的非线性关系具有很大优势,而挖掘特征指标与杰出学者知识创新绩效之间的非线性复杂关系结构也是本书研究目的之一。

一、知识创新绩效离散化

决策树模型需要输入离散化数值作为决策属性,因此在进行决策分析之前需要将知识创新绩效离散化。样本学者都属于杰出学者,划分知识创新绩效等级以区分绩效高低水平时,只在样本内进行绩效相对比较。常用的离散化方法包括等宽法、等频法和一维属性聚类等,本书为了绩效等级划分结果符合现实管理情境,以知识创新绩效样本数据的中位数（Median 值）

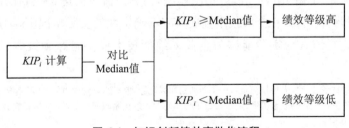

图 6-4　知识创新绩效离散化流程

①　Rizvi, S., B. Rienties, S. A. Khoja, 2019："The Role of Demographics in Online Learning: A Decision Tree Based Approach", Computers & Education, 2019.
②　Ghiasi, M. M., S. Zendehboudi, A. A. Mohsenipour, 2020："Decision Tree-Based Diagnosis of Coronary Artery Disease: CART Model", *Computer Methods and Programs in Biomedicine*.

表6-5　杰出学者群组部分样本数据示例

序号	科研效能感	知识创造	创新氛围	外在激励	合作广度	合作深度	知识创新绩效	群组类型	知识创新绩效离散化
1	0.78	44	13.39	13.79	6	1.50	0.67	0	低
2	0.30	128.33	3.95	17.89	44	2.36	5.75	0	高
3	0.78	106.67	18.16	16.25	33	1.67	1.60	0	低
4	0.90	63.33	14.75	13.18	27	1.67	2.81	0	高
5	0.60	26	16.11	15.39	10	1.60	2.73	0	高
6	1.63	70	31.77	9.83	19	1.53	0.55	1	低
7	1.63	53.33	31.77	9.83	14	1.07	2.78	1	高
8	1.11	85	18.61	13.10	20	1.85	3.37	1	高
9	1.63	33.33	31.77	9.83	11	1.27	2.84	1	高
10	1.15	20.67	19.94	13.08	10	1.60	1	1	低
11	0.70	186.67	18.85	15.08	359	1.21	1.04	2	低
12	1.63	145.67	31.77	9.83	73	2	5.75	2	高
13	1.30	161	21.24	10.74	93	1.48	11.09	2	高

注:群组类型中0、1、2分别代表激励型群组、平台型群组和合作型群组。

为标准,杰出学者知识创新绩效(KIP_i)大于中位数的数据赋值为1,小于中位数的数据赋值为−1,分别对应知识创新绩效等级高与知识创新绩效等级低,以此完成知识创新绩效的等级划分过程,如图 6-4 所示。本书研究对象是高校杰出学者,对应的是国家先进知识分子,都属于高绩效学者。绩效等级划分只是在这一群体当中进行学者绩效相对划分,目的是寻求提升高校杰出学者知识创新绩效的策略和方法。

表 6-5 呈现了样本中各变量的数据示例,包括科研效能感、知识创造、创新氛围、外在激励、合作广度、合作深度和离散化后的知识创新绩效相关数据。至此三种类型杰出学者群组的数据准备就绪,为不同类型决策树模型的构建和分析提供数据支撑。

二、激励型群组决策树

通过 Origin 对激励型群组数据进行描述性统计分析,可以对数据大致分布有整体感知和了解,以便决策分析更加清楚。如表 6-6 所示,科研效能感的均值为 0.57,说明激励型群组的杰出学者效能感相对较低;知识创造最小值为 1,最大值为 280,均值为 62.50,说明激励型群组的杰出学者实力水平也有一定差异;创新氛围均值为 12.46,最大值为 21.75,总体质量相对低;外在激励均值 19.09,说明尽管激励型群组杰出学者所处的学术环境质量欠佳,但感知的激励水平颇高;其他变量不一一赘述。

表 6-6　激励型群组描述性统计

变 量	N	均值	标准差	最小值	最大值
科研效能感(SRE)	263	0.57	0.34	0	1.40
知识创造(KP)	263	62.50	52.08	1	280
创新氛围(IA)	263	12.46	4.74	2.59	21.75
外在激励(EM)	263	19.09	4.64	10	32.6
合作广度(WOC)	263	26.43	20.67	0	111
合作深度(DOC)	263	1.50	0.49	0	3.76
知识创新绩效(KIP)	263	2.83	2.58	0.01	17.50

在用激励型群组数据训练决策树模型时,为避免数据过度拟合,设置树的深度为3。如图 6-5 所示,在激励型群组决策树中,根节点为知识创造,说明知识创造对杰出学者知识创新绩效的影响最为关键。决策树产生的规则并不都可取,通过后剪枝方法可以删除一些样本支持度低的规则(用虚线连接的规则)。在"知识创造—知识创造—合作广度"和"知识创造—知识创造—创新氛围"这两条规则中,知识创造很低负向影响杰出学者获得知识创

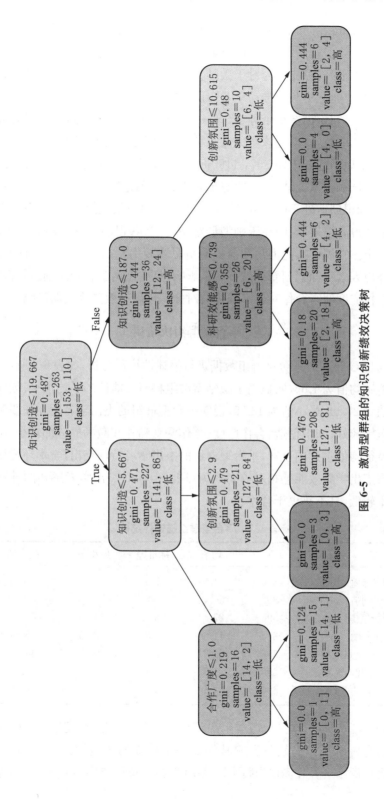

图 6-5　激励型群组的知识创新绩效决策树

新绩效等级低;在"知识创造—知识创造—科研效能感"这条规则中,杰出学者科研实力处于较高水平,效能感低于阈值 0.74 时,却大概率会获得知识创新绩效等级高,可能因为对于激励型群组中学术能力较强这部分学者而言,过高的效能感不利于推动学者知识产出。具体来看,在激励型群组决策树左子树中,知识创造小于等于 5.667,合作广度处于较大区间时,学者大概率会获得低绩效,所以应该避免低水平的规模合作,减少"规模不经济"现象的产生;知识创造处于(5.667,119.667]区间,创新氛围大于 2.9 时,杰出学者仍较大概率获得低绩效,表明杰出学者知识创造能力还有待提升。在右子树中,知识创造处于(119.667,187.0]区间,科研效能感较弱时,杰出学者大概率获得高绩效,说明在激励型群组中,尽管获得项目支持的概率较小,但学者个体知识创造能力为绩效提升贡献主要力量。横向对比分析发现,外部环境因素对知识创新绩效有一定影响,且在杰出学者知识创造较低时,拓宽合作广度使得合作对象多样化会对知识创新绩效产生负向影响。

三、平台型群组决策树

通过 Origin 对平台型群组数据进行描述性统计分析,如表 6-7 所示,科研效能感均值为 1.65,明显高于激励型群组科研效能感的平均水平;创新氛围均值为 27.14,最小值为 13.39,说明平台型群组的杰出学者所在任职院校学术氛围较好;知识创造、合作广度、合作深度和外在激励的值都较小,结合三簇特征均值雷达图可知,平台型群组的杰出学者特征突出,学术环境质量高使得杰出学者效能感相对较高成为可能,但同时杰出学者感知的外在激励水平较低,且不热衷于合作。

表 6-7　平台型群组描述性统计

变　　量	N	均值	标准差	最小值	最大值
科研效能感(SRE)	396	1.65	0.55	0	2.98
知识创造(KP)	396	60.42	49.22	1	250
创新氛围(IA)	396	27.14	6.49	13.39	40
外在激励(EM)	396	11.64	1.50	8.35	15.34
合作广度(WOC)	396	26.27	22.87	0	144
合作深度(DOC)	396	1.32	0.40	0	2.74
知识创新绩效(KIP)	396	2.89	2.74	0.01	17.45

如图 6-6 所示,在平台型群组决策树中,根节点为知识创造,说明杰出学者自身科研实力仍然是影响其知识创新绩效的关键因素。在"知识创造—合作深度—外在激励"规则中,杰出学者自身科研实力较弱,与其他杰

出学者未保持深度合作,且外在激励大于阈值9.211时,大概率会获得知识创新绩效等级低;而在"知识创造—合作深度—合作深度"规则中,杰出学者拥有较高的知识创造及保持较高的合作深度时,大概率会获得高等级知识创新绩效。从平台型群组决策树可以看出,影响杰出学者创新绩效最重要的因素为知识创造、合作深度和外在激励。对于平台型群组的杰出学者而言,科研实力强的同时加强深度合作交流,能够拓展杰出学者知识面,吸收互补性知识从而有利于论文产出效益。横向对比发现,知识创造和合作深度成为影响平台型群组的杰出学者知识创新绩效的重要因素。具体来看,在平台型群组决策树左子树中,当知识创造小于等于74.0,合作深度小于等于2.09,外在激励大于9.211时,杰出学者大概率获得低绩效,说明在平台型群组中,外在激励会负向影响杰出学者绩效,可能原因是该部分杰出学者创新知识产出趋于饱和状态,难以继续提升。在右子树中,较强知识创造能力与较高合作深度水平共同推动杰出学者获得高绩效。横向对比发现,在平台型群组中,知识创造仍然对杰出学者知识创新绩效起主导作用。对拥有不同知识创造能力的杰出学者应配置差异化科研合作关系资源,知识创造能力强的杰出学者更适宜与外部保持深度合作以提高知识产出水平。

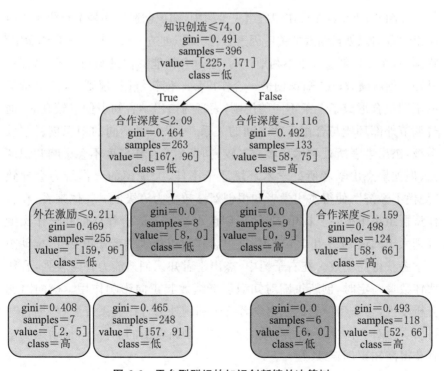

图6-6 平台型群组的知识创新绩效决策树

四、合作型群组决策树

通过 Origin 对合作型群组数据进行描述性统计分析,如表 6-8 所示,知识创造均值为 216.83,标准差为 92.69,说明学者科研实力较强,且杰出学者间实力水平具有差异性;合作广度均值为 80.51,说明杰出学者普遍进行广泛合作;合作深度均值为 2.12,说明杰出学者注重保持合作的稳定性。合作型群组杰出学者所在院校创新氛围、外在激励和科研效能感都处于中等水平。

表 6-8　合作型群组描述性统计

变　　量	N	均值	标准差	最小值	最大值
科研效能感(SRE)	253	1.26	0.54	0	2.98
知识创造(KP)	253	216.83	92.69	50	620.33
创新氛围(IA)	253	21.20	6.70	9.27	37.28
外在激励(EM)	253	13.81	2.81	9.67	22.57
合作广度(WOC)	253	80.51	54.70	7	359
合作深度(DOC)	253	2.12	0.69	1.08	4.71
知识创新绩效(KIP)	253	4.39	3.21	0.02	21.73

如图 6-7 所示,在合作型群组决策树中,知识创造作为根节点仍是影响杰出学者知识创新绩效的关键因素。在"知识创造—合作广度—合作深度"规则中,在知识创造处于不利地位时,通过合作能够促进知识互补,从而提升知识创新绩效;在"知识创造—合作广度—创新氛围"规则中,三个特征的不同组合形成了三条不同的规则,表现为杰出学者知识创造较高时,通过调节外部环境与合作广度之间的关系,可以获得不同的知识创新绩效等级:杰出学者所处学术环境质量较高时,拓宽合作广度不会影响知识产出;但如果杰出学者所处学术环境质量不佳,大规模的合作行为会导致"规模不经济",使得杰出学者知识创新绩效变为等级低。具体来看,在合作型群组决策树左子树中,当知识创造小于 157.5,合作广度和合作深度分别大于阈值 27.5 和 1.103 时,通过合作可以促进学者知识互补,推动杰出学者获得高绩效。在右子树中,杰出学者知识创造能力普遍较强,合作伙伴数量一定时,创新氛围对知识创新绩效起正向影响作用。横向对比分析发现,合作型群组的杰出学者善于利用外部合作关系资源,根据自身科研实力对合作资源进行有效配置,并在创新氛围的加持下,推动杰出学者获得高知识创新绩效。

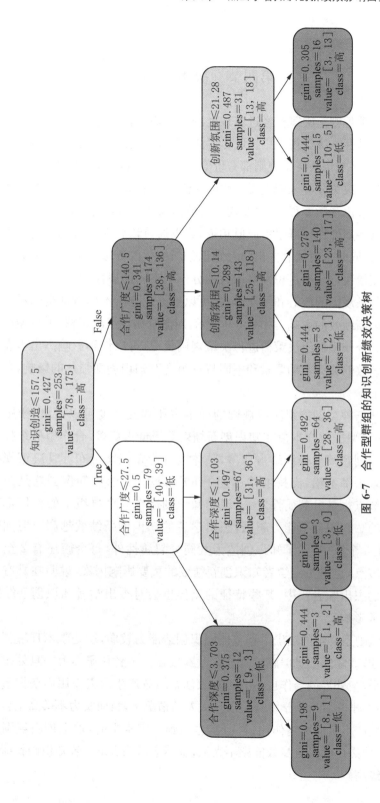

图 6-7　合作型群组的知识创新绩效决策树

第四节　决策规则分析

决策规则是决策树经过剪枝处理后提炼的代表性知识规律,包括用各种方法从标准决策规则中提取尽可能匹配大多数可能性的所有规则。在决策树中,并非每条决策规则都有价值,通过决策规则约简可以剔除规则的冗余值和对决策分类未起重要作用的属性。决策树中某些属性在决策规则中未出现或出现频率很低,并非代表其对知识创新绩效的影响作用不大,而是代表这些属性在该群组中取值相近,难以通过该属性进行知识创新绩效等级划分,同时也意味着杰出学者知识创新绩效的等级高低划分主要由其他特征变量决定。通过识别对绩效划分作用不大的属性,在这些属性约束下获取每条规则的核心和简化形式,可以更好地分析不同特征组合对因变量知识创新绩效的影响。如表 6-9 所示,对激励型群组决策树、平台型群组决策树和合作型群组决策树进行决策规则提取,可以识别影响杰出学者知识创新绩效的关键驱动要素和不同特征组合对知识创新绩效的影响,具体分析如下:

从三种类型群组决策规则的样本占比和支持度可以得出,激励型群组、平台型群组样本量在知识创新绩效等级低占比多,合作型群组样本量在知识创新绩效等级高占比多,整体表现为正偏态分布。且决策规则的拟合效果都不错,支持度均达到了 50％以上。此外,知识创造是 3 个簇的根节点也是分裂属性之一,说明知识创造在 3 个群组中的作用都是最关键的。知识创造能力越强,杰出学者的知识创新绩效越高。但同时发现,在 3 个簇中,除了知识创造为共同分裂属性外,每个簇还有 2 至 3 个分裂节点,也是杰出学者知识创新绩效的重要影响因素,说明在具有高度相似的杰出学者簇中,某些特征的差异也会对杰出学者知识创新绩效产生显著影响。

激励型群组的杰出学者整体知识创造能力较弱,所处学术环境创新氛围欠佳,效能感不足但感知的外在激励较强。学者科研实力一旦处于极低的水平,与外界的合作也不会对知识创新绩效产生太大作用而获得绩效等级低;杰出学者所处学术环境质量太差的情况下,科研实力不够高也会对创新绩效产生负向影响作用;科研实力达到一定水平时,加上创新氛围的助力,即使杰出学者自身效能感不太强,也不会影响杰出学者知识创新绩效达成等级高。

表 6-9　不同类型杰出学者的知识创新绩效等级决策规则表

群组名称	科研效能感（SRE）	知识创造（KP）	创新氛围（IA）	外在激励（EM）	合作广度（WOC）	合作深度（DOC）	置信度	支持度	等级
激励型群组	—	≤5.667	—	—	>1.0	—	94%	6%	低
	—	(5.667，119.667]	>2.9	—	—	—	62%	79%	低
	≤0.739	(119.667，187]	—	—	—	—	90%	8%	高
平台型群组	—	≤74.0	—	>9.211	—	≤2.09	64%	63%	低
	—	>74.0	—	—	—	>1.159	56%	30%	高
合作型群组	—	≤157.5	—	—	>27.5	>1.103	57%	26%	高
	—	>157.5	>10.14	—	≤140.5	—	84%	56%	高
	—	>157.5	≤21.28	—	>140.5	—	67%	6%	低
	—	>157.5	>21.28	—	>140.5	—	82%	7%	高

注：支持度指满足某一决策规则的样本数量占其对应群组总样本数量的比重；置信度指在既定规则中满足决策属性某一状态的占比。

平台型群组的杰出学者整体知识创造也较低,所处环境质量高,杰出学者效能感强,但合作行为不突出,外在激励弱。大体分析可知,这一部分杰出学者所在任职院校基本为重点院校,且每年获得基金项目数多,致使杰出学者有较强效能感,认为自己也能达成目标;但由于所处院校其他学者普遍实力较强,感知的外在激励很弱。对于所处学术环境质量较优的杰出学者而言,一定实力的知识创造及保持一定的合作深度便可以达成创新绩效等级高;而在科研实力不足的情况下,没有稳定的合作对象以及外在激励作用下,杰出学者会获得创新绩效等级低。

合作型群组作为绩效等级高样本量占比最高的簇,突出特征是超强的科研实力和合作能力。这一部分杰出学者所处学术环境质量一般,因此效能感和外在激励感知都较为一般。知识创造强基本决定了杰出学者获得知识创新绩效等级高,但仍有少部分杰出学者因为所处学术环境质量的差异,取得了不同等级的知识创新绩效,表现为知识创造能力趋同时,学术环境质量越高,对合作伙伴数量的包容性越高,拓宽合作广度能够提升杰出学者知识创新绩效。

根据知识创新绩效等级决策规则表,可以明确各个群组的杰出学者获得高知识创新绩效的潜在决策规则。由于群组之间具有异质性,决策规则也不尽相同。但三个群组有一个共同点:知识创造越高,杰出学者获得高知识创新绩效的概率越大。科研合作关系资源需要根据杰出学者的异质性特征进行合理配置,杰出学者知识创造能力和所处学术环境质量差异都会影响合作资源对知识创新绩效的影响。此外,创新氛围、外在激励和科研效能感对知识创新绩效起到一定影响作用。

第五节　结　果　分　析

本章采用 K-Means 算法对具有异质性特征的杰出学者进行聚类划分并命名,以科研效能感、知识创造、创新氛围、外在激励、合作广度和合作深度作为条件属性,以离散化后的知识创新绩效作为决策属性,使用决策树CART 算法挖掘潜在规则,得出不同特征变量组合影响杰出学者达成不同等级的知识创新绩效。研究发现:(1)知识创造是影响杰出学者个体知识创新绩效的关键因素,知识创造能力越强,越有利于学者知识创新绩效提升。对于知识创造能力较弱的学者,应注重加强与他人的合作,在知识更新的同时也可促进自身知识产出;(2)创新氛围作为环境因素对学者知识创新绩效的影响较大,说明杰出人才在一定程度上受外部氛围影响,相关领导者应该注重对整体学术环境的管理,为杰出学者创造良好的学术环境,促进知识创新绩效的提升;(3)合作因素与杰出学者知识创新绩效之间为复杂非线性关系,合作广度与合作深度的确定需要具体情况具体分析。知识创造较低时,一味地提升合作深度,会因为难以补充新知识造成团队知识更新缓慢,从而影响杰出学者个体知识创新绩效的提升;知识创造较高时,拓宽合作广度似乎比加强合作深度更有利于创新绩效提升,原因可能在于不同高水平学者聚集更可能产生"头脑风暴"。相比于知识创造相对较低学者聚集产生的"规模不经济",高水平的学者会因为拓宽合作广度而获得高知识创新绩效。

杰出学者应该根据自身学术实力合理配置科研合作关系资源,知识创造高的杰出学者对合作对象数量的包容性更大,拓宽合作广度有利于杰出学者内部知识共享和更新,进一步推动知识创新绩效的发展。同时,加大合作深度有利于高水平学者之间创新知识产出。而对于知识创造能力较低的杰出学者而言,合作伙伴数量过多容易导致"规模不经济",从而抑制知识创新绩效的提升。除此之外,外部环境因素和科研效能感在一定程度上也会对知识创新绩效产生影响,外部环境大体正向影响知识创新绩效,而科研效能感在一定程度上会负向影响知识创新绩效。总体而言,特征指标与知识创新绩效之间是非线性复杂关系,对拥有异质性的杰出学者群组而言,有不同的决策规则可供学者借鉴以获得高知识创新绩效。通过 K-Means 聚类和决策树分析,识别不同管理情境下杰出学者知识创新绩效的关键驱动要素,对于杰出学者绩效提升和相关决策者制定绩效激励措施具有借鉴意义。

第六节 本 章 小 结

本章在对总体样本进行描述性统计和相关性分析的基础上,大体明确各特征变量与知识创新绩效之间的相关关系不明显,需要借助机器学习相关算法挖掘变量之间的复杂非线性关系结构。接着对杰出学者特征变量数据进行聚类划分,绘制特征差异雷达图并依据各杰出学者群组在不同特征维度上的取值差异进行命名,识别各杰出学者群组的异质性特点。最后使用决策树 CART 算法挖掘不同类型杰出学者群组内部存在的特征变量与知识创新绩效之间的复杂非线性关系结构,得出不同特征组合对杰出学者知识创新绩效的不同影响作用。结果表明,不同类型杰出学者有达成高知识创新绩效的独特发展方式,应该依据杰出学者内外部特征实施个性化的绩效激励策略,推动杰出学者创新知识持续产出。

第七章　杰出学者知识创新绩效影响机制分析

本章主要探讨科研效能感、知识创造、创新氛围、外在激励、合作广度与合作深度六个前因变量间的依赖关系及其与知识创新绩效之间的复杂作用机制，为杰出学者突破知识创新绩效发展瓶颈提供方法和路径。基于第六章杰出学者群组类型的划分，将各杰出学者群组样本数据中的特征变量SAX离散化后，运用爬山算法搭建贝叶斯网络结构（结构学习）；接着在Netica中导入样本数据与贝叶斯网络结构进行适配，得到不同管理情境下的知识创新绩效贝叶斯网络基础模型（参数学习）；最后通过变量关联度和贡献度分析识别不同杰出学者群组内部隐藏的变量间的复杂作用机制，为制定个性化绩效激励策略提供理论基础。

第一节　问 题 提 出

前人研究重点关注特征变量与结果变量之间的线性关系或简单非线性关系[1][2][3]，通常预设理论模型，采用线性回归等相关方法进行模型的验证，以此得到研究结果。杨小婉等[4]从"动机—行为—绩效"视角出发，探讨合作动机驱动下，合作行为对于高校科研团队学术绩效的影响，着重强调合作强度与合作质量对绩效提升起到的作用；曾明彬等[5]强调社会合作网络中

---

① 王战平、汪玲、谭春辉、朱宸良：《虚拟学术社区中科研人员合作效能影响因素的实证研究》，《情报科学》2020年第5期。
② 尹奎、徐渊、宋皓杰、邢璐：《科研经历、差错管理氛围与科研创造力提升》，《科研管理》2018年第9期。
③ 刘成科、孔燕、陈艳艳：《科研自我效能感的内涵、测量及其影响》，《科技管理研究》2019年第20期。
④ 杨小婉、朱桂龙、吕凤雯、戴勇：《产学研合作如何提升高校科研团队学者的学术绩效？——基于行为视角的多案例研究》，《管理评论》2021年第2期。
⑤ 曾明彬、韩欣颖、张古鹏、张孟亚：《社会资本对科学家科研绩效的影响研究》，《科学学研究》2022年第2期。

的社会资本对于科学家科研绩效的影响,从侧面表明合作对于学术绩效的重要性;张艺等①从学研机构角度出发,揭示"产学研合作—学术绩效"之间的影响黑箱,在肯定了合作对于学术绩效的同时,也丰富了产学研合作理论;喻登科等②指出科研团队内合作对于成果产出的重要性,对于团队内人均合作效益也具有促进作用;张艺等③从产学研角度出发,得出学研机构与企业的合作联结强度与学术绩效是倒 U 形关系。科研合作作为科研人员进行学术创造活动与成果产出的助推器,是科研人员加强学术交流和实现共赢的重要方式。在一定程度上,科研合作对科研人员学术绩效产生了重要影响,在合作的推进下,科研人员的绩效得以提升。知识创造是反映科研人员学术能力的重要指标,其对于知识创新绩效的影响毋庸置疑。随着管理学对复杂现象的认识逐步深化,学者在剖析组织管理问题背后的复杂依赖关系时,广泛运用 QCA 定性比较分析方法挖掘影响组织创新绩效的多重组态条件以及变量间的复杂关系,但局限于小样本数据的整合分析和静态分析,较少关注不同非线性特征组合对知识创新绩效的影响以及多个前因变量与知识创新绩效之间"殊途同归"的作用机制。

通过相关文献梳理发现,知识创新绩效的影响因素颇多,变量间的依赖关系很难基于理论和专家主观经验有效识别。杰出学者知识创新绩效作为科研绩效研究的一个分支,其影响因素具有多元性、情境性和组合性等特征,如何通过机器学习算法得到多元影响因素间普遍存在的逻辑关系以及明确各特征要素与杰出学者知识创新绩效之间"殊途同归"的作用路径是构建特征变量与知识创新绩效贝叶斯网络的重点。从整体来看,知识创新绩效的影响因素可以分为个体因素、外部环境因素与合作因素;根据前文分析得出,影响杰出学者知识创新绩效的特征指标分别有科研效能感、知识创造、创新氛围、外在激励、合作广度与合作深度,如图 7-1 所示。上一章主要探讨特征指标与知识创新绩效之间的相关关系,挖掘特征指标与知识创新绩效之间的非线性复杂关系并识别不同杰出学者群体其知识创新绩效的关键影响因素。这一章将从贝叶斯网络有向无环图出发,借助机器学习的方式构建贝叶斯因果模型图,进一步研究特征变量之间以及特征变量与知识

---

① 张艺、龙明莲、朱桂龙:《科研团队参与产学研合作对学术绩效的影响路径研究》,《外国经济与管理》2018 年第 12 期。

② 喻登科、严红玲:《科研团队内部合作:知性互补还是强强联合》,《科技进步与对策》2018年第 23 期。

③ 张艺、陈凯华、朱桂龙:《学研机构科研团队参与产学研合作有助于提升学术绩效吗?》,《科学学与科学技术管理》2018 年第 10 期。

创新绩效之间的复杂作用机制。

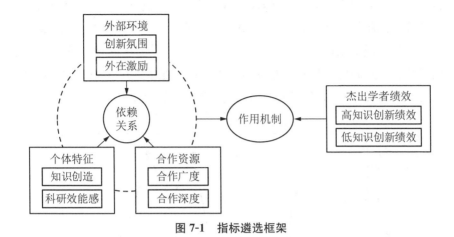

图 7-1 指标遴选框架

第二节 特征变量等级划分

符号集合近似(Symbolic Aggregate approXimation,SAX)算法主要用于时间序列数据降维处理及在符号表示上定义距离度量。在将一列任意长为 n 的时间序列数据 C 标准化处理后,通过分段聚合近似(PAA)将时间序列数据 $C = c_1, c_2, \cdots, c_n$ 缩减为任意长度为 w 的字符串(其中 $w < n$,通常 $w \ll n$),即 $\bar{C} = \bar{c_1}, \bar{c_2}, \cdots, \bar{c_w}$;接着将 PAA 数据符号化为 $\hat{C} = \hat{c_1}, \hat{c_2}, \cdots, \hat{c_w}$,结合标准化后的时间序列数据高斯分布求取使得高斯分布被划分成任意数量等概率区间的断点序列 B,然后通过断点列表 B 和 PAA 近似序列值完成符号化,最后将结果保存在一个字母表中,字母表大小是任意整数 $a(a > 2)$。

在进行下一步研究之前,需要借助 SAX 算法将样本特征变量离散化。首先,对总体样本数据进行描述性统计分析得到各变量的均值和标准差;各个群组数据表皆以总体样本各变量的均值和标准差进行各属性的 Z-Score 标准化处理;查询高斯分布统计表可知,0.43 和 −0.43 为高斯分布概率三等分值的两个断点,其中,落入 $(-\infty, -0.43]$ 的数据赋值为 −1,落入 $(-0.43, 0.43]$ 的数据赋值为 0,落入 $(0.43, +\infty]$ 的数据赋值为 1,由此借助 SAX 算法将各变量离散成高、中、低三种状态,分别对应 1、0 和 −1。如图 7-2 所示,获取创新氛围任意 10 个数据点 X_1 至 X_{10} 标准化处理后得到 X_1' 至 X_{10}';绘制纵向正态分布曲线并查询高斯分布统计表可知 0.43 和

−0.43 为概率三等分值的两个断点,通过 $y=0.43$ 和 $y=-0.43$ 两条虚线将创新氛围分为三种等级状态;X_2'、X_3'、X_5'、X_{10}' 落入 $(-\infty, -0.43]$ 区间被划分为创新氛围低状态点,X_4'、X_7'、X_9' 落入 $(-0.43, 0.43]$ 区间被划分为创新氛围低状态点,X_1'、X_6'、X_8' 落入 $(0.43, +\infty)$ 区间被划分为创新氛围低状态点。同理可将样本数据表中六个特征变量进行 SAX 数据离散化,为接下来的贝叶斯网络模型的构建提供数据支撑。

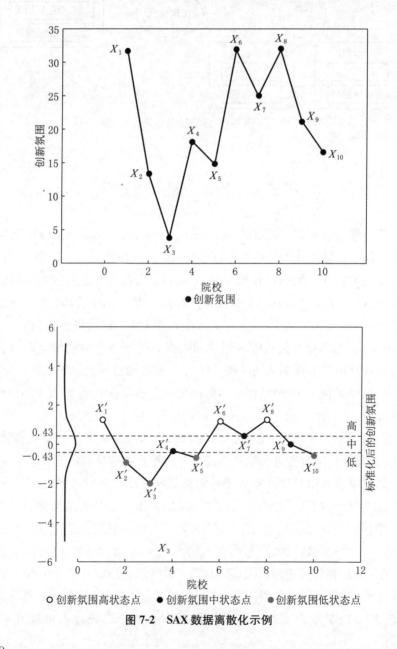

图 7-2　SAX 数据离散化示例

表 7-1　激励型群组特征变量 SAX 离散化数据实例

序号	科研效能感	知识创造	创新氛围	外在激励	合作广度	合作深度	知识创新绩效
1	−1	−1	−1	0	−1	0	−1
2	−1	0	−1	1	0	1	1
3	−1	0	0	0	0	0	−1
4	−1	−1	−1	0	0	0	1
5	−1	−1	−1	0	−1	0	−1
6	−1	−1	−1	1	−1	1	−1
7	0	−1	0	0	0	0	−1
8	−1	0	0	0	1	−1	−1
9	−1	−1	−1	0	−1	1	−1
10	0	0	−1	0	−1	−1	−1

如表 7-1 所示,通过 SAX 算法将激励型群组数据表中的特征变量进行离散化处理,可以得到特征变量在各维度上的等级状态。其中,−1 代表低状态,0 代表中状态,1 代表高状态。

第三节　不同类型学者的知识创新绩效作用机制分析

通过上一章基于决策规则的绩效影响因素分析,得到三个群组内部不同决策规则以探析影响杰出学者知识创新绩效的关键因素,但是决策树只能详尽呈现分类规则,对于影响因素与知识创新绩效间的复杂依赖关系不能有效呈现。在市场营销领域,通过表征消费者多维分值向量总结需求特征,从而实现消费者群组的划分。同理,结合前文对杰出学者知识创新绩效特征指标的梳理,在把握三个群组异质性特征的基础上研究特征变量对知识创新绩效的不同影响,即根据群组划分运用贝叶斯网络分析方法研究前因变量之间以及前因变量与结果变量间的作用机制。

一、贝叶斯网络基础模型

在获得三类群组特征变量及结果变量 SAX 离散化数据后,运用爬山算法分别训练以得到激励型群组贝叶斯网络拓扑结构、平台型群组贝叶斯网络拓扑结构和合作型群组贝叶斯网络拓扑结构。爬山算法作为寻求变量依赖关系的优良算法之一,可以在 Python 中调用函数输出若干组有因果关系的变量,梳理归纳后得到与样本数据拟合良好的贝叶斯网络拓扑结构。

实际问题中对于影响因素的研究是极其复杂的,因此常基于某个视角或理论进行问题探寻以得出管理启示或结论,但可能出现对现实问题解析不够清晰的情况。与上一章研究探析知识创新绩效关键影响因素不同,贝叶斯网络模型通过构建各变量的父子节点呈现依赖关系,不仅可以分析自变量对因变量的影响,还可以分析自变量之间的复杂关系。

通过爬山算法训练激励型群组数据表中的 6 个特征指标和结果变量知识创新绩效,得到有关知识创新绩效的贝叶斯网络结构模型。如图 7-3 所示,外在激励和知识创造作为根节点,会对其他 5 个变量产生直接影响或间接影响。其中,科研效能感、合作广度和合作深度为中间节点,创新氛围和知识创新绩效为叶子节点。该群组的杰出学者感知外在激励水平会对创新氛围和科研效能感产生影响,外在激励也会通过科研效能感对创新氛围产生影响;知识创造对知识创新绩效产生影响,同时也会通过合作广度或合作深度对知识创新绩效产生影响。

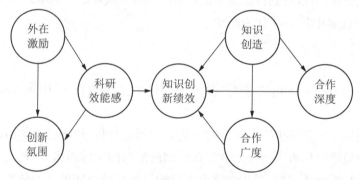

图 7-3　激励型群组贝叶斯网络拓扑结构

确定贝叶斯网络结构之后,另一重要任务是参数学习,即确定各节点(变量)的先验概率和条件概率以了解各变量之间的依赖程度。使用 Netica 软件可以从已知数据表中自动学习各变量的先验概率和条件概率表(CPT)。由激励型群组贝叶斯网络参数学习可以得出各节点变量的先验概率表,与图 7-3 对应,各节点变量被离散化成高、中、低三种状态后,通过 Netica 进行参数学习后,可以初步得到激励型群组中杰出学者在各个节点变量上的概率分布。如图 7-4 所示贝叶斯网络基础模型,激励型群组数据表中变量 SAX 离散化后创新氛围和科研效能感状态高的先验概率都为 0,表示该群组所处学术环境质量相对较低,科研效能感较弱;合作因素中,该群组的合作广度和合作深度大多处于中低水平,只有外在激励基本都处于中高状态。在各种因素的制约下,该群组有一半以上杰出学者获得知识创新绩效较低等级,表明知识创新绩效受多因素综合影响。

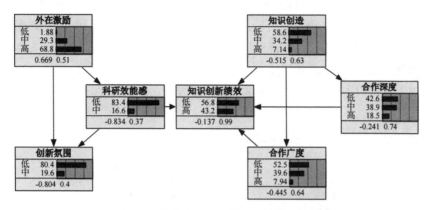

图 7-4　激励型群组贝叶斯网络基础模型

通过爬山算法训练平台型群组数据表中 6 个特征变量和知识创新绩效结果变量,可以得到平台型群组贝叶斯网络结构模型。如图 7-5 所示,创新氛围作为根节点,会对其他 6 个变量产生直接影响或间接影响。其中,科研效能感、知识创造、合作广度和合作深度为中间节点,外在激励和知识创新绩效为叶子节点。知识创造、合作广度和合作深度都会对知识创新绩效产生直接影响,此外,还存在以科研效能感、知识创造、合作广度和合作深度作为中间变量的影响路径,如"创新氛围→科研效能感→知识创造→知识创新绩效""创新氛围→科研效能感→知识创造→合作广度→知识创新绩效""创新氛围→科研效能感→知识创造→合作深度→知识创新绩效"。由此可见,创新氛围、个体因素和合作因素会对知识创新绩效产生综合影响作用。

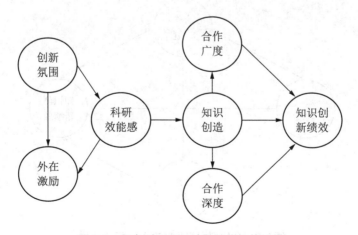

图 7-5　平台型群组贝叶斯网络拓扑结构

　　确定贝叶斯网络结构之后，另一重要任务是参数学习，即确定各节点（变量）的先验概率和条件概率以了解各变量之间的依赖程度。使用 Netica 软件可以从已知数据表中自动学习各变量的先验概率和条件概率表（CPT）。如图 7-6 所示，平台型群组数据表中杰出学者外在激励状态高的先验概率为 0，杰出学者所处学术环境质量较高且科研实力较强。通过先验概率表可以看出杰出学者所处学术环境质量和科研效能感都处于较高水平，知识创造、合作广度和合作深度大多处于中低等状态，外在激励基本处于较低状态，知识创新绩效的状态分布大体均匀，绩效高的杰出学者略少。

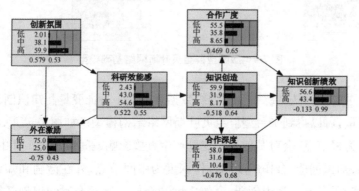

图 7-6　平台型群组贝叶斯网络基础模型

　　通过爬山算法训练合作型群组数据表中 6 个前因变量和其结果变量，可以得到有关知识创新绩效的贝叶斯网络结构模型。如图 7-7 所示，知识创造作为根节点，会对其他 3 个变量产生直接影响或间接影响。其中，合作广度和合作深度为中间节点，知识创新绩效为叶子节点。与激励型群组和

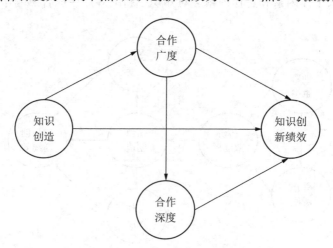

图 7-7　合作型群组贝叶斯网络拓扑结构

平台型群组贝叶斯网络结构中知识创新绩效会受外部环境影响不同,合作型群组贝叶斯网络结构由知识创造、合作广度、合作深度和知识创新绩效四个节点组合而成,创新氛围、外在激励和科研效能感对知识创新绩效并无明显相关关系。

确定贝叶斯网络结构之后,另一重要任务是参数学习,即确定各节点(变量)的先验概率和条件概率以了解各变量之间的依赖程度。使用 Netica软件可以从已知数据表中自动学习各变量的先验概率和条件概率表(CPT)。合作型群组数据表中知识创造状态"高"的概率为 0.781,可知杰出学者科研实力普遍较强。此情形下,合作广度与合作深度也会对知识创新绩效产生影响,说明对于合作型群组的杰出学者而言,知识创造、合作广度与合作深度是影响杰出学者知识创新绩效的重要因素。如图 7-8 所示,可以发现合作型群组中杰出学者的合作广度和合作深度超过 90% 都处于中高状态,与此同时,知识创新绩效状态高的概率达到了 0.689。

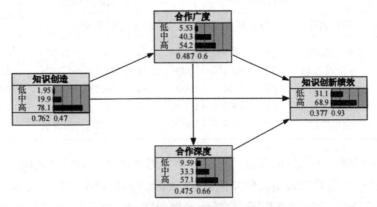

图 7-8　合作型群组贝叶斯网络基础模型

二、贝叶斯推理——变量关联度分析

运用已创建的贝叶斯网络,在获得各变量先验概率的基础上,可以利用 Netica 软件对其他变量进行贝叶斯推理以获得其条件概率(即后验概率)。图 7-9 显示在激励型群组中各变量设定为"高"状态下对知识创新绩效状态的预测,表示相应变量提升为"高"状态对杰出学者知识创新绩效的影响。在贝叶斯网络节点推理过程中,可以计算父节点的概率变动值与子节点的概率变动值,明确变量之间的关联度 γ,即网络节点间相互影响的程度[1]:

---

[1]　敦帅、陈强、丁玉:《基于贝叶斯网络的创新策源能力影响机制研究》,《科学学研究》2021年第 10 期。

$$\gamma = \frac{R_c^1 - R_c^0}{R_f^1 - R_f^0} = \frac{\Delta R_c}{\Delta R_f} \qquad (\text{式 7.1})$$

式中，R_c 为贝叶斯网络中的子节点，R_c^1 为变化后的子节点概率，R_c^0 为变化前的子节点概率；R_f 为贝叶斯网络中的父节点，R_f^1 为变化后的父节点概率，R_f^0 为变化前的父节点概率。

在激励型群组中，将外在激励节点状态高的概率从 68.8% 提升至 100%，通过 Netica 软件进行贝叶斯网络训练可以得到知识创新绩效状态高的概率从 43.2% 提升至 43.3%，通过关联度计算公式可得：（43.3%−43.2%）/（100%−68.8%）=0.3%，因此外在激励与知识创新绩效的关联度为 0.3%，说明外在激励对知识创新绩效的影响并不明显。同理，其他变量的概率变动会对知识创新绩效产生影响，具体情况如表 7-2 所示。

表 7-2　激励型群组特征变量与知识创新绩效的关联度

序号	特征变量			知识创新绩效		关联度(γ)
	变量名称	状态	概率变动(ΔR_f)	状态	概率变动(ΔR_c)	
1	外在激励	高	68.8%→100%	高	43.2%→43.3%	0.3%
2	科研效能感	低	83.4%→100%	高	43.2%→43.5%	1.8%
3	知识创造	高	7.14%→100%	高	43.2%→57.0%	14.9%
4	合作深度	高	18.5%→100%	高	43.2%→48.7%	6.7%
5	合作广度	中	39.6%→100%	高	43.2%→48.4%	8.6%

本书研究关注特征变量何种状态会促进高水平的知识创新绩效，因此选取特征变量概率调整会使知识创新绩效状态高的概率变化幅度最大的状态进行训练。如表 7-2 所示，在激励型群组中，外在激励、知识创造和合作深度分别将状态高的概率提升至 100% 时，知识创新绩效状态高的概率都会增加，说明外在激励、知识创造和合作深度正向影响知识创新绩效。科研效能感将状态低的概率提升至 100% 时，知识创新绩效状态高的概率会增加，说明科研效能感与知识创新绩效负向变动；而合作广度将状态中的概率提升至 100% 时，知识创新绩效状态高的概率会增加，将合作广度各状态的概率进行调整训练发现合作广度与知识创新绩效呈"倒 U"形关系。通过特征变量与知识创新绩效的关联度分析，知识创造与知识创新绩效的关联度为 14.9%，是激励型群组贝叶斯网络中对知识创新绩效最重要的因素；合作广度与知识创新绩效的关联度为 8.6%，合作深度与知识创新绩效的关联度为 6.7%。说明合作因素对知识创新绩效的影响较大；科研效能感和外在激励对知识创新绩效的影响最不显著（关联度分别为 1.8%、0.3%）。由图 7-9

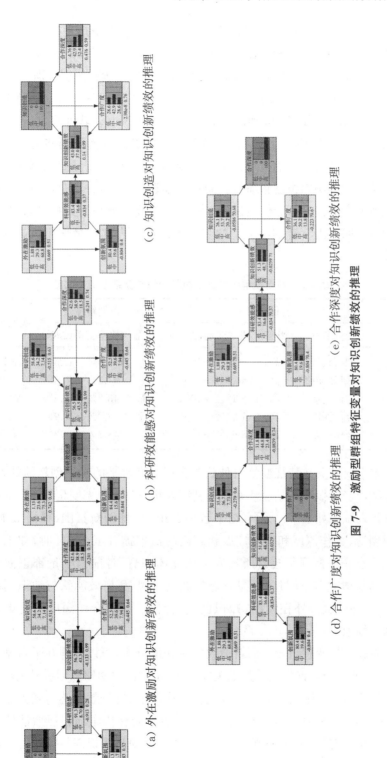

（a）外在激励对知识创新绩效的推理　　（b）科研效能感对知识创新绩效的推理　　（c）知识创造对知识创新绩效的推理

（d）合作广度对知识创新绩效的推理　　（e）合作深度对知识创新绩效的推理

图 7-9　激励型群组特征变量对知识创新绩效的推理

激励群组特征变量对知识创新绩效的(a)—(e)各子图推理模型可知,离目标变量较近的节点对知识创新绩效的影响较大,而离目标变量较远的节点对知识创新绩效的影响较小,即直接影响与间接影响的作用区别。

在平台型群组中,通过调整前置节点各状态的概率可以对后置节点的概率进行推理。如表7-3和图7-10所示,通过 Netica 软件将创新氛围、科研效能感、知识创造、合作深度和合作广度状态高的概率调整至100％时,知识创新绩效状态高的概率也会随之变动,说明特征变量高状态概率的提升都会正向影响知识创新绩效。而在激励型群组中,并不是所有特征变量高状态概率的提升都会使知识创新绩效状态高的概率得到提升,这也从另一角度表明杰出学者群组类型的差异导致群组内部变量作用机制存在异质性。

表 7-3　平台型群组特征变量与知识创新绩效的关联度

序号	特征变量			知识创新绩效		关联度(γ)
	变量名称	状态	概率变动(ΔR_f)	状态	概率变动(ΔR_c)	
1	创新氛围	高	59.9％→100％	高	43.4％→44.5％	2.7％
2	科研效能感	高	54.6％→100％	高	43.2％→45.6％	5.3％
3	知识创造	高	8.17％→100％	高	43.2％→65.6％	24.4％
4	合作深度	高	10.4％→100％	高	43.2％→47.9％	5.2％
5	合作广度	高	8.65％→100％	高	43.2％→50.2％	7.7％

本书研究关注特征变量何种状态会促进高水平的知识创新绩效,因此选取特征变量概率调整会使知识创新绩效状态高的概率变化幅度最大的状态进行训练。如表7-3所示,在平台型群组中,将创新氛围、科研效能感、知识创造、合作深度和合作广度状态高的概率提升至100％时,知识创新绩效状态高的概率都会有所提升。从整体来看,各前因变量都正向影响知识创新绩效,但通过各变量状态的调整发现,科研效能感与知识创新绩效呈"U"形关系,外在激励、知识创造、合作广度和合作深度正向影响知识创新绩效。

通过特征变量与知识创新绩效的关联度分析,可以发现在平台型群组中,知识创造与知识创新绩效的关联度为24.4％,说明知识创造对杰出学者知识创新绩效的影响最大;合作广度、合作深度、科研效能感与知识创新绩效的关联度分别为7.7％、5.2％、5.3％,说明合作因素与科研效能感对杰出学者知识创新绩效的影响作用较小;外在激励与知识创新绩效的关联度为2.7％,说明其对知识创新绩效的影响最弱。

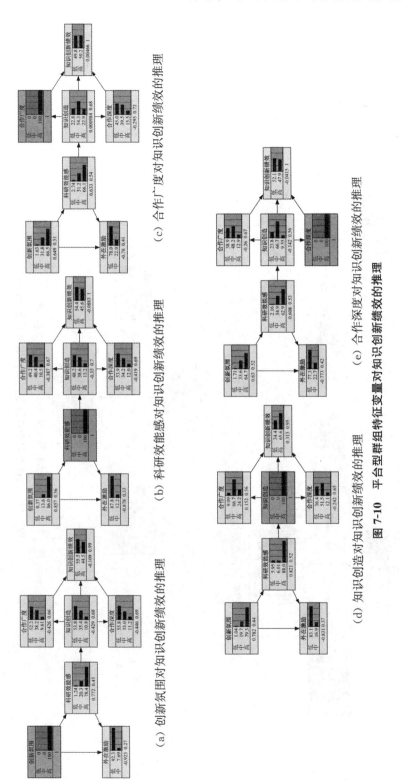

（a）创新氛围对知识创新绩效的推理

（b）科研效能感对知识创新绩效的推理

（c）合作广度对知识创新绩效的推理

（d）知识创造对知识创新绩效的推理

（e）合作深度对知识创新绩效的推理

图 7-10 平台型群组特征变量对知识创新绩效的推理

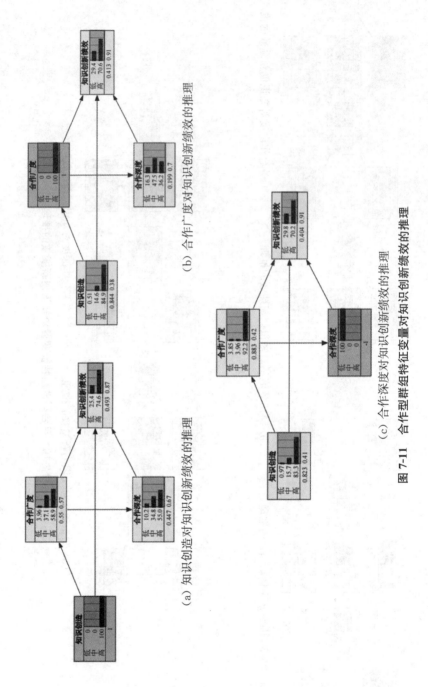

(a) 知识创造对知识创新绩效的推理

(b) 合作广度对知识创新绩效的推理

(c) 合作深度对知识创新绩效的推理

图 7-11　合作型群组特征变量对知识创新绩效的推理

由图 7-10(a)至(e)平台型群组贝叶斯网络推理模型可知,离知识创新绩效较近的节点对知识创新绩效是直接影响的关系,因此影响作用较大,而间接影响的作用较小。此外,对创新氛围、科研效能感、知识创造、合作广度和合作深度进行概率调整时,除了结果变量知识创新绩效各状态的概率会发生变动外,模型内相互联系的特征变量都会产生联动变化,展现出群组内部特征变量与知识创新绩效之间的联动关系。

在合作型群组中,如图 7-11 所示,当知识创造状态高的概率调整至100%时,知识创新绩效状态高的概率为 0.746,提升了 5.7%;当合作广度状态高的概率调整至100%时,知识创新绩效状态高的概率为 0.706,提升了1.7%;当合作深度状态低的概率调整至100%时,知识创新绩效状态高的概率为 0.702,提升了 1.3%。整体而言,知识创造对知识创新绩效的影响作用最大,合作广度和合作深度次之,科研效能感、学术环境和外在激励对知识创新绩效的影响作用不明显。

通过对前置节点的概率进行调整训练可以获知知识创新绩效各状态的概率变动情况,也即贝叶斯推理的过程。实际上,在贝叶斯网络模型中,任意一个变量概率的变动都会引发其他变量概率的变动。由于本书主要探讨特征变量对知识创新绩效的影响,因此省略掉特征变量间的影响机制分析。

表 7-4　合作型群组特征变量与知识创新绩效的关联度

序号	特征变量			知识创新绩效		关联度(γ)
	变量名称	状态	概率变动(ΔR_f)	状态	概率变动(ΔR_c)	
1	知识创造	高	78.1%→100%	高	68.9%→74.6%	26.0%
2	合作广度	高	54.2%→100%	高	68.9%→70.6%	3.7%
3	合作深度	低	57.1%→100%	高	68.9%→70.2%	3.0%

本书研究关注特征变量何种状态会促进高水平的知识创新绩效,因此选取特征变量概率调整会使知识创新绩效状态高的概率变化幅度最大的状态进行训练。在合作型群组中,如表 7-4 所示,合作深度与知识创新绩效呈负向影响关系,但总体而言无论合作深度处于何种状态,知识创新绩效处于高状态的概率都比较大,合作深度概率调整引发的知识创新绩效状态高的概率变化幅度不大。知识创造、合作广度正向影响知识创新绩效。通过特征变量与知识创新绩效的关联度分析,可以发现知识创造对知识创新绩效的影响最大,关联度为 26%;合作广度、合作深度次之。由图 7-11 合作型群组贝叶斯网络推理模型可知,直接影响绩效的特征变量与知识创新绩效的关联度较大。

三、贝叶斯诊断——变量贡献度分析

贝叶斯网络结构具有推理和诊断两大功能,推理(知因求果)即在贝叶斯网络中由前置节点的概率推测后置节点的概率分布情况;诊断(由果索因)是与推理过程相反的运算,即依据结果变量的状态获知前置节点变量所处状态的概率分布状况。通过对三类杰出学者群组贝叶斯网络基础模型中的知识创新绩效进行贡献度分析,可以获知前置节点的概率联动变化情况,既反映特征变量对知识创新绩效的不同重要程度,也从侧面说明知识创新绩效由特征变量综合驱动。通过对高知识创新绩效进行贝叶斯网络原因诊断可以计算前置节点对知识创新绩效的贡献率,进一步验证特征变量对知识创新绩效的影响。贡献度是通过结果变量的确定性状态逆向推理前置变量的变化率及其影响程度。设 φ 为某前置节点对结果变量的贡献度,其计算公式如下:

$$\varphi = \frac{P^1 - P^0}{P^0} \times 100\% \qquad \text{(式 7.2)}$$

其中,P^0 为结果变量调整前前置节点的概率,P^1 为结果变量调整后前置节点的概率。

在激励型群组贝叶斯网络基础模型中,当知识创新绩效状态为"低"时,运用贝叶斯网络诊断能力得到创新氛围"低"的概率为 0.803。表 7-5 显示激励型群组知识创新绩效在不同状态下对外在激励、创新氛围、科研效能感、合作广度、合作深度和知识创造的概率诊断。当知识创新绩效的状态"高→低"变化时,知识创造、合作广度、合作深度和外在激励状态"高"的概率随之正向变动,科研效能感"高"的概率随之反向变动。总体而言,外在激励、科研效能感对知识创新绩效的影响较小,合作广度与合作深度次之,知识创造对知识创新绩效的影响最大。且从贝叶斯诊断表中可以看出,知识创造对知识创新绩效有显著的正向影响关系。在已知知识创新绩效"低"的情况下,运用贝叶斯逆向诊断能力可知知识创造"低"的概率为 0.654;已知知识创新绩效"高"的情况下,运用贝叶斯逆向诊断能力可知知识创造"低"的概率为 0.498,如图 7-12 所示。同理,在知识创新绩效状态确定的状况下,可以获知其他变量的所处状态,相关决策者可以依据贝叶斯诊断表调节创新氛围、科研效能感、知识创造和合作广度,以此促进知识创新绩效的有效提升。此外,还可根据贝叶斯网络获得科研效能感、知识创造、合作广度等节点的状态,为知识创新绩效的有效提升提供决策支持。

表 7-5　激励型群组知识创新绩效在不同状态下的贝叶斯诊断

知识创新绩效	外在激励			创新氛围			科研效能感			合作广度			合作深度			知识创造		
	高	中	低	高	中	低	高	中	低	高	中	低	高	中	低	高	中	低
高	0.691	0.291	0.018	—	0.194	0.806	—	0.159	0.841	0.081	0.444	0.475	0.209	0.409	0.382	0.094	0.408	0.498
低	0.686	0.295	0.019	—	0.197	0.803	—	0.171	0.829	0.078	0.360	0.562	0.167	0.374	0.459	0.054	0.292	0.654

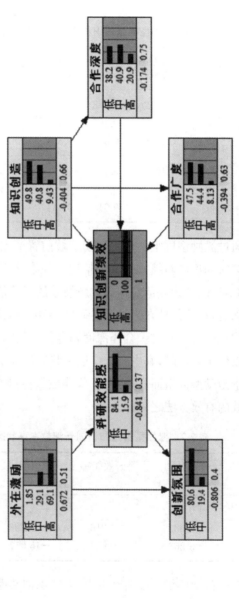

图 7-12　激励型群组知识创新绩效高状态的原因诊断

如表 7-6 激励型群组知识创新绩效状态高时各节点的概率诊断所示，与激励型群组贝叶斯网络基础模型相比，当结果变量即知识创新绩效高的状态调整为 100％时，外在激励、科研效能感、知识创造、合作深度和合作广度 5 个前置节点高、中、低的概率都有变化，具体变化数值如下：

表 7-6　激励型群组知识创新绩效在高状态下的各节点概率诊断

	状态	知识创新绩效	外在激励	科研效能感	知识创造	合作深度	合作广度
基础模型	高	0.432	0.688	—	0.071	0.185	0.079
	中	—	0.293	0.166	0.342	0.389	0.396
	低	0.568	0.019	0.834	0.586	0.426	0.525
原因诊断	高	100	0.691	—	0.094	0.209	0.081
	中	—	0.291	0.159	0.408	0.409	0.444
	低	0	0.018	0.841	0.498	0.382	0.475

通过激励型群组中知识创新绩效前置节点的贡献度计算，可以得出特征变量对知识创新绩效的影响情况。如表 7-7 所示，通过比较变量贡献度绝对值可知，知识创造对知识创新绩效的影响最为显著，其次是合作广度与合作深度，最后是外在激励和科研效能感。对比表 7-6 和表 7-7 发现，在激励型群组中，知识创造、合作深度和合作广度的中状态和高状态为高知识创新绩效作主要贡献，其中合作广度中状态对知识创新绩效的贡献度较大，说明对于激励型群组而言，将合作伙伴数量控制在合适区间是杰出学者获得高绩效的有效方法之一。

表 7-7　激励型群组知识创新绩效在高状态下的各节点贡献度

状态	外在激励（％）	科研效能感（％）	知识创造（％）	合作深度（％）	合作广度（％）
高	+0.436	—	+32.394	+12.973	+2.532
中	−0.682	−4.216	+19.298	+5.141	+12.121
低	−5.263	+0.839	−15.017	−10.329	−9.524

在平台型群组贝叶斯网络中，当知识创新绩效状态为"高"时，运用贝叶斯网络诊断能力得到创新氛围"高"的概率为 0.615。图 7-13 显示知识创新绩效不同状态下对创新氛围、科研效能感、知识创造、合作广度和合作深度的概率诊断。

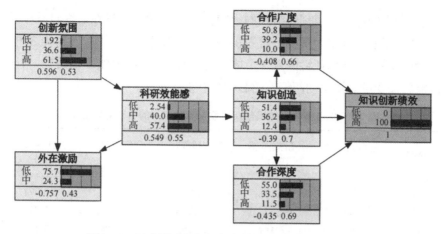

图 7-13　平台型群组知识创新绩效高状态的原因诊断

如表 7-8 所示,与平台型群组贝叶斯网络基础模型相比,当结果变量即知识创新绩效状态高的概率调整为 100% 时,创新氛围、科研效能感、知识创造、合作深度和合作广度 5 个前置节点高、中、低的概率都有变化。

表 7-8　平台型群组知识创新绩效在高状态下的各节点概率诊断

	状态	知识创新绩效	创新氛围	科研效能感	知识创造	合作广度	合作深度
基础模型	高	0.434	0.599	0.546	0.082	0.087	0.104
	中	—	0.381	0.430	0.319	0.358	0.316
	低	0.566	0.020	0.024	0.599	0.555	0.580
原因诊断	高	100	0.615	0.574	0.124	0.100	0.115
	中	—	0.366	0.400	0.362	0.392	0.335
	低	0	0.019	0.025	0.514	0.508	0.550

通过平台型群组知识创新绩效前置节点的贡献度计算,可以得出特征变量对知识创新绩效的影响情况。如表 7-9 所示,通过各变量贡献度绝对值的比较可知,知识创造对知识创新绩效的影响最为显著,其次是合作广度与合作深度,最后是外在激励和科研效能感。对比表 7-8 和表 7-9 发现,在平台型群组中,知识创造与科研合作关系对知识创新绩效的贡献度最大。相较于激励型群组而言,平台型群组中的杰出学者对合作伙伴数量更具包容性,表现为高状态的合作广度正向影响知识创新绩效。

通过构建贝叶斯网络分析变量间复杂关系时发现,在平台型群组数据表中,知识创造对知识创新绩效的影响仍然是最大的。且在研究过程中发现,个体因素及合作因素都会对知识创新绩效产生直接影响,但除此之外,变量间还遵循"外部环境因素→个体因素→合作因素"大致影响路径,对于研究特征变量对知识创新绩效的影响具有重要意义。

表 7-9　平台型群组知识创新绩效在高状态下的各节点贡献度

状态	创新氛围（%）	科研效能感（%）	知识创造（%）	合作广度（%）	合作深度（%）
高	+2.671	+5.128	+51.220	+14.943	+10.577
中	−3.937	−6.977	+13.480	+9.497	+6.013
低	−5.000	+4.167	−14.190	−8.468	−5.172

在合作型贝叶斯网络中,当知识创新绩效状态为"高"时,运用贝叶斯网络诊断能力得到知识创造"高"的概率为 0.847,如图 7-14 所示,显示知识创新绩效高状态下对知识创造、合作广度及合作深度的概率诊断。

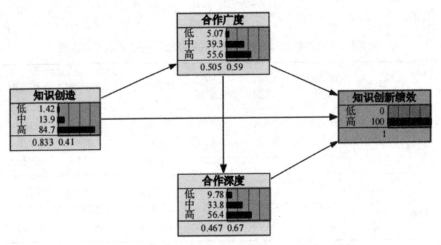

图 7-14　合作型群组知识创新绩效高状态的原因诊断

如表 7-10 所示,与合作型群组贝叶斯网络基础模型相比,当结果变量即知识创新绩效高的状态调整为 100%时,知识创造、合作广度和合作深度 3 个前置节点高、中、低的概率都有变化。相较于激励型群组和平台型群组知识创新绩效概率调整时前置节点的概率变化,合作型群组的概率变动幅度明显偏小,原因可能在于合作型群组中的杰出学者知识创造与科研合作关系对知识创新绩效的影响趋于饱和状态,前置节点概率变动引起知识创新绩效概率变动的可能性较小。

表 7-10　合作型群组知识创新绩效在高状态下的各节点概率诊断

	状态	知识创新绩效	知识创造	合作广度	合作深度
基础模型	高	0.689	0.781	0.542	0.571
	中	—	0.199	0.403	0.333
	低	0.311	0.020	0.055	0.096
原因诊断	高	100	0.847	0.556	0.564
	中	—	0.139	0.393	0.338
	低	0	0.014	0.051	0.098

通过合作型群组知识创新绩效前置节点的贡献度计算,可以得出特征变量对知识创新绩效的影响情况。如表 7-11 所示,通过各变量贡献度绝对值的比较可知,知识创造对知识创新绩效的影响最为显著,其次是合作广度与合作深度。对比表 7-10 和表 7-11 发现,在合作型群组中,知识创造是影响杰出学者知识创新绩效的关键因素,即使在高学术能力的群组中,也应该加强杰出学者科研能力的重点培养,同时拓宽杰出学者的科研合作广度,为创新知识的产出合理配置资源。

表 7-11　合作型群组知识创新绩效在高状态下的各节点贡献度

状态	知识创造 (%)	合作广度 (%)	合作深度 (%)
高	+8.451	+2.583	−1.226
中	−30.151	−2.481	+1.502
低	−30.000	−7.273	+2.083

第四节　结果分析

本章将三类杰出学者群组特征变量数据 SAX 离散化成三种等级状态,整合离散化知识创新绩效数据,构建相应的贝叶斯网络模型进行贝叶斯推理和诊断,主要探寻杰出学者特征变量之间、特征变量与知识创新绩效之间的复杂依赖关系以及不同类型杰出学者群组异质性特征对知识创新绩效的不同影响。针对研究所得结果归纳不同类型杰出学者的变量作用机制和知识创新绩效提升策略。

一、不同类型杰出学者变量作用机制

激励型群组主要受外在激励、科研效能感、合作广度、合作深度和知识创造 5 个特征变量的影响,知识创造是影响知识创新绩效的关键因素。在激励型群组中,科研合作关系资源应该根据知识创造能力进行配置,避免较低水平学者间过度合作造成的创新知识产出缓慢。平台型群组的杰出学者主要受创新氛围、科研效能感、知识创造、合作广度和合作深度 5 个变量的影响,知识创造是影响杰出学者知识创新绩效的关键因素。在平台型群组中,知识创新绩效影响路径大致遵循"外部环境因素→个体因素→合作因素"模式,与激励型群组中的杰出学者不同,该群组对合作伙伴数量以及合作深度的包容性更强。合作型群组中,杰出学者知识创新绩效主要受知识创造、合作广度和合作深度 3 个变量的影响,知识创造也是影响杰出学者知识创新绩效的关键因素,而创新氛围、外在激励和科研效能感与知识创新绩效没有明显的相关关系。合作型群组中的杰出学者知识创造、科研广度与合作深度都处于中高状态,知识创新绩效状态为高的概率接近 70%,因此相比较激励型群组和平台型群组而言,知识创造、合作广度和合作深度的贡献度稍低。总体而言,不同类型杰出学者的知识创新绩效影响机制贝叶斯网络具有明显差异性,相同特征变量对知识创新绩效的影响也大相径庭。

如表 7-12 所示,各杰出学者群组内部的变量作用机制具有差异性。在激励型群组中,影响杰出学者知识创新绩效的作用机制包括"外在激励→科研效能感→知识创新绩效""知识创造→知识创新绩效""知识创造→合作广度→知识创新绩效"和"知识创造→合作深度→知识创新绩效"。其中,外在激励作为最外层影响因素,也会通过科研效能感对知识创新绩效产生作用。在平台型群组中,影响学者知识创新绩效的作用机制包括"创新氛围→科研效能感→知识创造→知识创新绩效""创新氛围→科研效能感→知识创造→合作广度→知识创新绩效"和"创新氛围→科研效能感→知识创造→合作深度→知识创新绩效"。其中,创新氛围作为最外层影响因素,会通过影响杰出学者个体特征和合作特征而影响知识创新绩效。在合作型群组中,影响杰出学者知识创新绩效的作用机制包括"知识创造→知识创新绩效""知识创造→合作广度→知识创新绩效"和"知识创造→合作广度→合作深度→知识创新绩效"。其中,知识创造作为最外层影响因素,会直接影响知识创新绩效或通过合作特征间接影响知识创新绩效。

表 7-12　不同类型杰出学者变量作用机制概述

群组类型	变量作用机制
激励型群组	外在激励→科研效能感→知识创新绩效 知识创造→知识创新绩效 知识创造→合作广度→知识创新绩效 知识创造→合作深度→知识创新绩效
平台型群组	创新氛围→科研效能感→知识创造→知识创新绩效 创新氛围→科研效能感→知识创造→合作广度→知识创新绩效 创新氛围→科研效能感→知识创造→合作深度→知识创新绩效
合作型群组	知识创造→知识创新绩效 知识创造→合作广度→知识创新绩效 知识创造→合作广度→合作深度→知识创新绩效

二、不同类型杰出学者知识创新绩效提升策略

对于不同类型的杰出学者群组而言,知识创新绩效的提升策略具有差异性。如表 7-13 所示,杰出学者若要获得高知识创新绩效,应该依据杰出学者所属不同学者类型对内外部资源进行合理配置。

表 7-13　不同类型杰出学者知识创新绩效的提升策略汇总

群组类型	变量状态	前因变量						结果变量知识创新绩效
		创新氛围	外在激励	科研效能感	知识创造	合作广度	合作深度	
激励型群组	高		✓		✓		✓	
	中					✓		
	低			✓				
平台型群组	高	✓		✓	✓	✓	✓	高
	中							
	低							
合作型群组	高				✓	✓		
	中							
	低						✓	

在激励型群组中,低科研效能感往往意味着杰出学者所在院校学术环境质量欠佳,但相对应地,杰出学者能够感知到的激励效用远远高于其余两个杰出学者群组。同时,杰出学者的合作伙伴数量应该控制在适当区间,并保持高水平的创新知识产出和深度合作,提升知识创新水平。在平台型群组中,除外在激励外,其余变量的高状态都会有助于知识创新绩效的提高。

特别是科研效能感这一变量,平台型群组中的杰出学者具有高效能感会正向影响知识创新绩效。此外,杰出学者对合作伙伴数量也具有较强包容性,深度合作亦不会出现创新思维僵化等问题。在合作型群组中,外部环境和科研效能感对知识创新绩效的影响不明显,适宜于该群组杰出学者的发展策略是:努力增强知识创造能力,不断拓宽合作渠道。

横向对比三个群组发现,知识创造是影响知识创新绩效的关键因素,无论在何种类型群组中,知识创造都成为杰出学者获得高知识创新绩效应关注的重点,提升知识创造能够促进知识创新绩效有效提升。科研合作关系资源应该根据杰出学者实际情况进行配置,激励型群组的学术环境质量整体偏低,当杰出学者知识创造较低时,应该避免与他人过度合作导致的创新思维僵化;平台型群组的杰出学者应该借助外部环境优势拓宽合作广度与加大合作深度,为提升知识创新绩效开拓合作渠道;合作型群组中的杰出学者大概率都处于知识创新绩效高状态,由于该群组的杰出学者知识创造与合作能力普遍较高,因此知识创造、合作广度与合作深度对知识创新绩效起到的影响作用并不大,但总体而言,该群组的杰出学者应该继续提升知识创造和合作能力以促进知识创新绩效的持续发展。此外,合作型群组的知识创新绩效与外部环境因素和科研效能感的依赖关系并不明显,说明该群组的杰出学者受外部环境因素和科研效能感的影响不大。结合先验概率和条件概率表可知,合作型群组的杰出学者所处环境创新氛围、外在激励和科研效能感保持在样本平均水平,而知识创造、合作广度和合作深度都超出样本平均水平,成为该群组杰出学者大部分都获得高知识创新绩效的主要原因。

第五节　本　章　小　结

为深入探析杰出学者特征变量与知识创新绩效之间的逻辑依赖关系,本章将特征变量进行SAX离散化处理成高、中、低三种等级状态,使用爬山算法搭建特征变量与知识创新绩效之间的网络拓扑结构(结构学习),通过参数学习获得各变量的先验概率与条件概率,完成三种类型杰出学者群组知识创新绩效影响机制贝叶斯网络模型的构建。通过变量关联度和贡献度分析,明确在不同类型贝叶斯网络中特征变量与知识创新绩效逻辑依赖关系、关联度的差异性,以及特征变量各状态概率调整对不同等级知识创新绩效概率变动的贡献度差异。研究结论进一步表明:不同类型杰出学者拥有不同的贝叶斯网络结构,即特征变量与知识创新绩效之间的逻辑依赖关系具有明显差异性；在网络内部，同类型杰出学者特征变量与知识创新绩效具有"殊途同归"的作用机制，为杰出学者达成高知识创新绩效提供多种可能发展路径；此外，在不同类型网络中，特征变量对知识创新绩效的影响作用具有一定差别，为不同类型杰出学者提升知识创新绩效提供理论指导和行为措施。

第八章　科研团队整体性特征
对创新绩效的影响研究

　　前两章重点对杰出学者的创新绩效进行了研究,研究对象的基本单位为杰出学者,即个体。在现实生活中,多个学者展开合作形成科研团队,也就是说团队是由多个不同个体组成,个体与团队是密不可分的关系。因此,在对个体的创新绩效影响因素进行研究后,若想更深入地了解创新绩效相关影响机制,还须进一步对团队的创新绩效进行研究。本章主要探究科研团队整体性特征对创新绩效的影响,其中,科研团队整体性特征分为两类:网络结构整体性特征和非网络结构整体性特征。两类型整体性特征对创新绩效的影响研究大多处在相互平行的研究方向上,尚未有研究从两个视角同时出发探讨网络结构特征与非网络结构特征结合对创新绩效的影响。因此,本章将从平行和结合的角度共同探讨整体性特征与创新绩效之间的关系。研究内容将分为三个部分:第一部分探讨网络结构整体性特征对创新绩效的影响;第二部分探讨非网络结构整体性特征对创新绩效的影响;第三部分将网络结构整体性特征与非网络结构整体性特征结合,探究其特征组合与创新绩效之间的关系。

第一节　科研团队网络结构整体性特征对创新绩效的影响

　　本节内容安排如下:首先,对网络结构特征数据进行描述性统计分析和相关性分析,查看各特征指标离散程度与相关关系并对高度相关的特征指标进行筛选。然后,利用 K-Means 算法基于网络结构整体性特征对科研团队进行聚类,将具有相似网络结构特征的科研团队聚合在一起,进而区分不同类型的科研团队。之后再将网络结构整体性特征指标作为条件属性,创新绩效作为决策属性,通过 CART 算法拟合各类型团队内的样本数据得到决策树模型,对模型内决策规则结合现实情况进行分析。最后,计算每条决策规则的支持度与样本占比并将所有规则整理成决策规则表,确定不同类型团队的不同网络结构整体性特征组合对创新绩效的影响,横向与纵向比较不同类型团队绩效的分布。

一、网络结构特征描述性统计与相关性分析

本节以前面研究识别出的 1 418 个科研团队为研究对象,并对其网络结构整体性特征进行测度,计算得到网络结构整体性特征的最小值、最大值、均值和标准差,描述性统计分析的结果如表 8-1 所示。

表 8-1　描述性统计

特征名称	N	最小值	最大值	均值	标准差
团队规模	1 418	2.000	30.000	3.806	3.249
平均度	1 418	1.000	9.231	1.843	1.176
平均加权度	1 418	3.000	37.333	6.544	4.850
网络密度	1 418	0.105	1.000	0.855	0.229
平均路径长度	1 418	1.000	3.700	1.174	0.321
聚集系数	1 418	0.000	1.000	0.380	0.447
年均发文量	1 418	0.300	18.000	2.027	1.646
均篇影响因子	1 418	0.920	5.223	3.110	1.115

由表 8-1 可知,各个变量的标准差均小于或等于均值,不存在极端异常值。团队规模最小值为 2,最大值为 30,均值为 3.806,标准差为 3.294,数据离散化程度较高;平均度最小值为 1,最大值为 9.231,均值为 1.843,标准差为 1.176,团队间平均度差异不大;平均加权度最小值为 3,最大值为 37.333,均值为 6.544,标准差为 4.85,数据离散化程度较高;网络密度最小值为 0.105,最大值为 1,均值为 0.855,标准差为 0.229,说明大部分团队密度较大;平均路径长度最小值为 1,最大值为 3.7,均值为 1.174,标准差为 0.321,数据离散化程度低,大部分团队平均路径长度较短;聚集系数的最小值为 0,最大值为 1,均值为 0.38,标准差为 0.447,数据离散化程度小。年均发文量的最小值是 0.3,最大值是 18,均值为 2.027,标准差为 1.646,数据离散化程度较小,产出数量较多的团队遥遥领先于产出数量少的团队,但特别优秀的团队占比较少,大部分团队表现比较普通;均篇影响因子的最小值为 0.92,最大值为 5.233,均值为 3.110,标准差为 1.115,团队间的差异相对不大。

进一步对网络结构整体性特征进行相关性分析,得到各特征变量之前的相关关系如表 8-2 所示。6 个网络结构特征均与产出数量(年均发文量)显著相关,只有聚集系数与产出质量(均篇影响因子)显著相关,其余 5 个网

表 8-2　相关性分析

特征	网络规模	平均度	平均加权度	网络密度	平均路径长度	聚集系数	年均发文量	均篇影响因子
网络规模	1	—	—	—	—	—	—	—
平均度	0.679**	1	—	—	—	—	—	—
平均加权度	0.711**	0.941**	1	—	—	—	—	—
网络密度	−0.747**	−0.365**	−0.420**	1	—	—	—	—
平均路径长度	0.820**	0.345**	0.395**	−0.942**	1	—	—	—
聚集系数	0.384**	0.734**	0.656**	−0.102**	0.099**	1	—	—
年均发文量	0.537**	0.281**	0.339**	−0.423**	0.479**	0.136**	1	—
均篇影响因子	0.027	0.046	0.019	−0.016	0.011	0.074**	−0.140**	1

注：* 代表在 5%水平上显著，** 代表在 1%水平上显著，*** 代表在 0.1%水平上显著。

络结构特征与产出质量相关性较弱且在一定程度上不显著。

平均度与平均加权度之间的相关系数为0.941,二者之间存在明显的正相关关系;平均路径长度与网络密度之间的相关系数为-0.942,二者之间存在明显的负相关关系。这说明变量之间存在较为明显的多重共线性,不利于进一步分析团队创新绩效决策路径。因此,本书利用随机森林算法计算这些变量在团队创新绩效决策路径中的重要程度,以挑选更为合适的变量。各网络结构特征对产出数量和产出质量变化的重要性得分如图 8-1所示。

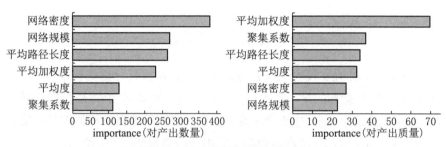

图 8-1　特征变量重要性系数图

由图 8-1 可知,平均加权度在产出数量和产出质量上的重要程度得分高于平均度,网络密度在产出数量上的重要程度得分高于平均路径长度,但是在产出质量上的得分低于平均路径长度。由于两者在产出质量上的得分差距较小,我们将平均度和平均路径长度从预设变量中剔除,仅将网络规模、网络密度、平均加权度和聚集系数四个网络结构特征变量作为决策树算法的条件属性,将创新绩效作为决策属性。

二、网络结构整体性特征聚类

不同科研团队具有不同的网络结构整体性特征,若使用同一模型分析所有类型团队容易导致模型泛化能力下降,无法找到影响团队创新绩效的一般规律。因此,为了避免模型欠拟合,在探究团队网络结构整体性特征对创新绩效的影响作用之前,还须对网络结构整体性特征聚类,目的是将具有相似网络结构特征的科研团队聚合在一起,将相异性大的科研团队分开研究。相较于将所有团队放在一起去分析整体性特征与创新绩效的关系,针对每一类型科研团队分析其整体性特征与创新绩效的关系不仅能做到"具体问题具体分析",还能使模型拟合效果更好且研究结论更具针对性和科学性。

(一) 聚类个数的确定

本研究利用 K-Means 算法对具有不同网络结构整体性特征的科研团

队进行聚类,聚类前需要根据特征数据确定聚类的个数。肘部算法常用于确定数据聚类个数,其算法原理是依次对聚类个数从 1 到 K 依次枚举,然后评估聚类效果。当 $K-1$ 个簇和 K 个簇所对应的平均离差变化大,K 个簇和 $K+1$ 个簇所对应的平均离差变化较小时,K 即为最佳个数。不同特征变量的量纲与数量的量级不同,只有将所有特征变量划分进统一标准才具有可比性。因此,在利用肘部算法确定聚类个数之前,还需要对数据进行标准化处理。本书使用的是最大最小值标准化,标准化后所有的数据落在 $[0,1]$ 之间,转换公式如下:

$$x_{ki}=\frac{V_{ki}-\min\limits_{1\leqslant i\leqslant n}(V_{ki})}{\max\limits_{1\leqslant i\leqslant n}(V_{ki})-\min\limits_{1\leqslant i\leqslant n}(V_{ki})} \tag{式 8.1}$$

其中,x_{ki} 表示第 K 个特征指标的第 i 个评价值转化后的标准值,V_{ki} 表示第 K 个特征指标的第 i 个评价值,$\max(V_{ki})$ 是第 K 个特征指标的最大值,$\min(V_{ki})$ 是第 K 个特征指标的最小值。对原始数据进行最大最小值标准化之后,利用肘部算法确定聚类个数得到的结果如图 8-2 所示。

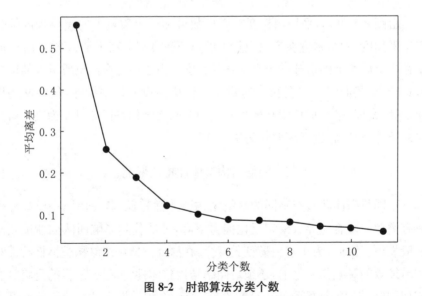

图 8-2　肘部算法分类个数

由图 8-2 可知,当分类个数为 3 和 4 时所对应的平均离差变化大,分类个数为 4 和 5 时所对应的平均离差变化较小。因此,可将科研团队分为 4 类。

(二)聚类结果

利用 K-Means 算法基于网络规模、网络密度、平均加权度和聚集系数

4个网络结构整体性特征指标将团队分成了4个簇,表8-3为部分聚类结果示例。

表8-3 聚类结果部分示例

编号	网络规模	网络密度	平均加权度	聚集系数	绩效高低	簇类别
0	5.000	0.700	10.800	0.800	高	IV
1	7.000	0.381	10.571	0.314	高	IV
2	12.000	0.424	19.500	0.809	低	IV
3	2.000	1.000	3.000	0.000	低	I
4	3.000	1.000	6.000	1.000	高	III
5	6.000	0.533	9.000	0.778	高	IV
6	6.000	0.733	11.333	0.867	高	III
7	6.000	0.600	9.333	0.900	高	IV
8	4.000	1.000	9.000	1.000	高	III
9	2.000	1.000	3.000	0.000	高	I
10	11.000	0.509	25.455	0.854	高	IV
11	30.000	0.115	13.733	0.544	高	IV
12	4.000	0.833	8.000	0.833	低	III
13	2.000	1.000	3.000	0.000	低	I
14	3.000	1.000	6.000	1.000	高	III
15	3.000	0.667	5.333	0.000	低	II
16	2.000	1.000	3.000	0.000	低	I
17	2.000	1.000	3.000	0.000	高	I
18	3.000	0.667	4.000	0.000	低	II
19	5.000	0.600	14.000	0.867	高	IV

对四种类型团队进行可视化,可视化结果如图8-3、图8-4、图8-5和图8-6所示。

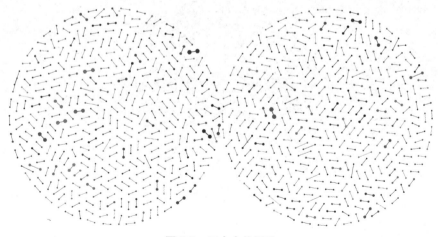

图8-3 二人合作团队

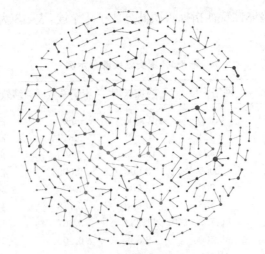

图 8-4　流线型团队

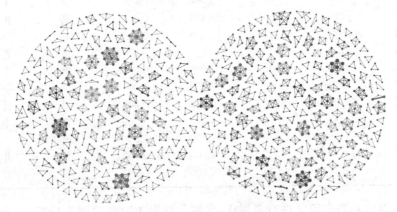

图 8-5　网状型团队

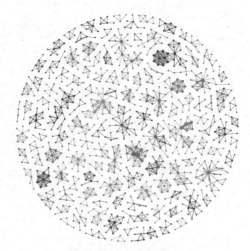

图 8-6　混合型团队

图 8-3 展示的是簇 I 类型团队的网络结构图,可以看出该类型团队只包含两个节点,说明团队是由两位学者组成。节点越大,代表该学者的平均加权度越大,发表的论文数量越多。因此将簇 I 命名为二人合作型团队。二人合作模式是最简单的一种团队合作模式。

图 8-4 展示的是簇 II 类型团队的网络结构图,由图可看出,簇 II 类型团队相较于二人合作团队的团队规模有所增大,但整体规模还是较小,合作模式较为简单。团队内合作大多围绕一位核心学者或者两位核心学者,其余非核心学者之间没有展开合作,团队整体的结构呈现流线型走向。因此将簇 II 命名为流线型团队。

图 8-5 展示的是簇 III 类型团队的网络结构图,簇 III 类型团队最少包含三个节点,且任一团队内至少形成一个稳定的三角关系,团队规模较为适中且大多数团队其内部学者之间彼此建立合作关系,合作过于饱和,剩余合作空间较少,网络结构类似于"蜘蛛网"。因此将簇 III 命名为网状型团队。

图 8-6 展示的是簇 IV 类型团队的网络结构图,该类型团队网络规模整体较大,合作模式无较为明显规律且相对复杂。其中,有些团队类似于流线型团队合作模式,但是团队内部成员之间又形成稳定的三角形或环形合作;有些团队类似于网状型合作模式,但"蜘蛛网"关系只是团队内部关系的一部分,并且"蜘蛛网"内还存有一定剩余空间可供挖掘,大部分团队既存在流线型结构也存在网状结构。因此将簇 IV 命名为混合型团队。

(三) 团队特征分析

通过合作结构图能直接观察到不同类型团队之间团队规模和合作复杂程度的区别,但不易辨别其余网络结构整体性特征之间的差异。因此,为了更好地比较二人合作团队、流线型团队、网状型团队和混合型团队的所有网络结构特征,深入了解基于网络结构整体性特征的聚类依据,利用雷达图比较四种类型团队网络结构特征均值。比较结果如图8-7 所示。

由图可知,四种类型团队的网络结构特征具有一些共性和差异性。4 个网络结构特征中变化幅度最大的是聚集系数,其次是网络密度和网络规模,平均加权度的变化幅度较小。在聚集系数分布上,网状型团队和混合型团队的聚集系数较高且都大于总体样本的均值,二人合作团队和流线型团队的聚集系数较小且均小于总体样本均值;这一规律还体现在平均加权度上,说明网状型团队和混合型团队特征相似性较高,而二人合作团队特征

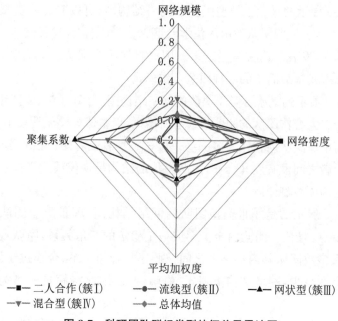

图8-7　科研团队群组类型特征差异雷达图

与流线型团队也具有一定相似性;在网络规模分布上,混合型团队的均值最大且大于样本均值,网状型团队的团队规模基本与样本均值相等,而二人合作团队和流线型团队网络规模过小;在网络密度分布上,二人合作团队与网状型团队的网络密度较大且大于总体样本均值,流线型团队和混合型团队小于总体样本均值且混合型团队的网络密度最小。

通过以上分析可以知道,聚类综合考虑了各特征变量之间的差异性,聚类后的团队特征差异性明显。相较于不聚类而将所有团队混合在一起分析,对不同合作模式的团队单独分析其与创新绩效之间的关系获得的数据拟合度应更高、得到的结果应更具有针对性。

（四）团队统计指标分析

对二人合作型、流线型、网状型和混合型四种类型的团队数量以及高低绩效占比进行统计分析,统计结果如表8-4所示。横向比较四种类型团队的数量分布,发现二人合作团队的数量最多,共有656个,占科研团队总数比重为46.3%,这与现实生活中团队多以小团队形式出现较为相符;流线型团队的数量最少,共有157个,占科研团队总数比重为11.1%;网状型团队有345个,占科研团队比重为24.3%;混合型团队有260个,占科研团队比重为18.3%。

表 8-4 各类型团队数量和绩效统计

簇编号	团队类型	团队数量	数量占比	高绩效数量	低绩效数量	高绩效占比	低绩效占比
簇Ⅰ	二人合作型	656	46.3%	252	404	38.4%	61.6%
簇Ⅱ	流线型	157	11.1%	87	70	55.4%	44.6%
簇Ⅲ	网状型	345	24.3%	177	168	51.3%	48.7%
簇Ⅳ	混合型	260	18.3%	193	67	74.2%	25.8%

纵向比较各类型科研团队中高绩效团队数量占比和低绩效团队数量占比。二人合作型团队中,高绩效团队有 252 个,低绩效团队有 404 个,高低绩效团队数量占封闭简单型团队数量的比重分别为 38.4% 和 61.6%,高绩效团队数量远少于低绩效团队数量。流线型团队中,高绩效团队有 87 个,低绩效团队有 70 个,高、低绩效团队数量占开放简单型团队数量的比重分别为 55.4% 和 44.6%,高绩效团队数多于低绩效团队数。网状型团队中,高绩效团队有 177 个,低绩效团队有 168 个,高绩效团队数量略高于低绩效团队数量,高、低绩效团队数量占常规复杂型团队数量的比重分别为 51.3% 和 48.7%。混合型团队中,高绩效团队有 193 个,低绩效团队有 67 个,高绩效团队数量远多于低绩效团队数量,高、低绩效团队数量占开放复杂型团队数量的比重分别为 74.2% 和 25.8%。可以发现,除了二人合作型团队中是低绩效团队数量多于高绩效团队数量,其他三种类型团队均是高绩效团队数量比低绩效团队数量多。

三、基于网络结构整体性特征的决策树

传统统计学方法大多探究单一特征要素对团队创新绩效的独立影响效应,忽略了多种特征因素的不确定性组合对创新绩效产生的非线性影响。霍夫曼(Hofman)等人[①]认为社会科学领域建模要兼顾解释与预测作用,而现有大多数研究局限于样本内的数据拟合,不能对样本外数据进行精准预测。CART 决策树算法不仅能够有效捕捉交互效应等非线性特征,还能根据研究对象特征来预测该研究对象所属的类别。

(一)二人合作团队决策树

二人合作团队网络结构整体性特征的描述性统计结果如表 8-5 所示。

---

① Hofman, J. M., D. J. Watts, S. Athey et al., 2021: "Integrating Explanation and Prediction in Computational Social Science", *Nature*, 595, 181~188.

表 8-5　二人合作团队描述性统计

特征名称	N	最小值	最大值	均值	标准差
网络规模	656	2.000	2.000	2.000	0.000
网络密度	656	1.000	1.000	1.000	0.000
平均加权度	656	3.000	9.000	3.320	0.764
聚集系数	656	0.000	0.000	0.000	0.000
年均发文量	656	0.300	9.000	1.620	1.190
均篇影响因子	656	0.920	5.223	3.035	1.122

由表可知,二人合作团队的年均发文量均值为 1.620,标准差为 1.190,均篇影响因子的平均值为 3.035,标准差为 1.122,团队的产出数量较低,产出质量中等,不同团队间具有一定的差异性。由于二人合作模式团队比较特殊,团队内只有两位学者,因此团队的网络规模、网络密度和聚集系数都相等。不同团队平均加权度略有差别,但所有二人合作团队的平均加权度都较小。

利用 CART 决策树算法构建不同类型团队的决策树模型时,设置树的最大深度为 3,每个叶子节点包含的最小样本数不小于该类型团队样本数的 5%,目的是防止样本数过小导致决策规则不具有说服力和代表性。以网络规模、网络密度、平均加权度和聚集系数四个网络结构特征指标作为条件属性,创新绩效作为决策属性得到科研团队的决策树模型。医学信息学领域二人合作团队生成的决策树如图 8-8 所示。

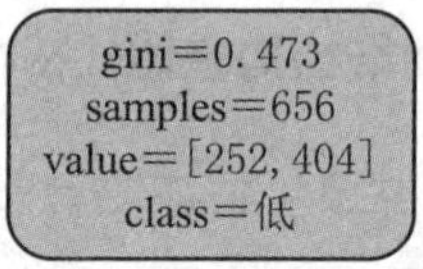

gini＝0.473
samples＝656
value＝[252, 404]
class＝低

图 8-8　二人合作团队决策树

由图 8-8 展示的二人合作团队决策树可知,该决策树模型没有分裂特征,意味着科研团队若以二人合作模式运行,团队大概率产生低创新绩效。这是由于二人合作团队较为特殊。该合作模式是团队合作中最简单的合作模式,除了平均加权度之外所有的网络结构整体性特征都一样,而平均加权度仅与产出数量有一定关系。创新绩效既考察团队的产出数量也考察产出质量,所以仅考虑网络结构特征而不考虑其他非网络结构特征时,二人合作团队没有有效的决策规则。二人合作团队没有分裂特征同时也说明对不同团队聚类更有利于不同情况的分析,因为如果将所有团队放置在一起分析得到的结果可能并不适用于二人合作团队。

（二）流线型团队决策树

流线型团队的网络结构整体性特征描述性统计结果如表 8-6 所示。团队规模的均值为 3.529，标准差为 0.965，团队规模较小，数据分散程度低；网络密度、平均加权度和聚集系数标准差小，合作模式简单。由统计结果可知，流线型团队的年均发文量均值为 1.995，标准差为 1.073，均篇影响因子的平均值为 3.070，标准差为 1.071，团队整体创新绩效水平较低。

表 8-6　流线型团队描述性统计

特征名称	N	最小值	最大值	均值	标准差
网络规模	157	3.000	8.000	3.529	0.965
网络密度	157	0.286	0.667	0.598	0.108
平均加权度	157	4.000	10.000	4.926	1.058
聚集系数	157	0.000	0.250	0.006	0.035
年均发文量	157	0.571	6.250	1.995	1.073
均篇影响因子	157	0.920	5.034	3.070	1.071

流线型团队生成的决策树如图 8-9 所示，该决策树共有三条决策规则，网络密度和平均加权度为决策树的分裂特征。网络密度作为根结点，对创新绩效的影响作用最大。当团队的网络密度小于等于 0.583 时，团队大概率产生高的创新绩效。当网络密度大于 0.583 时，在规则"网络密度—平均

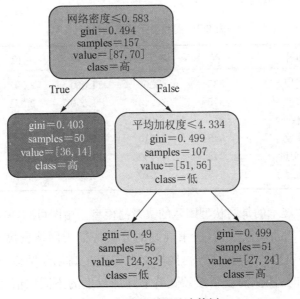

图 8-9　流线型团队决策树

加权度"中,平均加权度越高,团队越大可能产生高创新绩效,平均加权度越小,团队大概率产生低创新绩效。

流线型团队的团队规模虽然大于二人合作团队,但团队整体规模较小,团队一般存在一位或两位核心成员,其余人员大多围绕该核心成员展开合作,非核心成员之间没有展开合作,团队剩余合作空间大。网络密度越小说明团队发展的"边缘学者"越多,正是由于这些学者加入,团队合作摆脱了二人合作模式。同时,"边缘学者"的加入为团队带来了新知识与新思想,有效地提高了团队的创新绩效。网络密度越大说明团队在不断挖掘剩余合作空间,而加大平均加权度意味着团队成员之间合作次数在不断增加,这有利于提高团队的产出数量从而提高团队创新绩效。团队密度大但平均加权度小,说明"边缘学者"之间展开合作虽然在不断利用剩余合作空间,但当合作达不到一定频次或深度时,团队转化新知识仍有一定难度。

(三)网状型团队决策树

网状型团队的网络结构整体性特征描述性统计分析结果如表 8-7 所示。由表可知,网络规模均值为 3.997,说明网状型团队整体规模较小;网络密度均值为 0.971,标准差为 0.07,各团队密度较大且团队之间相差不大;平均加权度最小值为 6,最大值为 37.333,标准差为 4.906,数据具有一定程度的离散化;聚集系数标准差较小;年均发文量的均值为 1.890,标准差为 1.329,均篇影响因子均值为 3.245,标准差为 1.164,网状型团队整体发文数量较少,发文质量适中。

表 8-7 网状型团队描述性统计

特征名称	N	最小值	最大值	均值	标准差
网络规模	345	3.000	11.000	3.997	1.448
网络密度	345	0.714	1.000	0.971	0.070
平均加权度	345	6.000	37.333	9.970	4.906
聚集系数	345	0.810	1.000	0.979	0.051
年均发文量	345	0.400	9.000	1.890	1.329
均篇影响因子	345	0.920	5.223	3.245	1.164

图 8-10 展示的是网状型团队的决策树模型。由图可知,网状型团队的决策树共有四条决策规则,决策规则的分裂特征为网络密度与平均加权度。当网络密度小于 0.821 时,团队大概率产生高创新绩效;当网络密度大于 0.821 时,团队的创新绩效随着平均加权度的不同取值而有所不同,平均加权度大于 17.267 或者小于等于 6.334 时,团队大概率产生高创新

绩效；平均加权度处在(6.334，17.267]取值范围内时，团队大概率产生低创新绩效。可以发现，网络结构特征与创新绩效之间并不是一种线性变化的规律。

网状型团队的网络结构特征也较为明显，团队内成员彼此之间都开展过合作，因此团队保持着较大的网络密度，团队剩余合作空间较小。网状型团队形成的重要原因在于一篇论文由众多学者合作而成。减小团队网络密度意味着团队剩余合作空间还能进一步被挖掘，以及团队异质性知识能得到更充分的利用。因此网络密度越小越有利于网状型团队产生高创新绩效。而当网络密度较大且平均加权度较高时，团队内部知识同质化严重，各成员开展合作难以产生高质量新知识；但当平均加权度超过一定数值时，意味着团队产出数量到达一定阈值，此时较高的产出数量能够弥补一部分产出质量的不足，团队整体仍产生高创新绩效。

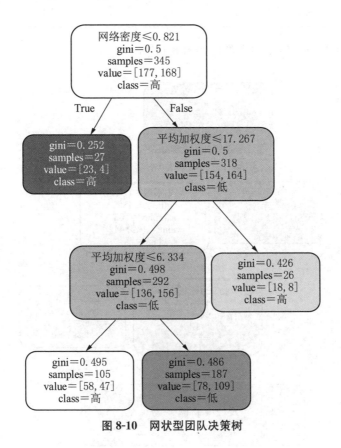

图 8-10　网状型团队决策树

（四）混合型团队决策树

混合型团队的网络结构整体性特征描述性统计分析结果如表 8-8 所

示。由表可知,团队规模的均值为8.281,标准差为5.094,数据离散化程度较高;平均加权度的均值为10.346,标准差为5.428,不同团队的平均加权度具有一定差异;网络密度和聚集系数的标准差较小,数据离散化程度低。团队年均发文量的均值为3.252,标准差为2.499,均篇影响因子均值3.144,标准差为1.044,团队产出数量较高,产出质量中等。

表 8-8   混合型团队描述性统计

特征名称	N	最小值	最大值	均值	标准差
网络规模	260	4.000	30.000	8.281	5.094
网络密度	260	0.105	0.769	0.490	0.170
平均加权度	260	6.000	35.000	10.346	5.428
聚集系数	260	0.200	0.940	0.596	0.156
年均发文量	260	0.556	18.000	3.252	2.499
均篇影响因子	260	0.920	5.147	3.144	1.044

混合型团队生成的决策树如图 8-11 所示。

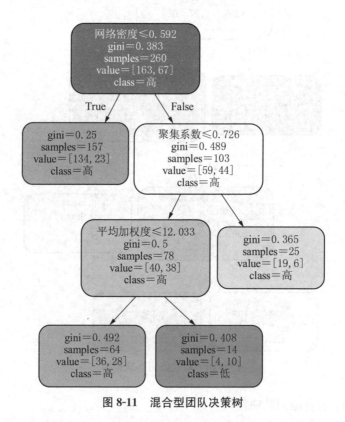

图 8-11   混合型团队决策树

　　该决策树模型共有四条决策规则,分裂特征包括网络密度、聚集系数和平均加权度。四条决策规则中有三条决策规则都支持团队产生高创新绩效,说明当团队发展成混合型团队的形式时,团队较容易产生高的创新绩效,但并不是所有团队都能产生高创新绩效。在决策规则"网络密度—聚集系数—平均加权度"中,当网络密度大于 0.592 且聚集系数小于等于 0.726 时,平均加权度越高团队越容易产生低创新绩效;平均加权度越低,团队越容易产生高创新绩效。

　　混合型团队的网络结构复杂多样,团队整体网络规模大于前三种类型团队,较小的网络密度意味着团队内部合作较为疏离,但由于充足的人力资源对创新绩效的促进作用大于合作不充分对创新绩效的抑制作用,团队最终还是能够取得较高的创新绩效。网络密度越大意味着团队成员之间合作越紧密,聚集系数越大说明团队越符合小世界特征,学者聚集程度高,在这种情况下团队的合作潜力与剩余合作空间被充分挖掘出来,更有利于团队产生更高的创新绩效。当聚集系数较小且团队平均加权度处在较高水平时,意味着团队内学者合作较为分散,仅依靠部分学者加大团队整体合作而没有实现团队均衡发展,这不利于团队创新绩效的产生。

四、决策规则分析

　　将二人合作、流线型、网状型和混合型四种类型科研团队网络结构整体性特征的决策树整理成决策规则表,并计算出每条规则的可信度(一条决策规则成立时决策无误的样本在当前样本中的占比)与支持度(该规则占所在类型团队数量的比重)。可信度代表在某先决条件 A 发生的情况之下,由关联规则推出 B 发生的概率,在本书中表示某规则支持高/低绩效的情况之下,高/低绩效发生的概率。支持度表示某一项集在总项集中出现的概率,即在该决策树中,某条规则出现的概率。最终得到决策规则表如表 8-9 所示。为更好地理解支持度与可信度的计算过程,现将图 8-11 混合型团队决策树进行示例计算。在混合型团队决策树的右侧决策规则中,当前节点的样本数为 157,有 134 个样本为高绩效,有 23 个样本为低绩效,由于属于高绩效样本数量大于属于低绩效样本数量,因此叶子结点类别 class＝高,该条决策规则支持高绩效的可信度为 134/(134＋23)＝85.4%。这条决策规则的总样本数为 134＋23＝157,整个决策树的样本数为 260,因此,该条决策规则成立时的支持度为 157/260＝60.4%。

表 8-9　决策规则表

类　名	平均加权度	网络密度	聚集系数	可信度	支持度	创新绩效
二人合作	—	—	—	61.6%	100%	低
流线型	—	≤0.583	—	72.0%	31.8%	高
	≤4.334	>0.583	—	57.1%	35.7%	低
	>4.334	>0.583	—	52.9%	32.5%	高
网状型	—	≤0.821	—	85.2%	7.8%	高
	≤6.334	>0.821	—	55.2%	30.4%	高
	(6.334，17.267]	>0.821	—	58.2%	54.2%	低
	>17.267	>0.821	—	69.2%	7.5%	高
混合型	—	≤0.592	—	85.4%	60.4%	高
	≤12.033	>0.592	≤0.726	56.3%	24.6%	高
	>12.033	>0.592	≤0.726	71.4%	5.9%	低
	—	>0.592	>0.726	76.0%	9.6%	高

　　根据整理后的决策规则表可知,网络规模对创新绩效的影响没有体现,网络密度、平均加权度和聚集系数在不同类型合作模式中对创新绩效的影响作用不同。其中,网络密度对创新绩效的影响作用最大。针对二人合作、流线型、网状型和混合型四种类型团队的决策规则,现有如下分析与启示:

　　二人合作团队是合作模式最简单的科研团队,也是科研团队在成立初期的必经阶段,团队除了平均加权度外其他网络结构整体性特征一样。因此,若仅考虑网络结构特征而不考虑其他非网络结构特征,找不到有效的决策规则。同时,决策结果也说明对不同类型团队分开进行研究是有效的。因为笼统地将所有团队放置在一起进行研究,会导致模型的拟合度不足,难以发现细节问题,得到的结论也并不适用于二人合作团队。大部分二人合作团队的创新绩效较低,这是因为团队成员少、人力资源严重不足。因此,该类型团队只能依靠学者自身科研能力。当学者自身科研能力较强时,团队产生较高创新绩效之后可能会吸引更多学者前来合作,团队不断发展壮大。若团队内学者科研能力不够强,团队只能寻求与其他科研能力强的学者展开合作以打破低创新绩效的僵局。

　　流线型团队较于二人合作团队发展较好,该类型团队主要围绕一至两名核心成员展开合作,其他非核心成员合作较为稀疏,团队整体较为松散。随着"边缘学者"之间展开合作,新知识新思想在团队内流动有利于团队产生高创新绩效。但该类型团队要注意合作的深度,只有不断加大学者之间的合作频次,在充分利用剩余合作空间的过程中激发团队的合作潜力,才能实现高创新绩效产出。

网状型团队形成的重要原因之一在于单篇论文作者过多,短期内这种成果共享的合作模式能够保持团队具备较高的创新绩效。但由于网状型团队合作模式过于饱和,团队内部知识流动迟缓,整体处于较为封闭的状态,团队若想长久健康发展,还须引入新学者降低团队的网络密度,增大团队剩余合作空间,促进新知识在团队内部的扩散,从而促进团队产出高创新绩效。

混合型团队的网络结构较为复杂,是团队发展到一定阶段的产物。团队整体网络规模较大,很容易产生较高的创新绩效。若进一步细分将会发现若干个"小团队",这些"小团队"之间存在一定合作。相较于前三种类型团队,混合型团队中的"小团队"与"小团队"之间强强合作,共享各类资源,因此大部分混合型团队创新绩效较高。混合型团队不应无限扩张,还需要注意团队的聚集系数和平均加权度,加强团队内学者的聚集程度有利于团队高效率合作以产生更高创新绩效。

通过孤立森林算法计算 6 个网络结构整体性特征对产出数量和产出质量的重要性系数,根据重要性程度保留网络规模、网络密度、平均加权度和聚集系数。利用 K-Means 算法基于这 4 个网络结构整体性特征可将团队分成四种类型,通过对比各类型团队特征分别将团队命名为二人合作团队、流线型团队、网状型团队和混合型团队。通过 CART 决策树深入挖掘四种类型团队的网络结构与创新绩效之间的关系,研究发现:首先,二人合作团队的合作模式最为简单,大部分二人合作团队的创新绩效较低,仅考虑网络结构特征并不能有效找到绩效影响规则,在本书的特定样本中还需要考虑其他非网络结构特征。由于势单力薄,二人合作团队只能依靠自身较强的科研能力不断发文提高创新绩效或者是寻求与其他科研能力强的学者展开合作打破低绩效产生的僵局。其次,流线型团队主要围绕一至两个核心成员展开合作,平均加权度是影响团队创新绩效的重要特征。团队可以通过鼓励非核心成员展开合作增大团队合作广度,同时也要加强成员合作的深度。其高创新绩效需要通过多次的深度合作才能产生量变到质变的转化。再次,网状型团队由于单篇论文合作者较多从而导致其网络结构特点明显,团队整体网络密度较大,内部可供挖掘利用的剩余合作空间较小,平均加权度与网络密度的组效应对创新绩效的影响呈非线性关系。网状型团队可以通过引入新学者降低团队密度,促进团队内部新知识流动以保持团队高绩效产出。另外,混合型团队是科研团队发展到一定阶段而形成的,团队网络结构复杂,整体规模较大,团队容易产出高创新绩效。聚集系数对混合型团队的创新绩效有一定限制作用,混合型团队在发展过程中应避免发展不均衡的问题,鼓励团队均衡全面发展。

第二节　科研团队非网络结构整体性特征对创新绩效的影响

本节探究的是非网络结构整体性特征对创新绩效的影响,仅考察非网络结构整体性特征与创新绩效之间的关系,可看作在上一小节网络结构整体性特征与创新绩效影响研究的基础之上建立起来的平行对照组。首先,对非网络结构整体性特征数据进行描述性统计和相关性分析,查看各特征指标离散化的情况与相关程度。然后,利用 K-Means 算法基于机构多样性、学科多样性、项目资助数、人员流动性和合作强度这 5 个非网络结构整体性特征对团队进行聚类,比较各类型团队特征寻找聚类依据。之后再以非网络结构特征指标为条件属性,创新绩效作为决策属性,通过 CART 算法得到各类型团队的决策树模型。最后,计算每条规则的支持度与样本占比并将所有规则整理成决策规则表,分析不同类型团队的非网络结构整体性特征组合如何影响创新绩效。

一、非网络结构特征描述性统计与相关性分析

前一节对网络结构整体性特征进行了描述性统计分析,现对非网络结构整体性特征进行描述性统计分析查看特征变量的离散化程度,其中,年均发文量和均篇影响因子统计结果不再重复赘述,非网络结构整体性特征的描述性统计结果如表 8-10 所示。

由表 8-10 可知,机构多样性最小值为 0,最大值为 0.916,均值为 0.347,标准差为 0.285,数据离散化程度较小;学科多样性最小值为 1.038,最大值为 3.848,平均值为 1.850,标准差为 0.497,说明不同团队的内部跨学科合作程度有一定的差异;项目资助数的最小值为 0,最大值为 184,平均值为 13.82,标准差为 18.795,数据离散化程度高,说明不同团队之间获得的项目资助数差别大;人员流动性的最小值为 0,最大值为 0.875,平均值为 0.121,标准差为 0.172,数据离散化程度小,说明大部分团队人员流动性小,团队相对比较稳定;合作强度的最小值为 0.153,最大值为 5.359,平均值为 1.237,标准差为 0.547,说明不同团队的合作强度有一定的差异。

表 8-10 描述性统计

特 征	N	最小值	最大值	均值	标准差
机构多样性	1 418	0.000	0.916	0.347	0.285
学科多样性	1 418	1.038	3.848	1.850	0.497
项目资助数	1 418	0.000	184.000	13.820	18.795
人员流动性	1 418	0.000	0.875	0.121	0.172
合作强度	1 418	0.153	5.359	1.237	0.547
年均发文量	1 418	0.300	18.000	2.027	1.646
均篇影响因子	1 418	0.920	5.223	3.110	1.115

非网络结构整体性特征的相关性分析结果如表 8-11 所示。机构多样性、学科多样性、项目资助数、人员流动性和合作强度这 5 个非网络结构整体性特征对产出数量均有显著影响。其中,学科多样性、项目资助数和合作强度对产出质量有显著影响,但相关系数较小,分别为 0.193、0.079 和 -0.072,机构多样性和人员流动性与产出质量之间的相关关系不显著。

表 8-11 相关性分析

特征名称	机构多样性	学科多样性	项目资助数	人员流动性	合作强度	年均发文量	均篇影响因子
机构多样性	1	—	—	—	—	—	—
学科多样性	0.254**	1	—	—	—	—	—
项目资助数	0.346**	0.474**	1	—	—	—	—
人员流动性	0.408**	0.328**	0.438**	1	—	—	—
合作强度	-0.431**	-0.174**	-0.356**	-0.586**	1	—	—
年均发文量	0.241**	0.135**	0.432**	0.231**	-0.268**	1	—
均篇影响因子	0.018	0.193**	0.079**	0.036	-0.072**	-0.140**	1

注: * 代表在 5% 水平上显著, ** 代表在 1% 水平上显著, *** 代表在 0.1% 水平上显著。

二、非网络结构整体性特征聚类

(一)聚类结果

与第四章网络结构整体性特征聚类的步骤一样,现对团队的非网络结构整体性特征聚类,利用肘部算法确定聚类个数的结果如图 8-12 所示。结果发现聚类个数为 2 个和 3 个时对应的平均离差变化大,而聚类个数为 3 个和 4 个的时候对应的平均离差变化较小,因此,最佳的聚类个数为 3 个。

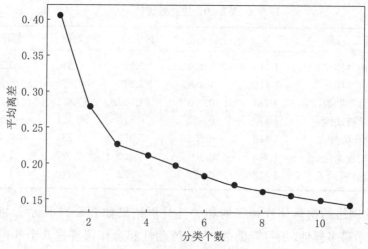

图 8-12　肘部算法确定聚类个数

　　利用 K-Means 算法基于 5 个非网络结构整体性特征指标将团队分成了三个簇,表 8-12 为部分聚类结果示例,示例表中的数值仅保留两位小数。

表 8-12　聚类结果部分示例

团队编号	机构多样性	学科多样性	项目资助数	人员流动性	合作强度	绩效高低	簇类别
0	0.56	1.79	19.00	0.27	0.84	高	Ⅲ
1	0.78	2.43	12.00	0.40	1.14	高	Ⅲ
2	0.76	2.31	14.00	0.50	0.40	低	Ⅲ
3	0.50	2.14	11.00	0.00	1.50	低	Ⅱ
4	0.00	1.56	2.00	0.00	1.00	高	Ⅰ
5	0.67	2.50	10.00	0.63	0.59	高	Ⅲ
6	0.61	1.67	1.00	0.00	0.52	高	Ⅱ
7	0.50	1.18	5.00	0.33	0.52	高	Ⅲ
8	0.38	1.84	4.00	0.00	0.75	高	Ⅱ
9	0.00	1.43	9.00	0.00	1.50	高	Ⅰ
10	0.56	1.94	5.00	0.21	0.62	高	Ⅲ
11	0.89	2.10	53.00	0.41	0.16	高	Ⅲ
12	0.75	1.92	9.00	0.25	0.81	低	Ⅲ
13	0.50	1.13	3.00	0.00	1.50	低	Ⅱ
14	0.44	1.79	6.00	0.00	1.00	高	Ⅱ
15	0.67	2.67	10.00	0.33	1.42	低	Ⅲ
16	0.50	2.04	10.00	0.00	1.50	低	Ⅱ
17	0.00	1.77	28.00	0.00	1.50	高	Ⅰ
18	0.00	2.11	14.00	0.17	1.00	低	Ⅰ
19	0.00	1.99	50.00	0.26	1.22	高	Ⅰ

（二）团队特征分析

通过雷达图比较三种类型团队的 5 个非网络结构整体性特征以对团队特征进行分析，比较结果如图 8-13 所示。由图可知，三种类型团队在 5 个非网络结构整体性特征上有一定的共性与差异性。5 个特征指标中，机构多样性的变化幅度最大，并且三种类型团队的机构多样性数值分布区分度也最大，因此，机构多样性成为团队命名的主要依据。簇Ⅰ中的团队机构多样性最小，均值接近于 0，说明该类型团队的成员基本来自同一机构，几乎不与其他机构进行合作，团队整体较为封闭，因此将簇Ⅰ中的团队命名为封闭型团队。簇Ⅱ团队的机构多样性高于簇Ⅰ低于簇Ⅲ，该类型团队机构多样性适中，说明该类型团队具有一定的跨机构合作，在现实生活中较为常见，因此将簇Ⅱ中的团队命名为常规型团队。簇Ⅲ中的团队机构多样性最大，这种类型的团队大多较为开放，愿意与其他机构的学者进行跨机构合作，因此将簇Ⅲ中的团队命名为开放型团队。总体上看，常规型团队与封闭型团队在机构多样性这个特征上区别较大，而在其余的非网络结构特征区分度较小，开放型团队的每个特征都与常规型和封闭型有一定的区别。

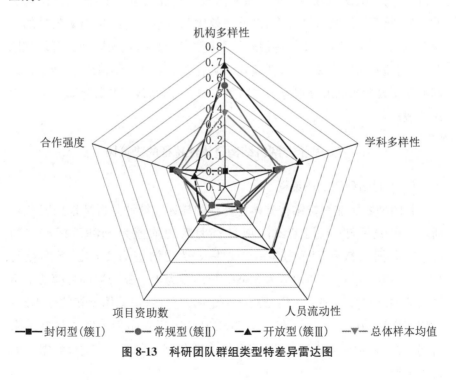

图 8-13　科研团队群组类型特差异雷达图

(三) 团队统计指标分析

对封闭型、常规型和开放型三种类型的团队数量及高低绩效占比进行统计分析,统计结果如表 8-13 所示。横向比较三种类型团队的数量分布,发现封闭型团队共有 526 个,占科研团队总数比 37.1%;常规型团队数量最多,共有 534 个,占科研团队总数比重 37.7%;开放型团队的数量最少的,共有 358 个,占科研团队总数比重 25.2%。

表 8-13 各类型团队数量和绩效统计

簇编号	团队类型	团队数量	数量占比	高绩效数量	低绩效数量	高绩效占比	低绩效占比
簇Ⅰ	封闭型	526	37.1%	219	307	41.6%	58.4%
簇Ⅱ	常规型	534	37.7%	241	293	45.1%	54.9%
簇Ⅲ	开放型	358	25.2%	249	109	69.6%	30.4%

纵向比较各类型科研团队中高绩效团队数量占比和低绩效团队数量占比,由表 8-13 可知,封闭型团队中,高绩效团队有 219 个,低绩效团队有 307 个,高低绩效团队数量占封闭型团队数量的比重分别为 41.6% 和 58.4%,高绩效团队数少于低绩效团队数。常规型团队中,高绩效团队有 241 个,低绩效团队有 293 个,高低绩效团队数量占封闭型团队数量的比重分别为 45.1% 和 54.9%,低绩效团队数多于高绩效团队数。开放型团队中,高绩效团队有 249 个,低绩效团队有 109 个,高低绩效团队数量占封闭型团队数量的比重分别为 69.6% 和 30.4%,高绩效团队数远多于低绩效团队数。

三、基于非网络结构整体性特征的决策树

(一) 封闭型团队决策树

封闭型团队非网络结构整体性特征的描述性统计分析结果如表 8-14 所示。由表可知,封闭型团队项目资助数的均值为 8.397,标准差为 8.970,数据离散化程度较高;年均发文量的均值为 1.680,标准差为 1.203,均篇影响因子的均值为 3.090,标准差为 1.178,说明同种模式下不同团队的产出数量和产出质量均有一定的差异性,但总体创新绩效不高;机构多样性均值为 0.001,标准差为 0.014,表明封闭型团队成员基本来自同一机构;学科多样性、人员流动性和合作强度标准差较小,数据离散化程度低。

表 8-14　封闭型团队描述性统计

特征名称	N	最小值	最大值	均值	标准差
机构多样性	526	0.000	0.245	0.001	0.014
学科多样性	526	1.038	2.985	1.723	0.466
项目资助数	526	0.000	58.000	8.397	8.970
人员流动性	526	0.000	0.750	0.051	0.120
合作强度	526	0.429	5.359	1.488	0.487
年均发文量	526	0.300	9.000	1.680	1.203
均篇影响因子	526	0.920	5.223	3.090	1.178

设置决策树的最大深度为 3，每个叶子上的最小样本量为该类型团队总数的 5%，最后得到封闭型团队的决策树如图 8-14 所示。封闭型团队决策树包含项目资助数、学科多样性以及人员流动性三个分裂特征，项目资助数作为根结点对团队创新绩效的影响作用最大。在规则"项目资助数—学科多样性"中，当项目资助数较少时，若学科多样性处在较小区间(1.56，1.63]中，团队更有可能产生高创新绩效；若学科多样性在该区间之外，团队大概率产生低创新绩效。在规则"项目资助数—人员流动性—学科多样性"中，团队项目资助数较高，人员流动性较低，此时增加学科多样性有利于高创新绩效产出，减少学科多样性大概率会导致团队产生低创新绩效。在规则"项目资助数—人员流动性"中，项目资助数越多，人员流动性越大，团队

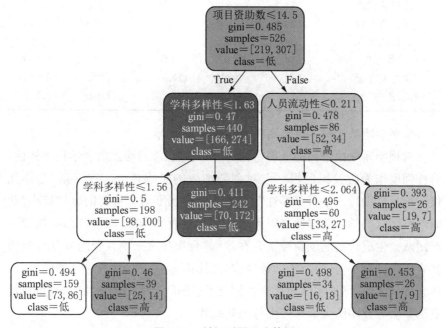

图 8-14　封闭型团队决策树

越容易产生高创新绩效。

封闭型团队成员皆来自同一机构,当项目资助数不足时,团队难以产生较高的创新绩效,适当的学科多样性有利于团队吸收新的知识从而创造出新知识。过小的学科多样性导致团队研究内容单一,过大的学科多样性增大了学者吸收新知识的难度,两者都不利于团队产生更高的创新绩效。当项目资助数充足时,较高的人员流动性意味着团队在不断变换成员过程中有更大机会接触到不同想法,从而产生较高的创新绩效。即使团队人员流动性较小,增强学科多样性同样能为团队带来新知识,从而保证团队产出高创新绩效。

(二)常规型团队决策树

常规型团队非网络结构整体性特征的描述性统计分析结果如表 8-15 所示。由表可知,常规型团队项目资助数的均值为 8.489,标准差为 7.818,数据离散化程度较高,团队整体获得的项目资助不多;年均发文量的均值为 1.879,标准差为 1.542,均篇影响因子的均值为 3.045,标准差为 1.139,说明同种模式下不同团队的产出数量和产出质量均有一定的差异性;机构多样性、学科多样性、人员流动性和合作强度标准差较小,数据离散化程度低。

表 8-15 常规型团队描述性统计

特征名称	N	最小值	最大值	均值	标准差
机构多样性	534	0.245	0.816	0.505	0.083
学科多样性	534	1.038	3.304	1.758	0.435
项目资助数	534	0.000	41.000	8.489	7.818
人员流动性	534	0.000	0.375	0.029	0.069
合作强度	534	0.300	4.500	1.345	0.489
年均发文量	534	0.300	18.000	1.879	1.542
均篇影响因子	534	0.920	5.223	3.045	1.139

常规型团队生成的决策树模型如图 8-15 所示:

常规型团队决策树的分裂特征有合作强度、项目资助数和学科多样性,合作强度作为决策树的根结点对创新绩效的影响最大。在规则"合作强度—项目资助数—学科多样性"中,团队合作强度与项目资助数均较小,此时增大团队的学科多样性会阻碍团队创新绩效的产出,而学科多样性较小时团队会生成较高的创新绩效。在规则"合作强度—项目资助数"中,当团队合作强度较小时,项目资助数越多会使团队越容易产生高创新绩效;当合作强度较大时,增加团队项目资助数会促进团队产生高创新绩效,减少项目资助数会导致团队大概率产生低创新绩效。

常规型团队的非网络结构整体性特征都较为适中,成员之间合作越紧

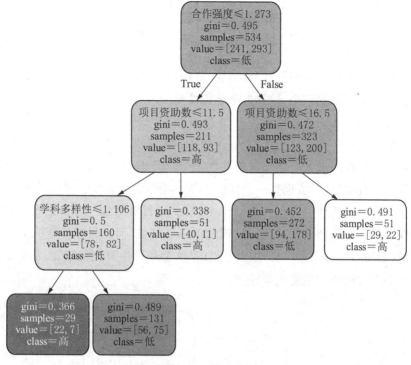

图 8-15　常规型团队决策树

密、团队得到的项目资助数越多,则越有利于团队产生较高的创新绩效。当团队成员合作较为疏松时,项目资助数对创新绩效的促进作用大于合作强度较小时对创新绩效的抑制作用,团队能大概率保持高创新绩效。合作强度与项目资助数较小时,高学科多样性虽然能为团队带来新知识,但团队成员难以将新知识进行吸收转化,此时学科多样性与创新绩效呈现负相关关系。

(三)开放型团队决策树

开放型团队的非网络结构整体性特征描述性统计分析结果如表 8-16 所示。

表 8-16　开放型团队描述性统计

特征名称	N	最小值	最大值	均值	标准差
机构多样性	358	0.219	0.916	0.618	0.154
学科多样性	358	1.082	3.848	2.175	0.487
项目资助数	358	0.000	184.000	29.746	29.195
人员流动性	358	0.167	0.875	0.361	0.108
合作强度	358	0.153	1.718	0.708	0.300
年均发文量	358	0.571	14.667	2.756	2.081
均篇影响因子	358	0.920	5.147	3.235	0.968

由表 8-16 可知,开放型团队的项目资助数的均值为 29.746,标准差为 29.195,数据离散化程度高,说明同种模式下不同团队在获得资助项目数量上差别较大;年均发文量的平均值为 2.756,标准差为 2.081,说明不同团队的产出数量具有一定差异;产出质量、机构多样性、学科多样性、人员流动性和合作强度标准差较小,数据离散化程度低。

开放型团队的决策树模型如图 8-16 所示,决策树包含项目资助数、合作强度与学科多样性这三个特征,项目资助数作为决策树的根结点对创新绩效的影响作用最大。当项目资助数大于 20.5 时,团队大概率产生高创新绩效。在规则"项目资助数—合作强度"中,项目资助数较少时,合作强度越大越有利于团队产生高创新绩效。在规则"项目资助数—合作强度—学科多样性"中,团队即使没有获得足够的项目资助数,但如果保持较大的合作强度,再通过增加学科多样性也能使团队大概率产生高创新绩效,学科多样性过小则大概率产生低创新绩效。

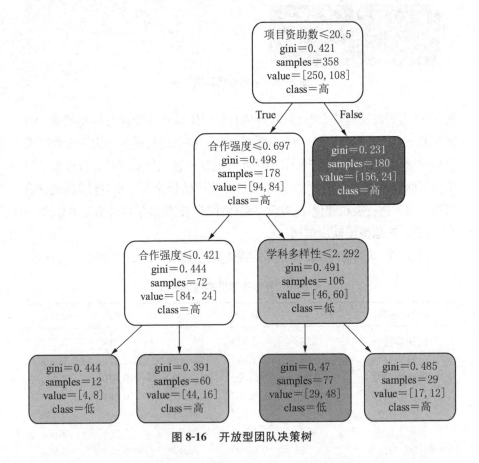

图 8-16　开放型团队决策树

开放型团队的成员大多来自不同机构,团队合作目标更为一致且合作形式更包容,较多的项目资助数有利于团队产生高创新绩效,同时高绩效的科研团队又会吸引更多学者前来合作,团队的合作形式也会愈加开放多元。在多重因素的共同作用下,团队形成高绩效产生的闭环机制。当项目资助数较小时,增大合作强度对高绩效产出的促进作用能够减弱项目资助数不足对高绩效的抑制作用,使团队产出高创新绩效。较大的学科多样性为团队带来新知识新思想,有利于团队在知识碰撞中产生更多创新绩效;较小的学科多样性对团队创新绩效的阻碍作用大于合作强度增加对绩效的促进作用,因而团队更容易产生低创新绩效。

四、决策规则分析

现将开放型团队、常规型团队和封闭型团队的决策树模型整理成决策表,并计算出每条规则对应的支持度与样本占比,最终结果如表 8-17 所示。

表 8-17　决策规则表

类名	学科多样性	资助项目数	人员流动性	合作强度	可信度	支持度	科研绩效
封闭型	≤1.56	≤14.5	—	—	55%	30%	低
	(1.56，1.63]	≤14.5	—	—	64%	7%	高
	>1.63	≤14.5	—	—	71%	46%	低
	≤2.064	>14.5	≤0.211	—	53%	6%	低
	>2.064	>14.5	≤0.211	—	65%	5%	高
		>14.5	>0.211	—	73%	5%	高
常规型	≤1.106	≤11.5	—	≤1.273	76%	5%	高
	>1.106	≤11.5	—	≤1.273	57%	25%	低
	—	>11.5	—	≤1.273	78%	9%	高
	—	≤16.5	—	>1.273	64%	51%	低
	—	>16.5	—	>1.273	57%	9%	高
开放型		≤20.5	—	<0.697	67%	20%	高
		≤20.5	—	>0.697	57%	30%	低
	—	>20.5			86%	50%	高

整体来看,三种类型团队的每条决策规则支持度都较高。5 个非网络结构整体性特征中,机构多样性没有作为分裂属性出现,说明机构多样性对创新绩效影响较小,但机构多样性是团队聚类的主要依据。项目资助数对创新绩效的影响作用最大,且这种影响是正向的促进作用。其他非网络结

构特征与项目资助数的组合对创新绩效的影响因团队类型不同而有所区别。针对封闭型、常规型和开放型三种类型团队的决策规则,现有如下分析与启示:

(1)封闭型团队的成员均来自同一机构,团队机构多样性最小且人员流动性小,6条决策规则中有3条决策规则支持高创新绩效,但3条高绩效规则的支持度仅为17%,说明大部分封闭型团队创新绩效较低。较低绩效的科研团队难以吸引其他机构或学科的学者加入团队,极易形成低绩效产生的闭环,这与开放型团队的状况正好相反。因此,封闭型团队想要摆脱这种困境应该多引入科研能力强的学者进入团队或者多与不同学者展开合作,增强团队的整体实力和增大对其他机构或学科学者的吸引力,将恶性循环慢慢扭转为良性循环。

(2)常规型团队的机构多样性适中且人员流动性小,不同机构的学者展开稳定合作,在此基础上加大合作强度有利于创新绩效的产生。资助项目数对所有团队都具有激励作用,当团队合作强度较小时,项目资助数对团队的外在要求(如一定的发文量等)又反过来促进团队成员加强合作,使团队产生高的创新绩效。常规型团队在合作强度过小的情况下盲目增大跨学科合作不仅不利于团队吸收新知识,还会降低团队吸收知识的效率,加大团队生产知识的机会成本。因此,常规型团队若要产生高创新绩效,应重点加强成员合作或者努力申请更多项目资助。

(3)开放型团队的机构多样性和人员流动性较大,来自不同机构的学者展开合作主要为团队带来两方面的影响:一方面,多个机构展开合作可以实现资源的互补与共享,这些资源包括数据资源、仪器设备资源、合作建设平台资源、技术引进资源和人力资源等,这对团队运行提供了基本的保障;另一方面,来自不同机构的成员可能存在认可度低的情况,这不利于团队创新绩效的产生。项目资助数越多,团队成员受到的激励越大,这种激励既包括同行专家对自身科研能力的认可,也包括外部资金的刺激。项目资助数足够的情况下,团队拥有更多的自主选择权来培养科研人员并为其提供更多自我提升的机会,例如资助科研人员去国外进行交流学习等。这不仅有利于科研人员自身能力的提高,还能为团队带来更多机会进行更广泛的科研合作。这些对于高创新绩效的产生都是有利的。团队产生高绩效的同时也会吸引更多学者加入团队,形成高绩效产生的闭环。即使资助项目不多,开放型团队通过利用现有资源加大团队的合作强度也能大概率保持高创新绩效。

利用K-Means算法基于机构多样性、学科多样性、项目资助数、人员流动性和合作强度这5个网络结构整体性特征可将团队分成三种类型,对比分析团队特征后分别将团队命名为封闭型团队、常规型团队和开放型团队。通过 CART 决策树深入挖掘三种类型团队的非网络结构特征与创新绩效之间的关系，研究发现：（1）封闭型团队产生高创新绩效较为困难，团队若想产生高创新绩效，除了要努力获得足够的项目资助数来支撑团队运行外，还需要与不同学者进行合作来创造新知识。在同类型的不同团队中，学科多样性对创新绩效的影响是非线性相关的，需要结合团队获得的项目资助数和合作强度具体情况进行调整。（2）常规型团队在合作强度过小的情况下增大学科研究内容会阻碍团队吸收新知识，加大团队新知识生产的沉没成本，团队应从加强成员合作或者努力申请更多项目资助两个角度来提升创新绩效。（3）开放型团队需要较多的项目资助数才能确保团队大概率产生高创新绩效；当项目资助数不足时，团队可以通过加大合作强度和学科多样性来提高创新绩效。

第三节　网络与非网络结构整体性特征对创新绩效的影响

第一节与第二节建立了一个平行对照组，分别探究了网络结构整体性特征组合与非网络结构整体性特征组合对创新绩效的影响效应。本节将从结合的角度把所有特征放在一起共同探讨整体性特征对创新绩效的影响，并将得到的研究结论与前两节结论进行对比分析。首先，利用 K-Means 算法基于 4 个网络结构整体性特征和 5 个非网络结构整体性特征对团队进行聚类，将团队划分成不同类型并分析聚类依据，横向与纵向比较每种类型团队数量与高低绩效的分布情况。然后，再将 9 个特征指标作为条件属性，创新绩效作为决策属性，得到四种类型团队的决策树模型，对模型内规则结合现实情况进行分析。最后，将所有规则整理成决策规则表，确定不同类型科研团队的不同整体性特征组合对创新绩效的影响。

一、整体性特征相关性分析

由于前面两节已经分开对网络结构特征和非网络结构特征进行了描述性统计分析，本节不再重复赘述。现对 9 个整体性特征和创新绩效（产出数量、产出质量）进行相关性分析，分析结果如表 8-18 所示。可以看到，网络结构特征与非网络结构特征在 1％水平上显著相关，且两类型特征均与产出数量显著相关，而网络规模、网络密度、平均加权度、机构多样性与人员流动性与产出质量呈现不相关关系。

表 8-18 整体性特征相关性分析

特征	网络规模	网络密度	平均加权度	聚集系数	机构多样性	学科多样性	项目资助数	人员流动性	合作强度	年均发文量	均篇影响因子
网络规模	1	—	—	—	—	—	—	—	—	—	—
网络密度	−0.747**	1	—	—	—	—	—	—	—	—	—
平均加权度	0.711**	−0.420**	1	—	—	—	—	—	—	—	—
聚集系数	0.384**	−0.102**	0.656**	1	—	—	—	—	—	—	—
机构多样性	0.456**	−0.435**	0.373**	0.274**	1	—	—	—	—	—	—
学科多样性	0.320**	−0.352**	0.193**	0.042	0.254**	1	—	—	—	—	—
项目资助数	0.657**	−0.582**	0.344**	0.094**	0.346**	0.474**	1	—	—	—	—
人员流动性	0.585**	−0.760**	0.524**	0.299**	0.408**	0.328**	0.438**	1	—	—	—
合作强度	−0.634**	0.598**	−0.526**	−0.563**	−0.431**	−0.174**	−0.356**	−0.586**	1	—	—
年均发文量	0.537**	−0.423**	0.339**	0.136**	0.241**	0.135**	0.432**	0.231**	−0.268**	1	—
均篇影响因子	0.027	−0.016	0.019	0.074**	0.018	0.193**	0.079**	0.036	−0.072**	−0.140**	1

注：* 代表在 5% 水平上显著，** 代表在 1% 水平上显著，*** 代表在 0.1% 水平上显著。

二、基于整体性特征的团队聚类

(一) 聚类结果

利用肘部算法基于 9 个整体性特征指标进行聚类得到的结果如图 8-17 所示,结果发现聚类个数为 3 个和 4 个时对应的平均离差变化大,而聚类个数为 4 个和 5 个的时候对应的平均离差变化较小,因此最佳的聚类个数为 4 个类。

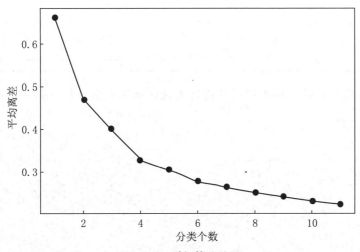

图 8-17　肘部算法结果

利用 K-Means 算法基于 9 个整体性特征指标将团队分成了四个簇,表 8-19 为部分聚类结果示例。(由于表格过大,特征数值仅保留两位小数)

表 8-19　聚类结果部分数据示例

团队编号	团队规模	网络密度	平均加权度	聚集系数	机构多样性	学科多样性	项目资助数	人员流动性	合作强度	绩效高低	簇类别
0	0.11	0.66	0.23	0.80	0.61	0.27	0.10	0.30	0.13	高	IV
1	0.18	0.31	0.22	0.55	0.85	0.50	0.07	0.46	0.19	高	IV
2	0.36	0.36	0.48	0.81	0.83	0.45	0.08	0.57	0.05	低	IV
3	0.00	1.00	0.00	0.00	0.55	0.39	0.06	0.00	0.26	低	II
4	0.04	1.00	0.09	1.00	0.00	0.19	0.01	0.00	0.16	高	III
5	0.14	0.48	0.17	0.78	0.73	0.52	0.05	0.71	0.08	高	IV
6	0.14	0.70	0.24	0.87	0.67	0.23	0.01	0.00	0.07	高	III
7	0.14	0.55	0.18	0.90	0.55	0.05	0.03	0.38	0.07	高	IV
8	0.07	1.00	0.17	1.00	0.41	0.28	0.02	0.00	0.11	高	III
9	0.00	1.00	0.00	0.00	0.00	0.14	0.05	0.00	0.26	高	I
10	0.32	0.45	0.65	0.85	0.61	0.32	0.03	0.24	0.09	高	IV
11	1.00	0.01	0.31	0.78	0.97	0.38	0.29	0.47	0.00	高	IV

续表

团队编号	团队规模	网络密度	平均加权度	聚集系数	机构多样性	学科多样性	项目资助数	人员流动性	合作强度	绩效高低	簇类别
12	0.07	0.81	0.15	0.83	0.82	0.32	0.05	0.29	0.13	低	Ⅲ
13	0.00	1.00	0.00	0.00	0.55	0.03	0.02	0.00	0.26	低	Ⅱ
14	0.04	1.00	0.09	1.00	0.49	0.27	0.03	0.00	0.16	高	Ⅲ
15	0.04	0.63	0.07	0.00	0.73	0.58	0.05	0.38	0.24	低	Ⅱ
16	0.00	1.00	0.00	0.00	0.55	0.36	0.05	0.00	0.26	低	Ⅱ
17	0.00	1.00	0.00	0.00	0.00	0.26	0.15	0.00	0.26	高	Ⅰ
18	0.04	0.63	0.03	0.00	0.00	0.38	0.08	0.19	0.16	低	Ⅰ
19	0.11	0.55	0.32	0.87	0.00	0.34	0.27	0.29	0.20	高	Ⅲ

　　对聚类后的四种类型团队进行可视化结果见图 8-18、图 8-19、图 8-20 和图 8-21。

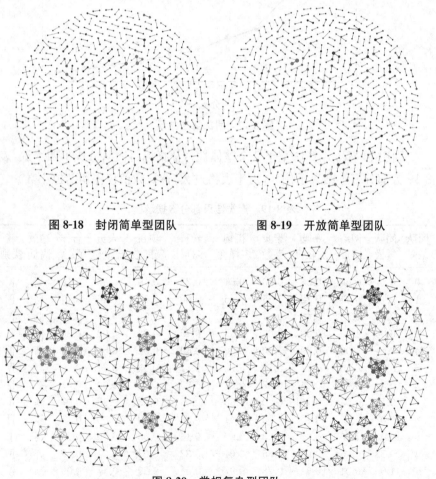

图 8-18　封闭简单型团队　　　　　图 8-19　开放简单型团队

图 8-20　常规复杂型团队

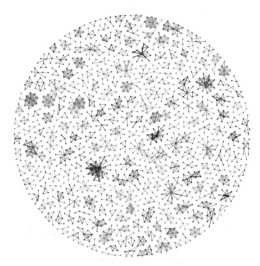

图 8-21　开放复杂型团队

由上述四种类型团队的网络结构图可知,前两个簇中团队的网络规模较小且合作模式较为简单,网络结构较为相似,说明具有不同非网络结构特征的团队可能具有相似的网络结构特征。后两个簇中团队的网络规模较大且网络结构与前两个簇相比差异性更大且更为复杂。

(二)团队特征分析

网络结构图能直观地反映团队网络结构特征但不能反映团队非网络结构特征,而本节聚类结果由网络结构特征和非网络结构特征共同决定。因此,为了更好地剖析四种类型科研团队的共性与差异性,需对各类型团队整体性特征均值进行比较,得到科研团队群组特征差异雷达图如图 8-22 所示。

由图 8-22 可知,非网络结构整体性特征中,机构多样性的变化幅度最大且在四种类型团队上的区分度也最大,其余特征在四种类型团队上的区分度相对较小。机构多样性由大到小依次是簇Ⅳ、簇Ⅱ、簇Ⅲ和簇Ⅰ,机构多样性越大意味着团队跨机构合作程度越高,团队合作模式愈加开放;机构多样性越小说明团队越封闭。结合前面四种类型团队的网络结构图可知,簇Ⅰ和簇Ⅱ的网络结构相对简单,簇Ⅲ和簇Ⅳ的网络结构更加复杂。因此,对四种类型团队分别命名为封闭简单型、开放简单型、常规复杂型和开放复杂型。其中,封闭简单型团队和开放简单型团队在网络结构特征上差异性不大,团队整体结构都相对简单,非网络结构整体性特征上也较为相似,两者的机构多样性差异较大,封闭简单型团队的机构多样性小,团队成员基本是来自同一个机构,而没有与其他机构学者展开合作,略显封闭,而开放简单型团队虽然网络结构也很简单,但团队机构多样性较高,跨机构合作现象

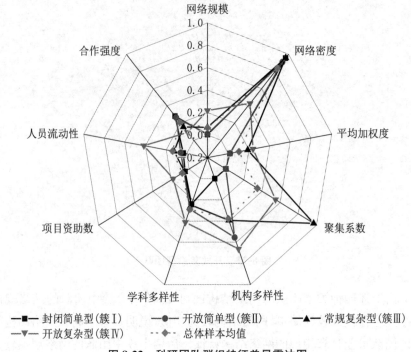

图 8-22　科研团队群组特征差异雷达图

明显,合作较为开放。常规复杂型团队在网络结构上特点明显,每一个团队都至少存在一个三角结构,相对于封闭简单型团队和开放简单型团队来说,整体的网络规模更大,合作模式更为复杂多样,团队虽然具有一定程度的跨机构合作,但机构多样性相比开放简单型团队和开放复杂型团队小而又比封闭简单型团队大,整体的跨机构合作程度较为适中,在现实生活中较为常见。开放复杂型团队的网络结构比前三种团队合作形式更为复杂,团队规模更大,很多"大团队"都是由各个局部"小团队"共同组成,除了合作强度与网络密度之外,其余特征的数值分布均大于所有样本的均值,团队跨机构合作程度最高,合作模式最为开放。

(三) 团队统计指标分析

对封闭简单型、开放简单型、常规复杂型以及开放复杂型四种类型的团队数量以及高低绩效占比进行统计分析,统计结果如表 8-20 所示。横向比较四种类型团队的数量分布,发现封闭简单型团队数量最多,共有 406 个,占科研团队总数比重 28.6%;开放简单型团队数量为 399 个,占科研团队总数比重 28.1%;常规复杂型团队有 355 个,占科研团队总数比重 25.0%;开放复杂型团队数量最少,仅有 258 个,占科研团队总数比重 18.2%。可以发现,四种类型团队的数量随着合作开放程度与复杂性的增加逐渐减少。

表 8-20　各类型团队数量和绩效统计

簇编号	团队类型	团队数量	数量占比	高绩效数量	低绩效数量	高绩效占比	低绩效占比
簇 I	封闭简单型	406	28.6%	157	249	38.7%	61.3%
簇 II	开放简单型	399	28.1%	175	224	43.9%	56.1%
簇 III	常规复杂型	355	25.0%	174	181	49.0%	51.0%
簇 IV	开放复杂型	258	18.2%	203	55	78.7%	21.3%

　　纵向比较各类型科研团队中高绩效团队数量占比和低绩效团队数量占比，由表 8-20 可知，封闭简单型团队中，高绩效团队有 157 个，低绩效团队有 249 个，高低绩效团队数量占封闭简单型团队数量的比重分别为 38.7% 和 61.3%，高绩效团队数量远少于低绩效团队数量。开放简单型团队中，高绩效团队有 175 个，低绩效团队有 224 个，高低绩效团队数量占开放简单型团队数量的比重分别为 43.9% 和 56.1%，高绩效团队数少于低绩效团队数。常规复杂型团队中，高绩效团队有 174 个，低绩效团队有 181 个，高绩效团队数量略少于低绩效团队数量，两者占比分别为 49% 和 51%。开放复杂型团队中，高绩效团队有 203 个，低绩效团队有 55 个，高绩效团队数量远多于低绩效团队数量，高低绩效团队数量占开放复杂型团队数量的比重分别为 78.7% 和 21.3%。随着网络结构越来越复杂和机构多样性不断增大，高创新绩效团队在每一类型团队中的占比也越来越大。

三、基于整体性特征的决策树

（一）封闭简单型团队决策树

　　封闭简单型团队的 9 个整体性特征描述性统计分析结果如表 8-21 所示。

表 8-21　封闭简单型团队描述性统计

特征名称	N	最小值	最大值	均值	标准差
网络规模	406	2.000	6.000	2.138	0.445
网络密度	406	0.333	1.000	0.959	0.119
平均加权度	406	3.000	7.333	3.522	0.900
聚集系数	406	0.000	0.000	0.000	0.000
机构多样性	406	0.000	0.000	0.000	0.000
学科多样性	406	1.038	2.948	1.716	0.451
项目资助数	406	0.000	58.000	8.207	8.622
人员流动性	406	0.000	0.667	0.029	0.095
合作强度	406	0.662	3.500	1.621	0.398

由表 8-21 可知,该类型团队的规模范围为[2,6],均值为 2.138,说明大部分的团队规模只有两人,这一点从图 8-18 的网络结构图观察更为直观;平均度、平均加权度和平均路径长度的均值更接近于最小值,网络密度较大,聚集系数与机构多样性的取值都为 0,说明封闭型团队的成员均来自同一个机构;学科多样性的均值为 1.716,说明团队存在一定程度的跨学科合作行为;项目资助数的取值范围为[0,58],均值为 8.207,标准差为 8.622,说明不同团队获得的项目资助数存在较大的差异;人员流动性较小,均值仅为 0.029;团队整体合作强度较大。

利用决策树算法训练封闭简单型团队的样本数据时,设置树的最大深度为 3,每个叶子节点包含的最小样本数设置为该类型团队样本数的 5%,目的是防止样本数过小导致决策规则不具有说服力和代表性。得到封闭简单型团队决策树如图 8-23 所示。由图可知,封闭简单型团队的决策树共有项目资助数和学科多样性两个分裂特征,其中,项目资助数作为决策树的根结点对创新绩效的影响程度最大。在右决策规则"项目资助数—学科多样性"中,当项目资助数越多时,增加团队学科多样性,团队大概率产生高创新绩效;项目资助数多但学科多样性较小时,团队产生高低绩效的概率相等。在左决策规则"项目资助数—学科多样性"中,项目资助数和学科多样性的

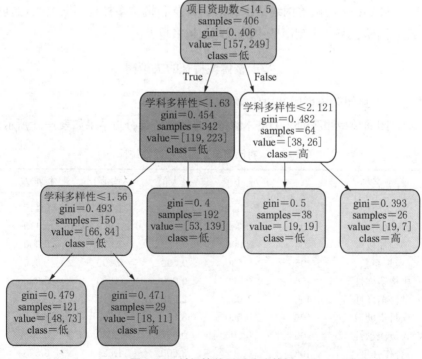

图 8-23　封闭简单型团队决策树

组态效应对创新绩效的影响不一样,具体表现为团队项目资助数没有位于较高水平时,学科多样性只能在一定范围内促进团队创新绩效的产生,支持这一结论的样本数较少;在此特定范围外,即学科多样性较小或较大时,团队都更大可能产生低创新绩效,支持这一结论的样本数较多。

产生上述结果的原因在于,获得更多项目资助数的科研团队不仅可利用的资金更加充裕,而且团队本身的科研实力相对更强,因为团队在申请项目资助时需要同行专家对项目进行评审,团队项目创新性越大,得到资助的可能性也就越大。因此,对于团队规模较小且合作形式较为封闭的封闭简单型团队来说,在项目资助数处于较高水平时,增大学科多样性更有利于新知识在团队内部流动与被吸收,从而促进团队产生新的创新绩效。而当团队缺乏项目资助数,较小的学科多样性意味着团队研究内容非常单一,想要进一步突破难度较大;较高的学科多样性团队吸收消化起来愈加困难,这些都不利于团队产生高的创新绩效。

(二) 开放简单型团队决策树

对开放简单型团队的整体性特征进行描述性统计,统计结果如表 8-22 所示。由表 8-22 的统计结果可知,开放简单型团队的团队规模取值范围与封闭简单型一样,均为 2～6 人,团队规模的均值为 2.376,团队整体规模小;平均度、平均加权度和平均路径长度的均值更接近于最小值,网络密度较大,聚集系数为 0,开放简单型团队与封闭简单型团队在网络结构整体性特征上具有较高的相似性,在非网络结构整体性特征上两者具有一定程度的差异性。开放简单型团队的机构多样性均值为 0.514,跨机构合作程度相对封闭简单型略大;学科多样性、项目资助数和人员流动性与封闭简单型团队相比多样化程度更高,但整体来看依然较小,其中项目资助数标准差为 11.292,该数值较大,说明数据离散化程度较高;团队整体合作强度比封闭简单型团队小。

表 8-22　开放简单型团队的描述性统计

特征名称	N	最小值	最大值	均值	标准差
网络规模	399	2.000	6.000	2.376	0.729
网络密度	399	0.333	1.000	0.896	0.182
平均加权度	399	3.000	10.000	3.680	1.084
聚集系数	399	0.000	0.000	0.000	0.000
机构多样性	399	0.320	0.750	0.514	0.070
学科多样性	399	1.038	3.304	1.860	0.447
项目资助数	399	0.000	68.000	11.085	11.292
人员流动性	399	0.000	0.667	0.069	0.137
合作强度	399	0.542	4.500	1.490	0.459

开放简单型团队生成的决策树模型如图 8-24 所示。

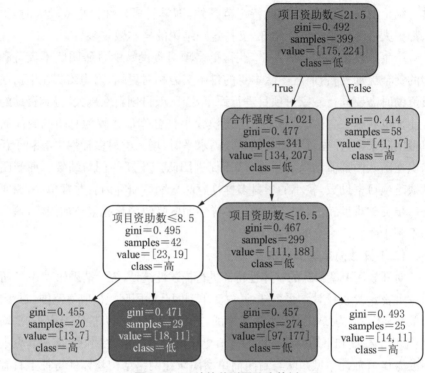

图 8-24 开放简单型团队决策树

由图 8-24 展示的开放简单型团队决策树可知,该决策树共有项目资助数和合作强度两个分裂特征,其中,项目资助数作为决策树的根结点对创新绩效的影响作用最大。当项目资助数大于 21.5 时,团队大概率产生高的创新绩效。当项目资助数小于等于 21.5 时,项目资助数和合作强度在不同范围取值的组态效应对创新绩效的影响作用不一样。在规则"项目资助数—合作强度—项目资助数"中,合作强度较大时,增大项目资助数有利于团队产生高创新绩效,减少项目资助数不利于科研团队产生创新绩效,支持这两条叶子结点的样本占比高;合作强度较小时,增大项目资助数不利于科研团队绩效的产生,减少项目资助数有利于科研团队绩效的产生,支持这两条叶子结点的样本占比低。

开放简单型团队是一种小规模团队但团队成员大多来自不同机构,团队合作强度越大意味着团队成员合作越紧密,在紧密合作的过程中,团队能够充分利用来自不同机构的各种资源以弥补项目资助数不充足对创新绩效的抑制作用,但通过增大合作强度来促进绩效产生的作用有限,当项目资助数过小时,团队大概率产生低创新绩效,说明缺乏项目资助数对创新绩效的抑制作用大于增大合作强度对创新绩效的促进作用。

(三) 常规复杂型团队决策树

常规复杂型团队的描述性统计结果如表 8-23 所示。

表 8-23　常规复杂型团队描述性统计

特征名称	N	最小值	最大值	均值	标准差
网络规模	355	3.000	10.000	3.876	1.233
网络密度	355	0.600	1.000	0.953	0.107
平均加权度	355	6.000	37.333	9.264	4.464
聚集系数	355	0.750	1.000	0.970	0.068
机构多样性	355	0.000	0.816	0.351	0.262
学科多样性	355	1.038	2.985	1.749	0.452
项目资助数	355	0.000	50.000	9.000	8.736
人员流动性	355	0.000	0.750	0.108	0.145
合作强度	355	0.300	5.359	0.971	0.358

由表 8-23 可知,该类型团队有 355 个,团队规模的取值范围为[3,10],规模的均值为 3.876,团队整体规模适中,相较于封闭简单型和开放简单型团队来说规模更大;平均加权度的标准差为 4.464,特征指标有一定的离散性,说明不同团队之间有差异;网络密度均值为 0.953,标准差较小为 0.107,说明团队规模虽然有所增加但是团队成员之间合作依然密切,平均路径长度整体也较小;聚集系数均值为 0.97,标准差为 0.068,说明所有团队网络集团化程度高;团队机构多样性均值为 0.351,比开放简单型团队略小;学科多样性、人员流动性和合作强度的标准差较小,数据离散化程度低;项目资助数均值为 9,标准差为 8.736,数据离散化程度较高,不同团队之间差异较大。

利用 CART 决策树算法得到常规复杂型团队生的决策树如图 8-25 所示。

由常规复杂型团队决策树可知,该决策树共有学科多样性、项目资助数和平均加权度三个分裂特征,其中,学科多样性为该决策树的根节点,对常规复杂型团队的创新绩效影响作用最大。当团队学科多样性小于等于 1.106 时,团队大概率产生高创新绩效。当团队学科多样性大于 1.106 时,学科多样性、项目资助数和平均加权度的组态效应在不同取值范围内对创新绩效的影响不同。具体表现为项目资助数处于较低水平时,即使学科多样性较大,团队大概率产生低创新绩效,项目资助数处于较高水平时,平均加权度越高,团队越容易产生高创新绩效,平均加权度越低,团队越容易产生低创新绩效。

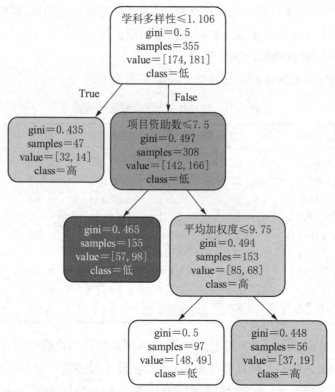

图 8-25　常规复杂型团队决策树

　　常规复杂型团队的合作模式非常具有特点，由于单篇论文合作学者过多，成员之间大多都开展过合作。当学科多样性小时，彼此熟知的学者大多都研究相似学科并共享论文成果，使得即使团队学科多样性低但团队依然能保持较高的创新绩效。随着学科多样性的增加，团队内部新知识来源更加广泛，增大项目资助数给予了团队更多的资金支持，平均加权度越高，成员在增加合作频次的过程中，不断磨合且吸收新的知识，因此更容易产生新知识从而形成较高的创新绩效。反之，项目资助数过少且平均加权度较低，团队得不到充足的资金支持和更多机会的合作磨合，吸收更多学科的新知识较为困难，因此，容易产生低创新绩效。

（四）开放复杂型团队决策树

　　开放复杂型团队的描述性统计结果如表 8-24 所示。由表可知，该类型团队有 258 个，团队规模的取值范围为[4，30]，规模的均值为 8.547，说明团队整体规模较大，合作模式的复杂程度较大；平均度、平均加权度、平均路径长度的均值以及标准差相较于封闭简单型、开放简单型和常规复杂型更大，说明数据离散化程度随着合作模式复杂程度增加，不同团队之间差异性变大;网络密度与聚集系数均值分别为 0.492 和 0.754,标准差都小于 0.2,数据分布较为集中;团队机构多样性均值为 0.627,说明团队跨机构合作程度大;学科多样性和人员流动性的均值较常规复杂型团队进一步扩大;项目资助数均值为 33.523,标准差为 32.322,数据分散离散化程度高,各团队获得项目资助数差别大;合作强度标准差较小,并且该类型团队整体的合作强度较小。

表 8-24　开放复杂型团队描述性统计

特征名称	N	最小值	最大值	均值	标准差
网络规模	258	4.000	30.000	8.547	4.982
网络密度	258	0.105	1.000	0.492	0.188
平均加权度	258	5.333	35.000	11.984	5.660
聚集系数	258	0.000	1.000	0.754	0.142
机构多样性	258	0.000	0.916	0.627	0.182
学科多样性	258	1.082	3.848	2.184	0.546
项目资助数	258	0.000	184.000	33.523	32.322
人员流动性	258	0.000	0.875	0.365	0.118
合作强度	258	0.153	1.708	0.606	0.256

开放复杂型团队的决策树如图 8-26 所示。由开放复杂型团队决策树可知,该决策树共有项目资助数、合作强度以及网络密度三个分裂特征,其中,项目资助数为该决策树的根节点,对开放复杂型团队的创新绩效影响作用最大。当团队项目资助数大于 18.5 时,团队大概率产生高创新绩效。当团队项目资助数小于等于 18.5 时,项目资助数、合作强度以及网络密度的组态效应在不同取值范围内对创新绩效的影响不同。在规则"项目资助数—合作强度—网络密度"中,合作强度处于较低水平时,团队依然大概率产生高创新绩效;合作强度处于较高水平时,网络密度越大,团队越容易产生低创新绩效,网络密度越小,团队越容易产生高创新绩效。

开放复杂型团队的网络结构相较于另外三种类型的更加多样复杂且团队规模更大,团队拥有更多的人力资源与知识来源,因此,项目资助数越大,团队越容易产生高创新绩效。即使项目资助数较小,项目资助数对创新绩效的不利影响要小于团队开放复杂结构对创新绩效的有利影响,所以项目资助数不大且合作强度不高的情况之下,大部分团队依然有高绩效产出。但这种有利影响并不总是大于不利影响,还受到团队网络密度的限制,过大的网络密度会导致团队剩余合作空间过小,知识交流速度

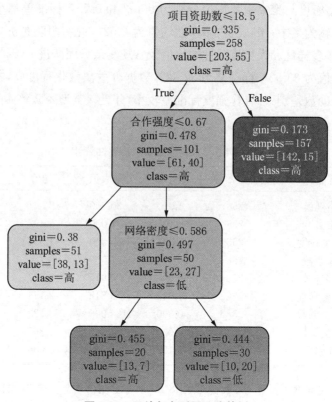

图 8-26　开放复杂型团队决策树

减缓,不利于创新绩效的产生。

四、决策规则分析

现将封闭简单型、开放简单型、常规复杂型和开放复杂型这四种类型科研团队的决策树整理成决策表,并计算出每条规则的支持度与该规则占所在类型团队数量的比重,最终得到决策规则表如表 8-25 所示。

表 8-25　决策规则表

类名	平均加权度	网络密度	学科多样性	项目资助数	合作强度	可信度	支持度	创新绩效
封闭简单	—	—	≤1.56	≤14.5	—	60%	30%	低
	—	—	(1.56，1.63]	≤14.5	—	62%	7%	高
	—	—	>1.63	≤14.5	—	75%	47%	低
	—	—	≤2.121	>14.5	—	50%	9%	低
	—	—	≤2.121	>14.5	—	73%	7%	高

类名	平均加权度	网络密度	学科多样性	项目资助数	合作强度	可信度	支持度	创新绩效
开放简单	—	—	—	≤8.5	≤1.021	65%	5%	高
	—	—	—	(8.5，21.5]	≤1.021	55%	6%	低
	—	—	—	≤16.5	>1.021	65%	69%	低
	—	—	—	(16.5，21.5]	>1.021	56%	6%	高
	—	—	—	>21.5	—	71%	15%	高
常规复杂	—	—	≤1.106	—	—	68%	13%	高
	—	—	>1.106	≤7.5	—	63%	44%	低
	≤9.75	—	>1.106	>7.5	—	51%	27%	低
	>9.75	—	>1.106	>7.5	—	66%	16%	高
开放复杂	—	—	—	≤18.5	≤0.67	75%	20%	高
	—	≤0.586	—	≤18.5	>0.67	65%	8%	高
	—	>0.586	—	≤18.5	>0.67	67%	12%	低
	—	—	—	>18.5	—	90%	61%	高

由表 8-25 可知，6 个网络结构整体性特征中只有平均加权度和网络密度对创新绩效的影响较为明显，5 个非网络结构整体性特征中学科多样性、项目资助数和合作强度对创新绩的影响较为明显。从特征变量参与决策规则的数量上看，项目资助数存在于所有决策规则中，其次是学科多样性、合作强度、网络密度和平均加权度，并且项目资助数越多的团队越有可能产生高创新绩效。相同特征指标在不同类型团队中对创新绩效的影响不同，说明团队在不同的合作模式驱动下，特征变量对创新绩效的影响较为显著。

针对封闭简单型、开放简单型、常规复杂型和开放复杂型四种类型团队的决策规则，现有如下分析与启示：

封闭简单型团队中大部分团队的规模较小，人力资源不足，合作模式过于简单，成员都来自同一机构，成员拥有的知识同质化比较严重，团队整体创新绩效较低。项目资助数越多意味着支持团队持续运行的外在保障更加充足，同时充足的资金也能提高学者的内在激励。此外，团队在不能依靠更多人力资源帮助的时候，只能不断提高平均加权度来提高团队创新绩效。而加大跨学科合作有利于新知识不断流入团队内部，正向激发学者产生更多的新知识。

开放简单型团队虽然团队规模小且网络结构简单，但团队跨机构合作程度高。项目资助数是促进开放简单型团队产生高创新绩效的关键因素,合作强度对团队创新绩效的影响在不同项目资助数的背景下作用不一样,有时是促进作用,有时是抑制作用,说明各特征因素与创新绩效并不是简单的线性关系,而是多特征因素相互作用产生的结果。开放简单型团队若想要保持较高的创新绩效,首要任务是增加团队项目资助数,然后再根据实际情况调整团队合作强度,以保证团队能最大概率产生高创新绩效。

常规复杂型团队已具备一定团队规模,团队内部合作空间被充分挖掘,团队内部知识同质化程度相对较重,相比于其他类型团队,常规复杂型团队更需要新学科、新知识和新思想的加入。常规复杂型团队若想要产出高创新绩效,应扩大团队研究的学科内容,并不断地增加合作次数,促进团队消化吸收新知识,从而产生更高的创新绩效。

开放复杂型团队的团队规模大且团队成员异质性程度相对较高,合作形式也多种多样,四条规则中有三条规则都支持高绩效,且三条规则的支持度高达 89%,说明较大的网络规模与更复杂的合作模式更有利于团队产生高创新绩效。团队在发展过程中不断扩大且愈加开放的同时更要避免低绩效产生的原因,团队项目资助数不宜过少,资金不充裕而人力资源充足会增大团队运行负担。较大的合作强度与较小的网络密度使团队整体合作更为紧密,能有效促进团队充分利用现有资源,促进不同知识交流,利于团队高创新绩效的产生。反之,网络密度大的团队内部过于松散,团队剩余合作空间没有被挖掘出来,各种资源未能得到有效利用,不利于创新绩效产生。

第四节　结果比较与分析

本章第一节和第二节从平行角度分别基于网络结构整体性特征与非网络结构整体性特征对创新绩效的影响进行了探究,第三节将两类型整体性特征结合起来共同探究其对创新绩效的影响,这三节均对决策规则进行了分析并依据结果对科研团队建设提供了相应建设。通过将不同视角的研究结果进行比较与分析之后,现有以下两点发现:

仅考虑网络结构整体性特征因素对创新绩效的影响时,网络密度、平均加权度和聚集系数均对创新绩效有影响且影响作用逐渐减弱;仅考虑非网络结构整体性特征对创新绩效的影响时,项目资助数、学科多样性、合作强度和人员流动性均对创新绩效有影响；而当两类型整体性特征放在一起共同讨论时，项目资助数、学科多样性、合作强度、网络密度和平均加权度对创新绩效有影响。可以看出，两类型特征结合视角得到的分析结果与某一类型特征单独分析的结果具有一致性，说明不同类型特征可以结合起来一起分析，并且结合分析相较于单独分析考虑的因素更为全面，特征结合视角得到的决策规则整体可信度相较于单独分析时得到的决策规则整体可信度更高。

根据本章第一节、第二节和第三节得到的决策规则表可以看到，网络结构整体性特征与非网络结构整体性特征均对创新绩效均会产生影响，但当两类型整体性特征结合分析时，非网络结构整体性特征参与的决策规则数大于网络结构整体性特征参与的决策规则数，说明非网络结构整体性特征相较于网络结构整体性特征对创新绩效的影响作用更大。网络结构特征更多反映的是科研团队由合作产生的形式上的关系，这种形式关系可复制性较大，非网络结构特征更多反映的是团队具备的且可利用的资源（有形资源或无形资源），这些资源可复制性较小。因此，团队的非网络结构整体性特征对创新绩效的影响作用更大。

利用 K-Means 算法基于网络规模、网络密度、平均加权度、聚集系数、机构多样性、学科多样性、项目资助数、人员流动性和合作强度这 9 个整体性特征可将团队分成四种类型，通过对比各类型团队特征分别将团队命名为封闭简单型团队、开放简单型团队、常规复杂型团队和开放复杂型团队。通过 CART 决策树深入挖掘四种类型团队的整体性特征与创新绩效之间的关系，研究发现：首先，封闭简单型团队应更注重增加平均加权度，在获得更多项目资助之后进行一定的跨学科合作有利于团队形成高绩效生产的良性闭环。其次，开放简单型团队的首要任务是增大团队项目资助数，在取得相应的项目资助后，团队可根据实际运行情况针对性提高合作强度。再次，常规复杂型团队应拓宽研究学科内容，促进新知识在团队内部流动，在保持较高合作频次的同时不断吸收消化新知识。最后，开放复杂型团队更容易产生高创新绩效，但团队在发展的过程中应注重保持较小的网络密度，通过加强团队的合作强度来充分利用团队的共享资源，不断激发团队的合作潜力，促进团队产生更高的创新绩效。另外，网络结构特征和多样性特征都对团队的创新绩效有影响，但多样性特征对团队创新绩效的影响程度明显大于网络结构特征对创新绩效的影响程度。随着团队网络结构越来越复杂以及机构多样性的不断增大，高创新绩效团队在每一类型团队中的占比也越来越大，说明团队应寻求更加开放多元的合作以增大高绩效产出的可能性。

第五节　本　章　小　结

　　本章在对总体样本进行描述性统计和相关性分析,大体明确各特征变量与科研团队创新绩效之间相关关系的基础上,借助机器学习相关算法挖掘变量之间的复杂非线性关系结构。接着对科研团队特征变量数据进行聚类划分,绘制特征差异雷达图并依据各群组在不同特征维度上的取值差异进行命名,识别各科研团队群组的异质性特点。最后使用决策树 CART 算法挖掘不同类型科研团队群组内部存在的特征变量与创新绩效之间的复杂非线性关系结构,得出不同特征组合对科研团队创新绩效的不同影响作用。结果表明,不同类型科研团队有达成高创新绩效的独特发展方式,应该依据科研团队内外部特征实施个性化的绩效激励策略,推动科研团队创新绩效提升。

第九章 科研团队创新绩效影响机制分析

本章将在前一章的基础上，进一步深入对科研团队的创新绩效影响机制进行探讨。主要分析平均加权度、网络密度、学科多样性、项目资助数和合作强度五个前因变量间的依赖关系及其与创新绩效之间的复杂作用机制，为科研团队提升创新绩效提供建议与措施路径。基于第八章科研团队群组类型的划分，将各类型科研团队样本数据中的特征变量离散化后，运用爬山算法搭建贝叶斯网络结构；接着在 Netica 中导入样本数据与贝叶斯网络结构进行适配，得到不同管理情境下的创新绩效贝叶斯网络基础模型（参数学习）；最后通过变量关联度和贡献度分析识别不同类型科研团队内部隐藏的变量间的复杂作用机制，为制定个性化创新绩效提升策略提供理论基础。

第一节 问题提出

通过文献回顾和上一章节科研团队创新绩效影响因素研究，我们可以发现，科研团队创新绩效的作用机制具有以下两方面的特征：第一，相同的团队特征组合在不同类型的科研团队中对创新绩效的影响程度存在着显著的差异；第二，在同一类型科研团队中，同一特征因素在不同的取值范围内对创新绩效的影响不同。事实上，科研团队创新绩效影响因素及其影响机制具有不确定性和动态性的特征，即使是在同一个科研团队中，随着环境的不断改变，科研团队创新绩效影响因素无论在数量还是影响程度上都在持续动态变化，这种动态变化是科研团队组织优化、组织重构的重要决策依据。然而，以往常见的层次分析法、数据包络分析法和结构方程模型等研究方法，侧重的是静态推理与验证，关于科研团队创新绩效影响机制的这种动态变化过程则难以进行模拟。上一章研究表明科研团队创新绩效影响因素主要集中于平均加权度、网络密度、学科多样性、项目资助数和合作强度等五个方面,且不同具体影响因素之间存在一定因果关系。

鉴于此,本章将研究基于贝叶斯网络(Bayesian Network)构建科研团队创新绩效影响机制模型,以模拟分析科研团队创新绩效影响机制的动态变化过程。贝叶斯网络作为一种概率网络或概率有向无圈图模型,是通过构建有向图来定性描述变量间依赖关系、概率关系和依赖程度的理论,是解决不确定性、不完整性和概率性问题及有条件的依赖多种控制因素问题的一种数学仿真方法。通过贝叶斯网络,一方面,可以借助概率论的知识对不确定问题进行推论,另一方面,可以借助图论知识直观清晰地呈现各变量间相互独立或依赖关系,从而通过模拟变量的变化过程对事件系统发展的全过程进行仿真。随着科研团队跨国、跨机构、跨学科科学合作兴起,团队组成呈现出综合化、多元化发展趋势;同时,蓬勃发展的信息技术支撑了跨越组织边界和地域的科学合作。虚拟化、综合化、多元化发展是科研团队在新一轮科技革命中的重要特征,科研团队在平均加权度、网络密度、学科多样性、项目资助数和合作强度等方面一定程度上影响了创新绩效的产生。科研团队创新绩效的影响机制具有不确定性和动态变化的特征,这种变化可以通过贝叶斯网络中初始节点先验概率和中间节点条件概率的变化来表示,以对现实情境中各影响因素对创新策源能力作用程度变化过程进行模拟和仿真。

此外,在科研团队创新绩效影响机制结构中,各影响因素均围绕科研团队创新绩效提升的目标直接或间接地对科研团队创新绩效发生作用,各影响因素间是一种单向作用关系,满足贝叶斯网络有向性结构构建的条件。可见,运用贝叶斯网络模型模拟分析科研团队创新绩效影响机制及其动态变化过程在理论和实践上具有合理性和可行性。

在上一章研究结果基础上,本章重点挖掘网络结构整体性特征与非网

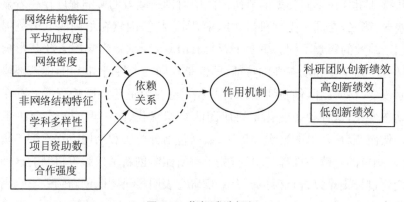

图 9-1　指标遴选框架

络结构整体性特征与知识创新绩效之间的复杂作用机制,图 9-1 表示的是本章指标的遴选框架,指标包含 2 个网络结构整体性特征(平均加权度和网络密度)以及 3 个非网络结构整体性特征(学科多样性、项目资助数和合作强度)。

第二节　不同类型科研团队的贝叶斯网络基础模型

本章研究是在第八章第三节的研究内容上进一步深入分析,因此,仅针对其中四种类型科研团队进行研究。在获得四种类型科研团队的整体性特征变量及创新绩效变量 SAX 离散化数据后,运用爬山算法分别训练以得到封闭简单型科研团队贝叶斯网络拓扑结构、开放简单型科研团队贝叶斯网络拓扑结构、常规复杂型科研团队贝叶斯网络拓扑结构和开放复杂型科研团队贝叶斯网络拓扑结构。爬山算法作为寻求变量依赖关系的优良算法之一,可以在 Python 中调用函数输出若干组有因果关系的变量,梳理归纳后得到与样本数据拟合良好的贝叶斯网络拓扑结构。实际问题中对于影响因素的研究是极其复杂的,因此常基于某个视角或理论进行问题探寻以得出管理启示或结论,但可能出现对现实问题解析不够清晰的情况。与上一章研究探析科研团队创新绩效关键影响因素不同,贝叶斯网络模型通过构建各变量的父子节点呈现依赖关系,不仅可以分析自变量对因变量的影响,还可以分析自变量之间的复杂关系。

通过爬山算法训练封闭简单型科研团队数据表中的 5 个整体性特征和创新绩效,得到有关科研团队创新绩效的贝叶斯网络结构模型。如图 9-2

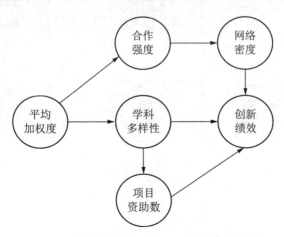

图 9-2　封闭简单型科研团队贝叶斯网络拓扑结构

所示,平均加权度作为根节点,会对其他 5 个变量产生直接影响或间接影响。其中,合作强度、学科多样性、项目资助数和网络密度为中间节点,创新绩效为叶子节点。该类型科研团队在平均加权度的作用下影响合作强度,而合作强度会影响网络密度进而影响创新绩效;平均加权度也会影响学科多样性,学科多样性影响项目资助数进而影响创新绩效;同时平均加权度通过学科多样性影响创新绩效。

确定贝叶斯网络结构之后,另一重要任务是参数学习,即确定各节点(变量)的先验概率和条件概率以了解各变量之间的依赖程度。使用 Netica 软件可以从已知数据表中自动学习各变量的先验概率和条件概率表(Conditional Probability Table,CPT)。由封闭简单型科研团队贝叶斯网络参数学习可以得出各节点变量的先验概率表,与图 9-2 对应,各节点变量被离散化成高、中、低三种状态后,通过 Netica 进行参数学习后,可以初步得到封闭简单型科研团队中各团队在各个节点变量上的概率分布。如图 9-3 所示贝叶斯网络基础模型,封闭简单型科研团队数据表中变量 SAX 离散化后,平均加权度状态高的先验概率为 0 而网络密度状态中的先验概率为 0,表示该类型科研团队的平均加权度都较低,合作次数少,同时团队内部合作要么较为紧密要么较为稀疏,较为极端化。非网络结构整体性特征中,学科多样性的低中高比例逐渐降低,项目资助数大部分为低和中两种状态,高状态的项目资助数很少。大部分团队的合作强度都较高,合作强度处于中低状态的很少。在各种特征因素的制约下,该类型科研团队有一半以上获得创新绩效较低等级,表明科研团队创新绩效受多因素综合影响。

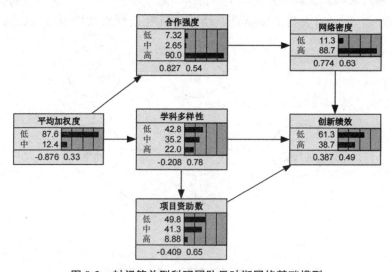

图 9-3　封闭简单型科研团队贝叶斯网络基础模型

通过爬山算法训练开放简单型科研团队数据表中五个特征变量和创新绩效结果变量,可以得到开放简单型科研团队贝叶斯网络结构模型,如图9-4所示。

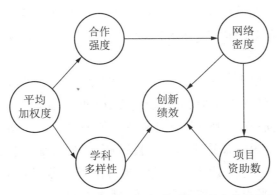

图9-4　开放简单型科研团队贝叶斯网络拓扑结构

其中,平均加权度作为根节点,会对其他5个变量产生直接影响或间接影响。其中,合作强度、学科多样性、项目资助数和网络密度为中间节点,创新绩效为叶子节点。其中,网络密度、学科多样性和项目资助数都会对科研团队创新绩效产生直接影响,此外,还存在以合作强度、项目资助数、网络密度等作为中间变量的影响路径,如"平均加权度→合作强度→网络密度→创新绩效""平均加权度→合作强度→网络密度→项目资助数→创新绩效""平均加权度→学科多样性→创新绩效"。由此可见,团队网络结构整体性特征和非网络结构整体性特征会对创新绩效产生综合影响作用。

确定贝叶斯网络结构之后是参数学习,使用Netica软件可以从已知数据表中自动学习各变量的先验概率和条件概率表(CPT),如图9-5所示。

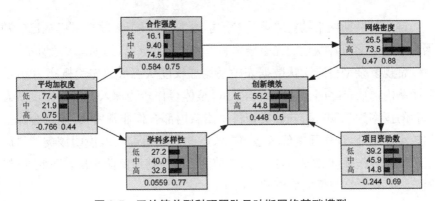

图9-5　开放简单型科研团队贝叶斯网络基础模型

开放简单型科研团队数据表中团队网络密度状态中的先验概率为 0，团队内部合作要么较为紧密要么较为稀疏，较为极端化。通过先验概率表可以看出该类型科研团队与封闭简单型科研团队相似，但项目资助数和学科多样性较封闭简单型有所提升，同时，平均加权度也有部分团队处于高状态。团队创新绩效的状态分布大体均匀，绩效高的科研团队比绩效低的科研团队略少。

通过爬山算法训练常规复杂型科研团队数据表中 5 个前因变量和其结果变量，可以得到有关科研团队创新绩效的贝叶斯网络结构模型，如图 9-6 所示。与封闭简单型科研团队和开放简单型科研团队贝叶斯网络结构中以平均加权度作为根结点不同，该类型科研团队中网络密度作为根节点，会对其他 5 个变量产生直接影响或间接影响，合作强度、学科多样性和项目资助数为中间节点，平均加权度和创新绩效为叶子结点。

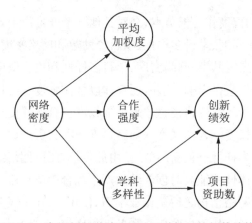

图 9-6　常规复杂型科研团队贝叶斯网络拓扑结构

确定贝叶斯网络结构之后是参数学习，使用 Netica 软件可以从已知数据表中自动学习各变量的先验概率和条件概率表（CPT），如图 9-7 所示。

常规复杂型科研团队数据表中平均加权度状态低的先验概率为 0，说明团队内部成员之间合作次数均不低，整体合作较为深入。网络密度状态"高"的概率为 0.807，可知该类型科研团队内部合作非常密切，剩余合作空间较小。此外，合作强度低状态和中状态的概率超过 0.9，说明该类型科研团队整体合作强度都较小，这一点与前两种类型科研团队相反。与此同时，创新绩效状态高与低的概率基本持平。

通过爬山算法训练开放复杂型科研团队数据表中 5 个前因变量和其结果变量，可以得到有关创新绩效的贝叶斯网络结构模型。如图 9-8 所示，平均加权度、网络密度和学科多样性作为根节点,会对其他3个变量产生直接影响或间接影响。其中,项目资助数、学科多样性和合作强度为中间节点,创新绩效为叶子节点。

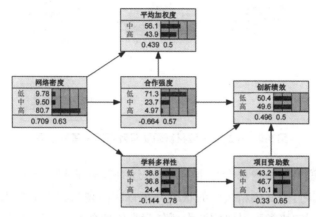

图 9-7　常规复杂型科研团队贝叶斯网络基础模型

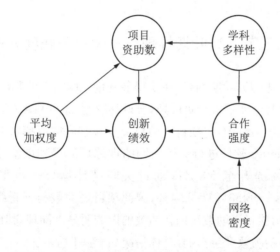

图 9-8　开放复杂型科研团队贝叶斯网络拓扑结构

确定贝叶斯网络结构之后是参数学习,使用 Netica 软件可以从已知数据表中自动学习各变量的先验概率和条件概率表(CPT),如图 9-9 所示。

由图 9-9 所示,开放复杂型科研团队数据表中团队平均加权度状态低的先验概率为 0,这一点与常规复杂型科研团队较为相似,团队内部成员之间合作较为深入。通过先验概率表可以看出开放复杂型科研团队与前面三种类型科研团队相异性较大,团队的平均加权度、项目资助数和学科多样性大多处于中和高状态水平,较少处于低状态。网络密度有超过 90% 的团队

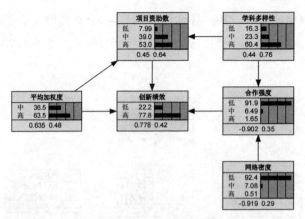

图 9-9　开放复杂型科研团队贝叶斯网络基础模型

为低状态,说明团队内部合作非常稀疏,还有较多的剩余合作空间可供挖掘。与此同时,团队创新绩效的状态分布首次出现高状态概率大于低状态的概率,由图知该类型科研团队大部分为高创新绩效。

第三节　贝叶斯推理——变量关联度分析

运用已创建的贝叶斯网络,在获得各变量先验概率的基础上,可以利用Netica 软件对其他变量进行贝叶斯推理以获得其条件概率(即后验概率)在封闭简单型科研团队中,将项目资助数节点状态高的概率从 8.88% 提升至100%,通过 Netica 软件进行贝叶斯网络训练可以得到创新绩效状态高的概率从 38.7% 提升至 59.1%,通过关联度计算公式可得:(59.1% —38.7%)/(100%—8.88%)=22.4%,因此项目资助数与创新绩效的关联度为22.4%,说明项目资助数对创新绩效的影响明显。同理,其他变量的概率变动也会对创新绩效产生影响,具体情况如表 9-1 所示。

表 9-1　封闭简单型科研团队特征变量与创新绩效的关联度

序号	变量名称	特征变量		创新绩效		关联度
		状态	概率变动(ΔR_f)	状态	概率变动(ΔR_c)	(γ)
1	平均加权度	中	12.4%→100%	高	38.7%→39.2%	0.6%
2	网络密度	低	11.3%→100%	高	38.7%→39.5%	0.9%
3	学科多样性	低	42.8%→100%	高	38.7%→43.2%	7.9%
4	项目资助数	高	8.88%→100%	高	38.7%→59.1%	22.4%
5	合作强度	中	2.65%→100%	高	38.7%→39.7%	1.0%

　　本研究关注科研团队整体性特征变量何种状态会促进高水平的创新绩效产生，因此选取特征变量概率调整会使创新绩效状态高的概率变化幅度最大的状态进行训练。由表 9-1 可知，在封闭简单型科研团队中，将项目资助数状态高的概率提升至 100％时，科研团队创新绩效状态高的概率会增加，说明项目资助数正向影响创新绩效。网络密度和学科多样性将状态低的概率提升至 100％时，科研团队创新绩效状态高的概率会增加，说明网络密度和学科多样性负向影响科研团队创新绩效，平均加权度和合作强度将状态中的概率提升至 100％时，创新绩效状态高的概率会增加，其中，平均加权度没有高状态，所以可知平均加权度是正向影响创新绩效的产生，将合作强度各状态的概率进行调整训练发现合作强度与创新绩效呈"倒 U"形关系。

　　通过对团队整体性特征变量与知识创新绩效的关联度分析，可以发现在封闭简单型科研团队中，项目资助数与创新绩效的关联度为 22.4％，是封闭简单型科研团队贝叶斯网络中对创新绩效最重要的因素；学科多样性与创新绩效的关联度为 7.9％，说明学科多样性对创新绩效的影响作用也较大；而合作强度、网络密度和平均加权度与创新绩效的关联度分别为 1％、0.9％和 0.6％，这三个特征指标对创新绩效的影响作用不显著。由图 9-10 封闭简单型科研团队各特征变量对创新绩效的(a)至(e)各子图推理模型可

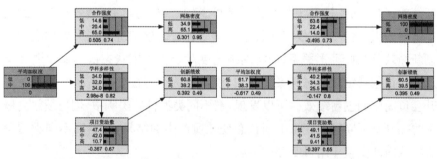

（a）平均加权度对创新绩效的推理　　　　（b）网络密度对创新绩效的推理

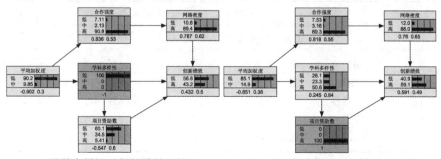

（c）学科多样性对创新绩效的推理　　　　（d）项目资助数对创新绩效的推理

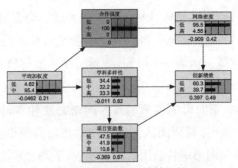

（e）合作强度对创新绩效的推理

图 9-10　封闭简单型科研团队特征变量对创新绩效的推理

知,离目标变量较近的节点对创新绩效的影响较大,而离目标变量较远的节点对创新绩效的影响较小,即直接影响与间接影响的作用区别。

在开放简单型科研团队中,通过调整前置节点各状态的概率可以对后置节点的概率进行推理,如表 9-2 和图 9-11 所示。本研究关注特征变量何种状态会促进高水平的创新绩效,因此选取特征变量概率调整会使创新绩效状态高的概率变化幅度最大的状态进行训练。通过 Netica 软件将学科多样性和项目资助数状态高的概率调整至 100% 时,创新绩效状态高的概率也会随之变动,说明这两个特征变量高状态概率的提升均会正向影响创新绩效;将平均加权度状态中的概率调整至 100% 时,创新绩效状态高的概率随之增大,将平均加权度各状态的概率进行调整训练发现平均加权度与创新绩效呈"倒 U"形关系;而将网络密度和合作强度状态低的概率调整至 100% 时,创新绩效状态高概率增加,说明这两个特征变量高状态概率的提升会负向影响创新绩效。可以发现,在不同类型科研团队中,创新绩效高概率的提升是不同特征变量不同状态变化所产生的结果,这表明不同类型科研团队内部变量作用机制存在异质性。

表 9-2　开放简单型科研团队特征变量与知识创新绩效的关联度

序号	变量名称	特征变量		知识创新绩效		关联度 (γ)
		状态	概率变动(ΔR_f)	状态	概率变动(ΔR_c)	
1	平均加权度	中	21.9%→100%	高	44.8%→51.8%	8.9%
2	网络密度	低	26.5%→100%	高	44.8%→56.2%	15.5%
3	学科多样性	高	32.8%→100%	高	44.8%→47.3%	3.7%
4	项目资助数	高	14.8%→100%	高	44.8%→66.7%	25.7%
5	合作强度	低	16.1%→100%	高	44.8%→56.2%	13.6%

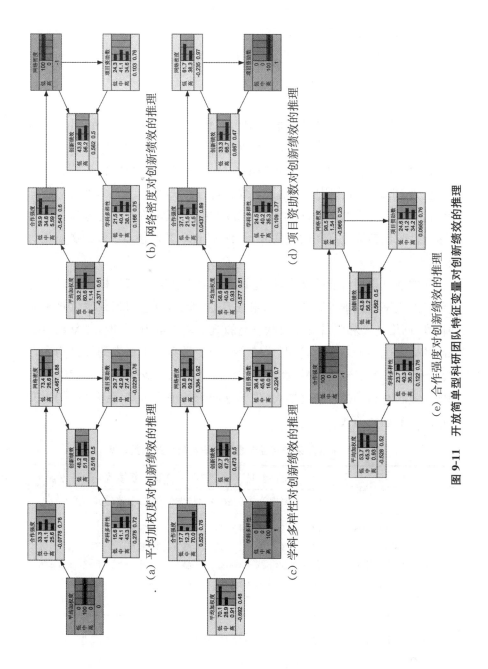

（a）平均加权度对新绩效的推理

（b）网络密度对创新绩效的推理

（c）学科多样性对创新绩效的推理

（d）项目资助数对创新绩效的推理

（e）合作强度对创新绩效的推理

图 9-11 开放简单型科研团队创新特征变量对创新绩效的推理

　　由图 9-11(a)至(e)开放简单型科研团队贝叶斯网络推理模型可知,离创新绩效较近的节点对创新绩效是直接影响的关系,因此影响作用较大,特别是项目资助数和网络密度,但学科多样性的直接影响作用要小于合作强度的间接影响作用。此外,对科研团队各特征变量进行概率调整时,除了结果变量创新绩效各状态的概率会发生变动外,模型内相互联系的特征变量都会产生联动变化,这展现出群组内部特征变量与创新绩效之间的联动关系。

　　通过对团队整体性特征变量与知识创新绩效的关联度分析,可以发现在开放简单型科研团队中,项目资助数与创新绩效的关联度为 25.7%,说明项目资助数对学者知识创新绩效的影响最大;网络密度与创新绩效之间的关联度为 15.5%,合作强度与创新绩效之间的关联度为 13.6%,两者对创新绩效也有一定程度的影响;而平均加权度与创新绩效的关联度为 8.9%,学科多样性与创新绩效之间的关联度为 3.7%,说明其对创新绩效的影响相对较小。

　　在常规复杂型科研团队中,通过调整前置节点各状态的概率可以对后置节点的概率进行推理。如表 9-3 和图 9-12 所示,通过 Netica 软件将平均加权度、网络密度和项目资助数状态高的概率调整至 100% 时,创新绩效状态高的概率也会随之变动,说明这三个特征变量高状态概率的提升均会正向影响创新绩效;将学科多样性和合作强度状态低的概率调整至 100% 时,创新绩效状态高的概率随之增大,说明这两个特征变量高状态概率的提升会负向影响创新绩效。

表 9-3　常规复杂型特征变量与知识创新绩效的关联度

序号	变量名称	特征变量		知识创新绩效		关联度 (γ)
		状态	概率变动(ΔR_f)	状态	概率变动(ΔR_c)	
1	平均加权度	高	43.9%→100%	高	49.6%→50.1%	0.9%
2	网络密度	高	80.7%→100%	高	49.6%→49.7%	0.5%
3	学科多样性	低	38.8%→100%	高	49.6%→55.0%	8.8%
4	项目资助数	高	10.1%→100%	高	49.6%→53.1%	3.9%
5	合作强度	低	71.3%→100%	高	49.6%→51.5%	6.7%

　　由图 9-12(a)至(e)常规复杂型科研团队贝叶斯网络推理模型可知,离创新绩效较近的节点对创新绩效是直接影响的关系,影响作用较大,而间接影响的作用较小。通过对团队整体性特征变量与创新绩效的关联度分析,可以发现在常规复杂型科研团队中,学科多样性与创新绩效的关联度为

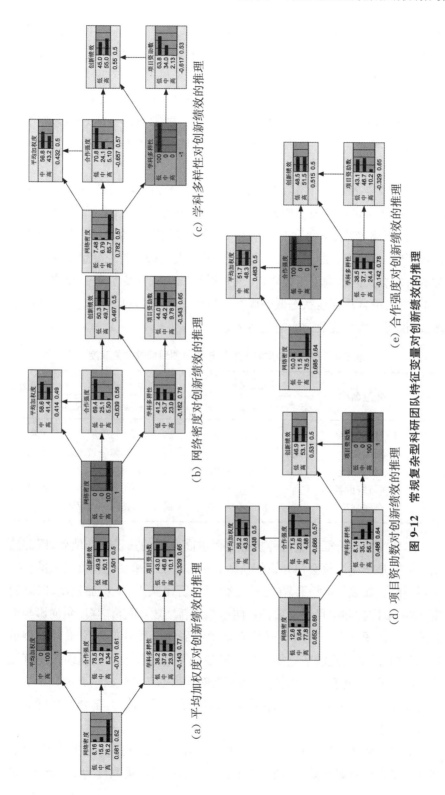

（a）平均加权度对创新绩效的推理

（b）网络密度对创新绩效的推理

（c）学科多样性对创新绩效的推理

（d）项目资助数对创新绩效的推理

（e）合作强度对创新绩效的推理

图 9-12　常规复杂型科研团队特征变量对创新绩效的推理

8.8%,相较其他变量与创新绩效之间的关联度大小,学科多样性最大,说明学科多样性对科研团队创新绩效的影响最大;其次是合作强度与项目资助数,两者与创新绩效之间的关联度分别为6.7%和3.9%,这两个团队特征均对常规复杂型科研团队具有一定的影响;最后是平均加权度和网络密度,与创新绩效之间的关联度分别为0.9%和0.5%,两者对创新绩效的影响作用较小,说明对于常规复杂型科研团队来说,网络结构特征对其影响作用要小于非网络结构特征。

在开放复杂型科研团队中,通过调整前置节点各状态的概率可以对后置节点的概率进行推理。如表9-4和图9-13所示,通过Netica软件将平均加权度、网络密度、学科多样性和项目资助数状态高的概率调整至100%时,创新绩效状态高的概率也会随之变动,说明这四个特征变量高状态概率的提升均会正向影响创新绩效,也就是说这四个特征变量正向影响创新绩效的产生;将合作强度状态低的概率调整至100%时,创新绩效状态高概率增加,说明合作强度负向影响创新绩效。

表9-4 开放复杂型特征变量与知识创新绩效的关联度

序号	变量名称	特征变量		知识创新绩效		关联度
		状态	概率变动(ΔR_f)	状态	概率变动(ΔR_c)	(γ)
1	平均加权度	高	63.5%→100%	高	77.8%→81.1%	9.0%
2	网络密度	高	0.51%→100%	高	77.8%→77.9%	0.1%
3	学科多样性	高	60.4%→100%	高	77.8%→79.7%	4.8%
4	项目资助数	高	53.0%→100%	高	77.8%→90.4%	26.8%
5	合作强度	低	1.65%→100%	高	77.8%→78.7%	0.9%

本研究关注特征变量何种状态会促进高水平的知识创新绩效,因此选取特征变量概率调整会使知识创新绩效状态高的概率变化幅度最大的状态进行训练。如表9-4所示,在开放复杂型科研团队中,平均加权度、网络密度、学科多样性和项目资助数都正向影响创新绩效,而合作强度负向影响创新绩效。由图9-13(a)至(e)开放复杂型科研团队贝叶斯网络推理模型可知,离创新绩效较近的节点如项目资助数和平均加权度对创新绩效是直接影响的关系,因此影响作用较大,而网络密度离创新绩效较远其间接影响的作用较小,但学科多样性对创新绩效的间接影响作用要大于合作强度的直接影响作用。

通过对团队整体性特征变量与创新绩效的关联度进行分析可以发现,在开放复杂型科研团队中,项目资助数与创新绩效的关联度为26.8%,说明项目资助数对科研团队创新绩效的影响最大;其次是平均加权度与学科多样性,两者与创新绩效之间的关联度分别为 9.0% 和 4.8%,这两个团队特征均对常规复杂型科研团队具有一定的影响;最后是合作强度和网络密度,与创新绩效之间的关联度分别为 0.9% 和 0.1%,两者对创新绩效的影响作用较小。

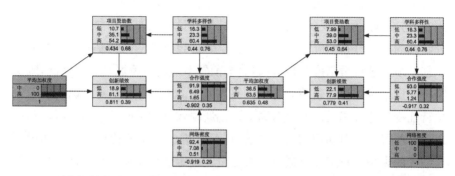

（a）平均加权度对创新绩效的推理　　　（b）网络密度对创新绩效的推理

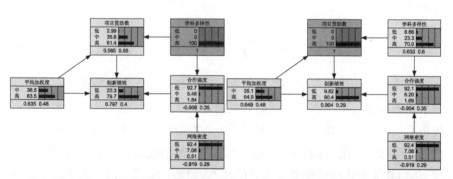

（c）学科多样性对创新绩效的推理　　　（d）项目资助数对创新绩效的推理

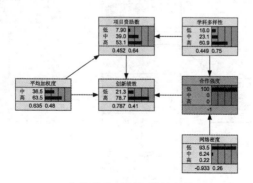

（e）合作强度对创新绩效的推理

图 9-13　开放复杂型科研团队特征变量对创新绩效的推理

第四节　贝叶斯诊断——变量贡献度分析

贝叶斯网络结构具有推理和诊断两大功能,推理(知因求果)即在贝叶斯网络中由前置节点的概率推测后置节点的概率分布情况;诊断(由果溯因)是与推理过程相反的运算,即依据结果变量的状态获知前置节点变量所处状态的概率分布状况。通过对三类学者群组贝叶斯网络基础模型中的知识创新绩效进行贡献度分析,可以获知前置节点的概率联动变化情况,既反映特征变量对知识创新绩效的不同重要程度,也从侧面说明知识创新绩效由特征变量综合驱动。通过对高知识创新绩效进行贝叶斯网络原因诊断可以计算前置节点对知识创新绩效的贡献率,进一步验证特征变量对知识创新绩效的影响。贡献度是通过结果变量的确定性状态逆向推理前置变量的变化率及其影响程度。设 φ 为某前置节点对结果变量的贡献度,其计算公式如下:

$$\varphi = \frac{P^1 - P^0}{P^0} \times 100\% \qquad (式9.1)$$

其中,P^0 为结果变量调整前前置节点的概率,P^1 为结果变量调整后前置节点的概率。由于本研究的研究目的之一就是为科研团队创新绩效提升提供有效的决策支持,因此,研究将重点诊断分析各种类型科研团队其创新绩处于高状态下的原因,主要做法就是将创新绩效的高状态确定为 100% 时,获知其他整体性特征变量所处的状态,相关决策者可以依据贝叶斯诊断

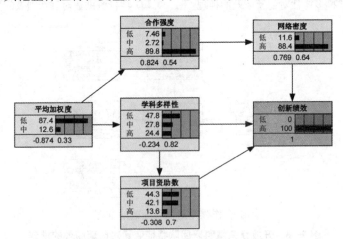

图 9-14　封闭简单型科研团队创新绩效高状态的原因诊断

表调节平均加权度、网络密度、学科多样性、项目资助数和合作强度，以此促进创新绩效的有效提升。图 9-14 所示的是封闭简单型科研团队创新绩效高状态的原因诊断，由图可知，让科研团队创新绩效处于"高"状态时，其他特征变量各状态的均发生变化。

表 9-5 为封闭简单型科研团队创新绩效状态高时各节点的概率诊断结果变化，当结果变量即创新绩效高的状态调整为 100％时，平均加权度、网络密度、学科多样性、项目资助数和合作强度 5 个前置节点高、中、低的概率都有变化，具体变化数值如下：

表 9-5　封闭简单型科研团队创新绩效在高状态下的各节点概率诊断

	状态	创新绩效	平均加权度	网络密度	学科多样性	项目资助数	合作强度
基础模型	高	0.387	—	0.887	0.220	0.089	0.900
	中	—	0.124	—	0.352	0.413	0.026
	低	0.613	0.876	0.113	0.428	0.498	0.073
原因诊断	高	100	—	0.884	0.244	0.136	0.898
	中	—	0.126	—	0.278	0.421	0.027
	低	0	0.874	0.116	0.478	0.443	0.075

通过封闭简单型科研团队中创新绩效前置节点的贡献度计算，可以得出特征变量对创新绩效的影响情况。如表 9-6 所示，通过比较变量贡献度绝对值可知，项目资助数对创新绩效的影响最为显著，其次是学科多样性和合作强度，最后是网络密度和平均加权度。对比表 9-5 和表 9-6 发现，在封闭简单型科研团队中，团队项目资助数的高状态和低状态、学科多样性的高中低状态为高科研团队创新绩效作为主要贡献，其中项目资助数的高状态贡献最大，说明对于封闭简单型科研团队来说，最重要的是尽可能获取更多的项目资助数，为科研团队的建设与发展提供物质支持与精神鼓励，其次，还需要根据团队实际人力资源情况进行适度的跨学科合作，以促进团队创新绩效的产生。

表 9-6　封闭简单型科研团队创新绩效在高状态下的各节点贡献度

状态	平均加权度（％）	网络密度（％）	学科多样性（％）	项目资助数（％）	合作强度（％）
高	—	−0.338	+10.909	+52.809	−0.222
中	+1.613	—	−21.023	+1.937	+3.846
低	−0.228	2.655	+11.682	−11.044	+2.740

在开放简单型科研团队的贝叶斯网络中,当团队创新绩效状态为"高"时,运用贝叶斯网络诊断能力得到各特征变量状态概率如图 9-15 所示,由图可知,各特征变量的各状态概率均发生变化。

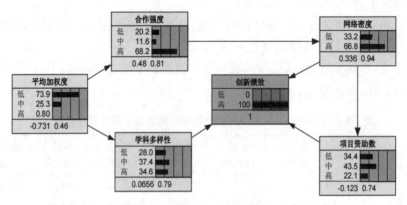

图 9-15　开放简单型科研团队创新绩效高状态的原因诊断

表 9-7 展示的是开放简单型科研团队创新绩效在高状态下时各节点概率与原基础模型各状态概率的差异,当结果变量即团队创新绩效状态高的概率调整为 100% 时,平均加权度、学科多样性、项目资助数和合作强度 4 个前置节点高、中、低的概率都有变化,网络密度的高低状态概率发生变化。

表 9-7　开放简单型科研团队创新绩效在高状态下的各节点概率诊断

	状态	创新绩效	平均加权度	网络密度	学科多样性	项目资助数	合作强度
基础模型	高	0.448	0.007	0.735	0.328	0.148	0.745
	中	—	0.219	—	0.400	0.459	0.094
	低	0.552	0.774	0.265	0.272	0.392	0.161
原因诊断	高	1	0.008	0.668	0.346	0.221	0.682
	中	—	0.253	—	0.374	0.435	0.116
	低	0	0.739	0.332	0.280	0.344	0.202

通过对开放简单型科研团队中创新绩效前置节点的贡献度计算,可以得出特征变量对创新绩效的影响情况。如表 9-8 所示,通过比较各特征变量贡献度绝对值可知,项目资助数对创新绩效的影响最为显著,其次是合作强度、网络密度和平均加权度,最后是学科多样性。对比表 9-7 和表 9-8 发现,在开放简单型科研团队中,项目资助数的高和低状态、合作强度的中和

低状态、网络密度的低状态、平均加权度的高和中状态对高创新绩效的产生做主要贡献。其中，项目资助数的高状态贡献最大，说明对于开放简单型科研团队而言，除了获取更多项目资助数之外，还须进一步减小成员的合作强度和网络密度，同时加大成员合作的次数以增大平均加权度，以提升科研团队的创新绩效。

表9-8　开放简单型科研团队创新绩效在高状态下的各节点贡献度

状态	平均加权度（％）	网络密度（％）	学科多样性（％）	项目资助数（％）	合作强度（％）
高	+14.286	−9.116	+5.488	+48.32	+8.456
中	+15.525	—	−6.500	−5.229	+23.404
低	−4.522	+25.283	+2.941	12.245	+25.466

在常规复杂型科研团队的贝叶斯网络中，当团队创新绩效状态为"高"时，运用贝叶斯网络诊断能力得到各特诊变量状态概率如图9-16所示，各特征变量的各状态概率均发生变化。

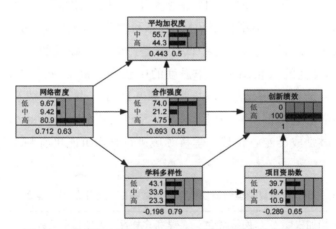

图9-16　常规复杂型科研团队创新绩效高状态的原因诊断

如表9-9所示，常规复杂型科研团队的结果变量即创新绩效高的状态调整为100％时，网络密度、学科多样性、项目资助数和合作强度4个前置节点高、中、低的概率都有变化，平均加权度的高和中状态概率有变化。相较封闭简单型科研团队和开放简单型科研团队创新绩效概率调整时前置节点的概率变化，常规复杂型科研团队的各特诊变量概率变动幅度明显偏小，原因可能在于常规复杂型科研团队中的各个整体性特征均处于较为适中的取值范围，因此团队创新绩效调整为100％时，特征变量的取值不明显,所以前置节点概率变动引起创新绩效概率变动的可能性较小。

表 9-9　常规复杂型科研团队创新绩效在高状态下的各节点概率诊断

	状态	创新绩效	平均加权度	网络密度	学科多样性	项目资助数	合作强度
基础模型	高	0.496	0.439	0.807	0.244	0.101	0.050
	中	—	0.561	0.095	0.368	0.467	0.237
	低	0.504	—	0.098	0.388	0.432	0.713
原因诊断	高	1	0.443	0.809	0.233	0.109	0.048
	中	—	0.557	0.094	0.336	0.494	0.212
	低	0	—	0.097	0.431	0.397	0.740

通过对常规复杂型科研团队创新绩效前置节点的贡献度计算,可以得出特征变量对创新绩效的影响情况。如表 9-10 所示,通过各变量贡献度绝对值的比较可知,学科多样性对创新绩效的影响最为显著,其次是项目资助数与合作强度,最后是网络密度和平均加权度。对比表 9-9 和表 9-10 发现,在常规复杂型科研团队中,学科多样性的低和中状态、合作强度的中状态、项目资助数的高中低状态是影响创新绩效的关键因素。其中,学科多样性的低状态和合作强度的中状态对高创新绩效贡献最大。由于常规复杂型科研团队其成员大多都开展过合作,团队成员彼此熟知且团队内学者大多都研究相似学科并共享论文成果,因此,减小团队学科多样性而鼓励成员专心在某一学科领域进行合作可能更有利于创新绩效的产生。

表 9-10　常规复杂型科研团队创新绩效在高状态下的各节点贡献度

状态	平均加权度(%)	网络密度(%)	学科多样性(%)	项目资助数(%)	合作强度(%)
高	+0.911	+0.247	−4.508	+7.921	−4.000
中	−0.713	−1.053	−8.696	+5.782	−10.549
低	—	−1.020	+11.082	−8.102	+3.787

在开放复杂型科研团队的贝叶斯网络中,当团队创新绩效状态为"高"时,运用贝叶斯网络诊断能力得到各特征变量状态概率如图 9-17 所示,各特征变量的各状态概率均发生变化。

如表 9-11 所示,与开放复杂型科研团队贝叶斯网络基础模型相比,当

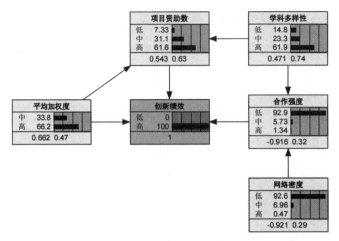

图 9-17　开放复杂型科研团队创新绩效高状态的原因诊断

结果变量即创新绩效高的状态调整为 100％时，网络密度、学科多样性、项目资助数和合作强度 4 个前置节点高、中、低的概率都有变化，平均加权度的高和中状态概率有变化。

表 9-11　开放复杂型科研团队创新绩效在高状态下的各节点概率诊断

	状态	创新绩效	平均加权度	网络密度	学科多样性	项目资助数	合作强度
基础模型	高	0.778	0.635	0.005	0.604	0.530	0.017
	中	—	0.365	0.071	0.233	0.390	0.064
	低	0.222	—	0.924	0.163	0.079	0.919
原因诊断	高	1	0.662	0.004	0.619	0.616	0.013
	中	—	0.338	0.070	0.233	0.311	0.057
	低	0	—	0.926	0.148	0.073	0.929

通过对开放复杂型科研团队创新绩效前置节点的贡献度计算，可以得出特征变量对创新绩效的影响情况。如表 9-12 所示，通过各变量贡献度绝对值的比较可知，合作强度和项目资助数对科研团队创新绩效的影响最为显著，其次是网络密度，最后是学科多样性和平均加权度。对比表 9-11 和表 9-12 发现，在开放复杂型科研团队中，合作强度的低状态与中状态、项目资助数的高状态和中状态、网络密度的高状态是影响科研团队创新绩效的关键因素。说明对于合作开放包容的开放复杂型科研团队来说，若想提高团队的创新绩效，应该合理减小成员之间的合作强度，由于该种类型科研团队发展较为成熟，团队整体规模较大，因此也须减小网络密度，扩大团队的

内部剩余合作空间,促进新知识在团队内部有效流动。

表 9-12   开放复杂型科研团队创新绩效在高状态下的各节点贡献度

状态	平均加权度 (%)	网络密度 (%)	学科多样性 (%)	项目资助数 (%)	合作强度 (%)
高	+4.252	−20.000	+2.483	+16.226	−23.530
中	−7.397	−1.408	0	−20.256	−10.938
低	—	+0.216	−9.202	−7.594	+1.088

第五节   结 果 分 析

本节对本章贝叶斯推理和贝叶斯诊断研究结果进行详细阐释,主要包括不同类型科研团队变量作用机制和不同类型科研团队创新绩效提升策略两部分分析,清晰呈现不同类型科研团队多种"殊途同归"作用路径和差异化创新绩效提升策略。

一、不同类型科研团队变量作用机制

封闭简单型、开放简单型、常规复杂型和开放复杂型四种类型科研团队均受到特征变量平均加权度、网络密度、学科多样性、项目资助数和合作强度这 5 个特征变量的影响。在封闭简单型科研团队中,项目资助数是影响创新绩效的关键,该类型科研团队大部分规模较小即人力资源匮乏,团队跨学科合作程度较小且项目资助数少。因此,对于封闭简单型这种"势单力薄"的科研团队来说,若想扭转低创新绩效的局面,须团队成员不断提高自身科研能力以获取更多项目资助数来实现。开放简单型科研团队与封闭简单型团队较为相似,项目资助数依然是影响创新绩效的关键,并且两种类型科研团队有两条变量作用机制一致:"平均加权度→合作强度→网络密度→创新绩效"和"平均加权度→学科多样性→创新绩效"。与封闭简单型科研团队不同的是,开放简单型科研团队相对来说还更容易被平均加权度影响。常规复杂型科研团队中,影响创新绩效的关键因素不再是项目资助数而是学科多样性,这与常规复杂型科研团队的特点直接相关,该类型科研团队是由于单篇论文合作学者过多,即同一团队内成员之间大多开展过合作,因此团队内部知识同质化较为严重,而学科多样性在一定程度上能增大团队内部知识异质化程度,所以学科多样性对创新绩效的影响作用更大。开放复杂型科研团中,团队的平均加权度、项目资助数和学科多样性都处于中高状态,合作强度和网络密度超过 90％都处于低状态,团队科研创新绩效状态为高的概率超过 70％,各变量状态分布较为极端化。总体而言,不同类型科研团队的创新绩效影响机制贝叶斯网络具有明显差异,相同特征变量对创新绩效的影响也大相径庭。如表 9-13 所示,各类型科研团队内部的特征变量作用机制具有差异性。

在封闭简单型科研团队中,影响创新绩效的作用机制包括:"平均加权度→合作强度→网络密度→创新绩效""平均加权度→学科多样性→创新绩效""平均加权度→学科多样性→项目资助数→创新绩效",其中,平均加权度作为最外层影响因素,也会通过学科多样性、合作强度等其他四个整体性特征对创新绩效产生作用。在开放简单型科研团队中,影响创新绩效的作用机制包括:"平均加权度→合作强度→网络密度→创新绩效""平均加权度→学科多样性→创新绩效"和"平均加权度→合作强度→网络密度→项目资助数→创新绩效"。其中,平均加权度作为最外层影响因素,会通过其他四个整体性特征而影响创新绩效。在常规复杂型科研团队中,影响创新绩效的作用机制包括:"网络密度→合作强度→创新绩效""网络密度→学科多样性→创新绩效"和"网络密度→学科多样性→项目资助数→创新绩效"。其中,网络密度作为最外层影响因素,会通过学科多样性和合作强度影响创新绩效或通过项资助数间接影响创新绩效。

表 9-13　不同类型科研团队特征变量作用机制概述

科研团队类型	变量作用机制
封闭简单型	平均加权度→合作强度→网络密度→创新绩效 平均加权度→学科多样性→创新绩效 平均加权度→学科多样性→项目资助数→创新绩效
开放简单型	平均加权度→合作强度→网络密度→创新绩效 平均加权度→学科多样性→创新绩效 平均加权度→合作强度→网络密度→项目资助数→创新绩效
常规复杂型	网络密度→合作强度→创新绩效 网络密度→学科多样性→创新绩效 网络密度→学科多样性→项目资助数→创新绩效
开放复杂型	平均加权度→创新绩效 平均加权度→项目资助数→创新绩效 学科多样性→项目资助数→创新绩效 合作强度→创新绩效 网络密度→项目资助数→创新绩效

在开放复杂型科研团队中,影响创新绩效的作用机制包括:"平均加权度→创新绩效""平均加权度→项目资助数→创新绩效""学科多样性→项目资助数→创新绩效""合作强度→创新绩效"和"网络密度→项目资助数→创新绩效"。其中,平均加权度和合作强度作为最外层影响因素,直接对创新绩效产生影响,而学科多样性和网络密度也作为最外层影响因素,会通过项目资助数间接对创新绩效产生作用。

二、不同类型科研团队创新绩效提升策略

对于不同类型的科研团队而言,创新绩效的提升策略具有差异性。如表 9-14 所示,科研团队若要获得高创新绩效,应该依据科研团队所属不同合作类型对内外部资源进行合理配置。在封闭简单型科研团队中,项目资助数的影响作用最大,团队最重要的是尽可能获取更多的项目资助数,为科研团队的建设与发展提供物质支持与精神鼓励。此外,还需要根据团队实际人力资源情况进行适度的跨学科合作,以促进团队创新绩效的产生。在开放简单型科研团队中,除了获取更多项目资助数之外,还须进一步减小成员的合作强度和网络密度,同时加大成员合作的次数以增大平均加权度,以提升科研团队的创新绩效。在常规复杂型科研团队中,可通过鼓励团队成员专心在某一学科领域进行合作减少学科多样性以促进创新绩效的产生。在开放复杂型科研团队中,除合作强度外,其余变量的高状态都会有助于创新绩效的提高。特别是合作强度、项目资助数和网络密度这三个特征变量,项目资助数和网络密度会正向影响创新绩效的,合作强度负向影响创新绩效,对于发展较为成熟的开放复杂型科研团队,重点是需要不断挖掘团队内部的剩余合作空间并保持整个大团队的均衡发展。

横向对比四种类型科研团队的数据分析结果发现,项目资助数是影响团队创新绩效的关键因素,无论在哪种类型的科研团队中,项目资助数都成为科研团队获得高创新绩效应关注的重点,增大项目资助数能够促进创新绩效有效提升。对于其他特征因素,不同类型科研团队应根据实际情况进行配置调整,封闭简单型科研团队由于人力资源匮乏,成员大多来自同一机构,项目资助数过少对团队的激励作用不足,团队应注重提高自身科研能力,争取申请获得更多的项目资助数以促进创新绩效的产生。开放简单型科研团队虽然人力资源也匮乏,但团队成员大多来自不同科研机构,除了需要获取更多的项目资助数外,合作强度也制约着创新绩效的产生,团队应需根据实际情况调整合适的合作强度以保证能最大概率产生高创新绩效。常规复杂型科研团队已具备一定团队规模,其团队成员大多都开展过合作,团

队成员彼此熟知且团队内学者大多都研究相似学科并共享论文成果,因此,减小团队学科多样性而鼓励成员专心在某一学科领域进行合作可能更有利于创新绩效的产生。开放复杂型团队的团队规模大且团队成员异质性程度相对较大,合作形式也多种多样。团队在发展过程中应保证一定的项目资助数,避免资金不充裕而人力资源充足导致团队运行负担增大。增大网络密度使团队整体合作更为紧密,能有效促进团队充分挖掘剩余合作空间并实现对现有资源的利用,促进不同知识交流,有利于科研团队产生更高创新绩效。结合先验概率和条件概率表可知,开放复杂型科研团队的跨学科程度、项目资助数和平均加权度等均保持在样本平均水平之上,该类型团队一般均已发展成熟,这成为该类型科研团队大部分都能获得高创新绩效的主要原因。

表9-14　不同类型科研团队创新绩效的提升策略汇总

群组类型	变量状态	平均加权度	网络密度	学科多样性	项目资助数	合作强度	创新绩效
封闭简单型	高				✓		高
	中	✓				✓	
	低		✓	✓			
开放简单型	高			✓	✓		
	中	✓					
	低		✓			✓	
常规复杂型	高	✓	✓		✓		
	中						
	低			✓		✓	
开放复杂型	高	✓	✓	✓	✓		
	中						
	低					✓	

第六节　本　章　小　结

为深入探析科研团队整体性特征变量与创新绩效之间的逻辑依赖关系,本章将团队整体性特征变量进行 SAX 离散化处理成高、中、低三种等级状态,使用爬山算法搭建特征变量与创新绩效之间的网络拓扑结构(结构学习),通过参数学习获得各变量的先验概率与条件概率,完成四种类型科研团队创新绩效影响机制贝叶斯网络模型的构建。通过变量关联度和贡献度分析,明确在不同类型贝叶斯网络中特征变量与创新绩效逻辑依赖关系、关联度的差异性,以及特征变量各状态概率调整对不同等级知识创新绩效概率变动的贡献度差异。研究结论进一步表明:不同类型科研团队拥有不同的贝叶斯网络结构,即团队整体性特征变量与创新绩效之间的逻辑依赖关系具有明显差异性;在同一类型科研团队中,不同特征变量的作用路径与创新绩效具有"殊途同归"的作用机制,为科研团队达成高创新绩效提供多种可能发展路径。此外,在不同类型科研团队中,特征变量对创新绩效的影响作用具有一定差别,为不同类型科研团队提升创新绩效提供理论指导和建议措施。

第十章　TOE框架下企业绿色技术创新绩效影响因素研究

个人层面聚焦于分析个体的知识绩效问题,科研团队层面聚焦于分析多个体共同协作取得的科研绩效问题,两个研究层面都是基于非正式组织的微观视角研究创新主体的绩效问题。相较于个人和科研团队,企业作为市场经济活动的主要参与者和以营利为目的、从事商品生产经营和服务活动的独立经济组织,其创新活动直接关系着整个市场经济的发展。2020年8月,国务院出台的《关于强化企业技术创新主体地位全面提升企业创新能力的意见》中指出,要建立健全企业主导产业技术研发创新的体制机制,促进创新要素向企业集聚,增强企业创新能力,加快科技成果转化和产业化,可以为实施创新驱动发展战略、建设创新型国家提供有力支撑。故有必要从企业层面研究企业在合作网络中的创新绩效问题。以"如何提升企业绿色技术创新绩效"为研究目的,采用TOE分析框架从技术、组织和环境方面研究影响企业绿色技术创新绩效的因素,并遵从"物以类聚,人以群分"的客观事实,采用K-Means聚类算法将企业所处的网络环境划分为多种类型。在特定企业合作网络环境下,本着"让数据选择最优的拟合函数"原则,以企业绿色技术创新绩效作为决策属性,以技术、组织和环境层面的特征因素作为条件属性,采用CART决策树进一步获取并分析企业绿色技术创新绩效与特征因素间的非线性知识规则,使得研究结论更具针对性和可信度。

第一节　合作企业异质性分析问题与思路

一、问 题 提 出

在绿色创新领域中,企业寻求合作是为了获取外部绿色创新资源,合作伙伴数量、与合作伙伴之间的合作关系会影响企业对这些资源的获取。网络规模描述了企业确定或潜在的合作伙伴数量,网络规模的大小一定程度上表明了网络资源存量①,规模不同意味着企业获取的外部绿色创新资源数量可能不同。网络密度描述了网络成员之间的联系紧密程度②,数值越大说明企业与网络成员建立合作关系的可能性越大,企业越有可能从网络中获得越多的绿色创新资源。网络聚集系数描述了网络成员间聚集成团的程度,企业与合作伙伴之间出现"抱团"合作的可能性越大,"团"内成员建立良好的信任关系,企业从"团"内获得的绿色创新资源越多。虽然网络规模、网络密度和网络聚集系数是对整体网络的描述,体现了网络的整体结构特征,但是企业作为网络成员,获取网络绿色创新资源的数量、获取效率、利用效果一定程度上取决于企业所在的合作网络情况。不同类型的合作网络将为企业资源交换、共享以及整合带来不同效果,进而导致这些拥有不同合作关系类型的企业存在显著差异,因而有必要对这些企业进行区别研究。

上述分析从理论上论证了要对异质性合作企业进行类型划分,但是现实中是否存在异质性合作企业? 如果存在,那么可以分成哪些类型? 它们之间存在怎样的特征差异? 是否真的有必要对这些类型进行划分? 这些都是本章要讨论的关键问题。

二、解 决 思 路

为了更好地解决上述研究问题,本章的具体研究思路如图 10-1 所示。

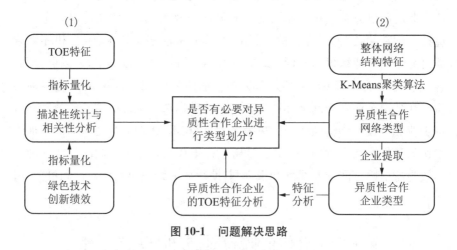

图 10-1　问题解决思路

① Cao, X., C. Li, 2020: "Evolutionary Game Simulation of Knowledge Transfer in Industry-University-Research Cooperative Innovation Network under Different Network Scales", *Scientific Reports*, 10(01).

② Feng, C., X. Zheng, G. Zhuang et al., 2020: "Revisiting Exercise of Power Strategies from the Perspective of Information Processing", *Industrial Marketing Management*, 91(03).

（一）描述性统计与相关性分析

为了大致了解 TOE 特征变量、绿色技术创新绩效及它们之间的关系，有必要进行描述性统计和相关性分析。首先，通过 Python 编程获取 2 102 家企业的 TOE 特征变量和绿色技术创新绩效量化结果。其次，将这些指标数据放入 Stata 软件中，获取指标变量的均值、标准差、最大最小值等描述性统计信息。最后，采用 Stata 软件获取变量之间的相关关系，并绘制单个变量与绿色技术创新绩效之间的相关性散点图。通过描述性统计和相关性分析，可以大致了解数据的分布情况及其变量关系，并对结果进行分析，进而初步判断是否有必要对异质性合作企业进行划分。

（二）异质性合作企业划分与分析

在有了对异质性合作企业进行类型划分的初步预判后，需要通过更多的数据结果来支撑。通过问题提出部分可以了解到，整体网络结构特征是对企业合作网络的整体描述，不同类型的合作网络将为企业带来不一样的绿色创新资源，故基于这些整体网络结构特征来划分企业合作网络类型具有一定的合理性。同时，从不同类型的企业合作网络中获取对应合作关系类型的企业作为研究对象，也具有一定的合理性。因此，本章先基于整体网络结构特征，采用 K-Means 聚类算法获取企业合作网络类型，并对网络类型进行特征分析，进而说明划分企业合作网络类型的必要性。然后，通过 Python 编程获取不同合作网络类型当中的企业，分析比较这些企业的 TOE 特征变量和绿色技术创新绩效差异，进而判断是否有必要对异质性合作企业进行区别研究。

第二节　描述性统计与相关性分析

描述性统计的目的在于，更好地了解企业 TOE 特征变量和绿色技术创新绩效的数据分布情况以及离散情况，进而判断是否可能存在影响研究结果的异常值数据。相关性分析的目的在于，观察变量之间的相关系数和相关性散点图，并对数据结果进行对比分析，找出其中可能存在的原因，进而引出后续的研究。

一、描述性统计

描述性统计可以概括样本数据分布状况，了解样本数量、各变量的最大最小值、均值和标准差等。使用 Stata 软件对 2 102 家企业的 TOE 特征变量进行描述性统计分析,数据结果如表 10-1 所示。

表 10-1　2 102 家企业 TOE 特征变量与绿色技术创新绩效的描述性统计

一级指标	二级指标	均值	标准差	最大值	最小值
技术维度	技术相似性	0.05	0.07	0.50	0.00
	技术互补性	0.14	0.21	0.96	0.00
组织维度	知识基础广度	1.80	2.10	4.71	1.00
	知识基础深度	1.29	0.77	7.00	0.19
环境维度	度中心性	1.71	1.70	21.00	1.00
	结构洞	1.03	0.21	1.90	0.06
绿色技术创新绩效	—	18.8	87.1	2 040	2.00

从表 10-1 中可以看出,知识基础深度、度中心性和结构洞的总体标准差要低于总体均值,说明了这些变量的总体取值波动不大。技术相似性、知识基础广度和绿色技术创新绩效的总体标准差都要大于总体均值,特别是绿色技术创新绩效的最大取值高达 2 040,而最小取值仅为 2,说明了这些变量的取值变化幅度很大,数据的离散程度很大,其中可能存在异常值数据。

二、相关性分析

数据的相关性分析如表 10-2 所示。从相关性角度来看,多数变量之间存在一定相关性,其中影响变量之间的最大相关系数是 0.6。从相关系数的显著性来看,TOE 特征变量与绿色技术创新绩效存在显著的相关关系,其中知识基础广度与绿色技术创新绩效的相关系数最大(0.81)。从相关性方向来看,技术相似性和知识基础深度与绿色技术创新绩效呈现负相关关系,技术互补性、知识基础广度、度中心性和结构洞则与绿色技术创新绩效呈现正相关关系。

表 10-2　2 102 家企业的 TOE 特征变量与绿色技术创新绩效相关系数矩阵

变　　量	技术维度		组织维度		环境维度		绿色技术创新绩效
	技术相似性	技术互补性	知识基础广度	知识基础深度	度中心性	结构洞	
技术相似性	1	—	—	—	—	—	—
技术互补性	−0.12***	1	—	—	—	—	—
知识基础广度	−0.29***	0.29***	1	—	—	—	—
知识基础深度	−0.04	−0.24***	−0.26***	1	—	—	—

变　　量	技术维度		组织维度		环境维度		绿色技术创新绩效
	技术相似性	技术互补性	知识基础广度	知识基础深度	度中心性	结构洞	
度中心性	−0.13***	0.11***	0.60***	−0.17***	1	—	—
结构洞	−0.16***	0.17***	0.49***	−0.22***	0.55***	1	—
绿色技术创新绩效	−0.13***	0.17***	0.81***	−0.15***	0.53***	0.33***	1

注：* 代表在 10% 水平上显著，** 代表在 5% 水平上显著，*** 代表在 1% 水平上显著。

通过表 10-2 可以初步了解到，技术、组织和环境维度中单变量与绿色技术创新绩效间存在简单的正向或负向线性相关关系。但是考虑到相关系数的计算结果可能受到异常值影响，导致表 10-2 的数据结果可能存在一定偏差，因此有必要采用可视化的方式，直观展示 TOE 特征变量与绿色技术创新绩效之间的相关关系。为了避免数据量纲不同而影响可视化效果，需要先对各变量进行最大最小值标准化，由此绘制出如图 10-2 的相关性散点图。

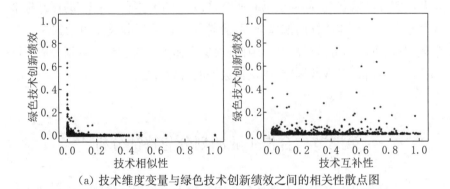

（a）技术维度变量与绿色技术创新绩效之间的相关性散点图

（b）组织维度变量与绿色技术创新绩效之间的相关性散点图

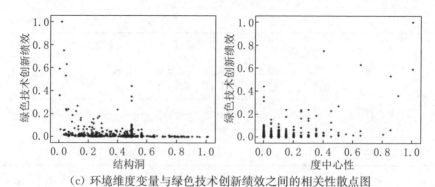

（c）环境维度变量与绿色技术创新绩效之间的相关性散点图

图 10-2　TOE 特征变量与绿色技术创新绩效的相关性散点图

从数据离散程度来看，研究数据中存在一定量的异常值，可能会对数据计算结果产生一定影响。从相关性角度来看，除了知识基础广度与绿色技术创新绩效存在一定的正向相关关系外，其余变量与绿色技术创新绩效之间的相关性不大。显然，图 10-2 的相关性散点图与表 10-2 的数据结果存在一定差异。产生这种差异可能是由以下原因引起的：（1）表 10-2 的计算过程受到"异常数据"的影响；（2）变量之间可能存在复杂的非线性组合关系。虽然"异常数据"会对数据结果产生干扰，但是这些数据也真实反映了企业的实际经营状况，同样也具有研究价值。同时，"异常数据"的评判标准是基于它们与整体数据的偏离程度，当整体数据被划分成多组数据时，"异常数据"也可能不再是"异常"。因此，根据合作关系类型将企业划分成不同部分，是一种将"异常数据"变成正常数据的有效方法。

第三节　合作企业的划分与特征分析

第一节和第二节阐述了对具有不同合作关系类型的企业进行划分的必要性与合理性。本节将通过数据结果说明对合作企业进行类型划分的科学性。实验过程共分成两部分：合作企业划分和异质性合作企业的 TOE 特征分析。其中，第一部分采用了 K-means 聚类算法将企业合作网络分成 4 种差异性明显的类型，获取对应合作关系类型的企业，并分别命名为二元合作企业、星型合作企业、完全合作企业和复杂合作企业。第二部分是对异质性合作企业之间的 TOE 特征变量和绿色技术创新绩效进行分析与比较，进而说明对异质性合作企业进行区别研究的必要性、合理性与科学性。

一、合作企业划分

在对企业合作网络类型进行划分前,本书采用了 Louvain 社区划分算法,通过企业在交通运输行业的联合绿色专利申请,构建出了 734 个企业合作网络。鉴于 K-Means 聚类算法需要事先给定聚类个数,为了获得客观有效的聚类个数,本书将基于网络规模、网络密度和网络聚集系数等整体网络结构特征,借助肘部法则来确定最佳的企业合作网络类型个数,数据结果如图 10-3 所示。根据肘部法则,平均离差变化幅度开始趋于平稳的数值即为最佳聚类个数。据此,从图 10-3 可以了解到,当企业合作网络类型被划分为 1～4 种时,平均离差出现大幅度下降,当划分为 4～10 种类型时,平均离差逐渐趋于平缓,数据结果说明了将企业合作网络分成 4 种类型是合理的。

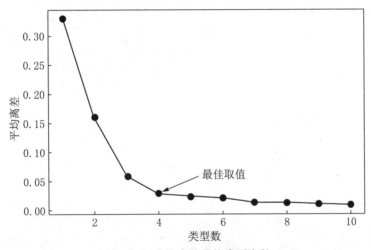

图 10-3　企业合作网络类型个数

因此,本书采用 K-Means 聚类算法将企业合作网络分成 4 种类型,并借助复杂网络分析工具 Gephi 对这 4 种企业合作网络类型进行可视化,如图 10-4 所示。其中,红色网络节点表示研究企业,蓝色节点表示高校和科研院所。显然,同类型的企业合作网络具有类似的整体网络结构,不同类型的企业合作网络在整体网络结构方面存在明显差异。

根据整体网络结构的实际意义,分别对 4 种企业合作网络类型进行命名。在图 10-4(a)中,所有企业合作网络都是由两个创新组织构成,合作形式单一,网络结构简单,因此将该类企业合作网络命名为二元合作网络类型。在图 10-4(b)中,多数企业合作网络中存在一个或两个核心创新组织(多数为企业),非核心创新组织只与核心组织建立合作关系,非核心创新组

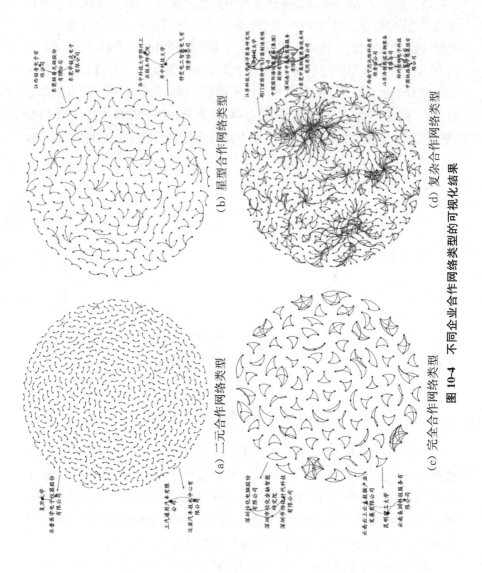

图 10-4 不同企业合作网络类型的可视化结果

(a) 二元合作网络类型

(b) 星型合作网络类型

(c) 完全合作网络类型

(d) 复杂合作网络类型

织之间不存在合作关系,网络整体形态呈现星型放射状,因此将该类企业合作网络命名为星型合作网络类型。在图10-4(c)中,所有企业合作网络均由三个以上的创新组织构成,并且创新组织之间的合作关系呈现"完全封闭"状态,这类企业合作网络具有网络规模不大但是聚集程度很高的特点,明显具备"小世界网络"的特性,因此将该类企业合作网络命名为完全合作网络类型。相较于前三种企业合作网络类型,图10-4(d)中所展示的企业合作网络,其网络规模差异性较大,且每个企业合作网络中创新组织间的合作关系复杂多样,不存在明显的合作规律,因此将该类企业合作网络命名为复杂合作网络类型。

4种企业合作网络类型的基本信息如表10-3所示。其中,非企业数指高校和科研院所数量,整体网络结构特征数值采用均值表示。

表10-3　不同企业合作网络类型的网络数、创新组织数以及整体网络结构特征

网络类型	企业合作网络数	创新组织数		整体网络结构特征		
		企业数	非企业数	网络规模	网络密度	网络聚集系数
二元合作网络类型	505	886	124	2.00	1.00	0.00
星型合作网络类型	98	350	42	4.01	0.56	0.01
完全合作网络类型	84	233	45	3.55	1.00	0.98
复杂合作网络类型	47	633	87	14.96	0.38	0.66

从企业合作网络和创新组织的数量来看,二元合作网络类型的网络数量和企业数量最多,说明了在绿色创新领域中,建立单一的合作关系是目前多数企业采取的主要创新模式,其原因是多数中小企业由于社会资源有限而难以建立广泛的合作关系。完全合作网络类型的网络数量和企业数量最少,说明了只有少部分企业与合作伙伴产生"抱团"的合作关系。结合图10-4可知,无论哪一种合作网络类型,非企业数比较少,这说明在绿色创新领域中,企业与企业之间建立合作关系是相对普遍的,而产学研合作相对较少,其原因是产学研合作需要企业长期与高校或科研院所建立合作,并投入较多时间和资金,多数企业还未有能力开展产学研合作。

从整体网络结构特征来看,在二元合作网络类型中,虽然网络密度取值最大、网络聚集系数最小,但是这种类型的合作网络只有两个成员,企业的合作形式简单,企业获取绿色创新资源的外部途径单一,因此本书将对应合作关系类型的企业命名为二元合作企业。在星型合作网络类型中,网络规模较小、网络密度居中,网络聚集系数取值偏低,结合图10-4(b)可以了解

到,多数企业只能与网络的核心成员建立合作关系,网络当中的绿色创新资源只能通过核心成员传输,非核心企业之间不能直接进行资源交换,企业与合作伙伴之间的合作关系呈星型放射状,因此本书将对应合作关系类型的企业命名为星型合作企业。在完全合作网络类型中,网络是由 3 个以上的成员组成,网络密度和网络聚集系数最大,结合图 10-4(c)可以了解到,企业的合作伙伴之间也相互建立了合作关系,形成了一个完全连通的合作网络,绿色创新资源在网络中可以得到充分流通,因此本书将对应合作关系类型的企业命名为完全合作企业。结合图 10-4(d)可以了解到,相较于前三种企业合作网络类型,复杂合作网络的网络规模差异性较大,并且网络中企业与合作伙伴之间的合作关系复杂多样,因此本书将对应合作关系类型的企业命名为复杂合作企业。

综合上述分析,企业的合作关系类型可以分为 4 种,即星型合作企业、二元合作企业、完全合作企业和复杂合作企业。由于它们处在 4 种差异性明显的企业合作网络类型当中,导致它们从网络中获取绿色创新资源的可能性存在一定差异,进而也会引起企业在绿色创新领域的知识基础存在差异。另外,由于企业所处的合作网络类型不同,接触到的合作伙伴也有可能不同,导致合作双方的技术背景也会存在明显差异。同时,企业合作网络类型不同,说明网络的内部结构也会不同,企业作为个体存在于网络结构当中,占据的网络位置也可能存在差异。这些都会影响到企业绿色技术创新绩效结果。至于异质性合作企业是否在这些方面真的存在差异,还需要进一步分析。

二、异质性合作企业的 TOE 特征分析

为了进一步说明是否有必要将企业分成二元合作企业、星型合作企业、完全合作企业和复杂合作企业 4 种类型,表 10-4 分别列出了异质性合作企业的 TOE 特征变量和绿色技术创新绩效均值情况,其中 h 和 l 分别表示创新绩效的最大值和最小值。同时,为了便于分析和对比,对表 10-4 的数据结果进行可视化,如图 10-5 所示。

从技术维度来看,二元合作企业与完全合作企业的技术相似性相对较大、技术互补性相对较小,说明了这些企业与合作伙伴在绿色创新领域的技术背景较为相似,合作伙伴能为企业提供的互补性绿色创新资源较少;星型合作企业与复杂合作企业的技术相似性较小,说明了这些企业倾向于跟技术背景相差比较大的创新组织合作,以便获取企业需要的互补性绿色创新资源。

表 10-4　异质性合作企业的 TOE 特征变量以及绩效情况

异质性 合作企业	技术维度		组织维度		环境维度		绿色技术 创新绩效	
	技术 相似性	技术 互补性	知识基 础广度	知识基 础深度	度中 心性	结构洞		
二元合 作企业	0.08	0.08	1.19	1.43	1.00	1.00	9.21	h：899 l：2
星型合 作企业	0.03	0.18	1.52	1.14	1.50	1.15	18.75	h：1 529 l：2
完全合 作企业	0.09	0.03	1.15	1.43	2.51	1.12	7.49	h：128 l：2
复杂合 作企业	0.02	0.23	1.63	1.15	2.55	1.09	36.61	h：2 040 l：2

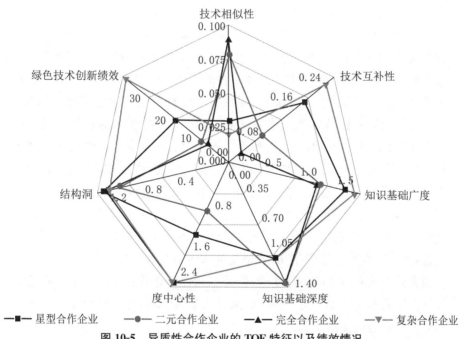

图 10-5　异质性合作企业的 TOE 特征以及绩效情况

　　从组织维度来看,虽然异质性合作企业的知识基础广度和知识基础深度取值差异不大,但是从总体上来看,二元合作企业和完全合作企业的组织维度变量取值较小且接近,说明了这两种合作关系类型的企业,它们的知识基础相对薄弱。同样地,星型合作企业与复杂合作企业的技术互补性相对较大并且接近,说明了这两种合作关系类型的企业知识基础比较好。

　　从环境维度来看,二元合作企业的度中心性和结构洞最小,原因在于这种合作关系类型的企业只有一个合作伙伴,不存在占据网络结构洞的可能性。虽然星型合作企业的度中心性不大,但是这类型企业占据的网络结构洞位置数要比其他合作关系类型的企业多,说明这些企业有机会通过占据网络结构洞来获取大量的外部绿色创新资源。相较于其他合作关系类型的企业,完全合作企业与复杂合作企业的度中心性最大并且接近,说明这些企业的合作伙伴数量相对较多,获取大量外部绿色创新资源的可能性较大。另外,复杂合作企业的网络结构洞数值较小,说明只有少部分企业占据网络结构洞,这些企业很难获取网络当中的大量绿色创新资源。特别地,虽然完全合作企业的结构洞数量仅次于星型合作企业,但是结合图 10-4(c)可以了解到,这种合作关系类型的企业不可能占据网络结构洞位置,结构洞变量对完全合作企业来说是没有意义的。

从绿色技术创新绩效来看,异质性合作企业的绩效取值差异很大。总体上,二元合作企业与完全合作企业的绿色技术创新绩效平均水平较低,说明这两种合作关系类型的企业合作效果相对较差。复杂合作企业的绿色技术创新绩效要明显高于其他类型的企业,结合这类型企业的绿色技术创新绩效最大最小值差来看,导致平均绩效水平过高可能是因为存在某些企业的创新绩效过高。星型合作企业的绿色技术创新绩效比较高也有可能是这个原因。

综合上述分析,异质性合作企业的 TOE 特征变量和绿色技术创新绩效存在明显差异。其中,二元合作企业与完全合作企业的多数变量取值比较接近,原因在于这两种合作关系类型的企业都属于"封闭"型合作,企业可以获取网络中所有成员的绿色知识资源,不可能占据网络结构洞,即结构洞变量对这些企业来说是没有意义的。但是,从表 10-4 和图 10-5 可以看出,完全合作企业的结构洞数值仅次于星型合作企业,如果不对异质性合作企业进行划分,在后续分析 TOE 特征变量如何影响绿色技术创新绩效时,结构洞会被当成有意义的实际变量,但是二元合作企业和完全合作企业的结构洞是不具有实际意义的。数据结果再次证实了,对异质性合作企业进行划分是非常有必要的。

第四节　TOE 框架下企业绿色技术创新绩效的影响因素分析

在确定需要对异质性合作企业进行区别研究后,本章的主要目的是了解清楚,对于具有相同合作关系的企业,为什么有些企业会获得高水平绿色技术创新绩效而有些企业只能获得低水平绿色技术创新绩效? TOE 特征变量在其中起到怎样的作用关系?据此,对于二元合作企业、星型合作企业、完全合作企业和复杂合作企业,分别采用决策树CART算法获取影响企业绿色技术创新绩效的TOE特征变量,并从绩效水平差异视角出发,分别获取高水平绿色技术创新绩效和低水平绿色技术创新绩效的影响变量组合,即提取不同水平绿色技术创新绩效的决策规则。

一、研 究 思 路

从第三节可以发现,对二元合作企业、星型合作企业、完全合作企业以及复杂合作企业进行区别研究是非常有必要的。同时,通过表10-4可以了解到,对于拥有相同合作关系类型的企业,有些企业可以获得很高的绿色技术创新绩效,而有些企业只能获得很低的绿色技术创新绩效。在外部绿色创新资源相同的情况下,为什么会存在这么大的差距? TOE特征变量在其中起到怎样的促进作用? 另外,通过图10-2可以发现,TOE特征变量与绿色技术创新绩效之间不存在明显的正向或负向线性关系,而是可能存在复杂的非线性组合关系,即绿色技术创新绩效结果是由多个影响变量共同决定的。研究变量之间是否真的存在非线性组合关系? 如何挖掘这种关系? 导致企业产生高水平和低水平绿色技术创新绩效的影响变量组合分别有哪些? 这些都是本节需要解决的主要问题。

为了更好地解决上述研究问题,图10-6展示了具体的研究思路。通过第一章介绍的研究方法可以了解到,决策树CART算法可以很好地挖掘TOE特征变量与绿色技术创新绩效之间的非线性组合关系。由于决策树

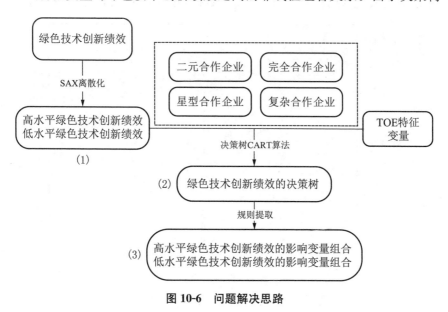

图 10-6 问题解决思路

CART 算法要求决策变量必须是二分类离散型数据,所以在使用该方法前需要将绿色技术创新绩效离散化为高水平和低水平两种不同状态。

1. 绿色技术创新绩效离散化。数据离散化采用 SAX 离散化方法。首先,利用箱型图识别 2 102 家绿色技术创新绩效属于异常值的企业,并根据异常值大小判断这些企业的创新绩效是高水平还是低水平。其次,采用 SAX 离散化算法将正常的绿色技术创新绩效分为高水平和低水平两个状态。最后,根据离散化结果,分别为二元合作企业、星型合作企业、完全合作企业和复杂合作企业找到对应的绿色技术创新绩效水平。

2. 异质性合作企业的绿色技术创新绩效决策树。分别针对二元合作企业、星型合作企业、完全合作企业和复杂合作企业,以这些企业的 TOE 特征变量作为条件变量,高水平和低水平绿色技术创新绩效作为决策变量,利用决策树 CART 算法获取绿色技术创新绩效的决策树,进而可以了解到有哪些 TOE 特征变量会影响企业绿色技术创新绩效。

3. 异质性合作企业的高低水平绿色技术创新绩效影响因素组合。在了解到每种合作关系类型企业的绿色技术创新绩效影响变量后,基于绩效水平差异的角度,分别提取高水平和低水平绿色技术创新绩效的决策规则,并根据支持度和置信度两个评估指标筛选能够解释大部分数据的典型决策规则。

二、绿色技术创新绩效水平划分

为了避免异常值影响离散化效果,在对绿色技术创新绩效进行 SAX 离散化前,需要先采用箱型图识别异常值数据,并根据异常值数据的取值情况

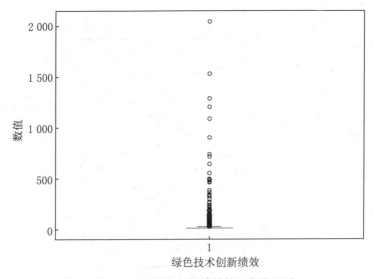

图 10-7　绿色技术创新绩效的异常值识别

来判断这些数据是高水平还是低水平,最后再利用SAX算法对正常的绿色技术创新绩效进行离散化。异常值识别结果如图10-7所示,从中可以看出,异常值高于数据的整体取值水平,说明了这些企业的绿色技术创新绩效是高水平的。

表 10-5　绿色技术创新绩效的高水平和低水平划分结果示例

企业序号	技术维度		组织维度		环境维度		绿色技术创新绩效水平
	技术相似性	技术互补性	知识基础广度	知识基础深度	度中心性	结构洞	
1	0.001	0.125	2.079	0.850	8	1.226	低
2	0.002	0.354	3.466	0.368	9	1.791	低
3	0.003	0.393	2.639	0.836	8	1.737	低
4	0.001	0.073	1.792	0.750	3	1.342	低
5	0.004	0.287	2.197	0.490	7	1.503	低
6	0.005	0.298	1.386	0.827	7	1.459	低
7	0.002	0.077	0.693	1.444	2	0.058	高
8	0.001	0.701	4.060	0.197	6	1.178	低
9	0.002	0.848	1.609	0.813	1	1.000	高
10	0.002	0.772	1.098	0.75	1	1.000	高

　　然后,采用SAX算法对正常的绿色技术创新绩效数据进行离散化,部分结果示例如表10-5所示。从表10-5了解到,TOE特征变量是连续型变量,绿色技术创新绩效是离散型变量,符合决策树CART算法对条件变量和决策变量的要求。

　　为了能将决策树CART算法分析二元合作企业、星型合作企业、完全合作企业和复杂合作企业,需要将2 102家企业的绿色技术创新绩效离散化效果对应到异质性合作企业中。异质性合作企业的绿色技术创新绩效离散化效果如表10-6所示。其中 N 表示企业数,$Rate$ 表示 N 在2 102家企业中的占比。

表 10-6　异质性合作企业的高水平和低水平绿色技术创新绩效

绿色技术创新绩效	二元合作企业		星型合作企业		完全合作企业		复杂合作企业	
	N	$Rate$	N	$Rate$	N	$Rate$	N	$Rate$
高水平	279	13.3%	167	7.9%	67	3.2%	347	16.5%
低水平	607	28.9%	183	8.7%	166	7.9%	286	13.6%

　　从表10-6可以看出,二元合作企业和完全合作企业的绿色技术创新绩效普遍偏低。其原因可能是这两种合作企业均属于"封闭"型合作,企业可

以获取网络中所有成员的绿色知识资源,具体表现为:二元合作企业仅有一个可以为它提供绿色知识资源的合作伙伴,完全合作企业可以直接获取所有网络成员的绿色知识资源。前者可能是多数企业未能获取足够的绿色知识资源并无法通过自身资源在绿色技术创新领域实现新突破。后者可能是多数企业本可以通过一个合作伙伴即可获取网络中所有的绿色知识资源,但是还要耗费过多的精力和成本去与所有成员建立合作关系,这就导致了企业从这些伙伴中获取到的绿色知识资源存在很多冗余部分,对企业绿色技术创新绩效的提升作用不大。

对于复杂合作企业,获得高水平绿色技术创新绩效的企业要比低水平的企业数多,其原因可能是多数复杂合作企业拥有比较多的合作伙伴,同时合作伙伴也有很多复杂多样的合作伙伴。此时,企业可以通过与少数创新组织建立的合作关系来获取网络绿色知识资源,进而有助于企业绿色技术创新绩效的提升。

星型合作企业的高水平和低水平绿色技术创新绩效相差不大,因为多数企业只需要通过与网络核心成员建立合作,就可以获取到网络中所有成员的绿色创新资源,但是由于核心成员在"搬运"绿色创新资源过程中可能会存在理解误差,进而导致非核心成员企业获取到的绿色创新资源可能出现"失真"的情况,此时只有部分能力较突出的企业才能利用这些绿色创新资源实现技术创新。

三、异质性合作企业的绿色技术创新绩效决策规则分析

为了防止决策树模型计算结果出现过拟合情况,在应用决策树模型时通常需要进行决策树深度设置和决策树剪枝操作。决策树深度越深,表明决策规则的拟合效果越好,但是拟合的数据就越少,容易出现"过拟合"情况。为了获取拟合效果较好但又可以避免"过拟合"情况的出现,本书将决策树层次设为3。同时,为了提升决策树的构建速度,以免出现电脑跑不出决策树结果图的情况。本书采用预剪枝的方式,将拟合数据不超过特定合作关系类型企业数10%的决策规则剪掉。通过这些参数的设置,可以利用决策树CART算法分别获取二元合作企业、星型合作企业、完全合作企业和复杂合作企业的决策树,进而了解有哪些TOE特征变量会影响绿色技术创新绩效。

(一) 二元合作企业 TOE 特征变量对创新绩效的影响分析

二元合作企业的绿色技术创新绩效决策树如图 10-8 所示。

从图 10-8 可以了解到,绿色技术创新绩效受来自技术和组织维度变量的影响,具体变量有技术相似性、知识基础深度、技术互补性和知识基础广

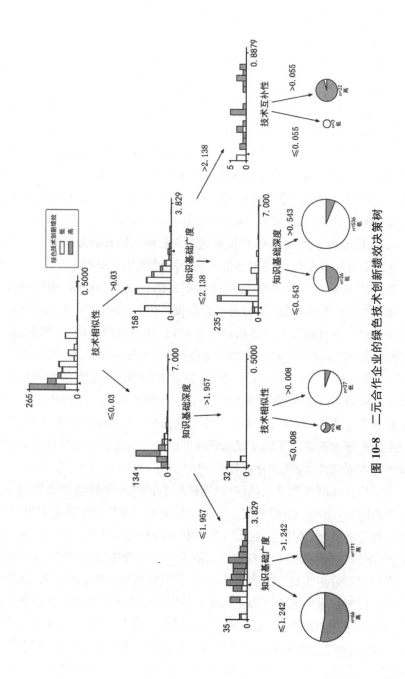

图 10-8　二元合作企业的绿色技术创新绩效决策树

度。通过数据分析结果可以了解到,技术相似性、知识基础深度、知识基础广度和技术互补性对绿色技术创新绩效的影响程度分别是 0.621、0.181、0.177 和 0.021。显然,二元合作企业的绿色技术创新绩效受来自技术维度的变量影响最大,其次是来自组织维度的变量。结合二元合作企业特点,有必要进一步分析技术维度的技术相似性和技术互补性、组织维度的知识基础深度和知识基础广度为什么会影响企业绿色技术创新绩效,具体分析如下:

二元合作企业只有一个合作伙伴,说明了这些企业获取外部绿色创新资源的途径比较单一。在这种情况下,企业能否取得高水平的绿色技术创新绩效,很大程度上会受到合作双方在绿色创新领域的技术相似性、技术互补性等因素影响。同时,由于这种合作关系类型的企业只有一个合作伙伴,导致它们可以获取的外部绿色知识资源相对有限,此时企业在绿色创新领域的知识基础(广度和深度)也将会直接影响创新效果。

(二) 星型合作企业 TOE 特征变量对创新绩效的影响分析

星型合作企业的绿色技术创新绩效决策树如图 10-9 所示。

通过图 10-9 可以了解到,绿色技术创新绩效受来自技术、组织和环境多重维度变量的影响,具体变量有知识基础广度、结构洞、知识基础深度和技术相似性。通过数据分析结果可以了解到,知识基础广度、结构洞、技术相似性和知识基础深度对绿色技术创新绩效的影响程度分别为 0.557、0.261、0.105 和 0.076。显然,星型合作企业的绿色技术创新绩效受来自组织维度的变量影响最大,其次分别是来自环境维度和技术维度的变量。结合星型合作企业的特点,有必要进一步分析为什么技术维度的技术相似性、组织维度的知识基础广度和知识基础深度以及环境维度的结构洞会影响企业绿色技术创新绩效,具体分析如下:

在星型合作网络类型中,所有创新组织会围绕一个核心成员形成一个创新合作网络,非核心组织之间不产生合作关系。这种合作关系表明,当企业作为核心成员时,说明它占据了网络的结构洞位置,这些企业可以利用这种位置优势及时获取网络中多样化的前沿环保创新资源。然而,在星型合作网络中大部分企业只能作为非核心成员,只能占据网络边缘位置,很少有机会获取更多的绿色创新资源。因此,是否占据网络结构洞位置是企业能否获得外部绿色创新资源、提升创新绩效的重要因素。同时,对于星型合作企业来说,无论是占据网络结构洞位置还是网络边缘位置,企业在绿色创新领域的知识基础(广度和深度)是创新绩效提升需要关注的重要方面。当企业占据网络结构洞位置时,企业会面临纷繁复杂的外部绿色创新资源,如何筛选和利用这些外部资源很大程度上取决于企业自身知识基础情况。当企

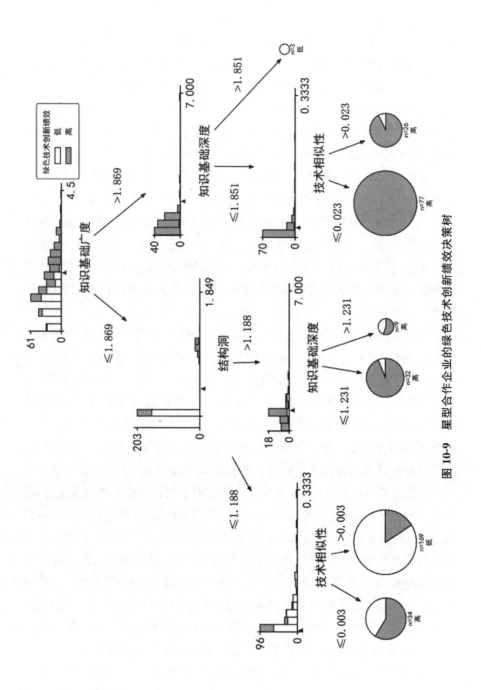

图 10-9 星型合作企业的绿色技术创新绩效决策树

业占据网络边缘位置时,说明企业只有一个合作伙伴,资源获取途径单一,企业的创新成果很大程度上会受自身知识基础的影响,因此企业知识基础是影响绿色技术创新绩效的重要因素。最后,合作双方能否在绿色技术创新过程开展充分的意见交流,合作过程能否顺利开展,都会影响创新进程甚至是创新结果,因此企业与合作伙伴之间的技术相似性也是影响创新绩效的重要因素。

(三)完全合作企业 TOE 特征变量对创新绩效的影响分析

完全合作企业的绿色技术创新绩效决策树如图 10-10 所示。可以了解到,绿色技术创新绩效受来自技术和组织双重维度变量的影响,具体变量有技术相似性、知识基础广度、知识基础深度和度中心性。

通过数据分析结果可以了解到,技术相似性、知识基础深度、知识基础广度和度中心性对绿色技术创新绩效的影响程度分别为 0.751、0.166、0.053 和 0.029。显然,完全合作企业的绿色技术创新绩效受来自技术维度的变量影响最大,其次是组织维度的变量。结合完全合作企业特点,有必要进一步分析,为什么技术维度的技术相似性、组织维度变量的知识基础广度和知识基础深度以及环境维度的度中心性会影响企业绿色技术创新绩效,具体分析如下:

完全合作企业与网络中所有成员都建立合作关系,形成了互联互通的网络合作关系。这种合作关系有助于创新资源在网络中得到很好的流通,让每个完全合作企业都能够及时获取网络当中的绿色创新资源。但是,由于完全合作企业都与每个网络成员建立合作关系,它们容易获得大量的冗余创新资源,会导致企业与合作伙伴的技术背景存在同质化风险,进而会影响企业的绿色技术创新效果。对于合作双方的技术背景是否存在相似,很大程度上会受到企业自身的知识基础影响。根据知识基础观,在绿色创新领域中拥有丰富知识资源的企业,比较容易在合作过程中创造出更多的创新资源、发现更多的创新机会,进而可以避免双方绿色创新资源出现同质化的风险,有助于提升企业创新绩效。因此,技术相似性、知识基础广度和知识基础深度是影响企业绿色技术创新绩效的重要变量。另外,虽然完全合作企业的合作关系类型相同,但是企业的合作伙伴数量不同,即度中心性不同。这意味着完全合作企业从不同网络中获取的绿色创新资源数量会存在一定差异,进而说明完全合作企业的绿色技术创新绩效也会受到度中心性的影响。

(四)复杂合作企业 TOE 特征变量对创新绩效的影响分析

复杂合作企业的绿色技术创新绩效决策树如图 10-11 所示,绿色技术创新绩效受来自技术、组织和环境多重维度的变量影响,具体变量有知识基础广度、技术相似性、知识基础深度和结构洞。

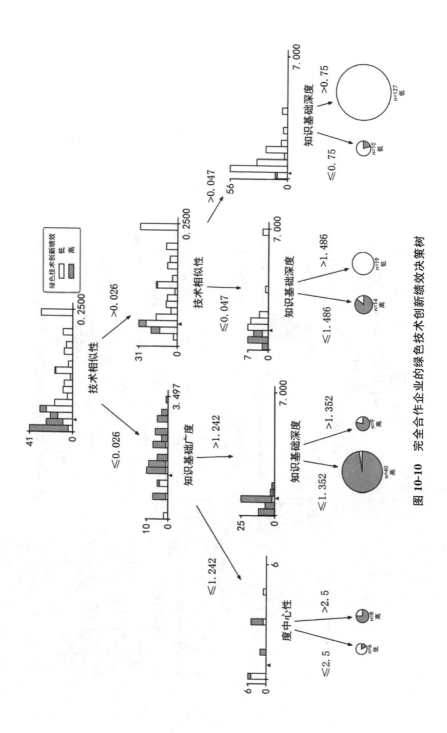

图 10-10　完全合作企业的绿色技术创新绩效决策树

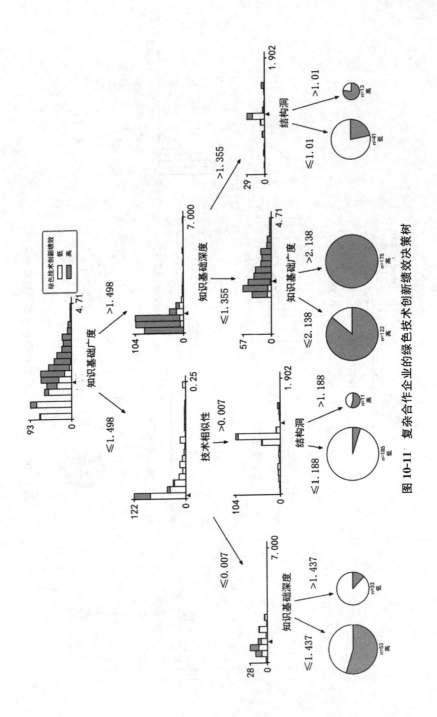

图 10-11　复杂合作企业的绿色技术创新绩效决策树

通过数据分析结果可知,知识基础广度、知识基础深度、技术相似性和结构洞对绿色技术创新绩效的影响程度分别是 0.706、0.187、0.054 和 0.053。显然,复杂合作企业的绿色技术创新绩效受来自组织维度变量的影响最大,其次是来自技术维度的变量和环境维度的变量。结合复杂合作企业特点,有必要进一步分析为什么组织维度的知识基础广度和知识基础深度、技术维度的技术相似性以及环境维度的结构洞会影响企业绿色技术创新绩效,具体分析如下:

在复杂合作网络类型中,网络成员之间的合作关系复杂多样,如何有效处理这种合作关系很大程度上取决于企业是否有能力处理这种关系,而知识基础就是企业能力的重要体现。当复杂合作企业在绿色创新领域的知识基础比较好时,说明企业有能力识别、吸收和利用外部绿色创新资源,进而影响企业创新效果。相反,如果复杂合作企业的知识基础比较差,企业将很难在错综复杂的合作关系中筛选并利用外部绿色创新资源,企业反而会因无法处理这种关系而影响创新效果。因此,知识基础(广度和深度)是影响绿色技术创新绩效的重要因素。另外,因为复杂合作企业的合作伙伴多样化比较大,不同的合作伙伴意味着企业需要处理的合作关系不同。这说明了复杂合作企业在处理这些错综复杂的合作关系时,不同合作伙伴之间的技术相似程度会影响关系的处理进程,进而影响最终的创新效果。因此,技术相似性是绿色技术创新绩效的重要影响变量。最后,因为复杂合作企业与合作伙伴的合作关系比较多样化,部分占据网络结构洞位置的企业,可以及时获取网络中多样化的绿色创新资源,帮助企业实现绿色技术创新。但是也有部分处在网络边缘位置的企业,它们不能获取多样化的外部资源,进而影响企业最终的绿色技术创新结果。因此,对于复杂合作企业,结构洞是影响企业绿色技术创新绩效的重要变量。

第五节　结果分析

根据二元合作企业、星型合作企业、完全合作企业和复杂合作企业的绿色技术创新绩效决策树效果,分别提取 TOE 特征变量与高水平和低水平绿色技术创新绩效之间的决策规则(一根"树枝"表示一条决策规则)。为了简化决策规则表,本书将条件变量和决策变量相同的"树枝"归并为一条决策规则,整理出如表 10-7 决策规则表。其中,括号内数值表示 TOE 特征变量对绿色技术创新绩效的影响程度。

显然,星型合作企业和复杂合作企业的知识基础广度对绿色技术创新绩效影响最大,二元合作企业和完全合作企业的技术相似性对绿色技术创新绩效影响最大。另外,表 10-7 中支持度和置信度是决策规则的两个非常重要参数,为了便于理解它们的运算原理,有必要对它进行解释。以二元合作企业的第一条决策规则为例,29%表示支持该规则的企业数占所有二元合作企业的比例,80.9%表示在这些企业中获得高水平绿色技术创新绩效的企业占比。

表 10-7　异质性合作企业的决策规则表

	技术维度		组织维度		环境维度		支持度	置信度	绩效
	技术		知识基础		结构洞	度中心性			
	相似性	互补性	广度	深度					
二元合作企业	≤0.03	—	—	≤1.957	—	—	29%	80.9%	高
	≤0.008	—	—	>1.957	—	—	1%	60%	高
	(0.008, 0.03]	—	—	>1.957	—	—	4.2%	94.6%	低
	>0.03	—	≤2.138	—	—	—	63.4%	92%	低
	>0.03	≤0.055	≤2.138	—	—	—	0.3%	100%	低
	>0.03	>0.055	≤2.138	—	—	—	2.5%	95.5%	高
	(0.621)	(0.021)	(0.177)	(0.181)	(0.00)	(0.00)			
星型合作企业	≤0.003	—	≤1.869	—	>1.188	—	9.7%	58.8%	高
	>0.003	—	≤1.869	—	≤1.188	—	48.3%	84%	低
	—	—	≤1.869	—	>1.188	—	11.7%	85.4%	高
	—	—	>1.869	≤1.851	—	—	29.4%	98.1%	高
	—	—	>1.869	>1.851	—	—	1%	100%	低
	(0.105)	(0.00)	(0.557)	(0.076)	(0.261)	(0.00)			
完全合作企业	≤0.026	—	≤1.242	—	—	≤2.5	2.6%	83.3%	低
	≤0.026	—	≤1.242	—	—	>2.5	3.4%	75%	高
	≤0.026	—	>1.242	—	—	—	21%	93.9%	高
	(0.026, 0.047]	—	—	≤1.486	—	—	6%	77.8%	高
	(0.026, 0.047]	—	—	>1.486	—	—	8.2%	100%	低
	>0.047	—	—	—	—	—	58.8%	98.5%	低
	(0.751)	(0.00)	(0.053)	(0.166)	(0.00)	(0.029)			
复杂合作企业	≤0.007	—	≤1.498	≤1.437	—	—	8.4%	54.7%	高
	≤0.007	—	≤1.498	>1.437	—	—	5.2%	87.9%	低
	>0.007	—	≤1.498	—	≤1.188	—	29.2%	95.1%	低
	>0.007	—	≤1.498	—	>1.188	—	1.7%	54.5%	高
	—	—	>1.498	≤1.355	—	—	46.9%	94.3%	高
	—	—	>1.498	>1.355	≤1.01	—	6.5%	78%	低
	—	—	>1.498	>1.355	>1.01	—	2.1%	76.9%	高
	(0.054)	(0.00)	(0.706)	(0.188)	(0.00)	(0.052)			

从技术、组织和环境维度及其变量来看。无论哪种合作关系类型的企业,其绿色技术创新绩效都会受到来自技术和组织维度的变量影响,其中技术相似性、知识基础广度和知识基础深度是每条决策规则的重要组成变量。除了二元合作企业外,其他合作关系类型的企业,它们的绿色技术创新绩效受到来自环境维度变量影响,其中星型合作企业和复杂合作企业的绿色技术创新绩效受结构洞影响,完全合作企业的绿色技术创新绩效受度中心性影响。数据结果说明了,TOE特征变量对企业绿色技术创新绩效的影响不具有普适性,这种影响关系会因为企业合作关系类型的不同而存在一定差异。因此,企业可以根据自身所属的合作关系类型,有针对性地采取提升绿色技术创新绩效的最优策略,避免盲目改进创新行为而造成创新成本和资源浪费的情况。

从决策规则的变量组合情况来看。二元合作企业产生高水平和低水平绿色技术创新绩效受到了来自技术和组织双重维度变量的共同影响,具体由技术相似性、知识基础深度、技术互补性和知识基础广度的取值方向及其变量组合体现。星型合作企业产生高水平和低水平绿色技术创新绩效受到来自技术、组织和环境多重维度变量的共同影响,具体由知识基础广度、结构洞、知识基础深度和技术相似性的取值方向及其变量组合体现。完全合作企业产生高水平和低水平绿色技术创新绩效受到来自技术和组织双重维度变量的共同影响,具体由技术相似性、知识基础广度、知识基础深度和度中心性的取值方向及其变量组合体现。复杂合作企业产生高水平和低水平绿色技术创新绩效受到来自技术、组织和环境多重维度变量的共同影响,具体由知识基础广度、技术相似性、知识基础深度和结构洞的取值方向及其变量组合体现。数据结果表明,绿色技术创新绩效的影响变量存在"多重并发"现象,在考虑如何提升企业绿色技术创新绩效时,应同时考虑多种影响因素的共同作用。

从支持度和置信度来分析。对于二元合作企业,有3条决策规则可以解释32.5%的企业会获得高水平绿色技术创新绩效,3条决策规则可以解释67.5%的企业会获得低水平绿色技术创新绩效,多数决策规则的可信度超过了80%。对于星型合作企业,有3条决策规则可以解释50.7%的企业会获得高水平绿色技术创新绩效,2条决策规则可以解释49.3%的企业会获得低水平绿色技术创新绩效,多数决策规则的可信度在84%以上。对于完全合作企业,有3条决策规则可以解释30.4%的企业会获得高水平绿色技术创新绩效,有3条决策规则可以解释69.6%的企业会获得低水平绿色技术创新绩效,多数决策规则的可信度在75%以上。对于复杂合作企业,有 4 条决策规则可以解释 59.1％的企业会获得高水平绿色技术创新绩效，有 3 条决策规则可以解释 40.9％的企业会获得低水平绿色技术创新绩效，多数决策规则的可信度超过了 76％。数据结果表明，对于相同合作关系类型的企业，同一水平的绿色技术创新绩效可以由多个不同变量组合决定，体现了"殊途同归"的现象，说明了在管理实践中存在多条可以提升绿色技术创新绩效的驱动路径，企业可以根据自身情况选择最佳的绩效提升策略。

综上所述，对于不同合作关系类型的企业，影响绿色技术创新绩效的因素不同，绩效提升策略也不同。其中，高低水平差异的绿色技术创新绩效并不是由单一变量对创新绩效的边际"净效应"决定，而是由变量组合共同作用的效果，并且这些变量组合会存在一定的取值范围。通过运用决策树 CART 算法，可以了解在哪些变量的共同影响下企业会获得高水平或低水平绿色技术创新绩效，这些变量具有怎样的取值范围，但是我们并不知道为什么在这些变量的影响下企业会产生高水平或低水平绿色技术创新绩效，其中的内部作用机制是什么？即回答变量组合与创新绩效之间存在怎样的相互依赖关系、具有怎样的影响路径及过程。进一步剖析这些问题，不仅可以深入理解企业获得高水平和低水平绿色技术创新绩效产生背后的复杂原理，还可以为企业提升创新绩效提供针对性策略和方案，帮助企业规避产生低水平绿色技术创新绩效的风险。因此，有必要针对每条决策规则，进一步分析规则中变量组合与创新绩效之间的内部作用机制问题。然而，表 10-7 存在很多支持度和置信度都很低的决策规则，即规则的解释力度和可信度不高，由此得出的研究结论可能会缺乏足够的代表性。因此，有必要筛选出典型的决策规则，并在后续的研究中只对典型决策规则进行分析。

为了提高决策规则的解释力度和可信度，本书以支持度不低于 10％和置信度不低于 80％作为筛选条件，分别保留了异质性合作企业的典型决策规则，结果如表 10-8 所示。

从表 10-8 中可以看出，存在 2 条典型决策规则可以解释二元合作企业，规则很好地拟合了 92.4％的二元合作企业；存在 3 条典型决策规则可以解释星型合作企业，规则很好地拟合了 89.4％的星型合作企业；存在 2 条典型决策规则可以解释完全合作企业，规则很好地拟合了 79.8％的完全合作企业；存在 2 条典型决策规则可以解释复杂合作企业，规则很好地拟合了 76.1％的复杂合作企业。结果表明，二元合作企业、星型合作企业、完全合作企业和复杂合作企业的典型决策规则很好地解释了大部分数据，规则的可行度比较高，通过这些决策规则分析出的研究结论将更具有代表性和可信度。

表 10-8　异质性合作企业的典型决策规则表

	技术维度		组织维度		环境维度		支持度	置信度	绩效
	技术		知识基础		结构洞	度中心性			
	相似性	互补性	广度	深度					
二元合作企业	≤0.03	—	—	≤1.957	—	—	29%	80.9%	高
	>0.03	—	≤2.138	—	—	—	63.4%	92%	低
星型合作企业	>0.003	—	≤1.869	—	≤1.188	—	48.3%	84%	低
	—	—	≤1.869	—	>1.188	—	11.7%	85.4%	高
	—	—	—	>1.869	≤1.851	—	29.4%	98.1%	高
完全合作企业	≤0.026	—	>1.242	—	—	—	21%	93.9%	高
	>0.047	—	—	—	—	—	58.8%	98.5%	低
复杂合作企业	>0.007	—	≤1.498	—	≤1.188	—	29.2%	95.1%	低
	—	—	>1.498	—	≤1.355	—	46.9%	94.3%	高

表 10-9　异质性合作企业的典型决策规则及其 TOE 特征变量取值方向

TOE 维度	代理变量	二元合作企业		星型合作企业			完全合作企业		复杂合作企业	
		①	②	①	②	③	①	②	①	②
技术维度	技术相似性	↓	↑	—	—	↑	↓	↑	—	↑
	技术互补性	—	—	—	—	—	—	—	—	—
组织维度	知识基础广度	—	↓	↓	—	↓	↑	—	↑	↓
	知识基础深度	↓	—	—	↑	—	—	—	—	—
环境维度	结构洞	—	—	↑	↓	↓	—	—	↓	↓
	度中心性	—	—	—	—	—	—	—	—	—
—	绿色技术创新绩效	高	低	高	高	低	高	低	高	低

　　为了更好地判断每条典型决策规则中 TOE 特征变量的取值方向，方便后续使用贝叶斯网络模型分析变量组合对绿色技术创新绩效的影响路径和过程，本书根据表 10-8 的变量取值范围构建表 10-9。表 10-9 可以很直观地观察到典型决策规则中变量的取值方向，便于后续挖掘变量作用机制工作的进展。

　　对于二元合作企业，绿色技术创新绩效受来自技术和组织维度变量的组合效应影响，高水平绿色技术创新绩效由 1 个变量组合决定：①偏低技术相似性+偏低知识基础深度；低水平绿色技术创新绩效由 1 个变量组合决定：②偏高技术相似性+偏低知识基础广度。

　　对于星型合作企业，绿色技术创新绩效受来自技术、组织和环境多重维度变量的组合效应影响，高水平绿色技术创新绩效由 2 个变量组合决定：

①偏低知识基础广度＋偏高结构洞，②偏高知识基础广度＋偏低知识基础深度；低水平绿色技术创新绩效由1个变量组合决定：③偏高技术相似性＋偏低知识基础广度＋偏低结构洞。

对于完全合作企业，绿色技术创新绩效受来自技术和组织维度变量的组合效应影响，高水平绿色技术创新绩效由1个变量组合决定：①偏低技术相似性＋偏高知识基础广度；低水平绿色技术创新绩效由1个变量决定：②偏高技术相似性。对于复杂合作企业，绿色技术创新绩效来自受技术、组织和环境多重维度变量的组合效应影响，高水平绿色技术创新绩效由1个变量组合决定：①偏高知识基础广度＋偏低知识基础深度；低水平绿色技术创新绩效由1个变量组合决定：②偏高技术相似性＋偏低知识基础广度＋偏低结构洞。

第六节　本章小结

本章分别针对二元合作企业、星型合作企业、完全合作企业和复杂合作企业，采用决策树CART算法获取并分析这些企业的绿色技术创新绩效影响变量，找出导致高水平和低水平绿色技术创新绩效的决策规则。

研究发现，对于二元合作企业，高水平和低水平绿色技术创新绩效受到来自技术和组织双重维度变量的共同作用影响，具体变量有技术相似性、知识基础深度、技术互补性和知识基础广度。对于星型合作企业，高水平和低水平绿色技术创新绩效受到了来自技术、组织和环境多重维度变量的共同作用影响，具体变量有知识基础广度、结构洞、知识基础深度和技术相似性。对于完全合作企业，高水平和低水平绿色技术创新绩效受到来自技术和组织双重维度变量的共同作用影响，具体变量有技术相似性、知识基础广度、知识基础深度和度中心性。对于复杂合作企业，高水平和低水平绿色技术创新绩效受到来自技术、组织和环境双重维度变量的共同作用影响，具体变量有知识基础广度、技术相似性、知识基础深度和结构洞。

第十一章　企业绿色技术创新绩效
的影响机制分析

上一章主要探讨特征指标与绿色技术创新绩效之间的相关关系,通过CART决策树获取不同企业合作网络环境下影响企业绿色技术创新绩效的关键特征变量,数据结果说明了关键特征指标与绿色技术创新绩效之间存在非线性复杂关系。为了打开"非线性复杂关系"的黑箱,本章将借助贝叶斯网络因果模型进一步剖析关键特征变量之间以及关键特征变量与绿色技术创新绩效的复杂作用机制,并试图找到可以提升企业绿色技术创新绩效的路径。在分别获取二元合作企业、星型合作企业、完全合作企业和复杂合作企业的典型决策规则后,为了进一步分析规则中 TOE 特征变量与绿色技术创新绩效之间的内部作用关系,有必要采用贝叶斯网络模型。在此之前需要采用混合结构学习方法获取规则中变量之间的相互依赖关系。为了可以使用贝叶斯网络模型剖析变量之间的作用关系,需要先对规则中的TOE 特征变量进行高低水平离散化,然后再运用贝叶斯网络模型的推理功能,借助 Netica 软件获取 TOE 特征变量对绿色技术创新绩效的影响路径和过程,进而了解企业产生高水平和低水平绿色技术创新绩效背后的复杂原理。

第一节　问题提出与解决思路

一、问 题 提 出

通过第十章可以了解到,对于二元合作企业、星型合作企业、完全合作企业和复杂合作企业,有哪些 TOE 特征变量会影响企业的绿色技术创新绩效。同时,还可以了解到这些 TOE 特征变量具有怎样的取值范围、TOE特征变量之间通过怎样的组合方式会导致企业产生高水平和低水平绿色技术创新绩效？但是，我们并不知道其中的影响机制过程，即不了解"TOE 特征变量→高水平或低水平绿色技术创新绩效"的内部作用"黑箱"。从变量内部作用机制的角度，通过分析典型决策规则中 TOE 特征变量与绿色技术创新绩效之间的相互依赖关系、影响路径以及作用过程，有助于我们理解高水平和低水平绿色技术创新绩效产生背后的复杂原理，进而为企业实现高水平绿色技术创新绩效提供针对性的策略和方案。

二、解决思路

为了打开"TOE 特征变量→高水平或低水平绿色技术创新绩效"的内部作用"黑箱"，本书采用了混合结构学习方法获取典型决策规则中 TOE 特征变量与绿色技术创新绩效之间的相互依赖关系，并使用贝叶斯网络模型进一步剖析规则中变量之间的影响路径和作用过程。具体研究思路如图 11-1 所示。

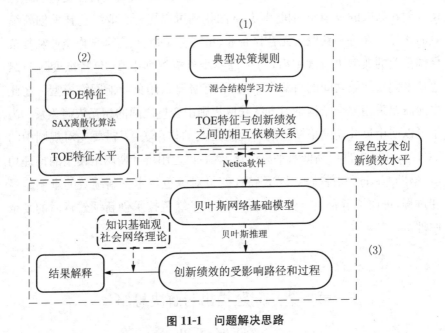

图 11-1 问题解决思路

1. 变量之间的相互依赖关系。针对每条典型决策规则，以规则中 TOE 特征变量和绿色技术创新绩效作为研究变量，采用混合结构学习方法获取这些变量之间的相互依赖关系。

2. TOE 特征变量水平划分。Netica 是一个功能强大且易于使用的贝叶斯网络分析工具,常被用于科学研究中。[1]为了满足 Netica 软件的数据输入格式,需要先利用 SAX 离散化算法对 2 102 家企业的 TOE 特征变量进行高低水平离散化。基于这些数据,分别获取典型决策规则中的 TOE 特征变量水平,为后续的贝叶斯推理做好数据准备。

3. 绿色技术创新绩效的影响机制。贝叶斯网络模型是一种可以剖析变量作用路径和过程的大数据技术方法。本书在研究过程中引入了贝叶斯网络模型,用于分析典型决策规则中 TOE 特征变量对绿色技术创新绩效的影响路径和过程。并从管理学角度,利用社会网络理论和知识基础观解释这些变量之间的影响路径和过程,提高数据结果的可解释性。

第二节　TOE 特征变量水平划分

为了获取 Netica 软件需要的离散型数据,需要先按照第二章第二节提到的 SAX 算法对 2 102 家企业的 TOE 特征变量进行离散化。在此之前需要采用箱型图检测技术、组织和环境维度变量的异常值,防止异常数据影响到 SAX 离散化效果。异常值检测结果如图 11-2 所示。

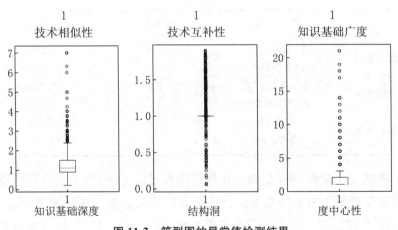

图 11-2　箱型图的异常值检测结果

从图 11-2 可以了解到,每个变量都存在一定量的异常值,在进行 SAX

---

① 李登峰、林萍萍:《基于 D-S 证据融合和直觉模糊贝叶斯网络双向推理的景区游客拥挤踩踏故障诊断分析》,《系统工程理论与实践》2022 年第 7 期。

离散化前需要将这些异常值去除,即去除表 11-1 中 $[Min,Max]$ 范围以外的数据值。

表 11-1　TOE 框架变量的异常值检测范围

TOE	变　量	下四分位数(Min)	上四分位数(Max)
技术维度	技术相似性	-0.106	0.197
	技术互补性	-0.328	0.547
组织维度	知识基础广度	-1.186	3.823
	知识基础深度	-0.023	2.414
环境维度	结构洞	1	1
	度中心性	-0.5	3.5

根据每个变量的定义公式可以了解到,TOE 特征变量的取值只能是正数,因此异常值只可能是大于 Max 的数。结合图 11-2 和表 11-1 可以了解到,除了结构洞以外,其他变量的异常值都将被划分为高水平。

在检测到异常值后,获取 $[Min,Max]$ 范围内的数据,并采用 SAX 算法对这些数据进行离散化。借鉴文献①的做法,采用中位数作为临界值将结构洞取值划分为高水平和低水平两种状态。表 11-2 展示了 2 102 家企业的 TOE 特征变量离散化结果。

表 11-2　TOE 特征变量的高水平和低水平企业数(共 2 102 家企业)

TOE	变　量	高水平	低水平
技术维度	技术相似性	838	1 264
	技术互补性	749	1 353
组织维度	知识基础广度	1 132	970
	知识基础深度	935	1 167
环境维度	结构洞	329	1 773
	度中心性	693	1 409

根据前一章表 10-7 的典型决策规则表可以了解到,二元合作企业的典型决策规则①的条件变量由技术相似性和知识基础深度组成,变量离散化结果如表 11-3 所示。数据结果表明,这些企业与合作伙伴的技术背景差异比较大,合作双方都能为彼此提供异质性的绿色知识资源,在合作过程中更容易探索出新的创新知识。因此,本书将这些企业命名为"探索

---

① 李海林、龙芳菊、林春培:《网络整体结构与合作强度对创新绩效的影响》,《科学学研究》2023 年第 1 期。

式创新"型企业。

表 11-3　二元合作企业的典型决策规则①（共 255 家企业）

TOE 框架	变　量	高水平	低水平	命名
技术维度	技术相似性	0	255	
组织维度	知识基础深度	106	149	"探索式创新"型企业
—	绿色技术创新绩效	207	48	

　　二元合作企业的典型决策规则②的条件变量是由技术相似性和知识基础广度组成，变量离散化结果如表 11-4 所示。数据结果表明，多数企业在绿色创新领域的知识资源存量比较少，同时多数企业与合作伙伴的技术背景比较相似。显然，这些企业会倾向于采用相对保守的合作创新模式，因此将该规则解释的企业命名为"保守创新主导"型企业。

表 11-4　二元合作企业的典型决策规则②（共 564 家）

TOE 框架	变　量	高水平	低水平	命名
技术维度	技术相似性	482	82	
组织维度	知识基础广度	181	383	"保守创新主导"型企业
—	绿色技术创新绩效	46	518	

　　星型合作企业的典型决策规则①的条件变量是由知识基础广度和结构洞组成，变量离散化结果如表 11-5 所示。数据结果表明，这些企业都占据了网络结构洞位置，都是网络核心成员，故将这些企业命名为"网络关键位置"型企业。

表 11-5　星型合作企业的典型决策规则①（共 41 家企业）

TOE 框架	变　量	高水平	低水平	命名
组织维度	知识基础广度	29	12	
环境维度	结构洞	41	0	"网络关键位置"型企业
—	绿色技术创新绩效	36	5	

　　星型合作企业的典型决策规则②的条件变量是由知识基础广度和知识基础深度组成，变量离散化结果如表 11-6 所示。数据结果表明，这些企业在绿色创新领域拥有比较多的知识资源，故将这些企业命名为"知识资源丰富"型企业。

表 11-6　星型合作企业的典型决策规则②（共 103 家企业）

TOE框架	变　量	高水平	低水平	命名
组织维度	知识基础广度	103	0	
	知识基础深度	39	64	"知识资源丰富"型企业
—	绿色技术创新绩效	101	2	

　　星型合作企业的典型决策规则③的条件变量是由技术相似性、知识基础广度和结构洞组成，变量离散化结果如表 11-7 所示。数据结果表明，这些企业占据了网络边缘位置，故命名为"网络边缘位置"型企业。

表 11-7　星型合作企业的典型决策规则③（共 176 家企业）

TOE框架	变　量	高水平	低水平	命名
技术维度	技术相似性	60	116	
组织维度	知识基础广度	64	112	"网络边缘位置"型企业
环境维度	结构洞	0	176	
—	绿色技术创新绩效	32	144	

　　完全合作企业的典型决策规则①的条件变量是由技术相似性和知识基础广度组成，变量离散化结果如表 11-8 所示。数据结果表明，企业在绿色创新领域拥有丰富的知识资源，企业与合作伙伴的技术背景存在明显差异。在这种情况下，合作伙伴可以为企业提供大量的异质性绿色技术知识，而企业自身丰富的绿色知识资源可以为外部知识融合提供更多接口，进而实现内外部绿色技术知识的交叉重组。因此，本书将这些企业命名为"外部创新主导"型企业。

表 11-8　完全合作企业的典型决策规则①（共 49 家企业）

TOE框架	变　量	高水平	低水平	命名
技术维度	技术相似性	0	49	
组织维度	知识基础广度	49	0	"外部创新主导"型企业
—	绿色技术创新绩效	46	3	

　　完全合作企业的典型决策规则②的条件变量仅由技术相似性组成，变量离散化结果如表 11-9 所示。数据结果表明，所有企业都会倾向于找与自身技术背景较为相似的合作伙伴。因此，本书将这些企业命名为"相似技术偏好"型企业。

表 11-9　完全合作企业的典型决策规则②（共 135 家企业）

TOE框架	变　　量	高水平	低水平	命名
技术维度	技术相似性	135	0	"相似技术偏好"型企业
—	绿色技术创新绩效	2	133	

复杂合作企业的典型决策规则①的条件变量是由知识基础广度和知识基础深度组成，变量离散化结果如表 11-10 所示。数据结果表明，所有企业都拥有丰富的绿色知识资源，虽然多数企业对现有技术领域还不够熟悉，但是合作可以帮助企业了解更多的前沿技术发展现状，为企业重组内部知识资源提供新的想法和思路。因此，本书将这些企业命名为"内部创新主导"型企业。

表 11-10　复杂合作企业的典型决策规则①（共 297 家企业）

TOE框架	变　　量	高水平	低水平	命名
组织维度	知识基础广度	297	0	
	知识基础深度	85	212	"内部创新主导"型企业
—	绿色技术创新绩效	280	17	

复杂合作企业的典型决策规则②的条件变量是由技术相似性、知识基础广度和结构洞组成，变量离散化结果如表 11-11 所示。数据结果表明，多数企业在绿色创新领域的知识资源相对匮乏，并且未能通过占据大量的网络结构洞位置来获取外部绿色创新资源，故本书将这些企业命名为"创新资源匮乏"型企业。

表 11-11　复杂合作企业的典型决策规则②（共 184 家企业）

TOE框架	变　　量	高水平	低水平	命名
技术维度	技术相似性	72	112	
组织维度	知识基础广度	24	160	
环境维度	结构洞	13	171	"创新资源匮乏"型企业
—	绿色技术创新绩效	9	175	

为了便于观察每条典型决策规则的命名结果，表 11-12 给出了二元合作企业、星型合作企业、完全合作企业和复杂合作企业的典型决策规则命名表。

表 11-12　异质性合作企业的典型决策规则命名表

异质性合作企业	典型决策规则	典型决策规则名
二元合作企业	①	"探索式创新"型企业
	②	"保守创新主导"型企业
星型合作企业	①	"网络关键位置"型企业
	②	"知识资源丰富"型企业
	③	"网络边缘位置"型企业
完全合作企业	①	"外部创新主导"型企业
	②	"相似技术偏好"型企业
复杂合作企业	①	"内部创新主导"型企业
	②	"创新资源匮乏"型企业

第三节　贝叶斯网络构建

为了获得典型决策规则中 TOE 特征变量与绿色技术创新绩效之间的相互依赖关系,可以借助混合结构学习方法对规则解释的企业数据进行贝叶斯网络结构学习训练,完成贝叶斯网络基础模型的构建工作。然后,为了能应用贝叶斯网络模型推理出变量之间的影响路径和作用过程,还需要进一步明确它们之间的依赖程度,即进行先验概率和条件概率的参数学习。本节依次对二元合作企业、星型合作企业、完全合作企业和复杂合作企业的典型决策规则进行贝叶斯网络结构学习和参数学习。

一、二元合作企业的贝叶斯网络基础模型

(一)"探索式创新"型企业

以技术相似性和知识基础深度两个 TOE 特征变量与绿色技术创新绩效为节点变量,通过混合结构学习方法获取它们之间的相互依赖关系,结果如图 11-3 所示。

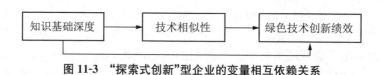

图 11-3　"探索式创新"型企业的变量相互依赖关系

显然,知识基础深度既可以通过技术相似性间接影响绿色技术创新绩效,也可以直接对绿色技术创新绩效产生影响,而技术相似性则会在知识基

础深度的影响下直接影响绿色技术创新绩效。

确定知识基础深度、技术相似性与绿色技术创新绩效之间的相互依赖关系后,还需要借助 Netica 软件计算这些变量之间的先验概率和条件概率,了解它们之间的相互依赖程度,结果如图 11-4 所示。从图 11-4 中可以看出,知识基础深度作为根节点,其高水平和低水平状态的先验概率分别是 41.7%和 58.3%。技术相似性作为中间节点,其高水平和低水平状态的条件验概率分别是 1.15%和 98.9%。在知识基础深度和技术相似性的共同影响下,"探索式创新"型企业有 80.2%的可能性会获得高水平绿色技术创新绩效。

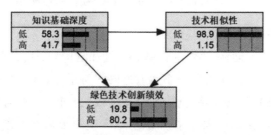

图 11-4 "探索式创新"型企业的贝叶斯网络基础模型

(二)"保守创新主导"型企业

将技术相似性、知识基础广度和绿色技术创新绩效作为为节点变量,利用混合结构学习方法获取这些之间的相互依赖关系,如图 11-5 所示。显然,技术相似性既可以通过知识基础广度间接影响绿色技术创新绩效,也可以直接对绿色技术创新绩效产生影响,而知识基础广度则会在技术相似性的影响下直接影响绿色技术创新绩效。

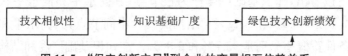

图 11-5 "保守创新主导"型企业的变量相互依赖关系

在了解到技术相似性、知识基础广度与绿色技术创新绩效之间的相互依赖关系后,可以通过 Netica 软件计算它们之间的先验概率和条件概率,获取它们之间的相互依赖程度,数据结果如图 11-6 所示。从图 11-6 中可以看出,技术相似性作为根节点,其高水平和低水平状态的先验概率分别是 85.3%和 14.7%。知识基础广度作为中间节点,其高水平和低水平状态的条件验概率分别是 32.2%和 67.8%。在技术相似性和知识基础广度的共同影响下,"保守创新主导"型企业有 91.3%的可能性会获得低水平绿色技术创新绩效。

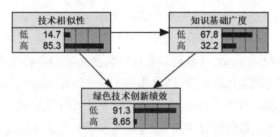

图 11-6 "保守创新主导"型企业的贝叶斯网络基础模型

二、星型合作企业的贝叶斯网络基础模型

（一）"网络关键位置"型企业

基于绿色技术创新绩效、知识基础广度和结构洞,通过混合结构学习方法获取它们之间的相互依赖关系,如图 11-7 所示。显然,知识基础广度既可以通过结构洞间接影响绿色技术创新绩效,也可以直接对绿色技术创新绩效产生影响,而结构洞则会在知识基础广度的影响下直接影响绿色技术创新绩效。

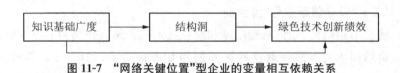

图 11-7 "网络关键位置"型企业的变量相互依赖关系

为了能够了解这些变量之间的相互依赖程度,可以通过利用 Netica 软件计算它们之间的先验概率和条件概率,数据结果如图 11-8 所示。从图 11-8 中可以看出,知识基础广度作为根节点,其高水平和低水平状态的先验概率分别是 68.9％和 31.1％。结构洞作为中间节点,其高水平和低水平状态的条件验概率分别是 93.7％和 6.30％。在知识基础广度和结构洞的共同影响下,"网络关键位置"型企业有 79.8％的可能性会获得低水平绿色技术创新绩效。

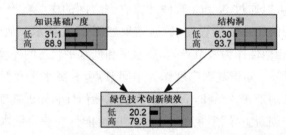

图 11-8 "网络关键位置"型企业的贝叶斯网络基础模型

（二）"知识资源丰富"型企业

同样地,基于绿色技术创新绩效、知识基础广度和知识基础深度变量,可以通过混合结构学习方法获取它们之间的相互依赖关系,如图 11-9 所示。显然,知识基础广度既可以通过知识基础深度间接影响绿色技术创新绩效,也可以直接对绿色技术创新绩效产生影响,而知识基础深度则会在知识基础广度的影响下直接影响绿色技术创新绩效。

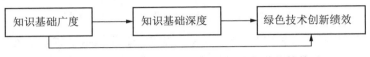

图 11-9 "知识资源丰富"型企业的变量相互依赖关系

在了解到知识基础广度、知识基础深度与绿色技术创新绩效之间的相互依赖关系以后,可以通过 Netica 软件计算这些变量之间的先验概率和条件概率,获取它们之间的相互依赖程度,结果如图 11-10 所示。从图 11-10 中可以看出,知识基础广度作为根节点,其高水平和低水平状态的先验概率分别是 98.1% 和 1.87%。知识基础深度作为中间节点,其高水平和低水平状态的条件概率分别是 38.6% 和 61.4%。在知识基础广度和知识基础深度的共同影响下,"知识资源丰富"型企业有 95.2% 的可能性会获得高水平绿色技术创新绩效。

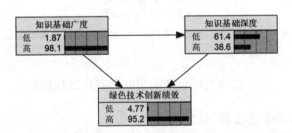

图 11-10 "知识资源丰富"型企业的贝叶斯网络基础模型

（三）"网络边缘位置"型企业

为了获取技术相似性、知识基础广度、结构洞和绿色技术创新绩效之间的相互依赖关系,需要利用混合结构学习挖掘变量之间的关系,数据结果如图 11-11 所示。显然,结构洞既可以通过知识基础深度和技术相似性间接影响绿色技术创新绩效,也可以直接对绿色技术创新绩效产生影响。知识基础广度既可以通过技术相似性间接影响绿色技术创新绩效,也可以直接对绿色技术创新绩效产生影响。

图11-11 "网络边缘位置"型企业的变量相互依赖关系

　　然后,需要采用 Netica 软件通过计算变量之间的先验概率和条件概率,以此了解它们之间的相互依赖程度,数据结果如图 11-12 所示。从图 11-12 中可以看出,结构洞作为根节点,其高水平和低水平状态的先验概率分别是 0.56％和 99.4％。知识基础广度作为中间节点,其高水平和低水平状态的条件概率分别是 36.6％和 63.4％。技术相似性作为中间节点,其高水平和低水平状态的条件概率分别是 65.5％和 34.5％。在结构洞、知识基础广度和技术相似性的共同影响下,"网络边缘位置"型企业有 80.3％的可能性会获得低水平绿色技术创新绩效。

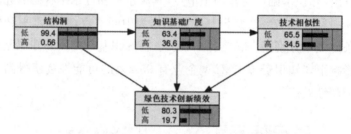

图11-12 "网络边缘位置"型企业的贝叶斯网络基础模型

三、完全合作企业的贝叶斯网络基础模型

(一)"外部创新主导"型企业

　　以技术相似性、知识基础广度和绿色技术创新绩效为节点变量,利用混合结构学习方法获取变量之间的相互依赖关系,数据结果如图 11-13 所示。显然,知识基础广度既可以通过技术相似性间接影响绿色技术创新绩效,也可以直接对绿色技术创新绩效产生影响,而技术相似性则会在知识基础广度的影响下直接影响绿色技术创新绩效。

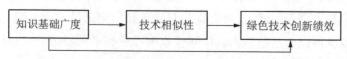

图11-13 "外部创新主导"型企业的变量相互依赖关系

在了解知识基础广度、技术相似性与绿色技术创新绩效之间的相互依赖关系之后，为了进一步明确这种依赖程度，可以借助 Netica 软件计算变量之间的先验概率和条件概率，结果如图 11-13 所示。从图 11-13 中可以看出，知识基础广度作为根节点，其高水平和低水平状态的先验概率分别是96.2％和3.77％。技术相似性作为中间节点，其高水平和低水平状态的条件概率分别是4.96％和95％。在知识基础广度和技术相似性的共同影响下，"外部创新主导"型企业有89.2％的可能性会获得高水平绿色技术创新绩效。

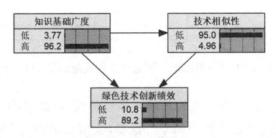

图 11-14　"外部创新主导"型企业的贝叶斯网络基础模型

（二）"相似技术偏好"型企业

为了获取绿色技术创新绩效与技术相似性之间的相互依赖关系，可以采用混合结构学习方法，变量之间的相互依赖关系如图 11-15 所示。可见，技术相似性对绿色技术创新绩效产生直接影响。

图 11-15　"相似技术偏好"型企业的变量相互依赖关系

然后，通过 Netica 软件可以计算绿色技术创新绩效对技术相似性的依赖程度，结果如图 11-16 所示。从图 11-16 中可以看出，技术相似性作为根节点，其高水平和低水平状态的先验概率分别是98.6％和1.44％，在此情况下"相似技术偏好"型企业有96.7％的可能性会获得低水平绿色技术创新绩效。

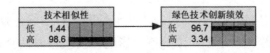

图 11-16　"相似技术偏好"型企业的贝叶斯网络基础模型

四、复杂合作企业的贝叶斯网络基础模型

(一)"内部创新主导"型企业

为了获取绿色技术创新绩效、知识基础广度和知识基础深度之间的相互依赖关系,可以借助混合结构学习方法来实现,数据结果如图 11-17 所示。可见,知识基础广度既可以通过知识基础深度间接影响绿色技术创新绩效,也可以直接对绿色技术创新绩效产生影响,而知识基础深度则会在知识基础广度的影响下直接影响绿色技术创新绩效。

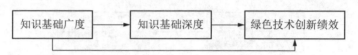

图 11-17 "内部创新主导"型企业的变量相互依赖关系

为了进一步确定变量之间的相互依赖程度,可以借助 Netica 软件计算这些变量之间的先验概率和条件概率,数据结果如图 11-18 所示。从图 11-18 中可以看出,知识基础广度作为根节点,其高水平和低水平状态的先验概率分别是 99.3% 和 0.66%。知识基础深度作为中间节点,其高水平和低水平状态的条件概率分别是 29% 和 71%。在知识基础广度和知识基础深度的共同影响下,"内部创新主导"型企业有 93.3% 的可能性会获得高水平绿色技术创新绩效。

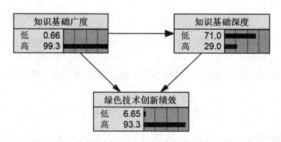

图 11-18 "内部创新主导"型企业的贝叶斯网络基础模型

(二)"创新资源匮乏"型企业

基于技术相似性、知识基础广度、结构洞和绿色技术创新绩效,通过混合结构学习方法获取这些变量之间的相互依赖关系,如图 11-19 所示。显然,知识基础广度既可以通过技术相似性间接影响绿色技术创新绩效,也可以直接对绿色技术创新绩效产生影响。技术相似性会在知识基础广度和结构洞的影响下直接影响绿色技术创新绩效。结构洞既可以通过技

术相似性间接影响绿色技术创新绩效,也可以直接对绿色技术创新绩效产生影响。

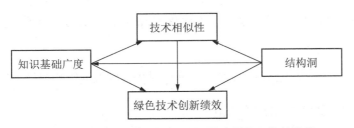

图 11-19 "创新资源匮乏"型企业的变量相互依赖关系

在了解到变量之间的相互依赖关系后,可以借助 Netica 软件计算这些变量之间的先验概率和条件概率,以便获取它们之间的相互依赖程度,数据结果如图 11-20 所示。从图 11-20 中可以看出,知识基础广度作为根节点,其高水平和低水平状态的先验概率分别是 13.8% 和 86.2%。结构洞作为根节点,其高水平和低水平状态的先验概率分别是 92.5% 和 7.53%。技术相似性作为中间节点,其高水平和低水平状态的条件验概率分别是 39.4% 和 60.6%。在知识基础广度、技术相似性和结构洞的共同影响下,"创新资源匮乏"型企业有 92.7% 的可能性会获得低水平绿色技术创新绩效。

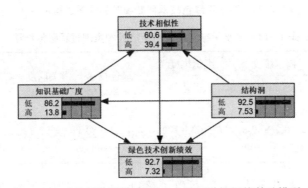

图 11-20 "创新资源匮乏"型企业的贝叶斯网络基础模型

第四节 异质性合作企业的绿色技术创新绩效影响路径分析

在完成贝叶斯网络的结构学习和参数学习后,可以采用贝叶斯网络模型的推理功能,分析 TOE 特征变量对绿色技术创新绩效的影响路径,了解企业产生高水平和低水平绿色技术创新绩效背后的复杂原理。同样地,本节依次对二元合作企业、星型合作企业、完全合作企业和复杂合作企业的典型决策规则进行贝叶斯推理分析。其中,与先验概率相关的关联度可由第三章的式(3.10)计算而得,与条件概率相关的关联度可由第三章的式(3.11)计算而得。

一、二元合作企业 TOE 特征变量对创新绩效的影响路径分析

(一)"探索式创新"型企业

通过前一章表 10-7 可以了解到,技术相似性和知识基础深度的取值方向分别为"↓"和"↓",利用贝叶斯网络模型的推理功能剖析企业产生高水平绿色技术创新绩效背后原理,可视化结果如图 11-21(a)—11-21(b)所示。推理过程的数据变化结果如表 11-13 所示,其中加粗部分对应的变量就是当前调整的变量。

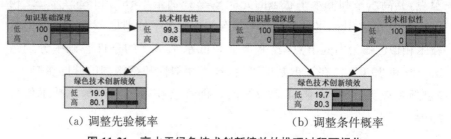

（a）调整先验概率　　　　　　　　（b）调整条件概率

图 11-21　高水平绿色技术创新绩效的推理过程可视化

表 11-13　高水平绿色技术创新绩效的推理过程数据结果

调整	技术维度	组织维度	绿色技术创新绩效(%)	关联度(%)	绩效的始末变化(%)
	技术相似性(%)	知识基础深度(%)			
先验概率	l:98.9→99.3	l:58.3→**100**	h:80.2→80.1	−0.2	h:80.2→80.3
条件概率	l:**99.3→100**	100	h:80.1→80.3	2.5	

结合图 11-21 和表 11-13 可以了解到,当企业知识基础深度处于低水平时,技术相似性会出现一定程度的降低。当技术相似性足够小时,企业的绿色技术创新绩效将得到提升。根据知识基础观,知识基础深度突出了企业对现有技术领域的了解和掌握程度。[1]知识基础深度越大,企业越容易对

---

[1]　Suominen, Arho, 2017: "Topic Modelling Approach to Knowledge Depth and Breadth: Analyzing Trajectories of Technological Knowledge", *Technology & Engineering Management Conference*.

现有知识产生独特见解，但是也容易出现创新依赖路径问题。[①]因此，降低知识基础深度有助于企业跳出固有的创新研发模式，更容易接受外部复杂多样的知识资源，更容易与技术背景相差较大的组织合作。当合作双方的技术相似性较低时，拥有异质性技术知识的双方在合作交流过程更容易产生创新性的想法和思路，符合创新难度更复杂的绿色技术创新要求，企业更容易获得高水平的绿色技术创新绩效。

（二）"保守创新主导"型企业

通过前一章表10-7可知，技术相似性和知识基础广度的取值方向分别为"↑"和"↓"，采用贝叶斯推理功能剖析企业产生低水平绿色技术创新的背后原理，可视化结果如图11-22（a）和（b）所示。推理过程的数据变化结果如表11-14所示。

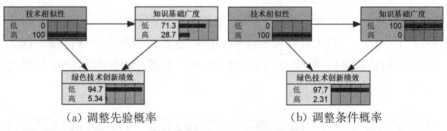

（a）调整先验概率　　　　　　　　（b）调整条件概率

图 11-22　低水平绿色技术创新绩效的推理过程可视化

表 11-14　低水平绿色技术创新绩效的推理过程数据结果

调整	技术维度	组织维度	绿色技术创新绩效（%）	关联度（%）	绩效的始末变化（%）
	技术相似性（%）	知识基础广度（%）			
先验概率	h:85.3→100	l:67.8→71.3	l:91.3→94.7	23.1	l:91.3→97.7
条件概率	100	l:71.3→100	l:94.7→97.7	3.2	

结合图11-22和表11-14可以了解到，当技术相似性较高时，知识基础广度会下降，绿色技术创新绩效的提升也随之会受到影响。根据知识基础观解释，知识是企业特有的、嵌入组织创新过程。如果企业与合作伙伴双方具有很相似的技术背景，说明合作伙伴拥有比较多与企业类似的冗余知识内容[②]，

---

① 潘清泉、唐刘钊：《技术关联调节下的企业知识基础与技术创新绩效的关系研究》，《管理学报》2015年第12期。

② Chen，Feiqiong，Fei Li，Meng Qiaoshuang，2017："Integration and Autonomy in Chinese Technology-Sourcing Cross-Border M&As：From the Perspective of Resource Similarity and Resource Complementarity"，*Technology Analysis & Strategic Management*，29(09).

企业很难从合作伙伴那里获得异质性知识资源。企业知识资源库不仅得不到更新,还会耗费一部分成本和精力去维系合作关系[①],造成企业对原有技术领域的研究不够深入、掌握的绿色知识资源数量不够等情况出现,进而容易导致企业产生低水平的绿色技术创新绩效。

在企业选择技术背景相似的创新组织作为合作伙伴的条件下,如果缺乏足够的绿色知识资源,企业很有可能会获得低水平的绿色技术创新绩效。根据知识基础观解释,知识资源是企业最重要和最具战略意义的资产,是企业进行创新重组、实现技术创新的基础资源[②],缺乏绿色创新资源的企业将很难获得高水平的绿色技术创新绩效。

二、星型合作企业 TOE 特征变量对创新绩效的影响路径分析

(一)"网络关键位置"型企业

通过前一章表 10-7 可以了解到,知识基础广度和结构洞的取值方向分别为"↓"和"↑",采用贝叶斯推理功能剖析企业产生高水平绿色技术创新绩效,可视化结果如图 11-23(a)和(b)所示。推理过程的数据变化结果如表 11-15 所示。

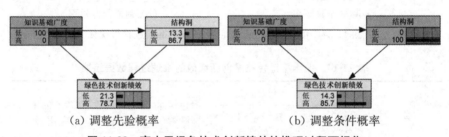

(a)调整先验概率   (b)调整条件概率

图 11-23　高水平绿色技术创新绩效的推理过程可视化

表 11-15　高水平绿色技术创新绩效的推理过程数据结果

调整	组织维度	环境维度	绿色技术创新绩效(%)	关联度(%)	绩效的始末变化(%)
	知识基础广度(%)	结构洞(%)			
先验概率	l:31.1→100	h:93.7→86.7	h:79.8→78.7	−1.6	h:79.8→85.7
条件概率	100	h:86.7→100	h:78.7→85.7	8.9	

---

① 李海林、龙芳菊、林春培:《网络整体结构与合作强度对创新绩效影响》,《科学学研究》2023 年第 1 期。

② 刘岩、蔡虹、裴云龙:《如何成为关键研发者?——基于企业技术知识基础多元度的实证分析》,《科学学研究》2019 年第 8 期。

结合图 11-23 和表 11-15 可以了解到,当企业缺乏绿色领域的相关创新资源时,企业的结构洞水平和绿色技术创新绩效水平会有所下降。根据知识基础观解释,知识基础广度比较低的企业,缺少了可以匹配外部绿色创新资源的内部知识[①],在跨组织吸收和利用多样化外部绿色创新资源方面的能力比较弱[②]。然而,占据网络结构洞位置会给企业带来多样化的外部绿色资源,企业会因为缺乏绿色创新资源而失去更多可以实现突破性创新的机会[③],进而影响企业绿色技术创新绩效的提升。

在缺乏足够的绿色创新资源条件下,如果企业占据了大量的结构洞位置,企业的绿色技术创新绩效会得到很大程度提升。根据社会网络理论解释,如果企业占据网络的结构洞位置,说明了企业在网络中充当"信息桥"的作用,控制着网络绿色创新资源的流通,同时也意味着企业将拥有更广阔的活动空间和更多改变现状的主动权[④],进而更容易在绿色技术创新过程中实现新的突破。

(二)"知识资源丰富"型企业

通过前一章表 10-7 可以了解到,知识基础广度和知识基础深度的取值方向分别为"↑"和"↓",采用贝叶斯推理功能剖析企业产生高水平绿色技术创新的背后原理,可视化结果如图 11-24(a)和(b)所示。推理过程的数据变化结果如表 11-16 所示。

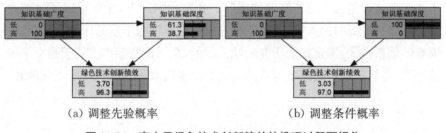

(a) 调整先验概率　　　　　(b) 调整条件概率

图 11-24　高水平绿色技术创新绩效的推理过程可视化

---

① 尹航、张龙泉:《创业企业自主研发、外部搜寻模式选择研究》,《科学学研究》2022 年第 10 期。

② 潘清泉、唐刘钊:《技术关联调节下的企业知识基础与技术创新绩效的关系研究》,《管理学报》2015 年第 12 期。

③ Suominen, Arho, 2017: "Topic Modelling Approach to Knowledge Depth and Breadth: Analyzing Trajectories of Technological Knowledge", *Technology & Engineering Management Conference*.

④ 李健、余悦:《合作网络结构洞、知识网络凝聚性与探索式创新绩效:基于我国汽车产业的实证研究》,《南开管理评论》2018 年第 6 期。

表 11-16　高水平绿色技术创新绩效的推理过程数据结果

调整	组织维度		绿色技术创新绩效(%)	关联度(%)	绩效的始末变化(%)
	知识基础广度(%)	知识基础深度(%)			
先验概率	h:98.1→100	l:61.4→61.3	h:95.2→96.3	57.9	h:95.2→97
条件概率	100	l:61.3→100	h:96.3→97	0.7	

结合图 11-24 和表 11-16 可以了解到,当企业拥有丰富的绿色知识资源时,知识基础深度只发生很小的变化,但是绿色技术创新绩效却得到大幅度的提升。根据知识基础观解释,拥有大量绿色知识资源的企业会有很多可以开发的创新空间,这在一定程度上说明了企业拥有比较强的知识吸收和知识重组能力。[1]知识基础广度越大的企业,越有可能会吸引到更多的合作伙伴,企业越有机会获得大量的绿色创新资源。同时,企业丰富的绿色创新资源,可以为外部创新知识提供大量的匹配接口,为企业提供更多可以匹配内外部创新资源的机会[2],进而有利于提升企业绿色技术创新绩效。

在拥有丰富的绿色知识资源条件下,如果企业对现有领域的知识内容还不够了解,企业绿色技术创新绩效会出现提升的可能性。虽然知识基础深度越高,说明了企业对现有领域内的知识内容掌握程度越大[3],并对该领域内容形成较为独特的见解。[4]但是,知识基础深度越高的企业,通常已形成相对稳定的研发模式,在绿色技术创新过程中容易依赖原有的创新路径,反而不利于企业绿色技术创新绩效的提升。在这种情况下,企业可以通过减少对已有创新资源的深入研究,利用自身绿色创新资源丰富的优势,尝试跳出固有的创新模式,探索新的研究领域。因此,在知识基础广度处于高水平的情况下,降低知识基础深度将有助于企业获得高水平的绿色技术创新绩效。

---

[1]　Su, Jialu, Ma Zhiqiang, Zhu Binxin et al., 2021:"Collaborative Innovation Network, Knowledge Base, and Technological Innovation Performance-Thinking in Response to COVID-19", *Scientific Management Research*.

[2]　Xiong, J., D. Y. Sun, 2022:"What Role does Enterprise Social Network Play? A Study on Enterprise Social Network Use, Knowledge Acquisition and Innovation Performance", *Journal of Enterprise Information Management*, 36(01).

[3]　Zhou, K. Z., Caroline Bingxin Li, 2012:"How Knowledge Affects Radical Innovation: Knowledge Base, Market Knowledge Acquisition, and Internal Knowledge Sharing", *Strategic Management Journal*, 3(09).

[4]　Zou, Bo, Feng Guo, Jinyu Guo, 2019:"Antecedents and Outcomes of Breadth and Depth of Absorptive Capacity: An Empirical Study", *Journal of Management & Organization*, 25(05).

（三）"网络边缘位置"型企业

通过前一章表 10-7 可以了解到，技术相似性、知识基础广度和结构洞的取值方向分别为"↑"、"↓"和"↓"，采用贝叶斯网络的推理功能，剖析企业产生低水平绿色技术创新的背后原理，可视化结果如图 11-25（a）至（c）所示，推理过程的数据变化结果如表 11-17 所示。结合图 11-25 和表 11-17 可以了解到，当企业占据的网络结构洞位置数量比较少时，知识基础广度会出现比较小的下降趋势，技术相似性受影响程度不大，但是在结构洞的直接影响下，绿色技术创新绩效出现比较小的下降趋势。根据社会网络理论解释，占据网络结构洞位置的企业可以及时获取网络中关键且非冗余的绿色创新资源[①]，说明了无法占据结构洞位置的企业，由于无法获取大量的外部知识而不能更新原有的绿色创新资源库，进而会影响企业绿色技术创新绩效的提升。

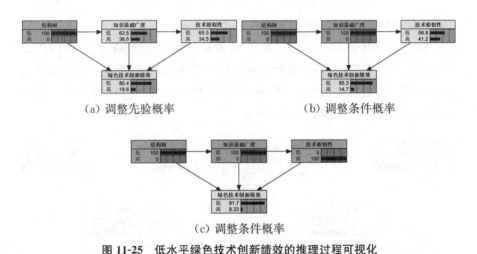

（a）调整先验概率　　　　　　（b）调整条件概率

（c）调整条件概率

图 11-25　低水平绿色技术创新绩效的推理过程可视化

表 11-17　低水平绿色技术创新绩效的推理过程数据结果

调整	技术维度	组织维度	环境维度	绿色技术创新绩效（%）	关联度（%）	绩效的始末变化（%）
	技术相似性（%）	知识基础广度（%）	结构洞（%）			
先验概率	h:34.5→34.5	l:63.4→63.5	l:99.4→**100**	l:80.3→80.4	16.7	
条件概率	h:34.5→41.2	l:**63.5→100**	100	l:80.4→85.3	6.1	l:80.3→91.7
条件概率	h:**41.2→100**	100	100	l:85.3→91.7	7.5	

---

① Cheng，L.，M. Wang，X. M. Lou et al.，2021："Divisive Faultlines and Knowledge Search in Technological Innovation Network：An Empirical Study of Global Biopharmaceutical Firms"，*International Journal of Environmental Research and Public Health*，18(11).

企业在无法占据网络结构洞位置的条件下,知识基础广度降低会导致技术相似性提升,进而导致绿色技术创新绩效下降。根据知识基础观解释,知识不仅仅是一种资源,还是一种可以帮助企业吸引到更多外部绿色创新资源的能力。[①]如果企业缺乏绿色创新资源,说明企业为外部绿色创新资源提供的匹配接口比较少,在这种情况下企业将很难吸引可以为企业提供异质性绿色知识的合作伙伴,并且企业也可能没有能力处理这些外部绿色创新知识。因此,为了分担创新风险和成本,企业可能会更倾向于选择与自身技术背景相似的创新组织作为合作伙伴。但是,在这种情况下,企业从合作伙伴那里获取到的绿色创新资源会存在冗余的可能性,这会降低企业的学习机会[②],进而导致企业很难获得高水平的绿色技术创新绩效。

三、完全合作企业 TOE 特征变量对创新绩效的影响路径分析

(一)"外部创新主导"型企业

通过前一章表 10-7 可以了解到,技术相似性和知识基础广度的取值方向分别为"↓"和"↑",采用贝叶斯网络的推理功能,剖析企业产生高水平绿色技术创新背后的复杂原理,可视化结果如图 11-26(a)和(b)所示。推理过程的数据变化结果如表 11-18 所示。

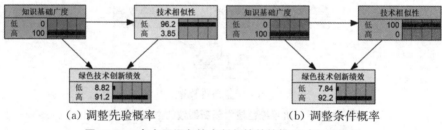

(a)调整先验概率　　　　　　　　(b)调整条件概率

图 11-26　高水平绿色技术创新绩效的推理过程可视化

表 11-18　高水平绿色技术创新绩效的推理过程数据结果

调整	技术维度 技术相似性(%)	组织维度 知识基础广度(%)	绿色技术创新绩效(%)	关联度(%)	绩效的始末变化(%)
先验概率	$l:95\rightarrow96.2$	$h:96.2\rightarrow100$	$h:89.2\rightarrow91.2$	78.9	$h:89.2\rightarrow92.2$
条件概率	$l:96.2\rightarrow100$	100	$h:91.2\rightarrow92.2$	1.1	

---

① 陈一华:《制造企业数字赋能扩散及驱动商业模式创新的机理研究》,华南理工大学,2021 年。

② Chen, Feiqiong, Fei Li, Meng Qiaoshuang, 2017: "Integration and Autonomy in Chinese Technology-Sourcing Cross-Border M&As: From the Perspective of Resource Similarity and Resource Complementarity", *Technology Analysis & Strategic Management*, 29(09).

结合图 11-26 和表 11-18 可以了解到，当企业拥有丰富的绿色知识资源时，合作双方的技术相似性会下降。当技术相似性足够小时，企业绿色技术创新绩效将得到较大幅度的提升。根据知识基础观解释，知识是一种使用信息的能力。[1]当企业拥有丰富的绿色知识资源时，说明企业有能力识别、吸收和利用外部绿色知识资源[2]，此时，企业会更倾向于选择可以为企业带来异质性绿色知识资源的创新组织作为合作伙伴。所以，当知识基础广度提升时，技术相似性也会随之下降。随着技术相似性不断下降，企业可以获得更多来自合作伙伴提供的异质性绿色创新资源，同时，技术相似性下降意味着合作双方的技术背景差异比较大，企业可以在双方合作过程中获取到更多的创新资源和创新经验，在创新过程中更容易产生突破性创新想法，进而更容易获得高水平的绿色技术创新绩效。

（二）"相似技术偏好"型企业

通过前一章表 10-7 可以了解到，技术相似性的取值方向分别为"↑"，采用贝叶斯网络的推理功能，剖析企业产生低水平绿色技术创新背后的复杂原理，可视化过程如图 11-27（a）所示。推理过程的数据变化结果如表 11-19 所示。

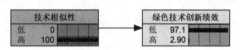

(a) 调整先验概率

图 11-27　低水平绿色技术创新绩效的推理过程可视化

表 11-19　低水平绿色技术创新绩效的推理过程数据结果

调整	技术维度 技术相似性(%)	绿色技术创新 绩效(%)	关联度 (%)	绩效的始末 变化(%)
先验概率	h：98.6→100	l：96.7→97.1	28.6	l：96.7→97.1

结合图 11-27 和表 11-19 可以了解到，如果企业选择与自身技术背景比较相似的创新组织作为合作伙伴，合作伙伴将会为企业带来很多冗余的绿色知识资源，这不仅会让企业原本的绿色知识资源库得不到更新[3]，企业

① Watson, I., 1999："Case-Based Reasoning is a Methodology not a Technology", *Knowledge-Based Systems*, 12(05).
② 陈一华：《制造企业数字赋能扩散及驱动商业模式创新的机理研究》，华南理工大学，2021年。
③ Chen, Feiqiong, Fei Li, Qiaoshuang Meng, 2017："Integration and Autonomy in Chinese Technology-Sourcing Cross-Border M&As: From the Perspective of Resource Similarity and Resource Complementarity", *Technology Analysis & Strategic Management*, 29(09).

还需要耗费一定的时间、精力和成本去维护这种无效的合作关系[①],这将会严重影响企业创新积极性,进而导致企业难以获得高水平的绿色技术创新绩效。

四、复杂合作企业 TOE 特征变量对创新绩效的影响路径分析

(一)"内部创新主导"型企业

通过前一章表 10-7 可以了解到,知识基础广度和知识基础深度的取值方向分别为"↑"和"↓",采用贝叶斯网络模型的推理功能,剖析企业高水平绿色技术创新产生背后的复杂原理,可视化结果如图 11-28(a)和(b)所示。推理过程的数据变化结果如表 11-20 所示。

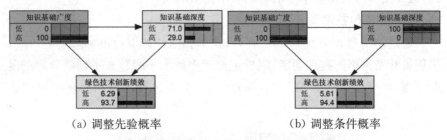

(a) 调整先验概率　　　　　　　　(b) 调整条件概率

图 11-28　高水平绿色技术创新绩效的推理过程可视化

表 11-20　高水平绿色技术创新绩效的推理过程数据结果

调整	组织维度		绿色技术创新绩效(%)	关联度(%)	绩效的始末变化(%)
	知识基础广度(%)	知识基础深度(%)			
先验概率	h:99.3→100	l:71→71	h:93.3→93.7	57.1	h:93.3→94.4
条件概率	100	l:71→100	h:93.7→94.4	0.7	

　　结合图 11-28 和表 11-20 可以了解到,当企业拥有较为丰富的绿色知识资源时,知识基础深度受影响不大,而绿色技术创新绩效会有所提升。根据知识基础观解释,丰富的绿色知识资源是企业进行知识重组的重要基础,这些资源的不同组合可以为企业带来很多创新机会[②],进而有助于提升企

---

①　李海林、龙芳菊、林春培:《网络整体结构与合作强度对创新绩效的影响》,《科学学研究》2023 年第 1 期。

②　Srivastava, M. K., A. O. Laplume, 2014: "Matching Technology Strategy with Knowledge Structure: Impact on Firm's Tobin's q in the Semiconductor Industry", *Journal of Engineering and Technology*.

业绿色技术创新绩效。

在拥有丰富知识资源的条件下,企业的知识基础深度下降会有助于绿色技术创新绩效的提升。根据知识基础观解释,知识基础深度从纵向上突出了企业对领域内绿色知识内容的掌握程度[1],值越高说明了企业在这方面投入的精力相对较多,已形成相对固定的创新模式,进而说明了企业在利用新知识进行重组的能力相对较弱。[2]反之,知识基础深度偏低的企业侧面说明了它可以避免创新依赖路径的出现,企业还可以利用内部知识资源丰富的优势,开展多样化、多种形式的知识创新重组,进而更容易获得高水平的绿色技术创新绩效。

(二)"创新资源匮乏"型企业

通过前一章表 10-7 可以了解到,技术相似性、知识基础广度和结构洞的取值方向分别为"↓"、"↑"和"↓",利用贝叶斯网络模型的推理功能,剖析企业低水平绿色技术创新产生背后的复杂原理,推理可视化结果如图 11-29(a)至(c)所示。推理过程的数据变化结果如表 11-21 所示。

结合图 11-29 和表 11-21 可知,当企业无法占据网络结构洞位置时,知识基础广度、技术相似性都出现下降的趋势,绿色技术创新绩效也会随之下降。根据社会网络理论解释,占据网络结构洞位置的企业,有机会获取外部非冗余的绿色知识资源。[3]当企业无法占据结构洞位置时,它会因为无法获取外部的绿色知识资源而不能更新知识资源库。随着合作研究不断聚焦到某个领域,企业会因为研究精力和成本的压力而选择减少原有技术领域的深入挖掘,进而导致知识基础广度有所下降。此时,受上述因素的影响,企业也会因为没有足够能力利用合作伙伴提供的异质性技术知识而选择与技术背景相似的创新组织合作,但是异质性创新资源的匮乏将导致企业无法实现高水平的绿色技术创新绩效。

① Zhou, K. Z., Caroline Bingxin Li, 2012: "How Knowledge Affects Radical Innovation: Knowledge Base, Market Knowledge Acquisition, and Internal Knowledge Sharing", *Strategic Management Journal*, 33(09).

② Zhang, H., Guo-Chun H. U., Tang J. R. et al., 2022: "What Role does Enterprise Social Network Play? A Study on Enterprise Social Network Use, Knowledge Acquisition and Innovation Performance", *Journal of Enterprise Information Management*, 36(01).

③ Krijkamp, A. R., J. Knoben, L. Oerlemans et al., 2021: "An Ace in the Hole: The Effects of (In) Accurately Observed Structural Holes on Organizational Reputation Positions in Whole Networks".

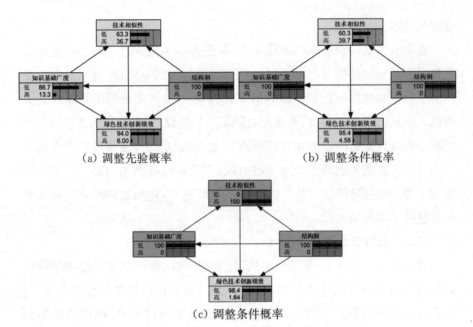

（a）调整先验概率　　　　　　　（b）调整条件概率

（c）调整条件概率

图 11-29　低水平绿色技术创新绩效的推理过程可视化

表 11-21　低水平绿色技术创新绩效的推理过程数据结果

| 调整 | 技术维度 | 组织维度 | 环境维度 | 绿色技术创新绩效（％） | 关联度（％） | 绩效的始末变化（％） |
	技术相似性（％）	知识基础广度（％）	结构洞			
先验概率	h：39.4→36.7	l：86.2→86.7	l：**92.5→100**	l：92.7→94	17.3	
条件概率	h：36.7→39.7	l：**86.7→100**	100	l：94→95.4	1.5	l：92.7→98.4
条件概率	h：**39.7→100**	100	100	l：95.4→98.4	3.1	

在企业不占据网络结构洞位置的条件下，如果企业缺乏足够的绿色知识资源，技术相似性会增高，而绿色技术创新绩效会随之下降。根据知识基础观解释，知识被认为是一种能力，拥有丰富知识资源的企业将有能力吸收和利用外部异质性知识资源。[①]缺乏知识资源的企业很难为外部知识提供匹配接口，且很难挖掘多样化的知识重组机会，因此在选择合作伙伴时倾向于与自身技术背景相似的创新组织。越选择技术背景相似的合作伙伴，企业越容易失去获取异质性知识的机会，同时还要耗费一定时间和精力维护无效的合作关系[②]，进而导致企业很难获得高水平的绿色技术创新绩效。

---

①　陈一华：《制造企业数字赋能扩散及驱动商业模式创新的机理研究》，华南理工大学，2021 年。
②　李海林、龙芳菊、林春培：《网络整体结构与合作强度对创新绩效的影响》，《科学学研究》2023 年第 1 期。

第五节 结 果 分 析

本节第一部分分别总结二元合作企业、星型合作企业、完全合作企业和复杂合作企业的典型决策规则推理过程。具体包括：总结企业绿色技术创新绩效受影响路径，从创新绩效受单个 TOE 特征变量的简单线性影响、创新绩效受多个 TOE 特征变量的非线性组合效应影响两个不同方面，分析为什么有些企业会获得高水平绿色技术创新绩效，而有些企业只能获得低水平绿色技术创新绩效。本节第二部分分析这 4 种合作关系类型的企业该如何提升绿色技术创新绩效。

一、作用机制分析

根据第四节第一部分的数据结果，可以构建出二元合作企业的绿色技术创新绩效作用机制表，如表 11-22 所示。

表 11-22　二元合作企业的绿色技术创新绩效作用机制

决策规则		影响路径及过程
"探索式创新"型企业	高	**知识基础深度→技术相似性→绿色技术创新绩效** 知识基础深度(↓)→绿色技术创新绩效(↓) 技术相似性(↓)→绿色技术创新绩效(↑)
"保守创新主导"型企业	低	**技术相似性→知识基础广度→绿色技术创新绩效** 技术相似性(↑)→绿色技术创新绩效(↓) 知识基础广度(↓)→绿色技术创新绩效(↓)

在二元合作关系类型中，在知识基础深度和技术相似性两个 TOE 特征变量的共同影响下，"探索式创新"型企业很有可能会获得高水平绿色技术创新绩效，变量之间的影响路径遵循"知识基础深度→技术相似性→绿色技术创新绩效"。其中，虽然低水平知识基础深度会抑制企业绿色技术创新绩效的提升，但是在低水平技术相似性的共同影响下，企业的绿色技术创新绩效总体上呈高水平状态。在技术相似性和知识基础广度两个 TOE 特征变量的共同影响下，"保守创新主导"型企业很有可能会获得低水平绿色技术创新绩效，变量之间的影响路径遵循"技术相似性→知识基础广度→绿色技术创新绩效"。其中，高水平技术相似性、低水平知识基础广度均不利于绿色技术创新绩效的提升，在它们的共同影响下企业才有可能获得低水平

的绿色技术创新绩效。

　　根据第四节第二部分的数据结果,可以构建出星型合作企业的绿色技术创新绩效作用机制表,如表 11-23 所示。

表 11-23　星型合作企业的绿色技术创新绩效作用机制

决策规则		影响路径及过程
"网络关键位置"型企业	高	**知识基础广度→结构洞→绿色技术创新绩效** 知识基础广度(↓)→绿色技术创新绩效(↓) 结构洞(↑)→绿色技术创新绩效(↑)
"知识资源丰富"型企业	高	**知识基础广度→知识基础深度→绿色技术创新绩效** 知识基础广度(↑)→绿色技术创新绩效(↑) 知识基础深度(↓)→绿色技术创新绩效(↑)
"网络边缘位置"型企业	低	**结构洞→知识基础广度→技术相似性→绿色技术创新绩效** 结构洞(↓)→绿色技术创新绩效(↓) 知识基础广度(↓)→绿色技术创新绩效(↓) 技术相似性(↑)→绿色技术创新绩效(↓)

　　在星型合作关系类型中,在知识基础广度和结构洞两个 TOE 特征变量的共同影响下,"网络关键位置"型企业很有可能会获得高水平绿色技术创新绩效,变量之间的影响路径遵循"知识基础广度→结构洞→绿色技术创新绩效"。其中,虽然低水平知识基础广度会抑制创新绩效的提升,但是在高水平结构洞的共同影响下,企业的绿色技术创新绩效总体上呈高水平状态。在知识基础广度和知识基础深度两个 TOE 特征变量的共同影响下,"知识资源丰富"型企业很有可能会获得高水平绿色技术创新绩效,变量之间的影响路径遵循"知识基础广度→知识基础深度→绿色技术创新绩效"。其中,高水平知识基础广度和低水平知识基础深度都有利于提升绿色技术创新绩效,在两个变量的组合效应影响下企业获得高水平绿色技术创新绩效的可能性比较大。在结构洞、知识基础广度和技术相似性三个 TOE 特征变量的共同影响下,"网络边缘位置"型企业获得低水平绿色技术创新绩效的可能性比较大,变量之间的影响路径遵循"结构洞→知识基础广度→技术相似性→绿色技术创新绩效"。其中,低水平的结构洞和知识基础广度、高水平的技术相似性都不利于提升企业绿色技术创新绩效。

　　根据第四节第三部分的数据结果,可以构建出完全合作企业的绿色技术创新绩效作用机制表,如表 11-24 所示。

表 11-24　完全合作企业的绿色技术创新绩效作用机制

决策规则		影响路径及过程
"外部创新主导"型企业	高	**知识基础广度→技术相似性→绿色技术创新绩效** 知识基础广度(↑)→绿色技术创新绩效(↑) 技术相似性(↓)→绿色技术创新绩效(↑)
"相似技术偏好"型企业	低	**技术相似性→绿色技术创新绩效** 技术相似性(↑)→绿色技术创新绩效(↓)

在完全合作关系类型中,在知识基础广度和技术相似性两个 TOE 特征变量的共同影响下,"外部创新主导"型企业获得高水平绿色技术创新绩效的可能性比较大,变量之间的影响路径遵循"知识基础广度→技术相似性→绿色技术创新绩效"。其中,高水平知识基础广度和低水平技术相似性都可以帮助企业提升绿色技术创新绩效。受高水平技术相似性的影响,"相似技术偏好"型企业很有概率上会获得低水平绿色技术创新绩效,变量之间的影响路径遵循"技术相似性→绿色技术创新绩效"。

根据第四节第四部分的数据结果,可以构建出复杂合作企业的绿色技术创新绩效作用机制表,如表 11-25 所示。

表 11-25　复杂合作企业的绿色技术创新绩效作用机制

决策规则		影响路径及过程
"内部创新主导"型企业	高	**知识基础广度→知识基础深度→绿色技术创新绩效** 知识基础广度(↑)→绿色技术创新绩效(↑) 知识基础深度(↓)→绿色技术创新绩效(↑)
"创新资源匮乏"型企业	低	**知识基础广度(结构洞)→技术相似性→绿色技术创新绩效** 知识基础广度(↓)→绿色技术创新绩效(↓) 结构洞(↓)→绿色技术创新绩效(↓) 技术相似性(↑)→绿色技术创新绩效(↓)

在知识基础广度和知识基础深度两个 TOE 特征变量的共同影响下,"内部创新主导"型企业获得高水平绿色技术创新绩效的可能性比较高,变量之间的影响路径遵循"知识基础广度→知识基础深度→绿色技术创新绩效"。其中,高水平知识基础广度、低水平知识基础深度均有助于绿色技术创新绩效的提升。在知识基础广度和技术相似性两个 TOE 特征变量的共同影响下,"创新资源匮乏"型企业获得低水平绿色技术创新绩效的可能性比较大,变量之间的影响路径遵循"知识基础广度→技术相似性→绿色技术创新绩效"和"结构洞→技术相似性→绿色技术创新绩效"。其中,低水平的知识基础

广度和结构洞、高水平的技术相似性均不利于提升企业绿色技术创新绩效。

二、提升策略分析

根据第五节第一部分的作用机制分析结果,分别构建二元合作企业、星型合作企业、完全合作企业和复杂合作企业的绿色技术创新绩效提升策略图,如图 11-30 至图 11-33 所示,其中方格节点表示变量的高水平状态,纯色节点表示变量的低水平状态。从图 11-30 可以看出,二元合作企业需要关注技术和组织双重维度变量之间的协同相互作用关系,具体体现为:尽量避免低水平知识基础广度、低水平知识基础深度与其他 TOE 特征变量产生组合效应,适当降低技术相似性水平有助于提升企业绿色技术创新绩效。

图 11-30   二元合作企业的绿色技术创新绩效提升策略

从图 11-31 可以看出,星型合作企业需要关注技术、组织和环境多重维度变量之间的协同作用,具体体现为:合理安排高水平知识基础广度、低水平知识基础深度以及高水平结构洞与其他 TOE 特征变量之间的组合关系,尽量避免高水平技术相似性的负面影响。

图 11-31   星型合作企业的绿色技术创新绩效提升策略

从图 11-32 可以看出,完全合作企业需要关注技术和组织双重维度变量之间的组合效应,具体体现为:合理安排高水平知识基础广度和低水平技术相似性与其他 TOE 特征变量之间的组合关系。

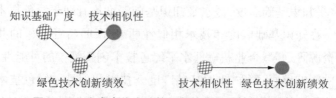

图 11-32   完全合作企业的绿色技术创新绩效提升策略

从图 11-33 可以看出，复杂合作企业需要关注技术、组织和环境多重维度变量之间的相互作用，具体体现为：合理安排高水平知识基础广度、低水平知识基础深度与其他 TOE 特征变量之间的组合关系，尽量避免高水平技术相似性和低水平结构洞带来的负面影响。

综上所述，二元合作企业、星型合作企业、完全合作企业和复杂合作企业的绿色技术创新绩效提升策略存在一定差异，不同合作关系类型的企业应该根据自身情况，有针对性地采取最优的绩效提升策略，尽量避免出现盲目改进创新行为而造成创新成本增加和资源浪费的情况。

图 11-33　复杂合作企业的绿色技术创新绩效提升策略

第六节　本　章　小　结

本章针对每条典型决策规则，基于规则中 TOE 特征变量和绿色技术创新绩效，采用混合结构学习方法找出这些变量之间的相互依赖关系。在此基础上，利用贝叶斯网络模型的推理功能，分析典型决策规则中 TOE 特征变量对绿色技术创新绩效的作用路径和过程。最后，分别针对二元合作企业、星型合作企业、完全合作企业和复杂合作企业提出个性化的绿色技术创新绩效提升策略和方案。

研究结果表明，在二元合作关系中，"知识基础深度→技术相似性→绿色技术创新绩效"是"探索式创新"型企业获取高水平绩效的驱动路径。在星型合作关系中，"知识基础广度→结构洞→绿色技术创新绩效"和"知识基础广度→知识基础深度→绿色技术创新绩效"分别是"关键网络位置"型企业和"知识资源丰富"型企业获取高水平绩效的驱动路径。在完全合作关系中，"知识基础广度→技术相似性→绿色技术创新绩效"是"外部创新主导"型企业取高水平绩效的驱动路径。在复杂合作关系中，"知识基础广度→知识基础深度→绿色技术创新绩效"是"内部创新主导"型企业获取高水平绩效的驱动路径。

在绩效提升策略方面，二元合作企业应尽量避免低水平知识基础广度、低水平知识基础深度与其他 TOE 特征变量产生组合效应，适当降低技术相似性水平将有助于绿色技术创新绩效的提升。星型合作企业应该合理安排高水平知识基础广度、低水平知识基础深度以及高水平结构洞与其他 TOE 特征变量之间的组合关系，尽量避免高水平技术相似性的负面影响。完全合作企业应该合理安排高水平知识基础广度和低水平技术相似性与其他 TOE 特征变量之间的组合关系。复杂合作企业应该合理安排高水平知识基础广度、低水平知识基础深度与其他 TOE 特征变量之间的组合关系，尽量避免高水平技术相似性和低水平结构洞带来的负面影响。

第十二章　核心成员合作网络对科研团队创新绩效的影响分析

随着全球竞争的加剧和市场环境的不断变化,创新已成为组织持续发展和成功的关键要素。团队作为组织内部的核心力量,对于创新的推动和实施起着至关重要的作用,团队创新绩效的实现对于组织的成功至关重要。团队的核心成员内外合作特征在促进创新过程中扮演着重要的角色,因为它们涉及团队内部成员之间的互动以及与外部资源的协作。然而,关于核心成员内外合作特征对团队创新绩效的影响的研究还相对有限。尽管过去的研究已经探讨了团队合作和创新绩效之间的关系,但对于核心成员内外合作特征的具体影响机制和作用路径的理解还不够充分。因此,有必要深入研究核心成员内外合作特征与团队创新绩效之间的关联,以揭示其潜在的影响机制和管理实践的启示。

第一节　研 究 设 计

一、研 究 思 路

根据上述研究分析,本书提出了图 12-1 的研究思路。

(一)数据预处理

该部分内容主要工作是识别发明团队、识别核心成员、获取核心成员之间的合作网络关系以及量化团队创新绩效。Louvain 社区划分算法(Louvain Community Detection Algorithm)是一种常用的网络社区发现算法,用于将复杂网络划分为多个具有内部紧密联系而相对疏远的社区或群组,因此本书将该算法用于识别发明团队。然后,再根据条件"合作次数大于发明团队的合作次数平均值,且合作人数也大于发明团队的合作人数平均值"识别出团队内部核心成员,并根据核心成员及其直接合作者持有的专利数作为以核心成员所在团队的创新绩效。最后,为了体现核心成员与团

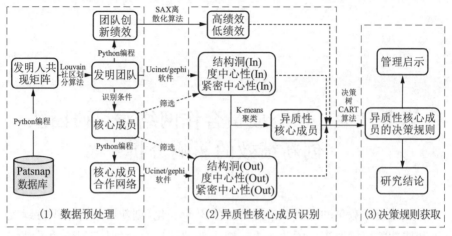

图 12-1 研究思路

队外部核心成员之间的资源交流情况,本书利用 Python 编程提取所有的核心成员,并根据它们之间的合作关系构建只有核心成员之间的合作网络,进而完成所有数据预处理工作。

（二）异质性核心成员识别

这一部分主要内容是量化核心成员的内外部合作特征指标、划分团队创新绩效的高低水平、识别不同类型的核心成员群体。在核心成员的内部合作特征方面,本书以团队内部成员为研究对象,利用复杂网络分析工具 gephi 计算核心成员与团队内部成员之间的度中心性（In）、紧密中心性（In）,并借助 Ucinet 软件计算核心成员在团队内部的结构洞（In）,进而完成核心成员内部合作特征指标提取工作。同时,本书基于核心成员之间的合作网络,同样借助 gephi 软件计算核心成员之间的度中心性（Out）、紧密中心性（Out）,并用 Ucinet 软件计算结构洞（Out）,进而完成核心成员的外部合作特征指标提取工作。然后,基于这些内外部合作特征指标,利用 K-Means 聚类算法将核心成员划分成多种不同类型。最后,利用 SAX 离散化算法将团队创新绩效划分为高水平的低水平两种状态,进而获取可以满足决策树 CART 算法的数据输入格式。

（三）决策规则获取

针对不同的核心成员类型,以它们的内外合作特征指标作为条件属性,具体包括:度中心性（In）、紧密中心性（In）、结构洞（In）、度中心性（Out）、紧密中心性（Out）和结构洞（Out）,以高水平团队创新绩效和低水平团队创新绩效作为决策属性,利用决策树 CART 算法获取团队创新绩效的决策规则,进而了解核心成员具有怎样的内外合作特征更容易导致其所在团队获得高水平创新绩效。最后,根据数据结果总结研究结论,为团队创新绩效的提升提供实践经验。

二、指 标 量 化

(一) 结构洞(Structural Hole)

结构洞是网络分析中的一个概念,指的是在网络中连接不同群体或子群体的节点或位置。结构洞所指的节点或位置在网络中处于较为独特的位置,可以通过连接不同群体中的节点来传递信息、资源或控制权。计算公式[①]如式 12.1 所示:

$$C_{ij} = (p_{ij} + \sum_q p_{iq} p_{jq})^2 \qquad (式 12.1)$$

其中,C_{ij} 表示企业 i 受到合作伙伴 j 的限制度;p_{ij} 表示企业 i 投入与合作伙伴 j 的关系在企业 i 所有合作关系中的比例;同理可解释 p_{iq} 和 p_{jq}。鉴于越大的限制度表明企业占据的结构洞越少,为了保证数据结果的可读性,通常采用 $2-c_{ij}$ 方式进行最终的指标度量。

(二) 度中心性(Degree Centrality)

度中心性是网络分析中常用的一种中心性指标,用于衡量节点在网络中的连接程度,可以评估节点的重要性和影响力。借鉴文献[②]的度量方式,本书将与核心成员产生直接合作的成员数量来量化度中心性。度中心性越高,表示节点在网络中具有更多的直接连接,意味着节点更加重要或具有更广泛的影响力。

(三) 紧密中心性(Closeness Centrality)

紧密中心性是网络分析中用于衡量节点在网络中与其他节点之间的接近程度的指标,它衡量的是节点到其他节点的平均最短路径长度的倒数,可以被看作节点在网络中的快速传播信息或资源的能力。节点的紧密中心性越高,表示该节点与其他节点之间的距离越短,与其他节点更接近。计算公式如式 12.2 所示:

$$C\_c(v) = (N-1)/\sum d(v, u) \qquad (式 12.2)$$

其中,$C\_c(v)$ 表示节点 v 的紧密中心性,N 表示网络中的节点数量,

---

① 潘文慧、赵捧未、丁献峰:《科研项目负责人网络位置对项目创新的影响》,《科研管理》2021年第 5 期。
② 杨博旭、王玉荣、李兴光:《"厚此薄彼"还是"雨露均沾"——组织如何有效利用网络嵌入资源提高创新绩效》,《南开管理评论》2019 年第 3 期。

$d(v, u)$表示节点 v 和节点 u 之间的最短路径长度。

（四）团队创新绩效（Team Innovation Performance）

衡量发明团队在专利研发方面的实际产出和成果,本书用与核心成员产生直接合作关系的内部团队成员的专利总数度量,并借助 SAX (Symbolic Aggregate Approximation)算法①将团队创新绩效分成高低两种不同水平。划分过程示例如下:假设 x_i 表示某个发明团队 $i(i=1,$ $2, \cdots, 10)$,10 个团队的创新绩效分别对应[35, 13, 16, 21, 14, 22, 18, 28, 21, 1],可视化结果如图 12-2(a)所示。先采用四分位距检测出异常 x_1 和 x_{10},将其剔除创新绩效水平划分过程,并对剩余数据进行 Z-Score 标准化,遵循等概率分布原则,数据点可根据落入不同区域确定其高低水平,如图 12-2(b)所示。落入高水平创新绩效和低水平创新绩效区域的发明团队都是 4 个。因此,获得高水平创新绩效的发明团队有[x_1, x_4, x_6, x_8, x_9],获得低水平创新绩效的发明团队有[x_2, x_3, x_5, x_7, x_{10}]。

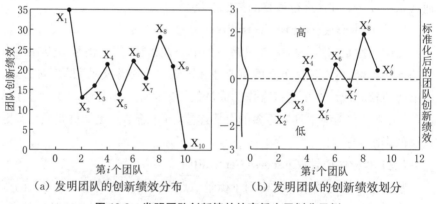

(a) 发明团队的创新绩效分布　　　(b) 发明团队的创新绩效划分

图 12-2　发明团队创新绩效的高低水平划分示例

第二节　研究数据

智慧芽(PatSnap)是一款全球专利检索数据库,具有更新速度快、数据完整性强等特点。②2020 年 9 月 22 日,中国政府在第七十五届联合国大会

---

① Lin, J., E. Keogh, Li Wei, S. Lonardi, 2007: "Experiencing Sax: A Novel Symbolic Representation of Time Series", *Data Mining and Knowledge Discovery*, 15(2).

② 蔡中华、陈鸿、马欢:《我国向"一带一路"沿线国家专利申请质量测度研究》,《科学学研究》2020 年第 7 期。

上提出中国将努力争取在 2060 年前实现碳中和。碳中和是指企业、团体或个人测算在一定时间内,直接或间接产生的温室气体排放总量,通过植树造林、节能减排等形式,抵消自身产生的二氧化碳排放量,实现二氧化碳的"零排放"。交通运输领域是碳排放量增长最快的行业之一。[①]新能源汽车以先进的技术和零碳排放等优势,在动力来源和技术创新等方面取得较大的突破性创新。

2020 年 11 月,国务院办公厅印发《新能源汽车产业发展规划(2021—2035 年)》明确指出,要深入实施发展新能源汽车国家战略,以融合创新为重点,突破核心技术,推动中国新能源汽车产业高质量发展。[②]故以新能源汽车技术的发明人为研究对象,分析团队创新绩效问题,对突破新能源汽车核心技术和实现碳中和目标具有重要的现实意义。以智慧芽专利数据库中的发明专利和实用新型专利为数据源,于 2021 年 8 月 11 日搜集以"新能源汽车"为关键词的专利数据,共获取 60 574 件专利,包含 4 424 个发明人。并基于这些发明人,利用 Louvain 社区划分算法识别专利发明团队。然后,根据合作次数与合作人数识别核心成员,并借助 UCINET 软件、Python 编程等工具分别量化研究指标:核心成员与团队内部成员之间的度中心性(In)、紧密中心性(In)和结构洞(In);核心成员与其他核心成员之间的度中心性(Out)、紧密中心性(Out)和结构洞(Out);团队创新绩效。

第三节 数据分析与实证结果

一、核心成员类型划分与特征分析

根据图 12-1 提到的核心成员识别方式,本书先利用 Python 编程获取发明人之间的共现矩阵,如表 12-1 所示。然后,再将共现矩阵转化为符合复杂网络可视化软件 gephi 的数据输入格式,数据示例如表 12-2 所示。其中,表 12-1 的非 0 值和表 12-2 中"Weight"对应值均表示团队成员之间的合作次数。

① Church, J., P. Clark, A. Cazenave et al., 2013: "Climate Change 2013: The Physical Science Basis. Contribution of Working Group I to the Fifth Assessment Report of the Intergovernmental Panel on Climate Change", *Sea Level Change*.
② 薛晓珊、方虹、杨昭:《新能源汽车推广政策对企业技术创新的影响研究——基于 PSM-DID 方法》,《科学学与科学技术管理》2021 年第 5 期。

表 12-1　发明人之间的共现矩阵

	邱则有	邱伯谦	郝义国	陆群	王鹏	王伟	刘伟	刘超	张伟
邱则有	0	363	0	0	0	0	0	0	0
邱伯谦	363	0	0	0	0	0	0	0	0
郝义国	0	0	0	0	0	0	0	4	0
陆群	0	0	0	0	0	0	0	0	0
王鹏	0	0	0	0	0	2	0	1	1
王伟	0	0	0	0	2	0	0	0	0
刘伟	0	0	0	0	0	0	0	2	6
刘超	0	0	4	0	1	0	2	0	0
张伟	0	0	0	0	1	0	6	0	0

表 12-2　Gephi 输入格式

Source	Target	Weight
邱伯谦	邱则有	363
王伟	王鹏	2
刘超	郝义国	4
刘超	王鹏	1
张伟	王鹏	1
刘超	刘伟	2
张伟	刘伟	6

　　将类似表 12-2 的数据格式导入 gephi 软件,可以获取每个团队成员之间的度中心性。根据度中心性的概念定义,核心成员的度中心性表示其合作伙伴人数。通过"合作次数大于发明团队的合作次数平均值,且合作人数也大于发明团队的合作人数平均值"的条件,可以从 4 423 个团队成员中筛选出 904 个核心成员。数据可视化结果如图 12-3 所示,其中图 12-3(a)展示了所有成员的整体合作关系,图 12-3(b)是从图 12-3(a)中随机抽取的部分合作网络图,而粗节点表示核心成员,细节点则表示非核心成员。图 12-3(a)结果表明,核心成员很好地被识别出来了。同时,为了进一步明晰核心成员之间的合作关系,本书分别从图 12-3(a)和图 12-3(b)中抽取核心成员(即红色节点),并保留它们之间的合作关系,可视化结果分别如图 12-4(a)和图 12-4(b)所示。

　　在获取核心成员以及核心成员与团队内外部成员的合作关系后,可以借助 Ucient 软件和 gephi 软件获取了核心成员与团队内部成员之间紧密中心性(In)和结构洞(In)等内部合作特征指标,同时还获取了核心成员之间的紧密中心性(Out)、度中心性(Out)和结构洞(Out)等外部合作特征指标,最后通过 Python 编程获取核心成员所在团队的创新绩效。核心成员的内外合作特征及其所在团队创新绩效的描述性统计结果如表 12-3 所示。

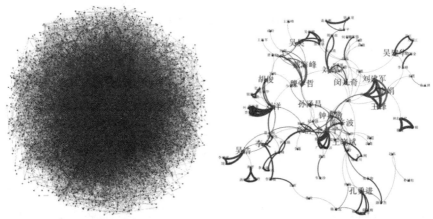

（a）核心成员的内部合作关系　　　（b）部分合作网络图

图 12-3　核心成员内部合作关系可视化

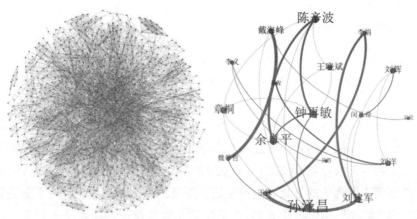

（a）核心成员的内部合作关系　　　（b）核心成员的外部合作关系

图 12-4　核心成员外部合作关系可视化

表 12-3　变量描述性统计

变　量	均值	中位数	标准差	最大值	最小值
度中心性（In）	21.85	17	14.83	115	7
度中心性（Out）	10.93	9	6.73	51	0
紧密中心性（In）	0.28	0.28	0.03	0.35	0.2
紧密中心性（Out）	0.29	0.29	0.07	1	0
结构洞（In）	1.73	1.74	0.12	1.97	1.35
结构洞（Out）	1.58	1.62	0.22	1.94	0
团队创新绩效	33.36	32.91	8.46	68.73	12.89

　　变量相关性分析如表 12-4 所示。从相关性角度来看，多数变量之间存在一定相关性，其中内外合作特征之间的最大相关系数是 0.86。从相关系数的显著性来看，核心成员内外合作特征与团队创新绩效之间存在显著的相关关系，其中紧密中心性与团队创新绩效的相关系数最大（0.485）。从相关性方向来看，核心成员的内外合作特征都与团队创新绩效之间存在正相关关系。

表 12-4　研究变量之间的相关系数矩阵

变　　量	度中心性(In)	紧密中心性(In)	结构洞(In)	度中心性(Out)	紧密中心性(Out)	结构洞(Out)	团队创新绩效
度中心性(In)	1	—	—	—	—	—	—
紧密中心性(In)	0.760*	1	—	—	—	—	—
结构洞(In)	0.684*	0.639*	1	—	—	—	—
度中心性(Out)	0.868*	0.629*	0.661*	1	—	—	—
紧密中心性(Out)	0.282*	0.307*	0.195*	0.269*	1	—	—
结构洞(Out)	0.566*	0.534*	0.793*	0.679*	0.256*	1	—
团队创新绩效	0.099*	0.485*	0.067*	0.150*	0.103*	0.121*	1

　　注：* 代表在 10% 水平上显著，** 代表在 5% 水平上显著，*** 代表在 1% 水平上显著。

　　通过表 12-4 可以初步了解到，核心成员的内外合作特征都与团队创新绩效之间存在简单的正向线性相关关系。但是考虑到相关系数的计算结果可能受到异常值影响，可能会导致表 12-4 的数据结果存在一定偏差，因此有必要采用可视化的方式直观展示研究变量之间的相关关系。为了避免数据量纲不同而影响可视化效果，在绘制相关性散点图之前需要先对各变量进行最大最小值标准化，绘制结果如图 12-5 所示。

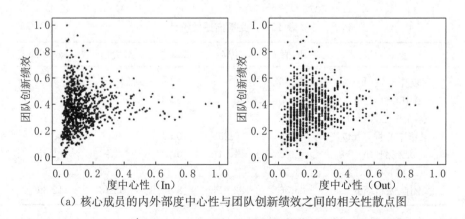

（a）核心成员的内外部度中心性与团队创新绩效之间的相关性散点图

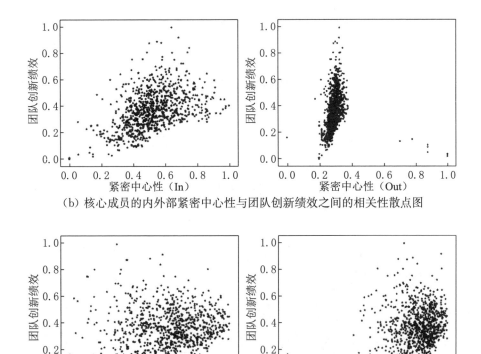

（b）核心成员的内外部紧密中心性与团队创新绩效之间的相关性散点图

（c）核心成员的内外部结构洞与团队创新绩效之间的相关性散点图

图 12-5　核心成员的内外合作特征与团队创新绩效之间的相关性散点图

　　从数据离散程度来看，研究数据中存在一定量的异常值，说明了表 12-4 的相关性计算过程可能会受到异常值影响。从相关性角度来看，表 12-4 数据结果说明了核心成员的内外合作特征与团队创新绩效之间均在 10％ 水平上存在显著相关关系，虽然图 12-5 中度中心性（In）、紧密中心性（In）和紧密中心性（Out）与团队创新绩效之间的相关性散点图可以验证这表 12-4 的结果，但是从图 12-5 中很难看出度中心性（Out）、结构洞（In）、结构洞（Out）与团队创新绩效之间存在明显的相关性。显然，图 12-5 的相关性散点图与表 12-4 的变量相关性分析存在一定差异。产生这种差异可能是由以下原因引起的：（1）表 12-4 的计算过程受到"异常数据"的影响；（2）变量之间可能存在复杂的非线性组合关系。虽然"异常数据"会对数据结果产生干扰，但是这些数据也真实反映了实际情况，同样也具有研究价值。同时，"异常数据"的评判标准是基于它们与整体数据的偏离程度，当整体数据被划分成多组数据时，"异常数据"也可能不再是"异常"。因此，将所有核心成员划分成多种差异性明显的群体,是一种将"异常"核心成员变成"正常"核心成员的有效方法。

二、核心成员群体划分与特征分析

基于度中心性(In)、紧密中心性(In)、结构洞(In)、度中心性(Out)、紧密中心性(Out)、结构洞(Out)等核心成员的内外合作特征,采用肘部算法确定核心成员类型个数(如图 12-6 所示),当划分类型数为 1~3 时,分类结果的平均离差变化幅度大,当类型数超过 3 时,平均离差只出现微小的变化,故 3 是最佳的类型个数。

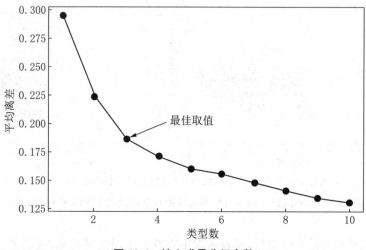

图 12-6   核心成员分组个数

因此,本书利用 K-Means 聚类算法将核心成员划分为 3 个差异性明显的群体,分为群体 1、群体 2 和群体 3,他们的内外合作特征均值可视化结果如图 12-7 所示。

显然,群体 1 的核心成员,他们的内外部合作特征均值最小。他们的内外合作特征都很低,虽然说明了他们在团队中的联系和影响力相对较小,但他们可能拥有某种特殊的隐性知识、技能、经验或资源,对团队内外部的发展和成就起到重要的支持作用。他们的隐性资源为相关成员能够提供独特的观点、解决方案或关键信息,为团队带来新的思路和机会,因此将这些核心成员命名为"隐性资源者"群体。

群体 2 的核心成员,他们的内外部合作特征均值普遍最高。这些群体具有高度的度中心性,意味着他们与其他成员之间存在更多的直接连接,使

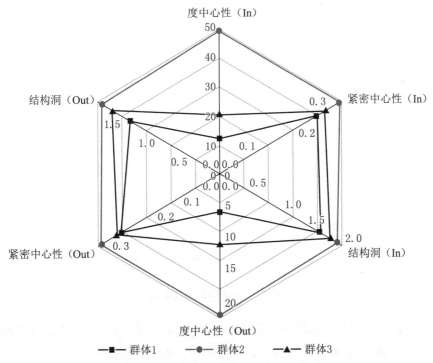

图 12-7　不同核心成员群体的内外合作特征均值

得资源的传递更加便捷和高效。他们的紧密中心性高,表示他们与其他成员之间的距离较短,更加接近团队内外部的其他成员,从而能够更快地传递资源并促进合作。另外,这些核心成员还占据了大量的结构洞位置,能够连接不同的子群体,使得资源在团队内外部得以广泛流动和共享。即群体2的核心成员在合作过程中起到了信息传递和资源调配的重要作用,因此本书将这些核心成员命名为"资源传递者"群体。

群体3的核心成员,他们的内外部合作特征均值居于群体1和群体2之间。他们的度中心性居中表示他们与其他成员保持了适度的联系,既不过于集中也不过于分散。他们与各个成员都有一定程度的互动和合作。同时,紧密中心性居中表示他们与其他成员之间的关系相对平衡和紧密。他们能够与不同成员建立有效的沟通和合作,促进信息的流动和共享。此外,结构洞居中意味着他们在团队中能够兼顾内部和外部联系,能够连接不同的子群体,促进团队内外的合作与交流。群体3的核心成员,他们能够在团队内外部都起到促进合作、协调工作和保持平衡的作用,因此将这些核心成员命名为"平衡协作者"群体。

为了进一步明确"隐性资源者"群体、"资源传递者"群体和"平衡协作者"群体的内外合作特征均值结果及其所在团队的创新绩效数据结果,列出如表 12-5 所示的研究变量均值。显然,"资源传递者"所在团队的创新绩效均值最高,"平衡协作者"所在团队的创新绩效均值次之,"隐性资源者"所在团队的创新绩效均值最低。数据结果说明了,扮演"资源传递者"的核心成员更有利于团队创新绩效的提升。

表 12-5　不同核心成员群体的特征分析

群　体	度中心性(In)	紧密中心性(In)	结构洞(In)	度中心性(Out)	紧密中心性(Out)	结构洞(Out)	团队创新绩效
隐性资源者	12.28	0.258	1.598	5.981	0.280	1.368	31.80
资源传递者	49.47	0.318	1.892	22.23	0.338	1.818	36.05
平衡协作者	20.48	0.279	1.774	11.11	0.291	1.652	33.67

三、核心成员群体的决策规则

为了能够采用决策树 CART 算法分析"隐性资源者"群体、"资源传递者"群体和"平衡协作者"群体,需要将 904 个核心成员所在发明团队的创新绩效离散化,并对应不同核心成员群体。离散化步骤可按第一节的图 12-2 进行操作,离散化结果如表 12-6 所示,其中 N 表示核心成员数,$Rate$ 表示 N 在 904 个核心成员中的占比。

表 12-6　不同核心成员群体的高水平和低水平团队创新绩效

团队创新绩效	"隐性资源者"群体		"资源传递者"群体		"平衡协作者"群体	
	N	$Rate$	N	$Rate$	N	$Rate$
高水平	139	15.38%	89	9.85%	222	24.56%
低水平	184	20.35%	45	4.98%	225	24.89%

分别针对"隐性资源者"群体、"资源传递者"群体以及"平衡协作者"群体的核心成员,以他们内外合作特征为条件变量,以他们所在团队的高水平创新绩效和低水平创新绩效为决策变量,利用决策树 CART 算法并以保留 3 层树的预剪枝方式,分别获取可以展示条件变量和决策变量的决策树,进而构建出如表 12-7 所示的决策规则汇总表。为了便于有效的管理决策和知识发现,本书重点解释支持度不低于 10% 且置信度不低于 80% 的代表性决策规则,即表 12-7 的加粗部分。

表 12-7　不同核心成员群体的决策规则表汇总表

群体	度中心性(In)	紧密中心性(In)	结构洞(In)	度中心性(Out)	紧密中心性(Out)	结构洞(Out)	支持度(%)	置信度(%)	团队绩效
	—	≤0.27	—	—	≤0.26	≤0.988	2.2	57.1	高
	—	**≤0.27**	—	—	**≤0.26**	**>0.988**	**32.2**	**88.5**	**低**
	—	≤0.27	—	≤9.5	>0.26	—	33.4	62	低
隐性	—	≤0.27	—	>9.5	>0.26	—	3.1	90	高
资源者	—	>0.27	—	—	≤0.288	≤1.129	2.2	100	高
	—	>0.27	—	—	≤0.288	>1.129	9	55.2	低
	—	**>0.27**	—	—	**>0.288**	**≤1.73**	**17.3**	**94.6**	**高**
	—	>0.27	—	—	>0.288	>1.73	1	100	低
	(0)	(0.521)	(0)	(0.081)	(0.240)	(0.158)			
	—	—	≤1.84	—	≤0.32	—	2.2	100	高
	—	—	**>1.84**	—	**≤0.32**	**≤1.841**	**10.4**	**100**	**低**
资源	—	—	>1.84	—	≤0.32	>1.841	1	100	高
传递者	**≤57.5**	—	—	—	**>0.32**	—	**64.2**	**81.2**	**高**
	>57.5	—	—	—	(0.32, 0.354]		9.7	84.6	低
	>57.5	—	—	—	>0.354	—	12.7	76.5	高
	(0.161)	(0)	(0.160)	(0)	(0.610)	(0.069)			
	—	—	≤1.691	—	≤0.268	—	0.1	100	高
	—	—	**>1.691**	—	**≤0.268**	—	**10.7**	**100**	**低**
	≤14.5	—	—	—	>0.268	—	8.7	66.7	高
平衡	>14.5	—	—	—	>0.268	—	32.9	73.5	低
协作者	**≤22.5**	—	—	—	**>0.295**	—	**25.1**	**89.3**	**高**
	>22.5	—	—	—	(0.295, 0.313]		13.9	61.3	低
	>22.5	—	—	—	>0.313	—	8.5	84.2	高
	(0.256)	(0)	(0.022)	(0)	(0.722)	0			

(一)"隐性资源者"群体

对于"隐性资源者"群体的核心成员,影响其所在发明团队创新绩效出现高低水平分化的内外合作特征有紧密中心性(In)、紧密中心性(Out)、结构洞(Out)和度中心性(Out),影响程度分别为 0.521、0.240、0.158 和 0.081。决策树结果及其样本分布如图 12-8 所示。

以代表性决策规则(决策结果为图 12-8 中实线框内)解释数据结果,①低水平团队创新绩效受低紧密中心性(In)、低紧密中心性(Out)和高结构洞(Out)的组合效应影响,有 32.2%的"隐性资源者"群体满足这个规则,其对应的团队创新绩效为低水平的置信度达 88.5%。具体而言,当核心成员与团队内外部人员之间的紧密中心性低、结构洞大时,团队的创新网络可

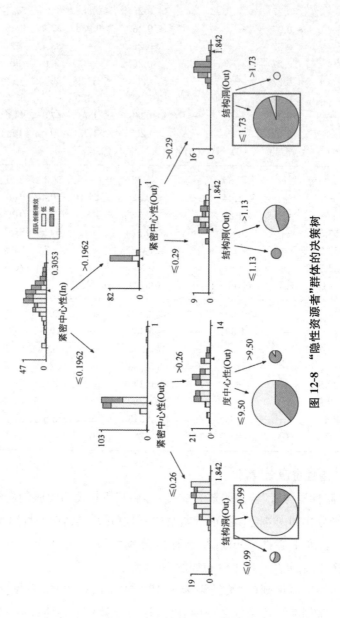

图 12-8 "隐性资源者"群体的决策树

能变得脆弱。缺乏紧密的联系和有效的信息流动,信息和知识很难在核心成员之间进行有效传递和分享。这可能导致团队内部的创新能力受到限制,阻碍创新想法的生成和共享,进而不利于团队创新绩效的提升。②高水平团队创新绩效受高紧密中心性(In)、高紧密中心性(Out)和低结构洞(Out)的组合效应影响,有 17.3％的"隐性资源者"群体满足这个规则,其对应的团队创新绩效为高水平的置信度达 94.6％。具体而言,核心成员与团队内外部人员之间的紧密中心性高、与团队外部核心成员之间的结构洞低,表明了核心成员与团队内部成员以及与核心成员之间存在紧密联系,他们比较容易共享知识、经验和信息。这种紧密联系有助于团队内外部的知识共享和学习,使得团队能够汇集更广泛的知识和经验,进而有助于团队创新绩效的提升。同时,核心成员之间的结构洞比较少,说明了信息在团队内部更容易流动,信息不需要经过多个中间人或传递链路,减少了信息传递的延迟和失真,对提升团队创新绩效具有重要意义。

(二)"资源传递者"群体

对于"资源传递者"群体的核心成员,影响其所在发明团队创新绩效出现高低水平分化的内外合作特征有紧密中心性(Out)、度中心性(In)、结构洞(In)和结构洞(Out),他们对将团队创新绩效划分为高低水平的重要程度分别为 0.610、0.161、0.160 和 0.069。决策树结果及其样本分布如图 12-9 所示。

以代表性决策规则(决策结果为图 12-9 中实线框内)解释数据结果,低水平团队创新绩效受低紧密中心性(Out)、高结构洞(In)和低结构洞(Out)的组合效应影响,有 10.4％的"资源传递者"满足这个规则,其对应的团队创新绩效为低水平的置信度高达 100％。具体而言,当核心成员之间的紧密中心性和结构洞都较低时,信息流动受限。核心成员之间的交流和知识共享受到阻碍,导致信息闭塞和局限性。这可能阻碍了新想法、新知识和创新性解决方案的产生和传播,限制了团队的创新能力。虽然核心成员与团队内部成员之间的结构洞较高,会给核心成员带来较多的外部资源和机会。但是,在核心成员之间的紧密中心性和结构洞都较低的情况下,团队可能无法充分利用这些外部资源和机会。缺乏与外部核心成员的紧密联系可能导致团队错失合作和合作的机会,限制了团队创新绩效的提升。

高水平团队创新绩效受高紧密中心性(Out)和低度中心性(In)的组合效应影响,有 64.2％的"资源传递者"满足这个规则,其对应的团队创新绩效为高水平的置信度达 81.2％。具体而言,高紧密中心性使得核心成员之间的合作更加密切和频繁。这种合作往往不仅局限于各自的专业领域,还涉及不同领域之间的跨界合作。通过与其他领域的核心成员合作,团队可以

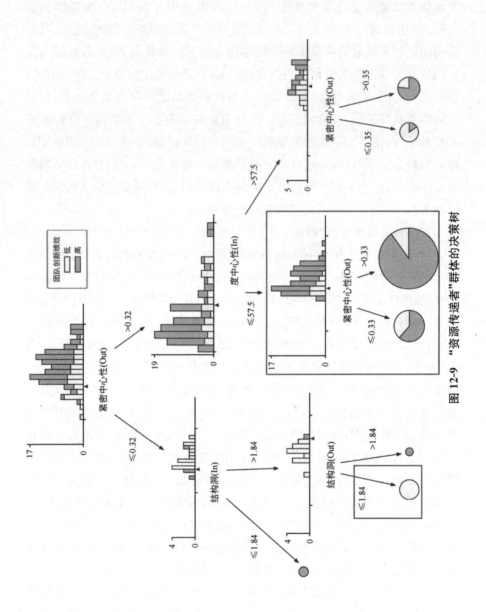

图 12-9 "资源传递者"群体的决策树

借鉴不同领域的知识和经验,创造出更具创新性的解决方案。同时,低度中心性的核心成员更加独立和自主,他们不依赖于其他成员的支持和指导,更有可能发挥个人的创造力和创新能力。他们可以独立思考问题,提出独特的见解和创新的想法,从而推动团队的创新绩效提升。

(三)"平衡协作者"群体

对于"资源传递者"群体的核心成员,影响其所在发明团队创新绩效出现高低水平分化的内外合作特征有紧密中心性(Out)、度中心性(In)和结构洞(In),他们对将团队创新绩效划分为高低水平的重要程度分别为0.722、0.256和0.022。决策树结果及其样本分布如图12-10所示。

以代表性决策规则(决策结果为图12-10中实线框内)解释数据结果,低水平团队创新绩效受低紧密中心性(Out)和高结构洞(In)的组合效应影响,有10.7%的"平衡协作者"满足这个规则,其对应的团队创新绩效为低水平的置信度达100%。具体而言,当核心成员之间的紧密中心性低时,他们之间的信息流通可能会受到阻碍。缺乏紧密的联系和交流渠道会导致信息的滞后或不完整,影响团队成员之间的知识共享和协作。这可能导致创新过程中的信息断片和理解误差,降低团队的创新绩效。当核心成员在团队内部的结构洞高时,他们可能会接收到大量来自不同方向的信息。这种信息过载可能导致核心成员难以处理和筛选有价值的信息,从而降低了他们对创新活动的专注度和效率。此外,由于信息在团队内部的冗余性增加,可能导致重复工作和资源浪费。因此,将不利于团队创新绩效的提升。

高水平团队创新绩效受高紧密中心性(Out)和低度中心性(In)的组合效应影响,有64.2%的"资源传递者"满足这个规则,其对应的团队创新绩效为高水平的置信度达81.2%。具体而言,核心成员之间的紧密中心性高意味着他们之间的联系紧密且频繁。这种紧密联系可以促进知识和想法的交流,从而刺激创新思维和创新能力的发展。不同的观点、经验和专业背景在核心成员之间的交流中可以相互交融,促进多样性和创新思维的形成。同时,核心成员在团队内部的度中心性低意味着他们与团队中其他成员的联系相对较少。这种情况可以促进团队内的异质性和资源整合。不同成员之间的联系较少,意味着他们可能具备不同的专业背景、技能和知识,可以为团队提供更丰富的资源和多样的观点。通过整合这些资源,团队可以更好地应对挑战、创造新的解决方案,并提升创新绩效。

综合上述分析,本书基于图12-8至图12-10和表12-7,构建核心成员的内外合作特征与其所在发明团队创新绩效的联合作用表,如表12-8所示。其中,"↓"和"↑"分别对应图12-8至图12-10和表12-7中的"≤"和">"。

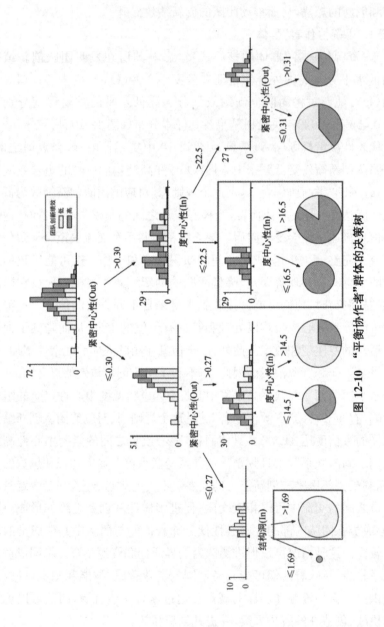

图 12-10 "平衡协作者"群体的决策树

表 12-8　不同核心成员群体所在团队的创新绩效影响情况

条件变量/决策变量	"隐性资源者"群体		"资源传递者"群体		"平衡协作者"群体	
	$F_①$	$F_②$	$S_①$	$S_②$	$T_①$	$T_②$
度中心性(In)	—	—	—	↓	—	↓
紧密中心性(In)	↓	↑	—	—	—	—
结构洞(In)	—	—	↑	—	↑	—
度中心性(Out)	—	—	—	—	—	—
紧密中心性(Out)	↓	↑	↓	↑	↓	↑
结构洞(Out)	↑	↓	—	—	—	—
团队创新绩效	低	高	低	高	低	高

对于属于"隐性资源者"群体的核心成员,其所在发明团队的创新绩效受紧密中心性(In)、紧密中心性(Out)和结构洞(Out)的组合效应影响,低水平团队创新绩效由 1 个关键变量组合决定:$F_①$偏低紧密中心性(In)+偏低紧密中心性(Out)+偏高结构洞(Out);高水平团队创新绩效由 1 个关键变量组合决定:$F_②$偏高紧密中心性(In)+偏高紧密中心性(Out)+偏低结构洞(Out)。对于属于"资源传递者"群体的核心成员,其所在发明团队的创新绩效受度中心性(In)、结构洞(In)、紧密中心性(Out)和结构洞(Out)的组合效应影响,低水平团队创新绩效由 1 个关键变量组合决定:$S_①$偏高结构洞(In)+偏低紧密中心性(Out)+偏低结构洞(Out);高水平团队创新绩效由 1 个关键变量组合决定:$S_②$偏低度中心性(In)+偏高紧密中心性(Out)。对于属于"平衡协作者"群体的核心成员,其所在发明团队的创新绩效受度中心性(In)、结构洞(In)和紧密中心性(Out)的组合效应影响,低水平团队创新绩效由 1 个关键变量组合决定:$T_①$偏高结构洞(In)+偏低紧密中心性(Out);高水平团队创新绩效由 1 个关键变量组合决定:$T_②$偏低度中心性(In)+偏高紧密中心性(Out)。

第四节　本章小结

本章采用 K-Means 算法对具有不同内外合作特征的核心成员进行聚类划分,获取类型为"隐性资源者""资源传递者"和"平衡协作者"的核心成员群体。然后针对每种核心成员群体,以度中心性(In)、紧密中心性(In)、结构洞(In)、度中心性(Out)、紧密中心性(Out)和结构洞(Out)为条件变量,以离散化后的团队创新绩效作为决策变量,使用决策树 CART 算法挖掘条件变量与决策变量之间的潜在规则,进而了解在不同条件变量组合的共同作用下,核心成员内外合作特征对团队创新绩效会产生怎样的影响。通过研究可以得出以下主要结论:

存在 4 种类型的核心成员群体,他们的内外合作特征存在明显差异,有必要对他们进行区别研究。其中,"隐性资源者"群体的内外合作特征均值最低,说明了这类核心成员更多的是通过特有的隐性知识、技能、经验等资源,为团队内部提供独特的观点和解决方案。"资源传递者"群体的内外合作特征均值最高,说明了这类核心成员可以快捷高效地传递资源,使得资源在团队内外部得以广泛流动和共享,他们在合作过程中起到了信息传递和资源调配的重要作用,也更有助于提高团队创新绩效。"平衡协作者"群体的内外合作特征均值居中,说明了这类核心成员在与其他成员保持适度"距离"的同时,会与不同成员建立有效的沟通和交流,他们在团队内外部都起到促进合作、协调工作和保持平衡的重要作用。

同类型的核心成员群体,其所在团队创新绩效受到多种内外合作特征的共同影响,而这些特征取值不同将会导致团队创新绩效水平产生差异。对于"隐性资源者"群体,团队创新绩效是在核心成员的紧密中心性(In)、紧密中心性(Out)和结构洞(Out)共同作用下产生的,这些内外合作特征的取值分别为高、高和低时,团队创新绩效大概率会是高水平,而这些特征的取值分别为低、低和高时,团队创新绩效大概率会是低水平。对于"资源传递者"群体,核心成员所在团队获得高水平创新绩效是在度中心性(In)和紧密中心性(Out)的共同作用下产生的,这些特征的取值分别为低和高,而团队获得低水平创新绩效是在结构洞(In)、紧密中心性(Out)和结构洞(Out)的共同作用下产生的,这些特征的取值分别为高、低和低。对于"平衡协作者"群体,核心成员所在团队获得高水平创新绩效是在度中心性(In)和紧密中心性(Out)的共同作用下产生的,这些特征的取值分别为低和高,而团队获得低水平创新绩效是在结构洞(In)和紧密中心性(Out)的共同作用下产生的,这些特征的取值分别为高和低。

以提升团队创新绩效为目标,通过分析团队核心成员的内外合作特征、它们对团队创新绩效会产生怎样影响等角度,回答核心成员应该开展怎样的内外部合作交流才有助于提升团队创新绩效。通过研究,本书总结出以下管理启示:

作为管理者,要深入了解每位类型为"隐性资源者"的核心成员。与他们交流,了解他们的专业知识、技能和经验,以及他们在团队中可以发挥的独特作用。这样做有助于发现每个核心成员的潜力,并在团队中合理利用他们的能力。同时也要给予他们更多机会走出团队内部舒适区,鼓励他们其他团队核心成员之间进行协作和知识共享,激发核心成员之间的创意碰撞和合作,以实现更高水平的创新。

作为管理者,要深入了解每位类型为"资源传递者"的核心成员。了解他们所拥有的资源和能力,以及如何将这些资源传递给团队其他成员。这有助于发现他们的潜力,并充分利用他们的专业知识来推动团队的创新。同时,资源传递者通常扮演着一种领导角色,他们在团队中起到引导和启发其他成员的作用。作为管理者,要培养资源传递者的领导能力,提供相关的培训和发展机会。帮助他们进一步提升自己的沟通、协调和激励他人的能力,以更好地推动团队的创新绩效。

作为管理者,要深入了解每位类型为"平衡协作者"的核心成员。"平衡协作者"通常具备较强的领导力和决策能力。作为管理者,应该投资于培养他们的领导技能和决策能力。提供更多的外出培训、指导和发展机会,拓宽他们与其他核心成员之间的交流合作,这有助于他们在团队中发挥更大的作用,引导团队朝着创新的方向前进。同时,这类核心成员擅长平衡资源分配和任务分工,以确保团队的创新绩效最大化。管理者应与平衡协作者密切合作,了解他们的技能和兴趣,并将任务和责任分配给适合的成员。这样可以最大限度地发挥他们的能力,推动团队的创新绩效。

相较于以往研究,本书具有以下创新点和不足:首先,相较于采用传统线性回归的实证研究,本书将 K-Means 聚类和决策树 CART 算法等大数据技术引入了管理学研究当中,在研究方法上具备一定创新。其次,相较于以往文献"一视同仁"所有数据的做法,本书将研究数据分成 3 种差异性明显的类型,并针对不同类型的数据采用不同模型进行拟合,充分考虑了数据之间的差异性,使得研究结论和管理启示更具代表性。另外,针对相同的数据群体,本书采用了多个决策规则拟合了大部分研究数据,避免了传统回归方法中用单一模型解释全部数据所带来的欠拟合偏差。然而,对于核心成员的识别,本书的数据来源行业和数量类型较为单一,将多行业数据和多类型数据纳入研究是提升研究结论普适性的重要解决思路,也是今后研究需要考虑的点。同时,在对数据解释过程中,本书缺乏相应的理论支撑,增加研究结果的理论结合也是未来需要努力的方向。

第十三章 科研团队合作网络对企业 创新绩效的影响分析

合作网络为企业带来了自身所欠缺的互补性知识资源和社会资本,为企业进行知识重组、技术突破降低了难度和风险。现有关于合作网络的研究主要考虑企业与其他创新主体间的合作及其对创新行为的影响,较少关注企业内部科研团队合作网络的作用。实际上,企业的高质量创新产出并非完全依靠外部合作产生的,是组织外社会资本与组织内知识整合共同作用的结果。企业通过与外部的创新主体进行技术交流获取异质性社会资本,其本质是科研人员之间的沟通交流为焦点企业带来竞争性的创新资源。另外,通过内部科研团队成员间的知识交流与合作可以促成知识资源的理解、吸收和再重组,企业正是基于这种将科研人员间的合作与思想碰撞,从而捕捉市场中的突破性创新想法,将有限的资源用于新产品、新技术的开发突破中。因此,企业内的科研团队配置和团队知识基础对于企业突破性创新的实现显得尤为重要。如何有效配置和管理企业科研团队,并利用知识多样性促进企业新技术突破是当前开放式创新背景下亟待解决的问题。

第一节 研 究 设 计

一、数 据 及 来 源

医药制造业是中国国民经济发展和社会进步的重要支柱,也是公认的高技术性产业,以该行业的企业为研究对象,是创新管理研究领域的客观选择。本书基于医药制造行业 2002 年至 2018 年的专利申请数据,构建基于组织内发明人关系的科研团队合作网络。同时借鉴已有研究①的做法,用

---

① Yayavaram, S., W. R. Chen, 2015: "Changes in Firm Knowledge Couplings and Firm Innovation Performance: The Moderating Role of Technological Complexity", *Strategic Management Journal*, 36(3).

国际专利分类体系(International Patent Classification,IPC)来定义专利拥有者所涉及的知识元素。通过 IncoPat 全球专利数据库官网(https://www.incopat.com/)检索该行业内的专利申请信息,检索字段包括"当前专利权人""IPC 分类号""发明人""申请时间""受理局"和"被引用专利"等,初步筛选剔除非中国单位、非企业主体、法律信息已失效和包含缺失专利信息的数据共获取 42 572 项专利数据,根据专利中所包含的发明人文本信息构建企业的科研团队合作网络,同时采用 Python 对本书的研究变量进行孤立森林算法和云模型校准剔除其中的异常数据,最终得到 2 337 家不同的医药制造企业及其科研团队数据,相关团队网络指标的结果通过 Ucinet 软件计算求得。

二、变量及测度

企业突破性创新(Breakthrough Innovation,BI):企业突破性创新是指企业在技术、产品、市场或业务模式等方面实现重大突破与创新的行为,现有研究关于企业突破性创新的测度主要通过问卷调查和专利引用情况两种方式,参考文献①的做法,采用企业后 5 年内的篇均专利被引量来测度企业的突破性创新绩效。

团队网络凝聚性(Network Cohesion,NC):用来描述科研团队网络中成员的邻接节点间相互联系的程度,反映了团队的合作氛围。本书采用科研团队合作网络的平均聚集系数来衡量团队凝聚性,其计算方式为:

$$NC = \sum_{i=1}^{N} \frac{2e_i}{k_i(k_i-1)} \qquad (式 13.1)$$

其中,k_i 表示与节点 i 直接相连的节点个数,e_i 为节点 i 的邻居节点间的实际连边数量。

团队网络密度(Network Density,ND):表示企业科研团队网络成员间相互联系的疏密程度,网络密度越大,团队成员间的沟通成本越低。其计算方式为:

$$ND = \frac{2\sum_{j} L_{ij}}{N(N-1)} \qquad (式 13.2)$$

其中,N 为团队网络的节点总数,L_{ij} 为团队成员节点 i 和 j 之间的联

---

① Byun, S. K., J. M. Oh, H. Xia, 2021: "Incremental vs. Breakthrough Innovation: The Role of Technology Spillovers", *Management Science*, 67(3).

结关系,若存在合作联结则赋值为1,否则赋值为0。

团队网络规模(Network Size, NS):用企业科研投入的非重复发明人总数衡量企业科研团队的规模,在科研合作网络结构指标中体现为网络的度数中心度。

团队网络结构洞(Structure Hole, SH):参考伯特(Burt)[1]的做法,采用限制度来反映团队成员节点的结构洞位置,限制度越高则节点占据的结构洞位置越少,容易受到其他节点的控制。本书采用"2减去限制度"来刻画团队成员的结构洞,并将所有成员结构洞的平均值作为企业科研团队结构洞的测度结果,具体计算方式为:

$$SH = \frac{1}{N}\sum_{i=1}^{N}\left[2 - \sum_{j}(P_{ij} + \sum_{q}P_{iq}P_{jq})^2\right] \qquad (式13.3)$$

其中,N为团队网络的节点总数,P_{ij}表示成员节点i与j之间的直接关系投入,q为节点i和j之外的第三方节点,P_{iq}和P_{jq}分别表示q与i、q与j的关系强度比例。

团队知识多样性(Knowledge Diversity, KD):参考文献[2]的做法,用企业科研团队拥有专利的IPC分类号前四位来反映团队的知识基础,IPC分类号非重复数量即可反映团队知识库的多样性,考虑到不同企业专利数量的规模差异,本书采用不重复的IPC分类号数量与团队拥有专利的数量之比测度企业科研团队的知识多样性。

三、研究思路与方法

本章重点解决两个关键问题:第一,创新网络结构视角下企业科研团队存在哪些合作模式,这些团队合作模式表现为何种差异? 第二,何种科研团队网络配置条件是企业实现突破性创新的前提? 为此,利用2002年至2018年间生物医药制造行业的专利申请数据实证分析了异质性科研团队合作模式下团队特征与企业突破性创新之间的复杂非线性关系,通过机器学习方法识别现有科研团队网络配置的异质性,并构建团队网络特征、知识多样性与企业突破性创新的决策树模型,进而凝练有助于突破性创新绩效提升的关键决策规则,在此基础上为企业科研团队建设、团队成员配置等重

[1] Burt, Ronald S. 2004: "Structural Holes and Good Ideas", *American Journal of Sociology*, 110(2).

[2] Wang, C. L., S. Rodan, M. Fruin et al., 2014: "Knowledge Networks, Collaboration Networks, and Exploratory Innovation", *Academy of Management Journal*, 57(2).

要战略决策提出针对性的管理建议。

针对本研究的第一个问题,企业的科研团队合作网络中存在哪些合作模式及其差异化特征,本书采用机器学习中的 K-Means 算法对样本企业的科研团队网络特征进行聚类分析,根据网络凝聚性、网络密度、网络规模、结构洞和知识多样性五个特征的向量相似性进行群组划分,按照"组内差异最小、组间差异最大"的原则将全部的 2 337 个样本企业划分为 K 个异质性企业群体,不同的企业群体在科研团队配置上具有结构或知识上的相似性。参考已有研究的做法①,最佳团队网络配置类型的个数 K 通过肘部算法求得。

关于第二个研究问题,何种科研团队的网络配置可以助力企业实现突破性创新? 本书将企业的科研团队网络配置条件视为科研团队的多维特征组合,通过决策树算法挖掘不同特征组合条件下企业突破性创新绩效的状态变化,从数据驱动决策的视角分析企业突破性创新的网络配置条件。因此,本书主要的研究方法包括社会网络分析和机器学习。

社会网络分析方法是通过分析网络中节点间关系进而探讨其结构及属性特征的科学研究方法,目前已在社会学、新闻传播学等领域被广泛应用。②在科研合作网络中,行动者之间的网络连接状态和结构直接决定其在行动者在网络中的地位和权力。因此在团队合作网络中,企业科研团队的知识传输效率、吸收能力和新想法的产生皆受到团队网络结构的影响,本书采用社会网络分析方法旨在剖析网络中的个体行为和整体的结构状态,进而为网络中的节点成员获取社会资本提供网络方案。

K-Means 聚类是按照变量的数值结果差异性进行的类别划分的迭代式算法,是典型的无监督机器学习方法,其基本思想是将数据集划分为 K 个不重叠的异质性数据群,使得每个数据仅属于距离最近的数据群中心。③本书采用 K-Means 方法探索团队特征间的相似性与差异性,根据数据群分布特征进行类簇划分,克服团队配置类型暴力划分的主观经验选择缺陷,其中最佳类别数 K 通过肘部算法计算簇内平方和的变异程度来确定。通过

① Katila, R., G. Ahuja, 2002: "Something Old, Something New: A Longitudinal Study of Search Behavior and New Product Introduction", *Academy of Management Journal*.
② Li, Y. Y., Zhu Z., Guan Y. F. et al., 2022: "Research on the structural features and influence mechanism of the green ICT transnational cooperation network", *Economic Analysis and Policy*.
③ Taney, S., G. Liotta, A. Kleismantas, 2015: "A Business Intelligence Approach Using Web Search Tools and Online Data Reduction Techniques to Examine the Value of Product-Enabled Services", *Expert Systems with Applications*, 42(21).

K-Means 聚类过程,可以探索式发现团队特征数据中潜在的分布模式,对于理解现有的科研团队结构及其配置类型有着重要帮助。

　　CART(Classification and Regression Tree)决策树是本书用于分析不同网络结构特征对企业突破性创新组合效应的重要工具,其是一种二叉树结构的非参数分析方法,在捕捉变量间非线性关系和复杂影响机制方面具有建模优势。不同于传统实证分析采用的线性回归模型,本书应用决策树模型对划分后的团队配置类型进行非参数学习,深入挖掘五个条件变量与企业突破性创新之间的联动影响关系,通过多条件组合的数据决策规则形式展示突破性创新的条件组态。为防止模型过拟合,引入支持度与置信度并设定阈值范围对决策树进行预剪枝,最大程度保证决策规则的代表性与可解释性。

　　基于以上研究思路与内容,本书的技术流程图如图 13-1 所示。

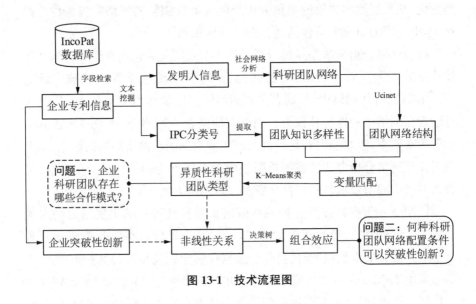

图 13-1　技术流程图

第二节　科研团队合作网络类型划分

一、描述性统计与相关性分析

　　为保证数据分析结果的规范性与可读性,本书基于上述测度的研究变量,采用孤立森林算法剔除其中的离群点和异常值,并基于云模型对相关变量进行数据校准,将其转换为 0 到 1 的隶属度值,并计算得到最终数据的描述性统计结果如表 13-1 所示。

表 13-1　描述性统计结果

变量	N	Mean	Std	Min	25%	Median	75%	Max	VIF
NS	2 337	0.511	0.362	0.012	0.187	0.483	0.956	1.000	2.760
ND	2 337	0.508	0.351	0.013	0.175	0.498	0.881	1.000	2.440
NC	2 337	0.482	0.359	0.000	0.059	0.512	0.819	0.999	2.150
SH	2 337	0.479	0.356	0.000	0.027	0.507	0.803	1.000	1.510
KD	2 337	0.589	0.428	0.000	0.005	0.499	1.000	1.000	1.000
BR	2 337	0.504	0.363	0.072	0.072	0.500	0.924	1.000	—

经过初步的数据处理和校准,相关变量的均值皆大于标准差,从其偏度和峰度的数值来看,大部分数据已校准至偏度接近 0 的情况,峰度均小于 0 表示各变量的分布曲线皆较为平坦,这也为后续的数据分析打下了良好的数据基础。从各变量的方差膨胀因子(VIF)结果来看,其结果均小于 4,可以认为不存在多重共线性问题,进一步的相关性分析结果如下图 13-2 所示,其展示了两两变量间的 Pearson 相关系数结果、相关性显著水平及成对散点图,*、**、*** 分别表示在 10%、5% 和 1% 的置信水平下显著。可以发现,相关性系数的绝对值结果均小于 0.5,企业突破性创新与团队网络的四个结构特征皆正向相关,与知识多样性呈负相关关系,表明在该行业内过多的知识种类可能并不利于企业的技术创新突破;其次,各变量间的散点相关关系并没有明显的线性趋势,无法从散点关系直接推测不同变量间的直接正效应或负效应,而且企业突破性创新与知识多样性之间的散点拟合也呈现出三次函数的非线性曲线关系。因此,采用传统线性回归模型可能无法得出有效的数据分析结果。

二、科研团队异质性划分

按照"物以类聚、人以群分"的划分原则,通过 K-Means 聚类和肘部算法最终确定的异质性科研团队配置类型为 3 类,本书根据不同类型下其网络结构特征的分布特征将它们命名为紧密合作型(N=932)、知识拓展型(N=566)、规模导向型(N=839)三个科研团队群组。各科研团队配置类型的变量均值及标准差统计结果如表 13-2 所示。可以发现在不同团队配置类型下,团队特征之间的确存在些许差异。

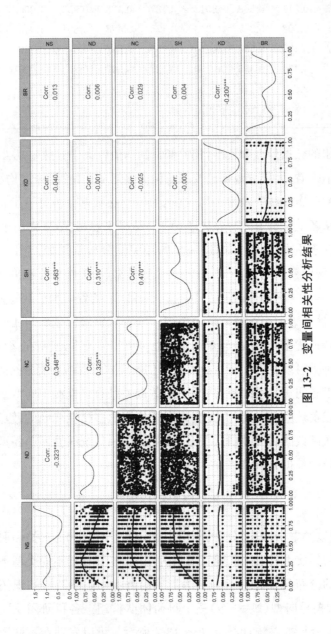

图 13-2　变量间相关性分析结果

表 13-2　异质性团队下的变量均值与标准差统计

团队配置	统计量	NS	ND	NC	SH	KD
紧密合作型	Mean	0.367 4	0.832 7	0.679 7	0.606 0	0.598 2
	Std	0.172 1	0.181 0	0.244 1	0.271 2	0.424 0
知识拓展型	Mean	0.132 8	0.319 8	0.038 4	0.040 2	0.611 2
	Std	0.186 4	0.347 4	0.116 3	0.107 5	0.427 4
规模导向型	Mean	0.924 4	0.273 6	0.562 3	0.633 0	0.564 2
	Std	0.131 5	0.173 3	0.318 3	0.303 0	0.431 0

在紧密合作型团队配置中,网络密度和团队凝聚性相对较高,表示企业在这种科研合作模式下主要依赖于成员间的紧密联系,通过较小的沟通成本来实现技术突破;而在知识拓展型团队配置中,团队规模、团队凝聚性、结构洞占据皆较小,而知识多样性相对较高,反映了这类企业在创新战略上更加注重知识元素的多元化,而不是依赖于科研团队的合作关系;关于规模导向型团队配置,网络规模和结构洞相对较高,而表明这类企业以拓展团队成员为主,通过科研人员的投入和"集思广益"策略来实现突破性技术创新。将不同团队配置类型下不同变量的分布进行可视化,得到如图 13-3 所示的雷达图。

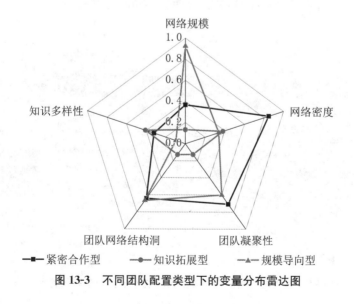

图 13-3　不同团队配置类型下的变量分布雷达图

对于紧密合作型团队,NS、ND 和 SH 的均值较高,说明团队网络规模较大,内部互动频繁,网络凝聚力强。这种团队在解决问题和开展创新方面具有优势,但可能因为过于强调内部合作,忽视外部知识和资源的获取,导致创新能力的局限。

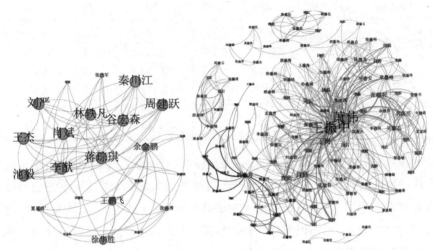

图 13-4　上海化工研究院有限公司和江苏康缘药业股份有限公司

知识拓展型团队在 ND 和 KD 方面具有较高均值,表明他们注重从外部获取知识和拓展视野,知识多样性较高。这种团队在保持内部合作的同时,关注知识的外部拓展,有助于提高团队的创新能力。然而,这种团队的缺点是内部合作和互动相对较弱,可能导致团队凝聚力不足。

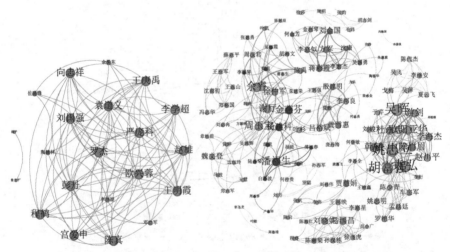

图 13-5　四川海思科制药有限公司和杭州中美华东制药有限公司

规模导向型团队在 NS 和 NC 方面具有较高均值,表明他们注重扩大团队规模以实现知识共享。这种团队在知识获取和传播方面具有优势,但可能因为团队规模过大,导致管理成本增加,影响团队协作效率。

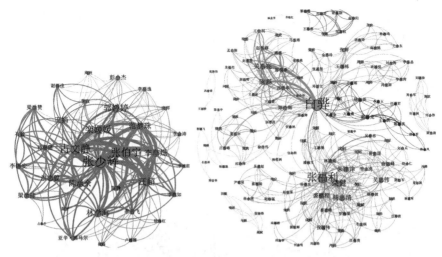

图 13-6 浙江辉肽生命健康科技有限公司和浙江海正药业股份有限公司

可以发现,不同团队配置类型在不同方面具有优点和缺点。异质性企业可能在知识获取、技术创新和市场拓展等方面具有优势,但同时也面临管理困难、文化差异等问题。因此,需要探讨如何发挥异质性企业的优势,同时克服其潜在挑战,以提高企业创新绩效。在研究企业异质性时,需要考虑聚类划分以讨论异质性企业群体下不同变量与企业创新绩效之间的复杂非线性关系,这有助于更好地了解不同企业间的差异,并为后续分析提供基础。

第三节 科研团队合作网络对企业创新绩效的影响

一、紧密合作型团队配置下的决策树构建

进一步地,在异质性团队配置类型的划分基础上,本书采用 CART 决策树模型对不同配置类型下的特征变量进行建模分析,其中条件变量为本书理论框架中的五个团队特征,决策变量为企业突破性创新。特别地,由于 CART 决策树是典型的二分树结构,将突破性创新以均值为划分界限,高于均值的样本部分离散为"高",低于均值的样本企业离散为"非高"或"低",通过这种方式进一步剖析何种团队网络条件下突破性创新呈现高状态。

其中,紧密合作型团队配置的决策树可视化效果如图 13-7 所示。在该种类型的团队配置下,知识多样性是影响企业突破性创新绩效的主要因素,其呈现在决策树的根节点位置。其次,在决策树的各节点中,知识多样性、

平均聚集系数、网络密度和研发投入强度之间的组态是突破性创新的前因要素,从图 13-7 可知引致企业突破性创新绩效呈现"高"状态的要素组合路径有三条、呈现"低"状态的要素组合路径也是三条,体现了不同因素对企业突破性创新的组合效应。

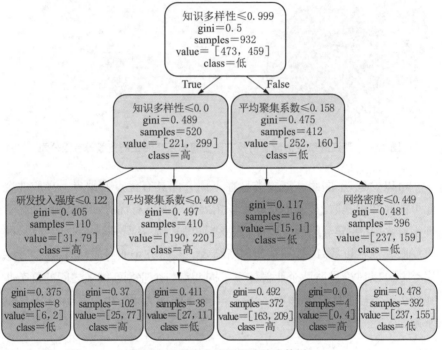

图 13-7　紧密合作型团队的决策树

二、知识拓展型团队配置下的决策树构建

知识拓展型团队的决策树可视化效果如图 13-8 所示。可以发现,处于根节点位置的关键变量为知识多样性,且左右树节点分别被列为"高绩效"和"低绩效"的分类标签,表明对于知识拓展型团队,创新绩效的提升路径依然是多样化的知识元素。在该类型团队配置的决策树中,对企业突破性创新绩效产生差异化作用的有知识多样性、网络密度、团队网络结构洞、研发投入强度这四个因素,表明平均聚集系数在这些团队类型的企业群体中差异性较弱。

其次,从可视化的决策树结果来看,引致企业实现高的突破性创新绩效的路径有知识多样性≤0.02、网络密度≤0.373 和知识多样性>0.02、团队网络结构洞>0.221 这两条,对于不满足条件的因素组合则有更大的可能

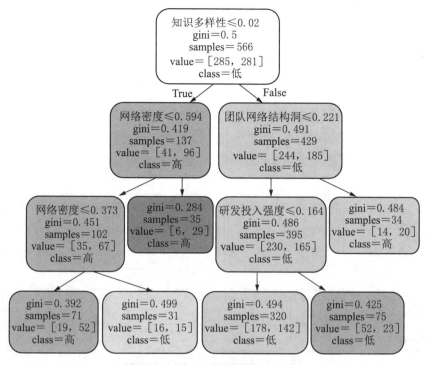

图 13-8　知识拓展型团队的决策树

引致低水平的突破性创新绩效。

三、规模导向型团队配置下的决策树构建

规模导向型团队配置的决策树可视化效果如图 13-9 所示。该类型企业尽管注重团队规模和团队成员的发展,但知识多样性依然是决定其突破性创新的关键因素,且对突破性创新绩效产生差异化影响的主要有知识多样性、团队网络结构洞两个因素,其他网络层面的因素如平均聚集系数、知识层面的知识多样性的作用相对较低。

决策树模型是规则生成类机器学习算法,在无条件约束的情况下可以实现对所有决策规则的零偏差提取。为了保证数据决策规则的代表性,设定最大树深度为 4、最小叶子节点数量为 90 来控制决策树的过拟合生长,同时引入两个惩罚因子即支持度和置信度,对决策树生成过程进行预剪枝,这也是判断数据决策规则是否有代表性和说服力的两个重要准则。前者表示满足特定规则的样本占全部样本的占比,后者表示特定规则引致决策变量状态划分的置信概率。最终基于 CART 决策树模型得到异质性团队配置类型下的数据决策规则如下表 13-3 所示。

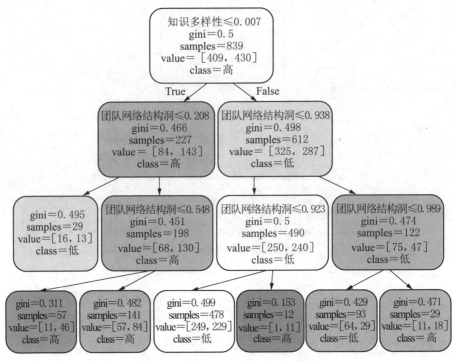

图 13-9 规模导向型团队的决策树

表 13-3 异质性团队配置下的决策规则

团队类型	条件变量					评价准则		决策变量
	NS	ND	NC	SH	KD	支持度	置信度	BR
紧密合作型	>0.122				≤0.001	10.944%	0.755	高
		>0.409			≤0.001	39.914%	0.562	高
		≤0.409			≤0.001	4.077%	0.711	非高
	>0.449		>0.158		>0.999	42.060%	0.605	非高
知识拓展型					≤0.020	24.205%	0.701	高
				≤0.221	>0.020	69.788%	0.582	非高
				>0.221	>0.020	6.001%	0.588	高
规模导向型			>0.208		≤0.007	23.560%	0.657	高
			>0.938		>0.007	14.541%	0.615	非高

　　从表 13-3 可知，异质性团队配置类型下企业实现高的突破性创新绩效的条件组合效应存在差异，且相同配置类型下的关键决策规则之间也有一定的区别。对于紧密合作型团队配置，引致高绩效和非高绩效的关键规则各有两个。在非高绩效的条件组合中，数据规则提炼为"高知识多样性、高网络密度、高团队凝聚性"和"低知识多样性、低团队凝聚性"，这表明在紧密

合作的团队环境中,科研团队拓展知识元素种类可能并不利于企业突破性创新的产生,知识多样性与团队凝聚性之间存在排挤效应。

同样地,当团队的知识多样性较低时,若整体的团队凝聚力不够,同样会导致企业突破性创新绩效处于非高状态。而在引致高绩效状态的决策规则中,"低知识多样性、高团队凝聚性"和"低知识多样性、高团队规模"的样本企业一共占比 50.858%,表明企业要想实现高的突破创新,可以采取专精技术领域的高凝聚性科研合作或较高的团队成员数量,此时知识多样性与团队网络之间存在一定的互补效应。

对于知识拓展型团队配置,企业内异质性知识元素相较于其他两种团队配置更多,但其决策规则依然显示较低的知识多样性($KD \leqslant 0.020$)是引致非高突破性创新的重要条件,置信度为 0.701。其次,在这种团队配置条件下,团队网络结构洞发挥着正向的促进作用,样本占比最多的规则显示"高知识多样性、低团队结构洞"是非高突破性创新的重要条件组合,而"高知识多样性、高团队结构洞"是高突破性创新的重要条件组合。

对于规模导向型团队配置,企业突破性创新状态为"高"或"非高"的关键规则各有一个。与知识拓展型类似,"低知识多样性、高团队结构洞"是高突破性创新的重要条件组合,而"高知识多样性、高团队结构洞"则会引致企业突破性创新呈现为非高状态,这表明大规模团队的公司在实现突破性创新方面应更加注重知识元素的精炼和团队核心结构成员的培养,过高的结构洞位置($SH \geqslant 0.938$)则不利于突破性创新的实现。

另外,从表 13-3 的纵向数据分析结果可知,在异质性团队配置类型下知识多样性始终发挥着重要的单一条件或条件组合作用,团队网络结构洞仅在知识拓展型和规模导向型团队中发挥作用,且条件组合效应存在差异。表征团队网络规模、网络密度和凝聚性三个网络特征仅在紧密合作型团队中发挥作用,这是由于在连通性较高的团队网络中,科研团队成员间的抱团合作行为可能抑制团队领导者或明星发明人的出现,致使具备这类团队配置的企业在结构洞位置占据上缺少差异,无法为突破性创新绩效的差异识别贡献条件组合效应,这从侧面进一步反映了团队配置类型划分的必要性和不同团队网络特征对企业突破性创新的联动影响。

第四节　本章小结

本章基于 2002 年至 2018 年生物医药制造行业 2 337 家企业的专利申

请数据,运用社会网络分析提取其内部科研团队网络,并采用机器学习方法探析了团队网络配置的三种异质性类型及其差异,结合决策树模型挖掘了不同团队配置类型下实现企业突破性创新绩效提升的关键规则,得到如下研究结论:

首先,通过 K-Means 算法的多维数据探索,企业的科研团队网络配置存在紧密合作、知识拓展和规模导向三种类型,其分别反映了以合作关系、异质性知识资源和人力资本投入为主导的三种企业科研合作模式。尽管与现有研究基于网络广度、网络深度的团队网络配置类型有所差异,但通过机器学习方法进行企业科研团队的合作模式探索更符合客观世界的数据分布规律,得出的细分类别更具有代表性与可信度,且划分标准的维度更加科学合理,提供了一定的科研团队划分思路。

其次,不同团队网络配置类型下团队网络特征与企业突破性创新之间的关系存在较大差异。团队网络凝聚性、网络密度和网络规模主要在紧密合作型团队中发挥作用,团队网络结构洞则在知识拓展型和规模导向型团队中发挥作用,这些网络特征与知识多样性之间皆存在同因异果的组合效应。在知识拓展型团队中,占据结构洞有利于企业的突破性创新,这与已有研究的结论相一致:结构洞越多,团队成员的信息控制权越高,其创新积极性相对更高,有利于充分发挥网络结构性资本的创新优势。而在成员众多而知识多样性较低的规模拓展型团队中,过多的结构洞反而不利于企业的突破性创新。

最后,知识多样性对于企业突破性创新的影响并不是单纯的线性关系,而是在不同稀疏程度的团队网络配置中发挥不同的非线性效应。研究结果显示,引致高的突破性创新绩效的关键规则有"低知识多样性、高网络团队凝聚性"和"低知识多样性、高网络结构洞",表明知识多样性与团队网络结构特征之间存在互补效应,知识多样性可能并不能决定突破性创新的成功创造,企业还需要学习、吸收和知识整合能力才能最大化科研团队中的异质性知识资源。[①]

---

① Hung, C. L., 2017: "Social Networks, Technology Ties, and Gatekeeper Functionality: Implications for the Performance Management of R&D Projects", *Research Policy*, 46(1).

第十四章 研究结论、理论贡献与管理启示

本章以不同层级科研主体(杰出学者、科研团队和研发企业)为研究对象,通过大数据技术分析手段分层级研究不同因素组合对科研主体创新绩效的异质性影响。通过研究,得出以下理论贡献、研究结论和管理启示。

第一节 研 究 结 论

科研主体内外部特征变量如何综合驱动创新绩效发展已然成为组织治理领域的热点话题,本书主要沿着以下三个方面进行研究:①创新绩效特征指标是反映科研主体内外部情况的重要表现形式,如何选取并分别测度是创新绩效研究的基础,有助于揭示不同科研主体的行为和行为结果特征。从组态视角切入,基于社会认知理论、社会网络理论和 TOE 框架理论梳理不同层级科研主体创新绩效的多维影响因素,并结合相关文献和研究实际对特征指标进行测度;②不同层级科研主体具有异质性,如何根据不同层级科研主体个性化特点实施不同的绩效激励措施或配置不同的科研资源是管理研究实际中需要重点解决的问题。在通用视角下对不同层级科研主体进行整体研究会丢失一部分关键信息,得出的普适性规律与实际管理情境并不能有效契合,因此在书中将特征相似的不同层级科研主体进行聚类以针对不同类型和特点的科研主体进行聚焦分析,识别不同层级科研主体在特定管理情境下创新绩效的不同驱动要素或作用机制;③依据不同层级科研主体的不同群组划分,运用决策树 CART 算法挖掘特征变量与结果变量创新绩效之间的非线性关系,明确不同特征组合对不同层级科研主体创新绩效的不同影响;通过决策规则重新划分样本空间,利用爬山算法搭建不同层级科研主体群组特征变量与创新绩效之间的拓扑结构,在 Netica 中构建贝叶斯网络,通过变量关联度和变量贡献度分析进一步探讨驱动要素与创新绩效之间的复杂作用机制,并明确各特征变量对创新绩效的不同重要性。

具体而言,本书的主要研究结论如下:

杰出学者之间具有明显异质性,根据特征变量进行聚类可以得到不同的杰出学者群组类别。在本书的高校杰出学者样本数据中,杰出学者可以划分为激励型群组、平台型群组和合作型群组三大类别,并且发现激励型群组和平台型群组中低知识创新绩效的学者数量偏多,而合作型群组中高知识创新绩效的学者占据主导地位。在杰出学者群组内,不同的特征组合对知识创新绩效的影响不同。对于呈现具体数值大小的决策规则而言,主要利用其进行变量重要性识别以及知识创新绩效预测分析。知识创造是影响杰出学者知识创新绩效的关键因素,不因外部复杂形势的变化而变化。根据关键变量的不同取值组合可以得到知识创新绩效等级高低的不同支持度和样本占比。科研合作关系资源需要根据杰出学者内外部综合条件进行合理配置。激励型群组的学者由于学术环境限制等原因,一味地拓宽合作广度并不会正向影响知识创新绩效,应将合作对象的数量保持在中等水平并加强稳定合作。平台型群组的学者所在院校创新氛围浓厚,对合作对象的数量具有较强包容性,易产生"规模经济"。合作型群组的学者知识创造能力普遍较强,合作关系资源丰富且稳定,相较而言不必保持高水平的合作深度而应继续拓宽合作广度。外部环境因素及科研效能感对杰出学者知识创新绩效起到一定程度的影响作用。外在激励和创新氛围分别成为激励型群组和平台型群组贝叶斯网络模型的最外层影响因素,主要承担间接影响的作用。而合作型群组贝叶斯网络模型中创新氛围、外在激励和科研效能感的缺失也说明这三个特征变量对某些杰出学者的知识创新绩效并无显著影响。

对科研团队进行分类分析得到的结论更具针对性。在本研究样本中,二人合作团队没有分裂特征,一方面说明仅考虑网络结构整体性特征指标对二人合作团队绩效的影响不全面,还应该考虑非网络结构特征对其影响作用;另一方面说明依据不同特征对科研团队进行聚类,有利于提高数据模型的拟合度。相较于将所有类型团队放置在一个模型中,得到的结论并非适用于所有类型团队,具体问题具体分析更具针对性和科学性。非网络结构特征对科研绩效的影响作用更大。网络结构整体性特征与非网络结构整体性特征都能影响团队科研绩效的产生,但非网络结构整体性特征对团队科研绩效的影响作用要大于网络结构整体性特征。基于网络结构与非网络结构对团队进行分类发现,团队的网络结构与非网络结构并无太大关联,具有不同非网络结构特征的科研团队既能具有相似的网络结构,也能具有相异性大的网络结构。不同类型团队的科研绩效影响路径不一样。基于非网络结构特征对团队进行分类发现项目资助对所有类型团队的科研绩效产生都是有利的,不会因为其他特征变量加入而改变影响作用的方向,其他特征变量在不同类型团队中与不同特征组合对科研绩效的影响作用不同,且同一特征组合在不同取值范围内对绩效影响方向也不同,说明团队特征与科研绩效之间的关系并不是简单的线性关系,而是复杂的非线性关系。发展成熟的大规模复杂团队相对来说更易产生高科研绩效。不管是基于网络结构、非网络结构还是网络结构与非网络结构结合对团队进行分类,结果都表明规模小且合作模式简单的团队势单力薄,更多时候只能依赖于团队学者自身科研能力,产生高科研绩效较为困难。而规模大且合作模式复杂的科研团队一般已经发展成熟,由于具有丰富的人力资源、充足的资金保障且合作形式多样,更容易实现团队高科研绩效产生的良性循环。

在组织层面共有 3 种研发合作企业群,每种对应一类网络环境,且它们之间存在较大差异,证实了分类讨论的必要性。虽然类完全合作网络的网络密度和网络聚集系数最大,但是由于它仅有 2 个网络成员,致使其与其他网络环境可比性不大。此外该网络环境下的企业结构洞最大,合作伙伴少使得结构洞大并不能说明企业获取关键知识资源的机会要多于其余两个网络环境下企业,反而机会更少更受限,同样也说明不同企业群的结构洞可比性较差。星型合作网络存在一个核心成员,非核心成员间不产生合作关系,而复杂合作网络涉及较多网络成员,且它们之间合作关系复杂多样,说明了在这些网络环境下的企业与合作伙伴间的关系以及知识资源获取的机会存在明显差异。因此建议学者在科学研究中有必要遵从"物以类聚、人以群分"的客观事实,使得研究结论更具针对性和可信度。在不同网络环境下的企业群中,影响企业绿色技术创新绩效的特征因素差异化明显,再次证实了分类讨论的必要性。知识基础广度和知识基础深度是影响类完全合作网络环境下企业绿色技术创新绩效的关键因素,当知识基础广度较低时,建议企业进一步加强对现有知识的熟悉和掌握程度可提高其创新绩效。知识基础广度和结构洞是影响星型合作网络环境下企业绿色技术创新绩效的关键因素,当企业自身知识基础较薄弱时,建议企业不要占据网络关键位置,否则会因为新知识的吸收能力不足等问题而影响其创新绩效的提升。知识基础深度和技术异质性是影响复杂合作网络环境下企业绿色技术创新绩效的关键因素,当企业的知识基础深度受限于一定水平时,建议企业不要过多关注合作伙伴的异质性技术知识,否则会因为知识基础薄弱而无法消化过多不熟悉的外部技术知识,进而影响创新绩效的提升。在不同网络环境下的企业,存在多条高绿色技术创新绩效的驱动路径,通过不同路径可实现"殊途

同归"的效果。在类完全合作网络环境下的企业,高创新绩效的驱动路径有
2条:①偏高的知识基础广度;②偏低的知识基础广度和偏高的知识基础深
度。在星型合作网络环境下的企业,高创新绩效的驱动路径有2条:①偏高
的知识基础广度;②偏低的知识基础广度和偏低的结构洞。在复杂合作网
络环境下的企业,高创新绩效的驱动路径有3条:①偏高的知识基础深度;
②较低水平的知识基础深度和偏低的技术异质性;③一般水平的知识基础
深度和偏高的技术异质性。因此,建议企业应该结合所处的网络环境现状,
努力提高自身知识基础,并结合自身现状考虑是否要占据网络关键位置以
及在合作伙伴的选择时是否要过多关注对方的异质性技术知识。

第二节　理 论 贡 献

科研主体作为顶尖人才和创新团队的重要来源,其发展对实现第二个
百年奋斗目标举足轻重。本书运用大数据技术识别复杂管理情境下科研主
体创新绩效的驱动要素和作用机制,制定相应的绩效管理措施以推动科研
主体取得更强国际科研竞争优势。其理论贡献主要体现在:

丰富绩效管理理论研究视角,推进了相关理论的融合。从客观数据出
发,多维度归纳不同层级科研主体创新绩效的特征变量,整合创新绩效结果
变量,从个体、团队和企业不同层面分析科研主体特征变量与创新绩效之间
的复杂非线性关系研究。杰出学者、科研团队和研发企业作为高校和国家
创新的主力军,其特点与创新绩效发展路径成为研究的重点和难点。不同
科研主体具有不同的特征,使用单个模型分析相异性较大的科研主体容易
导致模型泛化能力下降,无法找到影响科研主体创新绩效的一般规律。本
研究针对不同层级科研主体分别引入社会认知理论、社会网络理论和 TOE
框架理论等,通过文献梳理分析影响不同层级科研主体创新绩效的特征因
素,并借助数据挖掘领域的决策树算法模型和贝叶斯网络分析方法探析驱
动科研主体达成高绩效目标的不同特征组合和提升路径,为不同层级科研
主体创新绩效理论的丰富提供参照。

根据"物以类聚、人以群分"原则提出同质性对象分析理论和模型,为获
得不同层级科研主体的差异化管理策略提供理论基础。相同特征变量对科
研主体创新绩效的影响作用不同,异质性科研主体有适合自身发展的差异
化绩效成长路径。不同层级科研主体具有不同类型和特点,使用单一模型
无法兼顾科研主体群组的异质性特征,也无法通过研究获得推进不同层级

科研主体创新绩效有效提升的针对性策略。本书通过对内外部特征相似的科研主体进行聚类,明确同质科研主体群组类型和特点,通过对不同科研主体群组进行决策规则分析和贝叶斯网络分析以深化特征变量与科研主体创新绩效的关系研究,具体问题具体分析,突破传统研究使用同一组模型的做法,提升管理启示的有效性和普适性,凝练适用于特定对象的差异化管理策略。总之,在明确不同科研主体群组类型和特点的基础上,探寻不同管理情境下科研主体创新绩效的影响因素和影响机制,使得研究结论具有针对性,突破以往研究在通用视角下得出的普适性管理规律,凝练适用于特定对象的差异化管理策略。在同质性科研主体内部,通过决策分析和贝叶斯网络分析得出科研主体获得高创新绩效的多种可行策略和方法。

提出数据驱动分析理论框架,有效优化数据资源效益,为各级各类人才培养提供符合现实管理情境的新方法和新策略。该方法论克服了传统实证分析方法模型拟合度低的局限,有效捕捉整体性特征组合对创新绩效的交互效应,为不同层级科研主体的人才培养和管理工作提供科学决策。国内外对于个体、团队、企业乃至合作网络的创新绩效研究大多停留于实证分析和定性比较分析等相关方法上,在研究方法上亟待创新。本书在研究不同层级科研主体特征变量对创新绩效的影响时,引入数据挖掘领域的决策树模型详细探析不同特征组合对创新绩效的非线性影响,最后用贝叶斯网络模型详细分析变量之间的复杂作用机制。传统的管理学分析方法能够解决研究问题,但对于变量之间的关系探究并不彻底和完善。在研究状况多样化与研究问题逐渐复杂化的趋势下,找到适合的分析方法去解决恰当的问题具有关键意义。因此本书提出的数据驱动分析方法顺应数字技术纵深发展,为经济学和管理学相关领域的科学研究范式转变带来契机。区别于研究模型预设中变量之间的线性或简单非线性关系,本书从海量客观数据资源中挖掘有价值知识规律,从大数据角度研究驱动要素对科研主体创新绩效的作用机制,为管理学科研究方法论的丰富作出一定贡献。

第三节　管理启示

在实际管理情境中,影响不同层级科研主体创新绩效的因素种类繁多且不易识别。通过对杰出学者、科研团队、研发企业和个体(科研团队)合作网络的创新绩效进行研究发现,不同层级科研主体具有异质性特征,相同特征变量对不同层级科研主体创新绩效的影响不尽相同。特别地,基于不同层级科研主体群组划分,在不同群组内部发现特征变量的不同依赖关系对创新绩效的综合驱动作用。因此,将所得的研究结论运用到实际管理中时,应该注重不同层级科研主体的个性化特征,依据不同层级科研主体的异质性特点科学合理配置科研合作关系资源与外部环境资源。主要建议包括:

培养杰出学者核心知识创造能力,加强高校科研人员队伍建设,提高学者知识创新绩效。一方面,在不同类型的学者群组中,知识创造都是学者知识创新绩效提升的关键因素,从侧面反映知识创造对知识创新绩效的普适性,学者在不同管理情境中都应该注重自身核心能力的提升以符合多元管理情境下的绩效要求;另一方面,组织整体绩效需要个体成员的共同努力,加强成员知识创造能力的培养有利于高校科研产出良性循环,促进团体知识创新绩效的发展。优化组织资源配置,根据学者内外部综合条件配置科研合作关系资源,凸显科研合作在高校知识创新中的重要作用。对于所处外部环境质量欠佳且知识创造能力较弱的学者而言,应该将合作伙伴的数量控制在合理区间,避免因低质量的高频合作产生的"规模不经济"。在实际问题中,盲目拓宽合作广度并不会提升绩效,反而可能对成员绩效造成负向影响。对于拥有好平台且自身效能感比较强的学者而言,拓宽合作广度和加强合作深度都会提升知识创新绩效,平台优势使得学者对合作伙伴的数据具有较强的包容性。在学术环境质量高的院校,应该为学者拓宽合作渠道,推动科研知识的持续产出。对内外部条件一般但合作能力突出的学者而言,除了继续培养知识创造能力外,也应保持稳定合作。相关管理部门可以根据学者个性化特点制定和实施不同的激励策略,有效提升学者知识创新绩效。优化组织学术环境,加大支持创新力和创新程度并完善相应的激励机制。外部环境因素对不同学者的影响作用各异,在激励型群组和平台型群组中作为最外层因素间接影响知识创新绩效。在合作型群组中,虽然创新氛围和外在激励对知识创新绩效的影响作用不明显,但对于其他群组的学者而言,外部环境因素通过个体因素和合作因素影响知识创新绩效。未来绩效管理着力点应持续关注外部环境对杰出学者的影响作用,不断完善绩效激励策略,推进学者知识创新绩效的发展。推动杰出学者拥有的资源、能力与外部环境动态匹配,为学者规划殊途同归的多种知识创新绩效发展路径。通用视角下得出的绩效发展策略不能兼顾杰出学者的异质性特征,且固定单一的绩效发展路径不利于学者综合运用各方资源提升知识创新绩效。在不同类型的学者群组内部,有不同的贝叶斯网络结构,网络内部变量间殊途同归的作用机制表明杰出学者创新绩效提升的方法多样且具有替代性。此外,本书研究得出的特征变量(科研效能感、知识创造、创新氛围、外在激励、合作广度和合作深度)与知识创新绩效之间的复杂非线性关系可以提高创新绩效管理和决策的精细化程度。例如,在获得学者特征变量数据的前提下,根据不同特征组合情况,可以预测杰出学者的绩效发展状况,适时依据决策规则进行动态调整,为杰出学者突破绩效发展瓶颈提供助力。而在各群组贝叶斯网络中,每增加一个学者样本数据,对提升模型的推理和诊断效能大有裨益,管理者可以根据学者特征变量的动态发展状况进行策略调整,提高杰出学者获得高知识创新绩效的概率。

构建良好社会网络,均衡配置人员。根据网络结构整体性特征与科研绩效之间的非线性关系可以看出,除二人合作团队较为特殊外,网络密度和平均加权度对其他类型团队的科研绩效影响作用较强。团队应根据实际合作模式均衡配置人员,通过引入新人才或者加大合作深度来不断调整其网络结构,注重产出数量的同时还应重视产出的质量,实现科研绩效全面开花的局面。同时,大团队要注重弱关系的维护,避免团队发展仅依靠部分核心学者,应有效挖掘团队剩余合作空间促进团队均衡全面发展。发挥混搭优势,实现互补效应。综合化、多元化发展趋势下跨机构和跨学科合作是必要的,这不仅可以提高团队的科研产出还能提高中国研究资源的利用率,实现学者之间的资源互补双赢。跨学科合作的跨度要适中,须结合团队自身情况进行,团队实际的科研能力是决定跨学科合作能否促进新知识吸收的关键。当团队内部知识同质化较为严重时,增大学科多样性能为团队带来更多新知识新思想,但这些新知识和新思想只有被团队充分吸收利用才能促进团队进行更多的新产出。跨学科合作的前提是团队成员必须相互理解彼此"语言",否则只会用力过度,导致团队难以消化新知识。重视科研项目资助,充分利用资助资源。研究结果表明项目资助数对团队科研绩效的促进作用最大,充足的项目资助数意味着团队拥有更高充裕资金支持的可能性,因而可以从外部和内部两方面对团队成员进行激励。外部激励主要是资金,充裕的资金不仅能够保证团队项目的高效运行,还能提高团队对外人才的吸引力,引入更多能力强的学者加入团队,从而带动团队内其他学者以致整个团队能力提升。内部激励主要是科研项目受到同行专家评议,项目若得到资助,则代表团队的科研创新能力得到了肯定。因此,高绩效团队形成的关键还是要通过各种方式不断提升自身的科研能力。

加强企业自身知识基础建设,扎实的知识基础是企业实现绿色技术创新首要因素。一方面,在不同合作网络环境下,知识基础广度和知识基础深度是企业产生高低绿色技术创新绩效差异的关键影响因素。拓宽知识基础广度和加强知识基础深度有助于企业充分利用内部知识资源,通过对现有知识资源重新组合的方式实现绿色技术创新。另一方面,加强企业自身知识基础建设将有助于企业理解和吸收外部异质性知识资源。企业自身知识基础越强,其内部知识的重新组合机会越多,同时与外部知识交叉融合的机会也越多。这反映了加强企业自身知识基础对绿色技术创新绩效的提升具有普适性,企业在不同合作情境中都应该注重自身知识基础的建设以符合多元合作情境的绩效要求。对于类完全合作网络环境下的企业,应注意开拓自身知识基础广度,加强自身知识基础深度,拥有坚实的知识基础是企业提升绿色技术创新绩效的关键,当知识基础广度较低时,建议企业进一步加强对现有知识的熟悉和掌握程度可提高其创新绩效。对于星型合作网络环境下的企业,在拓宽自身知识基础广度的同时,应注意其是否有能力占据网络关键位置,当企业自身知识基础较薄弱时,建议企业不要占据网络关键位置,否则会因为新知识的吸收能力不足等问题而影响其创新绩效的提升。对于复杂合作网络环境下的企业,当企业的知识基础深度受限于一定水平时,建议企业不要过多关注合作伙伴的异质性技术知识,否则会因为知识基础薄弱而无法消化过多不熟悉的外部技术知识,进而影响创新绩效的提升。应当专注于对自身内部知识资源的消化的利用,一味追求获取合作伙伴的异质性技术知识而忽略加强自身知识基础将会影响其绿色技术创新绩效的提升,故不应选择与自身技术知识过于相似的主体,也不能选择与自身技术知识过于不同的创新主体,拥有一定类似技术知识背景和异质性技术知识的企业或高校是企业最佳的合作伙伴人选。

第四节 不足与展望

作为一项将数据驱动研究范式运用于不同层级科研主体创新绩效影响机制分析的探索性研究,本书还存在很多不足,亟待后续研究进行更加深入的、多个视角的分析。不同主体创新绩效管理相关研究日渐成熟,但在数字经济和知识经济时代背景下结合中国国情以及相关政策和制度进行深度探讨是绩效管理研究方向之一,也是大势所趋。未来研究可以从以下几点展开:

尽管本书在对不同科研主体的指标遴选上已经尽可能囊括多个前因变量,但未对不同层级科研主体创新绩效特征指标进行更加系统化、层次化的梳理,以充分反映不同层级科研主体的内外部特征。因此可结合文献梳理和研究实际考虑多方面因素并研究特征变量与不同层级科研主体创新绩效之间的动态变化机制,深入探讨不同层级科研主体创新绩效前因变量与结果变量之间的复杂演化规律。

在样本数据的选择上,受限于数据的可获得性,只获取了部分高校杰出学者的绩效数据和医学信息学领域的科研团队数据,使得研究结果具有一定局限性。因此,未来可以运用计算机相关技术获取多来源、多层次的杰出学者绩效数据为支撑,挖掘出海量数据中隐藏的事物特征并总结归纳出知识规律,使得研究结果反映现实规律从而更具普适性。

引入机器学习方法探析多变量之间的复杂逻辑关系时,往往使用代理变量进行研究,但所用指标是否足够解释变量内涵是一个亟待研究和解决的问题。可以借鉴管理学领域中的信效度检验等相关方法,检验代理变量是否能够充分反映潜变量的内涵,使得代理变量的使用更加合理化和规范化。

以数据为依托诚然能够挖掘出潜在的有价值的信息和知识,但指标遴选需要在一定理论框架下进行才能更好地符合研究情境。特征变量的维度和数量并不具有"规模效应",超过一定范围就难以用理论进行有效解释。因此在接下来的管理问题研究中,应该兼顾理论性指导,在宏观理论框架下运用数据挖掘方法探寻未知规律,使得研究结果具有理论意义和实践意义双重价值。但在大数据时代背景下,使用数据驱动分析方法解决实际管理问题仍然是创新发展的必然趋势。

参 考 文 献

1. ［英］S.泰森，T.杰克逊等:《组织行为学精要》,高筱苏译,中信出版社
2003 年版。

2. 艾志红:《创新网络中网络结构、吸收能力与创新绩效的关系研究》,
《科技管理研究》2017 年第 2 期。

3. 白华、黄海刚:《博士生学术创新力的影响路径模型研究——基于全
国 1 454 位博士研究生的实证调查数据》,《高教探索》2019 年第 6 期。

4. 毕克新、杨朝均、黄平:《中国绿色工艺创新绩效的地区差异及影响
因素研究》,《中国工业经济》2013 年第 10 期。

5. 蔡俊亚、党兴华:《创业导向与创新绩效:高管团队特征和市场动态
性的影响》,《管理科学》2015 年第 5 期。

6. 蔡翔、史烽:《高校科研团队冲突、行为整合与绩效的关系》,《技术经
济与管理研究》2011 年第 12 期。

7. 蔡中华、陈鸿、马欢:《我国向"一带一路"沿线国家专利申请质量测
度研究》,《科学学研究》2020 年第 7 期。

8. 岑杰、李章燕、李静:《企业专利合作网络与共性技术溢出》,《科学学
研究》2021 年第 5 期。

9. 常蕾:《学术水平的不确定性对高校科研奖励的影响研究》,《中国高
校科技》2015 年第 12 期。

10. 常峥斌、吴珞、吴贝贝、张必毅、常青:《理工类院校科研水平与学术
支撑能力比较研究——以上海市 6 所应用技术型大学为例》,《图书情报工
作》2016 年第 22 期。

11. 陈春花、杨映珊:《科研组织管理的新范式:团队运作模式》,《科学
管理研究》2002 年第 1 期。

12. 陈国栋:《设计团队知识交流与创新绩效的实证关系研究》,《科研
管理》2014 年第 4 期。

13. 陈国青、张瑾、王聪、卫强、郭迅华:《"大数据—小数据"问题:以小

见大的洞察》,《管理世界》2021 年第 2 期。

14. 陈果、赵以昕:《多因素驱动下的领域知识网络演化模型:跟风、守旧与创新》,《情报学报》2020 年第 1 期。

15. 陈卫静、郑颖:《科学合作网络中作者影响力测度研究》,《情报理论与实践》2013 年第 6 期。

16. 陈兴荣:《国家杰出青年科学基金对高校科学研究的促进作用——以华中农业大学为例》,《中国科学基金》2014 年第 2 期。

17. 陈秀娟、张志强:《国际科研合作对科研绩效的影响研究综述》,《图书情报工作》2019 年第 15 期。

18. 陈一华:《制造企业数字赋能扩散及驱动商业模式创新的机理研究》,华南理工大学,2021 年。

19. 陈义涛、林丽敏:《共享经济感知价值对口碑效应的影响机制——基于自我效能的调节作用》,《技术经济与管理研究》2020 年第 10 期。

20. 陈宇、何杰:《信息学科国家杰出青年科学基金项目调查分析》,《科技管理研究》2011 年第 12 期。

21. 陈志军、马鹏程、董美彤、牛璐:《母子公司研发管理控制点研究》,《科学学研究》2018 年第 10 期。

22. 储节旺、闫士涛:《知识管理学科体系研究——聚类分析和多维尺度分析》,《情报理论与实践》2012 年第 3 期。

23. 崔俊杰:《过程视角下的高校青年科研人员激励困境与治理研究》,《科学管理研究》2018 年第 5 期。

24. 崔世娟、陈丽敏、黄凯珊:《网络特征与众创空间绩效关系——基于定性比较分析方法的研究》,《科技管理研究》2020 年第 18 期。

25. 丁宝军、朱桂龙:《基于知识结构的 R&D 投入与技术创新绩效关系的实证分析》,《科学学与科学技术管理》2008 年第 9 期。

26. 董政娥、陈惠兰:《人文社会科学研究国际化科研水平计量学分析——以东华大学被 SSCI、A&HCI(1975—2009)收录文献为案例》,《科技管理研究》2010 年第 18 期。

27. 杜运周、贾良定:《组态视角与定性比较分析(QCA):管理学研究的一条新道路》,《管理世界》2017 年第 6 期。

28. 杜运周、李佳馨、刘秋辰、赵舒婷、陈凯薇:《复杂动态视角下的组态理论与 QCA 方法:研究进展与未来方向》,《管理世界》2021 年第 3 期。

29. 段锦云、肖君宜、夏晓彤:《变革型领导、团队建言氛围和团队绩效:创新氛围的调节作用》,《科研管理》2017 年第 4 期。

30. 段维彤:《基于契约理论的民办高校科研人员激励机制研究》,《科学管理研究》2007年第2期。

31. 段晓梅:《系统思维下我国高校科研绩效的超效率DEA评价》,《系统科学学报》2019年第4期。

32. 敦帅、陈强、丁玉:《基于贝叶斯网络的创新策源能力影响机制研究》,《科学学研究》2021年第10期。

33. 樊建锋、盛安芳、赵辉:《效果逻辑与因果逻辑:两类中小企业创业者的再验证——环境不确定性感知与创业自我效能感的调节效应》,《科技进步与对策》2021年第7期。

34. 方成、方同庆:《大学科研治理:冲突与变革——基于大学科研人员治理主体》,《科技进步与对策》2020年第7期。

35. 付景涛:《职业嵌入对知识员工创新绩效的影响:敬业的中介作用》,《管理评论》2017年第7期。

36. 付雅宁、刘凤朝、马荣康:《发明人合作网络影响企业探索式创新的机制研究——知识网络的调节作用》,《研究与发展管理》2018年第2期。

37. 高长元、程璐:《基于灰色关联分析的高技术虚拟产业集群知识创新绩效模型研究》,《图书情报工作》2010年第18期。

38. 高霞、曹洁琼、包玲玲:《产学研合作开放度的异质性对企业创新绩效的影响》,《科研管理》2021年第9期。

39. 关鹏、王曰芬、傅柱、叶龙生:《专利合作网络小世界特性对企业技术创新绩效的影响研究》,《图书情报工作》2021年第18期。

40. 管亚梅、陆静娇、沈黎芳:《CEO绿色变革型领导与绿色创新绩效——企业环境伦理的调节与企业绿色行为的中介作用》,《财会研究》2019年第6期。

41. 何海燕、李芳:《高校科研合作对论文产出质量的影响——基于国家重点实验室分析》,《北京理工大学学报(社会科学版)》2017年第5期。

42. 何会涛、彭纪生:《人力资源管理实践对创新绩效的作用机理研究——基于知识管理和组织学习视角的整合框架》,《外国经济与管理》2008年第8期。

43. 何帅、陈良华:《新型科研机构创新绩效的影响机理研究》,《科学学研究》2019年第7期。

44. 何志国、彭灿:《BP神经网络在知识型企业研发团队知识创新绩效评价中的应用研究》,《图书情报工作》2009年第8期。

45. 洪永淼、汪寿阳:《大数据革命和经济学研究范式与研究方法》,《财经智库》2021 年第 6 期。

46. 洪永淼、汪寿阳:《大数据如何改变经济学研究范式?》,《管理世界》2021 年第 10 期。

47. 侯二秀、陈树文、长青:《企业知识员工心理资本、内在动机及创新绩效关系研究》,《大连理工大学学报(社会科学版)》2012 年第 2 期。

48. 侯二秀、秦蓉、雍华中:《基于扎根理论的科研团队创新绩效影响因素研究》,《中国管理科学》2016 年第 S1 期。

49. 侯梦利、孙国君、董作军:《一篇社会网络分析法的应用综述》,《产业与科技论坛》2020 年第 5 期。

50. 胡常伟、祝良芳:《提升教师教学科研水平 培养新时代一流人才》,《中国大学教学》2020 年第 4 期。

51. 胡海青、张琅、张道宏:《供应链金融视角下的中小企业信用风险评估研究——基于 SVM 与 BP 神经网络的比较研究》,《管理评论》2012 年第 11 期。

52. 胡楠、薛付婧、王昊楠:《管理者短视主义影响企业长期投资吗?——基于文本分析和机器学习》,《管理世界》2021 年第 5 期。

53. 华连连、张涛嘉、王建国等:《全球绿色技术专利创新演化及布局特征分析》,《科学管理研究》2020 年第 6 期。

54. 华萌、陈仕吉、周群等:《多学科期刊论文学科划分方法研究》,《情报杂志》2015 年第 5 期。

55. 黄岚、蒋彦龙、孔垂谦:《科技拔尖人才的素质特征与大学教育生态优化——基于 N 大学杰出校友调查数据的层次分析》,《高等教育研究》2017 年第 1 期。

56. 黄奇、苗建军、李敬银等:《基于绿色增长的工业企业技术创新效率空间外溢效应研究》,《经济体制改革》2015 年第 4 期。

57. 黄秋风、唐宁玉:《内在激励 VS 外在激励:如何激发个体的创新行为》,《上海交通大学学报(哲学社会科学版)》2016 年第 5 期。

58. 黄秋风、唐宁玉、葛明磊:《外在激励社会比较对创造力的影响》,《系统管理学报》2020 年第 3 期。

59. 黄维海、马钰洁:《高校杰出人才职业成长的心理特质与培养策略》,《高校教育管理》2021 年第 1 期。

60. 黄益平、邱晗:《大科技信贷:一个新的信用风险管理框架》,《管理世界》2021 年第 2 期。

61. 贾晓霞、张寒:《引入合作网络的知识积累对产学研合作创新绩效影响的实证研究——基于中国 2006—2015 年 34 所 985 高校专利数据》,《产经评论》2018 年第 6 期。

62. 贾绪计、蔡林、林琳、林崇德:《高中生感知教师支持与学习投入的关系:学业自我效能感和成就目标定向的链式中介作用》,《心理发展与教育》2020 年第 6 期。

63. 蒋日富、霍国庆、谭红军、郭传杰:《科研团队知识创新绩效的影响要素探索——基于我国国立科研机构的调查分析》,《科学学研究》2007 年第 2 期。

64. 蒋旭纯、吴强:《基于 hα 指数的不同学科领域科研水平评价研究》,《科学学与科学技术管理》2014 年第 2 期。

65. 晋琳琳:《高校科研团队知识管理系统要素探析——基于教育部创新团队的实证研究》,《管理评论》2010 年第 5 期。

66. 晋琳琳、陈宇、奚菁:《家长式领导对科研团队创新绩效影响:一项跨层次研究》,《科研管理》2016 年第 7 期。

67. 晋琳琳、李德煌:《科研团队学科背景特征对创新绩效的影响——基于知识交流共享与整合的中介效应》,《科学学研究》2012 年第 1 期。

68. 黎耀奇、谢礼珊:《社会网络分析在组织管理研究中的应用与展望》,《管理学报》2013 年第 1 期。

69. 李春发、赵乐生:《激励机制影响新创企业知识转移的系统动力学分析》,《科技进步与对策》2017 年第 13 期。

70. 李德毅、孟海军、史雪梅:《隶属云和隶属云发生器》,《计算机研究与发展》1995 年第 6 期。

71. 李登峰、林萍萍:《基于 D-S 证据融合和直觉模糊贝叶斯网络双向推理的景区游客拥挤踩踏故障诊断分析》,《系统工程理论与实践》2022 年第 7 期。

72. 李纲、李春雅、李翔:《基于社会网络分析的科研团队发现研究》,《图书情报工作》2014 年第 7 期。

73. 李光丽、段兴民:《侧析我国的学术环境——对诺贝尔奖困惑的反思》,《科学管理研究》2005 年第 5 期。

74. 李海波、刘则渊、潘雄峰:《科研团队的模糊综合评价模型构建与应用》,《科技管理研究》2006 年第 11 期。

75. 李海林、龙芳菊、林春培:《网络整体结构与合作强度对创新绩效的影响》,《科学学研究》2023 年第 1 期。

76. 李海林、徐建宾、林春培等:《合作网络结构特征对创新绩效影响研究》,《科学学研究》2020年第8期。

77. 李健、余悦:《合作网络结构洞、知识网络凝聚性与探索式创新绩效:基于我国汽车产业的实证研究》,《南开管理评论》2018年第6期。

78. 李平、李鹏、张俊飚:《农业科研生态、团队愿景对创新绩效的作用机理及实证研究》,《科技管理研究》2015年第6期。

79. 李倩、龚诗阳、李超凡:《团队文化多样性对团队创新的影响及作用机制》,《心理科学进展》2019年第9期。

80. 李强、顾新、胡谍:《产学合作渠道的广度和深度对高校科研绩效的影响》,《软科学》2019年第6期。

81. 李容:《学术水平的不可验证性对科研奖励的影响研究》,《科研管理》2014年第11期。

82. 李树祥、梁巧转:《团队性别多样性和团队绩效关系研究——团队网络密度和团队网络中心势的调节效应分析》,《软科学》2015年第3期。

83. 李素矿、姚玉鹏:《我国地质学青年拔尖人才成长成才过程及特征分析——以地球科学领域国家杰出青年基金获得者为例》,《中国科技论坛》2009年第1期。

84. 李雯、夏清华:《学术型企业家对大学衍生企业绩效的影响机理——基于全国"211工程"大学衍生企业的实证研究》,《科学学研究》2012年第2期。

85. 李武威:《外资研发、技术创新资源投入与本土企业创新绩效:命题与模型构建》,《情报杂志》2012年第6期。

86. 李小龙、张海玲、刘洋:《基于动态网络分析的中国高绩效科研合作网络共性特征研究》,《科技管理研究》2020年第7期。

87. 李孝明、蔡兵、顾新:《高校创新型团队的绩效评价》,《科技管理研究》2009年第2期。

88. 李欣、温阳、黄鲁成等:《多层网络分析视域下的新兴技术研发合作网络演化特征研究》,《情报杂志》2021年第1期。

89. 李子彪、孙可远、赵菁菁:《企业知识基础如何调节多源知识获取绩效?——基于知识深度和广度的门槛效应》,《科学学研究》2021年第2期。

90. 廖青云:《科研团队识别及其绩效影响因素研究》,北京理工大学,2018年。

91. 廖青云、朱东华、汪雪锋等:《科研团队的多样性对团队绩效的影响研究》,《科学学研究》2021年第6期。

92. 林卉:《机构合作网络与论文合作影响力研究》,南京农业大学,

2014 年。

93. 林涛:《国内农业高校科研产出比较研究——基于 CNKI、SCI、In-cites 和 CSCD》,《图书情报研究》2016 年第 9 期。

94. 刘成科、孔燕、陈艳艳:《科研自我效能感的内涵、测量及其影响》,《科技管理研究》2019 年第 20 期。

95. 刘斐然、胡立君、范小群:《产学研合作对企业创新质量的影响研究》,《经济管理》2020 年第 10 期。

96. 刘凤朝、罗蕾、张淑慧:《知识属性、知识关系与研发合作企业创新绩效》,《科研管理》2021 年第 11 期。

97. 刘凤朝、杨爽:《发明人知识特征对其合作网络中心性的影响研究——基于社会—知识二模网的分析》,《研究与发展管理》2020 年第 4 期。

98. 刘冠男、张亮、马宝君:《基于随机游走的电子商务退货风险预测研究》,《管理科学》2018 年第 1 期。

99. 刘广、虞华君:《外在激励、内在激励对高校教师科研绩效的影响》,《科研管理》2019 年第 1 期。

100. 刘国瑜:《一流学科建设中研究生培养与高水平科研的结合》,《学位与研究生教育》2018 年第 6 期。

101. 刘红煜、唐莉:《获评高被引学者会提升学术产出与影响力吗?——来自整体与个体层面的双重验证》,《科学学研究》2021 年第 2 期。

102. 刘华海:《科研项目绩效评价模型和指标体系的构建》,《科研管理》2016 年第 S1 期。

103. 刘惠琴:《团队异质性、规模、阶段与类型对学科团队创新绩效的影响研究》,《清华大学教育研究》2008 年第 4 期。

104. 刘惠琴、张德:《高校学科团队中魅力型领导对团队创新绩效影响的实证研究》,《科研管理》2007 年第 4 期。

105. 刘慧群:《高校科研团队绩效考核机制研究》,《科技进步与对策》2010 年第 24 期。

106. 刘天佐、许航:《我国不同区域高校科研投入产出绩效及其影响因素分析——基于 DEA-Tobit 模型的实证研究》,《科技管理研究》2018 年第 13 期。

107. 刘先红、李纲:《国家自然科学基金连续资助期间科研团队的合作稳定性分析》,《中国科学基金》2016 年第 4 期。

108. 刘笑、陈强:《产学合作数量与学术创新绩效的关联性分析》,《科技进步与对策》2017 年第 20 期。

109. 刘笑、陈强:《产学合作数量与学术创新绩效关系》,《科技进步与对策》2017 年第 20 期。

110. 刘璇:《社会网络分析法运用于科研团队发现和评价的实证研究》,华东师范大学,2011 年。

111. 刘璇、汪林威、李嘉等:《科研合作网络形成机理——基于随机指数图模型的分析》,《系统管理学报》2019 年第 3 期。

112. 刘选会、张丽、钟定国:《高校科研人员自我认同与组织认同和科研绩效的关系研究》,《高教探索》2019 年第 1 期。

113. 刘岩、蔡虹、裴云龙:《如何成为关键研发者?——基于企业技术知识基础多元度的实证分析》,《科学学研究》2019 年第 8 期。

114. 刘岩、蔡虹、向希尧:《基于专利的行业技术知识基础结构演变分析》,《科学学研究》2014 年第 7 期。

115. 刘元芳、陈衍泰、余建星:《中国企业技术联盟中创新网络与创新绩效的关系分析——来自江浙沪闽企业的实证研究》,《科学学与科学技术管理》2006 年第 8 期。

116. 刘云、王刚波、白旭:《我国科研创新团队发展状况的调查与评估》,《科研管理》2018 年第 6 期。

117. 柳卸林、邢新主、陈颖:《学术环境对博士后科研创新能力的影响》,《科学学研究》2009 年第 1 期。

118. 龙贤义、邓新明、杨赛凡:《企业社会责任、购买意愿与购买行为——主动性人格与自我效能有调节的中介作用》,《系统管理学报》2020 年第 4 期。

119. 卢艳秋、张公一:《跨国技术联盟创新网络与合作创新绩效的关系研究》,《管理学报》2010 年第 7 期。

120. 吕海洋、冯玉强:《合著网络中作者的角色分析》,《情报理论与实践》2010 年第 1 期。

121. 吕后彬:《领导者对"高屋""低屋"的运用艺术》,《领导科学》2020 年第 17 期。

122. 栾丽华、吉根林:《决策树分类技术研究》,《计算机工程》2004 年第 9 期。

123. 罗卓然、王玉琦、钱佳佳等:《学术论文创新性评价研究综述》,《情报学报》2021 年第 7 期。

124. 马费成、陈柏彤:《我国人文社会科学学科多样性研究》,《情报科学》2015 年第 4 期。

125. 马荣康、金鹤:《高校技术转移对科研产出的影响效应研究——科研资助的中介作用与调节作用》,《科研管理》2020 年第 5 期。

126. 马卫华、程巧、薛永业:《重大科研项目负责人领导行为对团队合作质量的影响》,《科技管理研究》2018 年第 16 期。

127. 马卫华、刘佳、樊霞:《产学研合作对学术团队核心能力影响及作用机理研究》,《管理学报》2012 年第 11 期。

128. 马卫华、许治、肖丁丁:《基于资源整合视角的学术团队核心能力演化路径与机理》,《科研管理》2011 年第 3 期。

129. 马艳艳、刘凤朝、姜滨滨、王元地:《企业跨组织研发合作广度和深度对创新绩效的影响——基于中国工业企业数据的实证》,《科研管理》2014 年第 6 期。

130. 米兰、黄鲁成、苗红、吴菲菲:《国际养老新兴技术合作模式演化及影响因素研究》,《科研管理》2021 年第 10 期。

131. 苗青:《服务型领导、利他导向文化与科研人员成长》,《科研管理》2009 年第 6 期。

132. 缪根红、陈万明、唐朝永:《外部创新搜寻、知识整合与创新绩效的关系探析》,《科技进步与对策》2014 年第 1 期。

133. 莫君兰、窦永香、开庆:《基于多源异构数据的科研团队画像的构建》,《情报理论与实践》2020 年第 9 期。

134. 慕春棣、戴剑彬、叶俊:《用于数据挖掘的贝叶斯网络》,《软件学报》2000 年第 5 期。

135. 潘持春、王震:《领导亲和型幽默对员工越轨创新的影响——上下级关系和角色宽度自我效能的多重中介作用》,《技术经济》2020 年第 9 期。

136. 潘清泉、唐刘钊:《技术关联调节下的企业知识基础与技术创新绩效的关系研究》,《管理学报》2015 年第 12 期。

137. 潘文慧、赵捧未、丁献峰:《科研项目负责人网络位置对项目创新的影响》,《科研管理》2021 年第 5 期。

138. 庞弘燊、方曙、杨波等:《科研团队合作紧密度的分析研究——以大连理工大学 WISE 实验室为例》,《图书情报工作》2011 年第 4 期。

139. 裴兆宏、胡和平:《优化学术环境 建设一流大学的教师队伍》,《清华大学教育研究》2005 年第 6 期。

140. 蒲勇健、赵国强:《内在动机与外在激励》,《中国管理科学》2003 年第 5 期。

141. 钱丽、王文平、肖仁桥:《技术异质下中国企业绿色创新效率及损失来源分析》,《科研管理》2022年第9期。

142. 邱敏、胡蓓:《内外在激励、心理所有权与员工敬业度关系研究》,《软科学》2015年第12期。

143. 任嵘嵘、王睿涵、刘萱:《我国高校科研团队研究综述》,《科技管理研究》2020年第21期。

144. 单红梅:《科研团队信任对团队创新绩效的影响研究》,《南京邮电大学学报(社会科学版)》2020年第2期。

145. 尚润芝、龙静:《高科技企业研发团队的创新管理:网络结构、变革型领导对创新绩效的影响》,《科学管理研究》2010年第5期。

146. 尚智丛:《中国科学院中青年杰出科技人才的年龄特征》,《科学学研究》2007年第2期。

147. 邵桂兰、许杰、李晨:《合作网络结构洞、邻域中心性与发明人创新绩效》,《科技管理研究》2021年第4期。

148. 邵云飞、周敏、王思梦:《集群网络整体结构特征对集群创新能力的影响——基于德阳装备制造业集群的实证研究》,《系统工程》2013年第5期。

149. 申红芳、廖西元、胡慧英:《农业科研机构科技产出绩效评价及其影响因素分析》,《科研管理》2010年第6期。

150. 施涛、姜亦珂:《学术虚拟社区激励政策对用户知识贡献行为的影响研究》,《图书馆》2017年第4期。

151. 石燕青、孙建军:《我国图书情报领域学者科研绩效与国际合作程度的关系研究》,《情报科学》2017年第11期。

152. 舒予、张黎俐、张雅晴:《科研实体科研绩效的评价及实证研究》,《情报杂志》2017年第10期。

153. 宋歌:《科研成果创新力指标S指数的设计与实证》,《图书情报工作》2016年第5期。

154. 隋秀芝、李炜:《基于三大检索系统收录论文对地方高等院校科研水平与学科发展的评价研究》,《中国高教研究》2012年第9期。

155. 孙海波、刘忠璐:《环境规制、清洁技术创新与中国工业绿色转型》,《科研管理》2021年第11期。

156. 孙燕铭、谌思邈:《长三角区域绿色技术创新效率的时空演化格局及驱动因素》,《地理研究》2021年第10期。

157. 孙玉涛、曲雅婷、张晨:《发明人网络结构与组织合作网络位置》,《管理学报》2021年第1期。

158. 谈小龙、高敏:《高水平行业特色研究型大学科研竞争力分析——基于 Scopus 数据库引文的一种分析方法》,《科技管理研究》2019 年第 19 期。

159. 汤超颖、丁雪辰:《创新型企业研发团队知识基础与知识创造的关系研究》,《科学学与科学技术管理》2015 年第 9 期。

160. 唐琳、蔡兴瑞、王纬超:《高层次人才成长轨迹研究——以北京大学国家杰出青年基金获得者为例》,《科技管理研究》2020 年第 24 期。

161. 滕堃、虞华君、蒋玉石、苗苗:《高校教师激励结构模型及激励效果群体差异研究》《西南交通大学学报(社会科学版)》2018 年第 5 期。

162. 田慧生:《创新管理工作与提升科研水平》,《教育研究》2017 年第 1 期。

163. 田人合、张志强、郑军卫:《杰青基金地球科学项目资助效果及对策分析》,《情报杂志》2016 年第 6 期。

164. 田仕芹、王玉文、李兴昌:《高校科研型教师心理资本与主观幸福感、科研绩效关系的调查研究》,《数学的实践与认识》2015 年第 8 期。

165. 汪明月、张浩、李颖明等:《绿色技术创新绩效传导路径的双重异质性研究——基于 642 家工业企业的调查数据》,《科学学与科学技术管理》2021 年第 8 期。

166. 汪涛、张志远、王新:《创新政策协调对京津冀区域创新绩效的影响研究》,《科研管理》2022 年第 8 期。

167. 汪雪锋、张娇、李佳等:《跨学科团队与跨学科研究成果产出——来自科学基金重大研究计划的实证》,《科研管理》2018 年第 4 期。

168. 王超、武华维、董振飞等:《重大公共危机中科研协同团队识别研究——以诊断试剂为例》,《科技进步与对策》2020 年第 9 期。

169. 王崇锋、崔运周、尚哲:《多层创新网络结构洞特征对组织创新绩效的影响——来自新能源汽车领域的实证分析》,《科技进步与对策》2020 年第 24 期。

170. 王崇锋、朱洪利:《开放式创新背景下网络结构对创新绩效的影响——基于 ICT 产业的实证分析》,《科学与管理》2019 年第 5 期。

171. 王丹丹、吴和成:《企业技术采纳时间决策模型研究》,《科研管理》2017 年第 9 期。

172. 王德胜、韩杰、李婷婷:《真实型领导如何抑制员工反生产行为?——领导—成员交换的中介作用与自我效能感的调节作用》,《经济与管理研究》2020 年第 7 期。

173. 王菲菲、刘家妤、贾晨冉:《基于替代计量学的高校科研人员学术影响力综合评价研究》,《科研管理》2019 年第 4 期。

174. 王俊婧:《国际合作对科研论文质量的影响研究》,上海交通大学,2013 年。

175. 王凯、胡赤弟、陈艾华:《大学网络能力对产学知识协同创新绩效的影响研究》,《科研管理》2019 年第 8 期。

176. 王倩:《数字化时代工作特征、个体特征与员工数字化创造力——创新自我效能感的中介作用和性别的调节作用》,《技术经济》2020 年第 7 期。

177. 王茹婷、彭方平、李维、王春丽:《打破刚性兑付能降低企业融资成本吗?》,《管理世界》2022 年第 4 期。

178. 王仙雅、林盛、陈立芸:《科研压力对科研绩效的影响机制研究——学术氛围与情绪智力的调节作用》,《科学学研究》2013 年第 10 期。

179. 王晓红、张奔:《校企合作与高校科研绩效:高校类型的调节作用》,《科研管理》2018 年第 2 期。

180. 王晓娟:《知识网络与集群企业创新绩效——浙江黄岩模具产业集群的实证研究》,《科学学研究》2008 年第 4 期。

181. 王兴秀、李春艳:《研发合作中伙伴多样性对企业创新绩效的影响机理》,《中国流通经济》2020 年第 9 期。

182. 王衍喜、周津慧、王永吉等:《一种基于科技文献的学科团队识别方法研究》,《图书情报工作》2011 年第 2 期。

183. 王寅秋、罗晖、杨光:《科研人员省际流动网络分析及演化过程研究》,《科研管理》2022 年第 3 期。

184. 王颖、彭灿:《知识异质性与研发团队知识创新绩效:共享心智模型的中介作用》,《情报杂志》2011 年第 1 期。

185. 王影、梁祺、雷星晖:《知识创新绩效的情境影响因素研究》,《科技管理研究》2014 年第 14 期。

186. 王昱、杨珊珊:《考虑多维效率的上市公司财务困境预警研究》,《中国管理科学》2021 年第 2 期。

187. 王曰芬、杨雪、余厚强等:《人工智能科研团队的合作模式及其对比研究》,《图书情报工作》2020 年第 20 期。

188. 王战平、汪玲、谭春辉、朱宸良:《虚拟学术社区中科研人员合作效能影响因素的实证研究》,《情报科学》2020 年第 5 期。

189. 吴国东、汪翔、蒲勇健:《内在动机与外在激励:案例、实验及启示》,《管理现代化》2010 年第 3 期。

190. 吴剑峰、杨震宁、邱永辉:《国际研发合作的地域广度、资源禀赋与技术创新绩效的关系研究》,《管理学报》2015 年第 10 期。

191. 吴强、张卫国:《大规模知识共享的激励方式选择策略》,《系统管理学报》2016 年第 3 期。

192. 吴士健、高文超、权英:《工作压力对员工创造力的影响——调节焦点与创造力自我效能感的多重链式中介效应》,《科技进步与对策》2021 年第 4 期。

193. 吴卫、陈雷霆:《论高校科研团队的组建与管理策略》,《科技管理研究》2006 年第 11 期。

194. 吴杨、苏竣:《科研团队知识创新系统的复杂特性及协同机制机理研究》,《科学学与科学技术管理》2012 年第 1 期。

195. 夏国恩、马文斌、唐婵娟、张显全:《融入客户价值特征和情感特征的网络客户流失预测研究》,《管理学报》2018 年第 3 期。

196. 夏立新:《论高校党员科研人员的模范作用》,《科技管理研究》2009 年第 5 期。

197. 夏立新、李明倩、叶光辉、毕崇武:《跨地域科研协作研究进展》,《情报理论与实践》2020 年第 4 期。

198. 夏云霞、徐涛、翟康、贺建华:《研究所科研团队绩效评价的探索与实践》,《科研管理》2017 年第 S1 期。

199. 肖阳功杰、马俊伟、袁竞峰:《PPP 项目合作网络结构特征与竞合关系研究》,《项目管理技术》2020 年第 9 期。

200. 谢治菊、李小勇:《硕士研究生科研水平及其对就业的影响——基于 8 所高校的实证调查》,《复旦教育论坛》2017 年第 1 期。

201. 解学梅、李成:《社会关系网络与新产品创新绩效——基于知识技术协同调节效应的探索》,《科学学与科学技术管理》2014 年第 6 期。

202. 邢楠楠、田梦:《高校科研人员组织学习能力对创新行为的影响研究——基于 COR 视角》,《经济与管理评论》2018 年第 6 期。

203. 徐二明、张晗:《企业知识吸收能力与绩效的关系研究》,《管理学报》2008 年第 6 期。

204. 徐飞、吴彩丽:《大学和研究所科研水平内在制约要素的科学计量学研究——以国内主要科研机构纳米科学论文成果分析为例》,《科学学与科学技术管理》2009 年第 9 期。

205. 徐建忠、朱晓亚:《社会网络嵌入情境下 R&D 团队内部知识转移影响机理——基于制造企业的实证研究》,《系统管理学报》2018 年第 3 期。

206. 徐敏、张卓、宋晨晨、王文华:《开放创新搜索、知识转移与创新绩效:基于无标度加权网络的仿真分析》,《科学学研究》2017 年第 7 期。

207. 许慧、黄亚梅、李福华、胡翔宇:《认知情绪调节对中学教师职业幸福感的影响:心理资本的中介作用》,《教育理论与实践》2020 年第 29 期。

208. 许晓东、魏志轩、郑君怡:《研究生知识共享对其科研绩效的影响研究》,《管理学报》2021 年第 3 期。

209. 许治、陈丽玉、王思卉:《高校科研团队合作程度影响因素研究》,《科研管理》2015 年第 5 期。

210. 许治、黄菊霞:《协同创新中心合作网络研究——以教育部首批认定协同创新中心为例》,《科学学与科学技术管理》2016 年第 11 期。

211. 薛晓珊、方虹、杨昭:《新能源汽车推广政策对企业技术创新的影响研究——基于 PSM-DID 方法》,《科学学与科学技术管理》2021 年第 5 期。

212. 闫淑敏、杨小丽:《基于扎根理论的高校科研人员创新动力研究》,《科技管理研究》2019 年第 1 期。

213. 阳长征:《突发公共事件中社交网络信息冲动分享行为阈下启动效应研究——以自我效能与认知失调为中介》,《情报杂志》2021 年第 1 期。

214. 杨博旭、王玉荣、李兴光:《"厚此薄彼"还是"雨露均沾"——组织如何有效利用网络嵌入资源提高创新绩效》,《南开管理评论》2019 年第 3 期。

215. 杨浩昌、李廉水、张发明:《高技术产业集聚与绿色技术创新绩效》,《科研管理》2020 年第 9 期。

216. 杨皎平、侯楠、邓雪:《成员异质性对团队创新绩效的影响:团队认同与学习空间的调节作用》,《管理学报》2014 年第 7 期。

217. 杨柳、杨曦:《校企专利技术转移网络的结构特征及演化研究——以"双一流建设"高校为例》,《科学学研究》2022 年第 1 期。

218. 杨敏:《新学术出版环境下图书馆的转型变革与创新发展探析》,《图书情报工作》2016 年第 2 期。

219. 杨宁、文奕、胡正银、覃筱楚、向彬:《科研项目产出绩效评价研究——以干细胞科研领域为例》,《科技管理研究》2020 年第 9 期。

220. 杨小婉、朱桂龙、吕凤雯、戴勇:《产学研合作如何提升高校科研团队学者的学术绩效?——基于行为视角的多案例研究》,《管理评论》2021 年第 2 期。

221. 杨小婉、朱桂龙、吕凤雯等:《产学研合作如何提升高校科研团队学者的学术绩效?——基于行为视角的多案例研究》,《管理评论》2021年第2期。

222. 杨勇、王露涵:《我国发明专利合作网络特征与演化研究》,《科学学研究》2020年第7期。

223. 姚思宇、武康平:《高校科研人员专利行为对学术影响力的实证研究》,《科学学研究》2021年第9期。

224. 姚艳红、衡元元:《知识员工创新绩效的结构及测度研究》,《管理学报》2013年第1期。

225. 叶英平:《区域工业企业投入对企业绩效的影响研究》,《科研管理》2013年第S1期。

226. 伊志宏、杨圣之、陈钦源:《分析师能降低股价同步性吗——基于研究报告文本分析的实证研究》,《中国工业经济》2019年第1期。

227. 易高峰:《大学科研人员学术创业意愿的影响因素及其作用路径研究》,《科研管理》2020年第9期。

228. 尹航、张龙泉:《创业企业自主研发、外部搜寻模式选择研究》,《科学学研究》2022年第10期。

229. 尹奎、徐渊、宋皓杰、邢璐:《科研经历、差错管理氛围与科研创造力提升》,《科研管理》2018年第9期。

230. 于水、胡祥培:《高校科研团队考核指标体系建立的研究》,《管理观察》2008年第18期。

231. 于永胜、董诚、韩红旗等:《基于社会网络分析的科研团队识别方法研究——基于迭代的中间中心度排名方法识别科研团队领导人》,《情报理论与实践》2018年第7期。

232. 余博文、刘向:《突破式创新发明人的提前发现:基于专利知识图动态学习的预测》,《数据分析与知识发现》2023年第12期。

233. 余厚强、白宽、邹本涛等:《人工智能领域科研团队识别与领军团队提取》,《图书情报工作》2020年第20期。

234. 俞兆渊、鞠晓伟、余海晴:《企业社会网络如何影响创新绩效:知识管理能力的中介作用》,《科研管理》2020年第12期。

235. 喻登科、严红玲:《科研团队内部合作:知性互补还是强强联合》,《科技进步与对策》2018年第23期。

236. 曾德明、赵胜超、叶江峰、杨靓:《基础研究合作、应用研究合作与企业创新绩效》,《科学学研究》2021年第8期。

237. 曾明彬、韩欣颖、张古鹏、张孟亚:《社会资本对科学家科研绩效的影响研究》,《科学学研究》2022 年第 2 期。

238. 曾萍:《知识创新、动态能力与组织绩效的关系研究》,《科学学研究》2009 年第 8 期。

239. 曾萍、宋铁波:《政治关系对企业创新的抑制作用? ——基于组织学习与动态能力视角的探讨》,《科学学研究》2011 年第 8 期。

240. 张宝生、王晓红、陈浩:《虚拟科技创新团队科研合作效率的实证研究》,《科学学研究》2011 年第 7 期。

241. 张凤、霍国庆:《国家科研机构创新绩效评价模型的构建与应用》,《科研管理》2007 年第 2 期。

242. 张钢、倪旭东:《知识差异和知识冲突对团队创新的影响》,《心理学报》2007 年第 5 期。

243. 张钢、徐贤春、刘蕾:《长江三角洲 16 个城市政府能力的比较研究》,《管理世界》2004 年第 8 期。

244. 张古鹏、熊丽彬:《竞争关系如何影响高校的科研绩效——基于化学领域竞争网络的视角》,《中国软科学》2020 年第 10 期。

245. 张海涛、肖岚、张建军:《建设性自恋型领导对员工内创业行为影响的跨层机制研究》,《科技进步与对策》2021 年第 13 期。

246. 张华、耿丽君:《咨询网络与个体知识创新:人格特征的调节作用》,《科研管理》2015 年第 3 期。

247. 张华、郎淳刚:《以往绩效与网络异质性对知识创新的影响研究——超越网络中心性位置的探讨》,《科学学研究》2013 年第 10 期。

248. 张华、张向前:《个体是如何占据结构洞位置的:嵌入在网络结构和内容中的约束与激励》,《管理评论》2014 年第 5 期。

249. 张建华、位霖、杨岚:《RS 与 CV 整合下的知识创新绩效模糊综合测度研究》,《情报杂志》2014 年第 11 期。

250. 张建卫、王健、周洁、乔红:《高校高层次领军人才成长的实证研究》,《科学学研究》2019 年第 2 期。

251. 张静、张志强、赵亚娟:《基于专利发明人人名消歧的研发团队识别研究》,《知识管理论坛》2016 年第 3 期。

252. 张兰:《学术期刊视角下高校教师学术不端行为的影响机制——基于扎根理论的探索性研究》,《中国科技期刊研究》2020 年第 12 期。

253. 张丽华、吉璐、陈鑫:《科研人员职业生涯学术表现的差异性研究》,《科研管理》2021 年第 5 期。

254. 张利华、闫明:《基于 SNA 的中国管理科学科研合作网络分析——以〈管理评论〉(2004—2008)为样本》,《管理评论》2010 年第 4 期。

255. 张俐、王方正:《高等学校科技管理的特点及对策探讨》,《科技进步与对策》2002 年第 7 期。

256. 张玲玲、王蝶、张利斌:《跨学科性与团队合作对大科学装置科学效益的影响研究》,《管理世界》2019 年第 12 期。

257. 张露予:《提升思政课教师科研水平的对策研究》,《中国高等教育》2020 年第 Z3 期。

258. 张鹏程、彭菡:《科研合作网络特征与团队知识创造关系研究》,《科研管理》2011 年第 7 期。

259. 张维冲、袁军鹏:《我国研究生科研绩效评价实证研究——以情报学机构为例》,《情报科学》2016 年第 9 期。

260. 张喜爱:《高校科研团队绩效评价指标体系的构建研究——基于 AHP 法》,《科技管理研究》2009 年第 2 期。

261. 张欣:《创意企业知识管理能力与绩效关系研究》,《管理世界》2011 年第 12 期。

262. 张雪、陈秀娟、张志强:《近十年国际医学信息学发展趋势与热点研究——基于 10 种高影响力外文期刊的文献计量分析》,《现代情报》2018 年第 12 期。

263. 张雪、张志强、陈秀娟:《基于期刊论文的作者合作特征及其对科研产出的影响——以国际医学信息学领域高产作者为例》,《情报学报》2019 年第 1 期。

264. 张艺、陈凯华、朱桂龙:《学研机构科研团队参与产学研合作有助于提升学术绩效吗?》,《科学学与科学技术管理》2018 年第 10 期。

265. 张艺、龙明莲、朱桂龙:《产学研合作网络对学研机构科研团队的学术绩效影响——知识距离的调节作用》,《科技管理研究》2018 年第 21 期。

266. 张艺、龙明莲、朱桂龙:《科研团队参与产学研合作对学术绩效的影响路径研究》,《外国经济与管理》2018 年第 12 期。

267. 张曾莲、毛建军:《高校科研收入的规模、结构、水平与影响因素》,《现代教育管理》2013 年第 6 期。

268. 赵彩霞、眭依凡:《学术型硕士研究生学术创新影响因素探究——基于对学术型硕士研究生访谈的研究结果》,《学位与研究生教育》2017 年第 7 期。

269. 赵蓉英、魏绪秋：《我国图书情报学作者合作能力分析》，《情报科学》2016 年第 11 期。

270. 赵西萍、孔芳：《科研人员自我效能感与三维绩效：工作复杂性的调节作用》，《软科学》2011 年第 2 期。

271. 赵炎、叶舟、韩笑：《创新网络技术多元化、知识基础与企业创新绩效》，《科学学研究》2022 年第 9 期。

272. 赵炎、郑向杰：《网络嵌入性与地域根植性对联盟企业创新绩效的影响——基于中国高科技上市公司的实证分析》，《科研管理》2013 年第 11 期。

273. 郑虎：《研发团队稳定性对项目管理绩效的影响研究》，上海交通大学，2009 年。

274. 郑强国、秦爽：《文化创意企业团队异质性对团队绩效影响机理研究——基于团队知识共享的视角》，《中国人力资源开发》2016 年第 17 期。

275. 郑小勇、楼鞅：《科研团队创新绩效的影响因素及其作用机理研究》，《科学学研究》2009 年第 9 期。

276. 郑云涛：《基于作者合作网络的高校科研团队稳定性和凝聚力分析——以浙江农林大学为例》，《安徽农业科学》2020 年第 9 期。

277. 钟睿：《创新驱动发展战略下提升高校科研水平——以工业和信息化部 7 所部属高校为例》，《中国高校科技》2019 年第 Z1 期。

278. 周光礼、周详、秦惠民、刘振天：《科教融合 学术育人——以高水平科研支撑高质量本科教学的行动框架》，《中国高教研究》2018 年第 8 期。

279. 周建中、闫昊、孙粒：《我国科研人员职业生涯成长轨迹与影响因素研究》，《科研管理》2019 年第 10 期。

280. 周空、周萱、应雪晴：《从想法产生到想法执行：团队绩效薪酬对团队创新的影响机制》，《心理科学进展》2023 年第 6 期。

281. 周轩：《引领高质量管理研究》，《南开管理评论》2021 年第 6 期。

282. 朱桂龙、杨小婉：《企业的知识披露策略对产学研合作的影响研究》，《科学学研究》2019 年第 6 期。

283. 朱晋伟、原梦：《发明人网络特征、知识重组能力与企业技术创新绩效关系研究》，《科技进步与对策》2022 年第 21 期。

284. 朱娅妮：《高校跨学科科技团队的绩效评价研究》，《科研管理》2015 年第 S1 期。

285. 宗晓华、付呈祥：《我国研究型大学科研绩效及其影响因素——基于教育部直属高校相关数据的实证分析》，《高校教育管理》2019 年第 5 期。

286. Abbasia, A., J. Altmann, L. Hossain, 2011: "Identifying the Effects of Co-authorship Networks on the Performance of Scholars: A Correlation and Regression Analysis of Performance Measures and Social Network Analysis Measures", *Journal of Informetrics*, 5(4).

287. Abramo, G., A. C. D'Angelo, G. Murgia, 2017: "The Relationship Among Research Productivity, Research Collaboration, and Their Determinants", *Journal of Informetrics*, 11(4).

288. Abramo, G., T. Cicero, C. A. D'Angelo, 2012: "Revisiting Size Effects in Higher Education Research Productivity", *Higher Education*, 63(6).

289. Abrizah, A., M. Erfanmanesh, V. A. Rohani et al., 2014: "Sixty-four Years of Informetrics Research: Productivity, Impact and Collaboration", *Scientometrics*, 101(1).

290. Ahmad, M., M. S. Batcha, 2020: "Measuring Research Productivity and Performance of Medical Scientists on Coronary Artery Disease in Brazil: A Metric Study", *Library Philosophy and Practice (e-journal)*, 4358.

291. Akbaritabar, A., N. Casnici, I. F. Squazzon, 2018: "The Conundrum of Research Productivity: a Study on Sociologists in Italy", *Scientometrics*, 114(3).

292. Andersén, J., 2021: "A Relational Natural-resource-based View on Product Innovation: The Influence of Green Product Innovation and Green Suppliers on Differentiation Advantage in Small Manufacturing Firms", *Technovation*, 104.

293. Arunachalam, S., M. J. Doss, 2000: "Science in a Small Country at a Time of Globalisation: Domestic and International Collaboration in New Biology Research in Israel", *Journal of Information Science*, 26(1).

294. Arundel, A., R. Kemp, 2009: "Measuring Eco-Innovation", *Universiteit Maastricht*.

295. Athey, S., J. Plotnicki, 2000: "An Evaluation of Research Productivity in Academic IT", *Communications of the Association for Information Systems*, 3(1).

296. Atzori, L., A. Iera, G. Morabito et al., 2012: "The Social In-

ternet of Things (SIoT)—When Social Networks Meet the Internet of Things: Concept, Architecture, and Network Characterization", *Computer Networks*, 56(16).

297. Awan, U., M. G. Arnold, I. Glgeci et al., 2021: "Enhancing Green Product and Process Innovation: Towards an Integrative Framework of Knowledge Acquisition and Environmental Investment", *Business Strategy and the Environment*, 30(2).

298. Bai, X., J. Wu, Y. Liu et al., 2020: "Exploring the Characteristics of 3D Printing Global Industry Chain and Value Chain Innovation Network", *Information Development*, 36(4).

299. Baldock, C., R. Ma, C. G. Orton, 2009: "The H Index is the Best Measure of a Scientist's Research Productivity", *Medical Physics*, 36(4).

300. Basu, A., R. Aggarwal, 2001: "International Collaboration in Science in India and its Impact on Institutional Performance", *Scientometrics*, 52(3).

301. Belderbos, R., V. Gilsing, S. Suzuki, 2016: "Direct and Mediated Ties to Universities: 'Scientific' Absorptive Capacity and Innovation Performance of Pharmaceutical Firms", *Strategic Organization*, 2016, 14(1).

302. Bernardin, H. J., R. W. Beatty, 1984: "Performance Appraisal: Assessing Human Behavior at Work", *Boston, MA: Kent Pub.*

303. Bharadwaj, S., A. Menon, 2000: "Making Innovation Happen in Organizations: Individual Creativity Mechanisms, Organizational Creativity Mechanisms or Both", *Journal of Product Innovation Management*, 7(6).

304. Boateng, H., D. R. Adam, A. F. Okoe et al., 2016: "Assessing the Determinants of Internet Banking Adoption Intentions: A Social Cognitive Theory Perspective", *Computers in Human Behavior*, 65(12).

305. Boh, W. F., C. Huang, A. Wu, 2020: "Investor Experience and Innovation Performance: The Mediating Role of External Cooperation", *Strategic Management Journal*, 41(1).

306. Brew, A., D. Boud, S. U. Namgung, L. Lucas, K. Crawford, 2016: "Research Productivity and Academics' Conceptions of Research",

Higher Education, 71.

307. Burt, R. S., 1995: "Structural Holes: the Social Structure of Competition", *Harvard University Press*.

308. Burt, S. R., 2004: "Structural Holes and Good Ideas", *American Journal of Sociology*, 2004, 110(2).

309. Buxton, B., D. Goldston, C. Doctorow et al., 2008: "Big Data: Science in the Petabyte Era", *Nature*, 455(7209).

310. Byun, S. K., J. M. Oh, H. Xia, 2021: "Incremental vs. Breakthrough Innovation: The Role of Technology Spillovers", *Management Science*, 67(3).

311. Cai, X., B. Zhu, H. Zhang et al., 2020: "Can Direct Environmental Regulation Promote Green Technology Innovation in Heavily Polluting Industries? Evidence from Chinese Listed Companies", *Science of The Total Environment*, 746.

312. Cao, X., C. Li, 2020: "Evolutionary Game Simulation of Knowledge Transfer in Industry-University-Research Cooperative Innovation Network under Different Network Scales", *Scientific Reports*, 10(1).

313. Cappa, F., R. Oriani, E. Peruffo et al., 2021: "Big Data for Creating and Capturing Value in the Digitalized Environment: Unpacking the Effects of Volume, Variety, and Veracity on Firm Performance", *Journal of Product Innovation Management*, 38(1).

314. Cerasoli, C. P., J. M. Nicklin, M. T. Ford, 2014: "Intrinsic Motivation and Extrinsic Incentives Jointly Predict Performance: A 40-year Meta-Analysis", *Psychological Bulletin*, 140(4).

315. Chan, R., 2010: "Corporate Environmentalism Pursuit by Foreign Firms Competing in China", *Journal of World Business*, 45(1).

316. Chawla, A., J. P. Singh, 1998: "Organizational Environment and Performance of Research Groups—A Typological Analysis", *Scientometrics*, 43(3).

317. Cheng, C. C., E. C. Shiu, 2012: "Validation of a Proposed Instrument for Measuring Eco-innovation: An Implementation Perspective", *Technovation*, 32(6).

318. Cheng, L., M. Wang, X. M. Lou et al., 2021: "Divisive Fault-

4

2

lines and Knowledge Search in Technological Innovation Network: An Empirical Study of Global Biopharmaceutical Firms", *International Journal of Environmental Research and Public Health*, 18(11).

319. Choi, J., 2019: "Mitigating the Challenges of Partner Knowledge Diversity While Enhancing Research & Development(R&D) Alliance Performance: the Role of Alliance Governance Mechanisms", *Journal of Product Innovation Management*, 37(3).

320. Choi, J., 2020: "Mitigating the Challenges of Partner Knowledge Diversity while Enhancing Research & Development(R&D) Alliance Performance: The Role of Alliance Governance Mechanisms", *Journal of Product Innovation Management*.

321. Church, J., P. Clark, A. Cazenave et al., 2013: "Climate Change 2013: The Physical Science Basis. Contribution of Working Group I to the Fifth Assessment Report of the Intergovernmental Panel on Climate Change", *Sea Level Change*,

322. Clemmons, J. R., M. Bell, B. Mar et al., 2005: "Scientific Teams and Institutional Collaborations: Evidence from U.S. Universities, 1981—1999", *Research Policy*, 34(3).

323. Collins, R., P. M. Blau, 1977: "Inequality and Heterogeneity: A Primitive Theory of Social Structure", *Social Forces*, 1977, 58(2).

324. Cordero, R., 1990: "The Measurement of Innovation Performance in the Firm: an Overview", *Journal of Product Innovation Management*, 8(3).

325. Crucitti, P., V. Latora, 2006: "Porta S. Centrality in Networks of Urban Streets", *Chaos*, 16(1).

326. Cummings, J. N., S. Kiesler, 2007: "Coordination Costs and Project Outcomes in Multi-University Collaborations", *Research Policy*, 2007, 36(10).

327. Cummings, J. N., S. Kiesler, 2007: "Coordination Costs and Project Outcomes in Multi-university Collaborations", *Research Policy*, 36(10).

328. Cummings, J. N., S. Kiesler, R. Bosagh Zadeh et al., 2013: "Group Heterogeneity Increases the Risks of Large Group Size: A Longitudinal Study of Productivity in Research Groups", *Psychological*

Science, 24(6).

329. Cummins, R. C., D. C. King, 2010: "The Interaction of Group Size and Task Structure in an Industrial Organization", *Personnel Psychology*, 26(1).

330. Daigle, R. J., V. Arnold, 2000: "An Analysis of the Research Productivity of AIS Faculty", *International Journal of Accounting Information Systems*, 1(2).

331. Diaz-Faes, A. A., R. Costas, M. Galindo Purificacion, M. Bordons, 2015: "Unravelling the Performance of Individual Scholars: Use of Canonical Biplot Analysis to Explore the Performance of Scientists by Academic Rank and Scientific Field", *Journal of Informetrics*, 9(4).

332. Ding, T., Y. Yang, H. Wu, Y. Wen, C. Tan, L. Liang, 2021: "Research Performance Evaluation of Chinese University: a Non-Homogeneous Network DEA Approach", *Journal of Management Science and Engineering*, 6(4).

333. Dugoua, E., M. Dumas, 2021: "Green Product Innovation in Industrial Networks: A Theoretical Model", *Journal of Environmental Economics and Management*, (01):102420.

334. Dundar, H., D. R. Lewis, 1998: "Determinants of Research Productivity in Higher Education", *Research in Higher Education*, 39(6).

335. Estes, B., B. Polnick, 2012: "Examining Motivation Theory in Higher Education: an Expectancy Theory Analysis of Tenured Faculty Productivity", *International Journal of Management, Business, and Administration*, 15(1).

336. Feiqiong, C., M. Qiaoshuang, 2017: "Integration and Autonomy in Chinese Technology-Sourcing Cross-Border M & As: from the Perspective of Resource Similarity and Resource Complementarity", *Technology Analysis & Strategic Management*, 29(9).

337. Feng, C., X. Zheng, G. Zhuang et al., 2020: "Revisiting Exercise of Power Strategies from The Perspective of Information Processing", *Industrial Marketing Management*, 91(3).

338. Fleming, L., C. King, I. I. Juda, 2007: "Innovation at and across Multiple Levels of Analysis: Small Worlds and Regional Innova-

tion", *Organization Science*, 2007, 18(6).

339. Franco, M., C. Pinho, 2019: "A Case Study about Cooperation between University Research Centers: Knowledge Transfer Perspective", *Journal of Innovation & Knowledge*, 4(1).

340. Frankort, H., 2016: "When does Knowledge Acquisition in R&D Alliances Increase New Product Development? The Moderating Roles of Technological Relatedness and Product-Market Competition", *Research Policy*, 45(1).

341. Frondel, M., J. Horbach, K. Rennings, 2007: "End-of-pipe or Cleaner Production? An Empirical Comparison of Environmental Innovation Decisions across OECD Countries", *Business Strategy and the Environment*, 16(08):571~584.

342. Fursov, K., Y. Roschina, O. Balmush, 2016: "Determinants of Research Productivity: An Individual-level Lens", *Foresight and STI Governance*, 10(2).

343. Gente, V., G. Pattanaro, 2019: "The Place of Eco-innovation in the Current Sustainability Debate", *Waste Management*, 88.

344. Ghiasi, M. M., S. Zendehboudi, A. A. Mohsenipour, 2020: "Decision Tree-based Diagnosis of Coronary Artery Disease: CART Model", *Computer Methods and Programs in Biomedicine*, 2020.

345. Giovanni, A., C. A. D'Angelo, M. Solazzi., 2011: "Are Researchers that Collaborate more at the International Level Top Performers? An Investigation on the Italian University System", *Journal of Informetrics*, 5(1).

346. Girvan, M., M. Newman, 2002: "Community Structure in Social and Biological Networks", *Proceedings of the National Academy of Sciences*, 99(12).

347. Gkypali, A., D. Filiou, K. Tsekouras, 2017: "R&D Collaborations: is Diversity Enhancing Innovation Performance", *Technological Forecasting and Social Change*, 118(5).

348. Glnzel, W., 2001: "National Characteristics in International Scientific Co-authorship Relations", *Scientometrics*, 51(1).

349. Gorraiz, J., R. Reimann, C. Gumpenberger, 2012: "Key Factors and Considerations in the Assessment of International Collaboration:

A Case Study for Austria and Six Countries", *Scientometrics*, 91(2).

350. Granovette, M. S., "The Strength of Weak Ties", Networks in the Knowledge Economy, 2003.

351. Gyorffy, B., P. Herman, I. Szabo, 2020: "Research Funding: Past Performance is a Stronger Predictor of Future Scientific Output than Reviewer Scores", *Journal of Informetrics*, 14(3).

352. Hackman, J. R., E. E. Lawler, 1971: "Employee Reactions to Job Characteristics", *Journal of Applied Psychology*, 55(3).

353. Hall, B., Z. Griliches, J. Hausman et al., 1986: "Patents and R&D—is there a Lag?", *International economic review*, 27(2).

354. Hansen, M. T., 1999: "The Search-Transfer Problem: The Role of Weak Ties in Sharing Knowledge Across Organizational Sub-units", *Administrative Science Quarterly*, 44(1).

355. Hasselback, J. R., A. Reinstein, E. S. Schwan, 2000: "Bench-marks for Evaluating the Research Productivity of Accounting Faculty", *Journal of Accounting Education*, 18(2).

356. Heeringen, A. V., 1981: "Dutch Research Groups: Output and Collaboration", *Scientometrics*, 3(4).

357. Hirsch, J. E., 2005: "An Index to Quantify an Individual's Sci-entific Research Output", *Proceedings of the National Academy of Sciences of the United States of America*(PNAS).

358. Homan, A., D. V. Knippenberg, G. V. Kleef et al., 2006: "Bridging Faultlines by Valuing Diversity: Diversity Beliefs, Information Elaboration, and Performance in Diverse Work Groups", *ERIM Report Series Research in Management*, 92(5).

359. Hou, J., 2018: "Does the Pay Gap in the Top Management Team Incent Enterprise Innovation? —Based on Property Rights and Fi-nancing Constraints", *American Journal of Industrial and Business Management*, 2018, 8(5).

360. Huang, M. H., D. Z. Chen, 2017: "How Can Academic Innova-tion Performance in University—Industry Collaboration be Improved", *Technological Forecasting and Social Change*, 123(10).

361. Hung, C. L., 2017: "Social Networks, Technology Ties, and Gatekeeper Functionality: Implications for the Performance Management

of R&D Projects", *Research Policy*, 46(1).

362. Inzelt, A., A. Schubert, M. Schubert, 2009: "Incremental Citation Impact due to International Co-authorship in Hungarian Higher Education Institutions", *Scientometrics*, 78(1).

363. Iqbal, A., F. Latif, F. Marimon, U. Sahibzada, S. Hussain, 2019: "From Knowledge Management to Organizational Performance: Modelling the Mediating Role of Innovation and Intellectual Capital in Higher Education", *Journal of Enterprise Information Management*, 32(1).

364. Iqbal, M. Z., A. Mahmood, 2011: "Factors Related to Low Research Productivity at Higher Education Level", *Asian Social Science*, 7(2).

365. Jansen, D., R. V. Grtz, R. Heidler, 2010: "Knowledge Production and the Structure of Collaboration Networks in two Scientific Fields", *Scientometrics*, 83(1).

366. Jung, J., 2012: "Faculty Research Productivity in Hong Kong Across Academic Discipline", *Higher Education Studies*, 2(4).

367. Kang, J., 2017: "The Effect of International Joint Research to the Research Performance: the Case of the Global Research Laboratory and the Basic Research Laboratory Programme", *Science Technology and Society*, 22(3).

368. Kang, Y., Z. Cai, C. W. Tan et al., 2020: "Natural Language Processing(NLP) in Management Research: A Literature Review", *Journal of Management Analytics*, 7(2).

369. Karno, C. G., E. Purwanto, 2017: "The Effect of Cooperation and Innovation on Business Performance", *Quality-access to Success*, 158(18).

370. Katila, R., 2000: "Using Patent Data to Measure Innovation Performance", *International Journal of Business Performance*, 2(1).

371. Katila, R., G. Ahuja, 2002: "Something Old, Something New: a Longitudinal Study of Search Behavior and New Product Introduction", *Academy of Management Journal*, 45(6).

372. Kong X. J., J. Zhang, D. Zhang et al., 2020: "The Gene of Scientific Success", *ACM Transactions on Knowledge Discovery from Data*,

14(4).

373. Kotrlik, J. W., J. E. Bartlett, C. C. Higgins, H. A. Williams, 2002: "Factors Associated with Research Productivity of Agricultural Education Faculty", 43(3).

374. Kretschmer, H., 1985: "Cooperation Structure, Group Size and Productivity in Research Groups", Scientometrics, 7(1).

375. Krijkamp, A. R., J. Knoben, L. Oerlemans et al., 2021: "An Ace in the Hole: The Effects of (in) Accurately Observed Structural Holes on Organizational Reputation Positions in Whole Networks".

376. Kwiek, M., 2018: "High Research Productivity in Vertically Undifferentiated Higher Education Systems: Who are the top performers?", *Scientometrics*, 115.

377. Lancho-Barrantes, B. S., V. P. Guerrero-Bote, F. Moya-Anegón, 2013: "Citation Increments between Collaborating Countries", *Scientometrics*, 94(3).

378. Landry, R., N. Traore, B. Godin, 1996: "An Econometric Analysis of the Effect of Collaboration on Academic Research Productivity", *Higher Education*, 32.

379. Lane, P. J., M. Lubatkin, 1998: "Relative Absorptive Capacity and Interorganizational Learning", *Strategic Management*, 19(5).

380. Laughlin, P. R., E. C. Hatch, J. S. Silver, L. Boh., 2006: "Groups Perform Better than the Best INdividuals on Letters-to-numbers Problems: Effects of Group Size", *Journal of Personality & Social Psychology*, 90(4).

381. Li, H., J. Liu, Z. Yang et al., 2020: "Adaptively Constrained Dynamic Time Warping for Time Series Classification and Clustering", *Information Sciences*, 534.

382. Li, P., P. Bi, 2020: "Study on the Regional Differences and Promotion Models of Green Technology Innovation Performance in China: Based on Entropy Weight Method and Fuzzy Set-qualitative Comparative Analysis", *IEEE Access*, 8.

383. Li, Q., J. J. Guo, W. Liu, X. G. Yue, N. Duarte, C. Pereira, 2020: "How Knowledge Acquisition Diversity Affects Innovation Performance during the Technological Catch-Up in Emerging Economies: a

Moderated Inverse U-Shape Relationship", *Sustainability*, 12(3).

384. Li, Y. Y., Z. Zhu, Y. F. Guan et al., 2022: "Research on the Structural Features and Influence Mechanism of the Green ICT Transnational Cooperation Network", *Economic Analysis and Policy*.

385. Lin, J., E. Keogh, E. Lonardi et al., 2003: "A Symbolic Representation of Time Series, with Implications for Streaming Algorithms", *Proceedings of Research Issues in Data Mining and Knowledge Discovery*.

386. Lin J., E. Keogh, L. Wei, S. Lonardi, 2007: "Experiencing Sax: a Novel Symbolic Representation of Time Series", *Data Mining and Knowledge Discovery*, 15(2).

387. Liu, C., X. Gao, W. Ma et al., 2020: "Research on Regional Differences and Influencing Factors of Green Technology Innovation Efficiency of China's High-tech Industry", *Journal of computational and applied mathematics*, 369.

388. Liu, F. T., K. M. Ting, Z. H. Zhou et al., 2012: "Isolation-based Anomaly Detection", *ACM Transactions on Knowledge Discovery from Data*, 6(1).

389. Liu, T., L. Tang, 2020: "Open Innovation from the Perspective of Network Embedding: Knowledge Evolution and Development Trend", *Scientometrics*, 124.

390. Liu, Y., Z. Yan, Y. Cheng, X. Ye, 2018: "Exploring the Technological Collaboration Characteristics of the Global Integrated Circuit Manufacturing Industry", *Sustainability*, 2018, 10(1).

391. Love, J. H., B. Ashcroft, B. Ashcroft, 1999: "Market Versus Corporate Structure in Plant-level Innovation Performance", *Small Business Economics*, 13(5).

392. Ma, R., H. Ding, P. Zhai, 2017: "R&D cooperation, Financial Constraint and Innovation Performance", *Interciencia*, 42(6).

393. March, J. G., 1991: "Exploration and Exploitation in Organizational Learning", *Organization Science*, 2(1).

394. Mardani, A., S. Nikoosokhan, M. Moradi et al., 2018: "The Relationship between Knowledge Management and Innovation Performance", *The Journal of High Technology Management Research*, 2018,

29(1).

395. María, B., J. Aparicio, R. Costas, 2013: "Heterogeneity of Collaboration and its Relationship with Research Impact in a Biomedical Field", *Scientometrics*, 96(2).

396. Marra, A., M. Mazzocchitti, A. Sarra, 2018: "Knowledge Sharing and Scientific Cooperation in the Design of Research-Based Policies: The case of the Circular Economy", *Journal of Cleaner Production*.

397. Marsden, P. V., 1990: "Network data and Measurement", *Annual Review of Sociology*, 16(16).

398. Mayer, S. J., J. M. K. Rathmann, 2018: "How Does Research Productivity Relate to Gender? Analyzing Gender Differences for Multiple Publication Dimensions", *Scientometrics*, 117.

399. Milojevi, S., 2014: "Principles of Scientific Research Team Formation and Evolution", *Proceedings of the National Academy of Sciences of the United States of America*, 111(11).

400. Mitchell, J. E., D. S. Rebne, 1995: "Nonlinear Effects of Teaching and Consulting on Academic Research Productivity", *Socio-Economic Planning Sciences*, 29(1).

401. Morrow, P., J. Mcelroy, 2007: "Efficiency as a Mediator in Turnover-Organizational Performance Relations", *Human Relations*, 60(6).

402. Muller, E., R. Peres, 2019: "The Effect of Social Networks Structure on Innovation Performance: A Review and Directions for Research", *International Journal of Research in Marketing*, 36(1).

403. Mumtaz, S., S. K. Parahoo, 2019: "Promoting Employee Innovation Performance: Examining the Role of Self-efficacy and Growth Need Strength", *International Journal of Productivity and Performance Management*, 69(4).

404. Newman, M., 2003: "The Structure and Function of Complex Networks", *Siam Review*, 42(2).

405. N'Guyen, T. T. H., C. Bourigault, V. Guillet et al., 2019: "Association between Excreta Management and Incidence of Extended-Spectrum β-Lactamase-Producing Enterobacteriaceae: Role of Healthcare Workers' Knowledge and Practices", *Journal of Hospital Infection*,

102(1).

406. Oh, S., 2020: "How Future Work Self Affects Self-efficacy Mechanisms in Novel Task Performance: Applying The Anchoring Heuristic Under Uncertainty", *Personality and Individual Differences*, 167.

407. Pal, J. K., S. Sarkar, 2020: "Understanding Research Productivity in the Realm of Evaluative Scientometrics", *Annals of Library and Information Studies*, 67(1).

408. Park, J. H., Y. B. Kim, 2021: "Factors Activating Big Data Adoption by Korean Firms", *Journal of Computer Information Systems*, 61(3).

409. Porter, A. L., A. S. Cohen, J. D. Roessner et al., 2007: "Measuring Researcher Interdisciplinarity", *Scientometrics*, 72(1).

410. Porter, S. R., R. K. Toutkoushian, 2006: "Institutional Research Productivity and the Connection to Average Student Quality and Overall Reputation", *Economics of Education Review*, 25(6).

411. Pérez-Luño, A., J. Alegre, R. Valle-Cabrera, 2019: "The Role of Tacit Knowledge in Connecting Knowledge Exchange and Combination with Innovation", *Technology Analysis & Strategic Management*, 31(2).

412. Reagans, R., B. Mcevily, 2003: "Network Structure and Knowledge Transfer: The Effects of Cohesion and Range", *Administrative Science Quarterly*, 48(2).

413. Rey-Rocha, J., B. Garzón-García, M. J. Martín-Sempere, 2006: "Scientists' Performance and Consolidation of Research Teams in Biology and Biomedicine at the Spanish Council for Scientific Research", *Scientometrics*, 69(2).

414. Rizvi, S., B. Rienties, S. A. Khoja, 2019: "The Role of Demographics in Online Learning: A Decision Tree Based Approach", Computers & Education, 2019.

415. Ryan, J. C., J. Berbegal-Mirabent, 2016: "Motivational Recipes and Research Performance: A Fuzzy Set Analysis of the Motivational Profile of High Performing Research Scientists", *Journal of Business Research*, 69(11SI).

416. Sarker, I. H., A. Colman, J. Han et al., 2020: "Behav DT: A

Behavioral Decision Tree Learning to Build User-Centric Context-Aware Predictive Model", *Mobile Networks & Applications*, 25(3).

417. Saunila, M., J. Ukko, T. Rantala, 2018: "Sustainability as a Driver of Green Innovation Investment and Exploitation", *Journal of Cleaner Production*, 179.

418. Savage, M. W., R. S Tokunaga, 2017: "Moving Toward a Theory: Testing an Integrated Model of Cyberbullying Perpetration, Aggression, Social Skills, and Internet Self-Efficacy", *Computers in Human Behavior*, 71(6).

419. Sax, L. J., S. H. Linda, A. Marisol, F. A. Dicrisi, 2002: "Faculty Research Productivity: Exploring the Role of Gender and Family-related Factors", *Research in Higher Education*, 43(4).

420. Shahadat, U., L. Hossain, A. Abbasi et al., 2012: "Trend and Efficiency Analysis of Co-authorship Network", *Scientometrics*, 90(2).

421. Shrum, Y. W. M., 2011: "Professional Networks, Scientific Collaboration, and Publication Productivity in Resource-constrained Research Institutions in a Developing Country", *Research Policy*, 40(2).

422. Sidiropoulos, A., A. Gogoglou, D. Katsaros et al., 2016: "Gazing at the Skyline for Star Scientists", *Journal of Informetrics*, 10(3).

423. Siegel, D. S., P. Westhead, M. Wright, 2003: "Assessing the Impact of University Science Parks on Research Productivity: Exploratory Firm-level Evidence from the United Kingdom", *International Journal of Industrial Organization*, 21(9).

424. Srivastava, M. K., A. O. Laplume, 2014: "Matching Technology Strategy with Knowledge Structure: Impact on Firm's Tobin's q in the Semiconductor Industry", *Journal of Engineering and Technology*.

425. Steiner, I. D., 2007: "Group Process and Productivity(Social Psychological Monograph)", *Physical Therapy*, 53(7).

426. Stvilia, B., C. C. Hinnant, K. Schindler et al., 2011: "Composition of Scientific Teams and Publication Productivity at a National Science Lab", *Journal of the American Society for Information Science and Technology*, 62(2).

427. Su J. L., Z. Q. Ma, B. X. Zhu et al., 2021: "Collaborative Innovation Network, Knowledge Base, and Technological Innovation Perform-

ance-Thinking in Response to COVID-19", *Scientific Management Research*.

428. Sundstrom, E., K. P. De Meuse, D. Futrell, 1990: "Work Teams: Applications and Effectiveness", *American Psychologist*, 45(2).

429. Suominen, Arho., 2017: "Topic Modelling Approach to Knowledge Depth and Breadth: Analyzing Trajectories of Technological Knowledge", *Technology & Engineering Management Conference*, 2017.

430. Tajeddini, K., E. Martin, L. Altinay, 2020: "The Importance of Human-related Factors on Service Innovation and Performance", *International Journal of Hospitality Management*, 85(2).

431. Taney, S., G. Liotta, A. Kleismantas, 2015: "A Business Intelligence Approach using Web Search Tools and Online Data Reduction Techniques to Examine the Value of Product-Enabled Services", *Expert Systems with Applications*, 2015, 42(21).

432. Tang, K., Y. Qiu, D. Zhou, 2020: "Does Command-and-Control Regulation Promote Green Innovation Performance? Evidence from China's Industrial Enterprises", *Science of The Total Environment*, 2020.

433. Tseng, F. C., M. H. Huang, D. Z. Chen, 2020: "Factors of University—Industry Collaboration Affecting University Innovation Performance", *Journal of Technology Transfer*, 2020, 45(2).

434. Ullah, F., S. Qayyum, M. J. Thaheem et al., 2021: "Risk Management in Sustainable Smart Cities Governance: A TOE Framework", *Technological Forecasting and Social Change*, 167.

435. Varian, H. R., 2014: "Big Data: New Tricks for Econometrics", *Journal of economic perspectives*, 28(2).

436. Waheed, A., X. Miao, S. Waheed, N. Ahmad, A. Majeed, 2019: "How New HRM Practices, Organizational Innovation, and Innovative Climate Affect the Innovation Performance in the IT Industry: a Moderated-Mediation Analysis", *Sustainability*, 11(3).

437. Wang, C., Q. Hu, 2020: "Knowledge Sharing in Supply Chain Networks: Effects of Collaborative Innovation Activities and Capability on Innovation Performance", *Technovation*, 94~95.

438. Wang, C. L., S. Rodan, M. Fruin et al., 2014: "Knowledge

Networks, Collaboration Networks, and Exploratory Innovation", *Academy of Management Journal*, 57(2).

439. Wang, L., Y. Wang, Y. Lou et al., 2020: "Impact of Different Patent Cooperation Network Models on Innovation Performance of Technology-Based SMEs", *Technology Analysis and Strategic Management*, 32(6).

440. Wang, M., Y. Li, J. Li et al., 2021: "Green Process Innovation, Green Product Innovation and its Economic Performance Improvement Paths: A Survey and Structural Model", *Journal of Environmental Management*, 297:113282.

441. Watson, I., 1999: "Case-Based Reasoning is a Methodology not a Technology", *Knowledge-Based Systems*, 1999, 12(5).

442. Way, S. F., A. C. Morgan, D. B. Larremore, A. Clauset, 2019: "Productivity, Prominence, and the Effects of Academic Environment", *Proceedings of the National Academy of Sciences of the United States of America*, 116(22).

443. Wei, Y., H. Nan, G. Wei, 2020: "The Impact of Employee Welfare on Innovation Performance: Evidence from China's Manufacturing Corporations", *International Journal of Production Economics*, 228.

444. Wei, Y. H., S. H. Wang, N. Liu et al., 2023: "Impact of Diversity of Executive Team Career Experience and Cooperation Openness on Breakthrough Innovation Performance", *International Journal of Business and Management*, 18(4).

445. Wellman, B., S. D. Berkowitz, 1989: "Social Structures: A Network Approach", *Journal of Interdisciplinary History*, 19(4).

446. Williamson, I. O., D. M. Cable, 2003: "Predicting Early Career Research Productivity: The Case of Management Faculty", *Journal of Organizational Behavior*, 24(1).

447. Xie, X., H. Zou, G. Qi, 2018: "Knowledge Absorptive Capacity and Innovation Performance in High-Tech Companies: A Multi-Mediating Analysis", *Journal of Business Research*, 88.

448. Xie, X., J. Huo, H. Zou, 2019: "Green Process Innovation, Green Product Innovation, and Corporate Financial Performance: A Con-

tent Analysis Method", *Journal of Business Research*, 101.

449. Xie, Y., Y. Mao, H. Zhang, 2011: "Analysis on the Influence of Inter-Organizational Trust, Network Structure and Knowledge Accumulation on the Performance of Network—With Knowledge Sharing as Intermediary", *Science & Technology Progress and Policy*, 28.

450. Xie, Y. P., Y. Z. Mao, H. M. Zhang, 2011: "Analysis on the Influence of Inter-Organizational Trust, Network Structure and Knowledge Accumulation on the Performance of Network—with Knowledge Sharing as Intermediary", *Science & Technology Progress and Policy*.

451. Xiong, J., D. Y. Sun, 2022: "What Role does Enterprise Social Network Play? A Study on Enterprise Social Network Use, Knowledge Acquisition and Innovation Performance", *Journal of Enterprise Information Management*, 36(1).

452. Yayavaram, S., G. Ahuja, 2008: "Decomposability in Knowledge Structures and Its Impact on the Usefulness of Inventions and Knowledge-base Malleability ", *Administrative Science Quarterly*, 53(2).

453. Yayavaram, S., W. R. Chen, 2015: "Changes in Firm Knowledge Couplings and Firm Innovation Performance: The Moderating Role of Technological Complexity", *Strategic Management Journal*, 2015, 36(3).

454. Yildiz, H. E., A. Murtic, M. Klofsten, U. Zander, A. Richtnér, 2021: "Individual and Contextual Determinants of Innovation Performance: a Micro-foundations Perspective", *Technovation*, 99.

455. Zander, U., B. Kogut, 1995: "Knowledge and the Speed of the Transfer and Imitation of Organizational Capabilities: An Empirical Test", *Organization Science*, 6(1).

456. Zeng, S., X. Xie, C. M. Tam, 2010: "Relationship Between Cooperation Networks and Innovation Performance of SMEs", *Technovation*, 30(3).

457. Zhang, H., M. Zhou, H. Rao et al., 2020: "Dynamic Simulation Research on the Effect of Resource Heterogeneity on Knowledge Transfer in R&D Alliances", *Knowledge Management Research & Practice*, 1(1).

458. Zheng Y., S. Liu, 2022: "Bibliometric Analysis for Talent Identification by the Subject-author-citation Three-dimensional Evaluation Model in the Discipline of Physical Education", *Library Hi Tech*, 40(1).

459. Zhou, K. Z., L. I. Caroline Bingxin, 2012: "How Knowledge Affects Radical Innovation: Knowledge Base, Market Knowledge Acquisition, and Internal Knowledge Sharing", *Strategic Management Journal*, 33(9).

460. Zhou, L., C. Cao, 2019: "The Hybrid Drive Effects of Green Innovation in Chinese Coal Enterprises: an Empirical Study", *Kybernetes*, 49(2).

461. Zou, B., F. Guo, J. Y. Guo, 2019: "Antecedents and Outcomes of Breadth and Depth of Absorptive Capacity: An Empirical Study", *Journal of Management & Organization*, 25(5):

图书在版编目（CIP）数据

基于大数据分析的科研主体创新绩效影响机制研究 ／
李海林著. -- 上海 ：上海人民出版社，2024. -- ISBN
978-7-208-19281-2

Ⅰ. G322.2

中国国家版本馆 CIP 数据核字第 2024LZ9876 号

责任编辑　史美林
封面设计　夏　芳

基于大数据分析的科研主体创新绩效影响机制研究

李海林　著

出　　版	上海人 出版社	
	（201101　上海市闵行区号景路 159 弄 C 座）	
发　　行	上海人民出版社发行中心	
印　　刷	上海商务联西印刷有限公司	
开　　本	720×1000　1/16	
印　　张	27.75	
插　　页	4	
字　　数	475,000	
版　　次	2024 年 12 月第 1 版	
印　　次	2024 年 12 月第 1 次印刷	

ISBN 978 - 7 - 208 - 19281 - 2/C • 732

定　　价　118.00 元